"十三五"普通高等教育系列教材
全国工程专业学位研究生教育指导委员会教改项目

矩阵理论及其应用

邱启荣　卢占会　编著

JUZHEN LILUN JIQI YINGYONG

中国电力出版社
CHINA ELECTRIC POWER PRESS

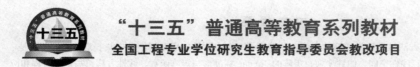

内 容 提 要

本书对矩阵的理论与方法做了较为详细的介绍，并编写了8个方面的应用案例。全书共6章，它们依次是：矩阵的特征值与矩阵分解、线性空间、线性变换、矩阵的Jordan标准形与矩阵函数、线性方程组与矩阵方程和应用案例。书中内容尽可能突出数学思想与数学方法的阐述，做到深入浅出，通俗易懂，易于阅读理解。来自工程实际问题的应用案例，使读者在学习数学知识的同时，提高应用数学理论与方法解决实际问题的能力。

本书可作为数理学院本科高年级学生矩阵论课程的教材，也可作为科研人员的参考用书。

图书在版编目（CIP）数据

矩阵理论及其应用 / 邱启荣，卢占会编著．—北京：中国电力出版社，2018.7（2022.6重印）
“十三五”普通高等教育规划教材
ISBN 978-7-5198-1565-3

Ⅰ．①矩…　Ⅱ．①邱…②卢…　Ⅲ．①矩阵论－高等学校－教材　Ⅳ．①O151.21

中国版本图书馆CIP数据核字（2017）第308785号

出版发行：中国电力出版社
地　　址：北京市东城区北京站西街19号（邮政编码100005）
网　　址：http://www.cepp.sgcc.com.cn
责任编辑：张　旻　贾丹丹
责任校对：李　楠
装帧设计：张　娟
责任印制：吴　迪

印　　刷：北京天宇星印刷厂
版　　次：2020年7月第一版
印　　次：2022年6月北京第六次印刷
开　　本：787毫米×1092毫米　16开本
印　　张：14.25
字　　数：348千字
定　　价：43.00元

前　言

用矩阵的理论与方法来处理现代工程技术中的各种问题已越来越普遍。在工程技术中引进矩阵理论不仅使理论的表达极为简捷，而且对理论的实质刻画也更为深刻，更由于计算机和数值计算方法的普及发展，不仅为矩阵理论的应用开辟了广阔的前景，也使工程技术的研究发生新的变化，开拓了崭新的研究途径。因此矩阵的理论与方法已成为研究现代工程技术的数学基础。矩阵论也成为工科院校硕士研究生重要的公共基础课程。

本书在由 2008 年 7 月中国电力出版社出版的《矩阵理论及其应用》的基础上重新精选和组织教材内容，加强了“矩阵论”课程内容和“数值分析”课程内容的衔接，将支撑矩阵理论计算的强大数学软件——MATLAB 软件引入教材内容中。我们给出了 MATLAB 软件的函数命令和应用例子，并对部分重要的方法给出了 MATLAB 程序，编写了 8 个方面的应用案例。所选内容的起点低、范围广，以适应不同专业研究生的需要。读者只需具备基本的大学数学知识，就可以进行学习，书中内容尽可能做到深入浅出，通俗易懂，易于阅读理解。教材内容的组织注重数学概念的理解与应用，突出数学思想与数学方法的阐述，对部分例题适当提高了矩阵的阶数，这样可加深对矩阵理论与方法的理解和掌握。对同一问题还采用了不同求解方法，这样可使读者在具体应用时选择合适的求解方法解决具体问题。来自工程实际问题的应用案例，使读者在学习数学知识的同时，逐步提高应用数学理论与方法解决实际问题的能力。MATLAB 软件的使用，加强“矩阵论”课程内容和“数值分析”课程内容的衔接，可进一步提高读者的科学计算能力，为后续的学习研究工作提供重要的根据支撑。

利用数学软件可以直接得到问题的具体结果，如何得到这些结果的过程并不显示。这不利于对知识的学习和掌握。使用低阶的问题作为例题不利于对矩阵理论和方法的理解和掌握，而利用高阶问题作为例题，计算过程烦琐，教学过程中板书就成了问题。为解决这一问题，在教学过程中，我们建议结合使用 MATLAB 软件和 Excel 软件来解决这一问题：将例题中的矩阵展现在 Excel 表格中，上课时重点介绍理论和方法，而过程中的烦琐计算交给 Excel 软件或 MATLAB 软件分步进行，这样既可以领会和熟悉求解的详细过程，又可以加深对理论和方法的理解和掌握。

全书共 6 章，它们依次是：矩阵的特征值与矩阵分解、线性空间、线性交换、矩阵的 Jordan 标准形与矩阵函数、线性方程组与矩阵方程和应用案例。

本书是 2016～2017 年全国工程专业学位研究生教育自选研究课题（教改项目）的研究成果。在编写过程中得到华北电力大学研究生院和数理学院的大力支持。本书在编写过程中，参考或引用了同行的工作，他们的工作不仅为本书的编写提供了丰富的素材，也提供了有益的借鉴。本书的应用案例有些是根据近些年发表的学术论文编写的，有些直接引用了学术论文。中国电力出版社的有关工作人员付出了辛勤劳动，进行了精心编校。在此，作者对有关部门和他们表示衷心的感谢。

限于作者水平，在编写中难免有疏漏和不妥之处，恳请读者批评指正。

邱启荣　卢占会

2017 年 7 月

目录

第 1 章　矩阵的特征值与矩阵分解

1.1　线 性 代 数 基 础

在科学研究和社会生产实践中，大量的问题都涉及矩阵的概念．对这些问题的研究常常反映为对有关矩阵的研究，甚至有些性质完全不同、表面上完全没有联系的问题，归结成矩阵以后的问题却是相同的，这就使矩阵成为数学中一个应用广泛的概念．

对矩阵 $\boldsymbol{A}=(a_{ij})_{m\times n}$，$\boldsymbol{B}=(b_{ij})_{m\times n}$，

(1) $\boldsymbol{A}$ 与 $\boldsymbol{B}$ 的和为

$$\boldsymbol{A}+\boldsymbol{B}=\begin{pmatrix} a_{11}+b_{11} & a_{12}+b_{12} & \cdots & a_{1n}+b_{1n} \\ a_{21}+b_{21} & a_{22}+b_{22} & \cdots & a_{2n}+b_{2n} \\ \vdots & \vdots & \ddots & \vdots \\ a_{m1}+b_{m1} & a_{m2}+b_{m2} & \cdots & a_{mn}+b_{mn} \end{pmatrix}$$

(2) 数 k 乘矩阵 $\boldsymbol{A}$ 可得

$$k\boldsymbol{A}=\begin{pmatrix} ka_{11} & ka_{12} & \cdots & ka_{1n} \\ ka_{21} & ka_{22} & \cdots & ka_{2n} \\ \vdots & \vdots & \ddots & \vdots \\ ka_{m1} & ka_{m2} & \cdots & ka_{mn} \end{pmatrix}$$

若矩阵 $\boldsymbol{A}=(a_{ij})_{m\times n}$，$\boldsymbol{B}=(b_{ij})_{n\times s}$，则 $\boldsymbol{A}$ 与 $\boldsymbol{B}$ 的乘积 $\boldsymbol{C}=(c_{ij})_{m\times s}$ 是一个 $m\times s$ 的矩阵，其中

$$c_{ij}=a_{i1}b_{1j}+a_{i2}b_{2j}+\cdots+a_{in}b_{nj}, i=1,2,\cdots,m; j=1,2,\cdots,s$$

【例 1.1.1】 设 $\boldsymbol{A}=\begin{pmatrix} 1 & 2 \\ 4 & 2 \end{pmatrix}$，$\boldsymbol{B}=\begin{pmatrix} 2 & -1 & 1 \\ 0 & 3 & 2 \end{pmatrix}$，求 $\boldsymbol{AB}$.

解

$$\boldsymbol{AB}=\begin{pmatrix} 1 & 2 \\ 4 & 2 \end{pmatrix}\begin{pmatrix} 2 & -1 & 1 \\ 0 & 3 & 2 \end{pmatrix}=\begin{pmatrix} 2 & 5 & 5 \\ 8 & 2 & 8 \end{pmatrix}$$

一般情况下：

(1) 消去律不成立，即由 $\boldsymbol{AB}=\boldsymbol{AC}$，推不出 $\boldsymbol{B}=\boldsymbol{C}$.

(2) 交换律不成立，即 $\boldsymbol{AB}\neq\boldsymbol{BA}$.

设 $\boldsymbol{A}$，$\boldsymbol{B}$ 都是 n 阶方阵，若 $\boldsymbol{AB}=\boldsymbol{BA}$，则称 $\boldsymbol{A}$ 与 $\boldsymbol{B}$ 是可交换的.

矩阵 $\boldsymbol{A}$ 的转置矩阵为

$$\boldsymbol{A}^{\mathrm{T}}=\begin{pmatrix} a_{11} & a_{21} & \cdots & a_{m1} \\ a_{12} & a_{22} & \cdots & a_{m2} \\ \vdots & \vdots & \ddots & \vdots \\ a_{1n} & a_{2n} & \cdots & a_{mn} \end{pmatrix}$$

矩阵 $\boldsymbol{A}$ 的共轭转置矩阵

$$\boldsymbol{A}^{\mathrm{H}}=\begin{pmatrix}\overline{a_{11}} & \overline{a_{21}} & \cdots & \overline{a_{m1}}\\ \overline{a_{12}} & \overline{a_{22}} & \cdots & \overline{a_{m2}}\\ \vdots & \vdots & \ddots & \vdots\\ \overline{a_{1n}} & \overline{a_{2n}} & \cdots & \overline{a_{mn}}\end{pmatrix}$$

其中$\overline{a_{ij}}$是 a_{ij} 的共轭复数.

记 $\boldsymbol{E}_n$ 是 n 阶单位阵，对 $\boldsymbol{A}\in\boldsymbol{R}^{n\times n}$，

(1) 如果 $\boldsymbol{A}^{\mathrm{T}}\boldsymbol{A}=\boldsymbol{E}_n$，则称 $\boldsymbol{A}$ 为正交矩阵.

(2) 如果 $\boldsymbol{A}^{\mathrm{T}}=\boldsymbol{A}$，则称 $\boldsymbol{A}$ 为实对称阵.

(3) 如果 $\boldsymbol{A}^{\mathrm{T}}=-\boldsymbol{A}$，则称 $\boldsymbol{A}$ 为反对称阵.

正交矩阵的列向量是两两正交的单位向量.

对 $\boldsymbol{A}\in\boldsymbol{C}^{n\times n}$，

(1) 如果 $\boldsymbol{A}^{\mathrm{H}}\boldsymbol{A}=\boldsymbol{E}_n$，则称 $\boldsymbol{A}$ 为酉矩阵.

(2) 如果 $\boldsymbol{A}^{\mathrm{H}}=\boldsymbol{A}$，则称 A 为埃尔米特（Hermite）阵.

由定义可知，反对称阵的对角线元素一定是 0，而埃尔米特阵的对角线上元素一定是实数.

如 $\boldsymbol{A}_1=\begin{pmatrix}2 & 1 & 0\\ 1 & 3 & -4\\ 0 & -4 & -6\end{pmatrix}$是实对称阵，而 $\boldsymbol{A}_2=\begin{pmatrix}2 & 1-3i & 0\\ 1+3i & 3 & -4+5i\\ 0 & -4-5i & -6\end{pmatrix}$是埃尔米特阵.

定义 1.1.1 对 n 阶方阵 $\boldsymbol{A}=(a_{ij})$，

(1) 由 n 阶方阵 $\boldsymbol{A}$ 的元素所构成的 n 阶行列式（各元素的位置不变），称为方阵 $\boldsymbol{A}$ 的行列式，记作 $|\boldsymbol{A}|$ 或 $\det(\boldsymbol{A})$.

(2) $|\boldsymbol{A}|$ 中去除第 i 行、第 j 列后，剩余元素构成的 $n-1$ 阶行列式称为元素 a_{ij} 的余子式，记作 M_{ij}；$(-1)^{i+j}M_{ij}$ 称为元素 a_{ij} 的代数余子式，记成 A_{ij}.

(3) 称由 $\boldsymbol{A}$ 的所有代数余子式构成 n 阶方阵 $\boldsymbol{A}^*=\begin{pmatrix}A_{11} & A_{21} & \cdots & A_{n1}\\ A_{12} & A_{22} & \cdots & A_{n2}\\ \vdots & \vdots & & \vdots\\ A_{1n} & A_{2n} & \cdots & A_{nn}\end{pmatrix}$为 $\boldsymbol{A}$ 的伴随矩阵.

定义 1.1.2 对 $m\times n$ 阶矩阵 $\boldsymbol{A}=(a_{ij})$，

(1) 从 $\boldsymbol{A}$ 中任意选取 r 行、r 列，其交叉位置元素构成的 r 阶行列式，称为 $\boldsymbol{A}$ 的 r 阶子式.

(2) 称 $\boldsymbol{A}$ 的最高阶非零子式的阶数为 A 的秩，记为 $\mathrm{rank}(A)$. 记 $\boldsymbol{R}_r^{m\times n}=\{A:\boldsymbol{A}\in\boldsymbol{R}^{m\times n},\ \mathrm{rank}(\boldsymbol{A})=r\}$.

(3) 当 $m=n$ 时，从 $\boldsymbol{A}$ 中任意选取标号相同的 r 行、r 列，其交叉位置元素构成的 r 阶行列式，称为 $\boldsymbol{A}$ 的 r 阶主子式.

(4) 当 $m=n$ 时，从 $\boldsymbol{A}$ 中选取第 1，2，…，r 行，第 1，2，…，r 列，其交叉位置元素构成的 r 阶行列式，称为 A 的 r 阶顺序主子式.

注：

(1) $m\times n$ 阶矩阵 $\boldsymbol{A}$ 的 r 阶子式有 $C_m^r C_n^r$ 个.

(2) n 阶方阵 $\boldsymbol{A}$ 的 r 阶主子式有 C_n^k 个.

(3) $m\times n$ 阶矩阵 $\boldsymbol{A}$ 的秩 $\mathrm{rank}(\boldsymbol{A})\leqslant\min(m, n)$.

定义 1.1.3　设 $\boldsymbol{A}$ 为 n 阶方阵，若存在一个 n 阶方阵 $\boldsymbol{B}$，使得 $\boldsymbol{AB}=\boldsymbol{BA}=\boldsymbol{E}_n$，则称方阵 $\boldsymbol{A}$ 可逆，并称方阵 $\boldsymbol{B}$ 为 $\boldsymbol{A}$ 的逆矩阵，记为 $\boldsymbol{A}^{-1}$.

定理 1.1.1　设 $\boldsymbol{A}$ 为 n 阶方阵，下列条件等价：

(1) $\boldsymbol{A}$ 是可逆矩阵.

(2) $|\boldsymbol{A}|\neq 0$，即 $\boldsymbol{A}$ 非奇异.

(3) $\mathrm{rank}(\boldsymbol{A})=n$.

(4) $\boldsymbol{A}$ 的行（列）向量组线性无关.

(5) $\boldsymbol{Ax}=\boldsymbol{0}$ 只有零解.

(6) 0 不是 $\boldsymbol{A}$ 的特征值.

如果 $\boldsymbol{A}$ 是可逆矩阵，则

$$\boldsymbol{A}^{-1}=\frac{1}{|\boldsymbol{A}|}\boldsymbol{A}^{*} \tag{1.1.1}$$

特别地，对于二阶矩阵 $\boldsymbol{A}=\begin{pmatrix} a_{11} & a_{12} \\ a_{21} & a_{22} \end{pmatrix}$，如果

$$|\boldsymbol{A}|=\begin{vmatrix} a_{11} & a_{12} \\ a_{21} & a_{22} \end{vmatrix}=a_{11}a_{22}-a_{12}a_{21}\neq 0$$

则

$$\boldsymbol{A}^{-1}=\frac{1}{a_{11}a_{22}-a_{12}a_{21}}\begin{pmatrix} a_{22} & -a_{12} \\ -a_{21} & a_{11} \end{pmatrix}$$

定义 1.1.4　设 $\boldsymbol{A}$ 是 n 阶实对称阵，

(1) 如果对任意非零向量 $\boldsymbol{x}\in\boldsymbol{R}^n$，都有 $\boldsymbol{x}^{\mathrm{T}}\boldsymbol{Ax}>0$，则称 $\boldsymbol{A}$ 是正定矩阵.

(2) 如果对任意非零向量 $\boldsymbol{x}\in\boldsymbol{R}^n$，都有 $\boldsymbol{x}^{\mathrm{T}}\boldsymbol{Ax}<0$，则称 $\boldsymbol{A}$ 是负定矩阵.

定理 1.1.2　（霍尔维茨定理）

(1) 对称矩阵 $\boldsymbol{A}$ 是正定的充分必要条件是 $\boldsymbol{A}$ 的各阶顺序主子式都为正，即

$$a_{11}>0,\begin{vmatrix} a_{11} & a_{12} \\ a_{21} & a_{22} \end{vmatrix}>0,\begin{vmatrix} a_{11} & a_{12} & a_{13} \\ a_{21} & a_{22} & a_{23} \\ a_{31} & a_{32} & a_{33} \end{vmatrix}>0,\cdots,|\boldsymbol{A}|>0$$

(2) 对称矩阵 $\boldsymbol{A}$ 是负定的充分必要条件是 $\boldsymbol{A}$ 的各阶顺序主子式中奇数阶为负，偶数阶为正，即

$$(-1)^r\begin{vmatrix} a_{11} & \cdots & a_{1r} \\ \vdots & \ddots & \vdots \\ a_{r1} & \cdots & a_{rr} \end{vmatrix} > 0 \quad (r=1,2,\cdots,n)$$

定理 1.1.3 (1) 如果 $\boldsymbol{A}$ 是 n 阶实对称阵，则存在正交阵 $\boldsymbol{P}$，使得 $\boldsymbol{P}^{\mathrm{T}}\boldsymbol{A}\boldsymbol{P}=\Lambda=\mathrm{diag}(\lambda_1,\lambda_2,\cdots,\lambda_n)$，其中 $\lambda_1,\lambda_2,\cdots,\lambda_n$ 是 $\boldsymbol{A}$ 的 n 个特征值，$\boldsymbol{P}=(\boldsymbol{p}_1,\boldsymbol{p}_2,\cdots,\boldsymbol{p}_n)$ 中的 $\boldsymbol{p}_i$ 是 A 的对应于特征值 λ_i 的单位特征向量.

(2) 如果 $\boldsymbol{A}$ 是 n 阶正定阵，则 $\boldsymbol{A}$ 的特征值都是正数.

定义 1.1.5 下面三种变换称为矩阵的初等行变换：

(1) 对换两行（对换 i、j 两行，记为 $r_i\leftrightarrow r_j$）.

(2) 以不为 0 的数 k 乘以矩阵的某一行的所有元素（第 i 行乘 k 记为 $r_i\times k$）.

(3) 把某一行的 k 倍加到另一行对应的元素上（第 j 行的 k 倍加到第 i 行，记为 $r_i+k\times r_j$）.

注：

(1) 对应地，可以定义矩阵的初等列变换，矩阵的初等行变换和矩阵的初等列变换统称为矩阵的初等变换.

(2) 由单位矩阵经过一次初等变换得到的方阵称为初等矩阵.

(3) 对 $\boldsymbol{A}$ 进行一次初等行变换，相当于在 $\boldsymbol{A}$ 的左边乘以相应的 m 阶初等矩阵；对 $\boldsymbol{A}$ 施行一次初等列变换，相当于在 $\boldsymbol{A}$ 的右边乘以相应的 n 阶初等矩阵.

(4) 初等矩阵不改变矩阵的秩.

定义 1.1.6 秩为 r 的 $m\times n$ 矩阵 $\boldsymbol{A}$ 称为行阶梯阵，如果它满足以下条件：

(1) 矩阵 $\boldsymbol{A}$ 的前 r 行中的每一行至少含有一个不为零的元，而后 $m-r$ 行的元素均为零.

(2) 如果矩阵 $\boldsymbol{A}$ 的第 i 行的第一个不为零的元素在第 j_i 列，则 $j_1<j_2<\cdots<j_r$.

注：

(1) 如果行阶梯阵 $\boldsymbol{A}$ 的第 j_1，j_2，…，j_r 列是单位矩阵 $\boldsymbol{E}_m$ 的前 r 列，则称矩阵 $\boldsymbol{A}$ 为行最简形，也称为 Hermite 标准形. 在 Matlab 中，求矩阵 $\boldsymbol{A}$ 的行最简形的命令是 rref ($\boldsymbol{A}$).

(2) 行阶梯阵 $\boldsymbol{A}$ 的秩等于它的非零行数.

如在下列四个矩阵中：

$$\boldsymbol{A}_1=\begin{pmatrix} 2 & 1 & 0 & 1 & -4 & 3 \\ 0 & 0 & -2 & -4 & 4 & 3 \\ 0 & 0 & 0 & 1 & 0 & 4 \\ 0 & 0 & 0 & 0 & 0 & 0 \end{pmatrix},\quad \boldsymbol{A}_2=\begin{pmatrix} 1 & 1 & 0 & 0 & -4 & -3 \\ 0 & 0 & 1 & 0 & 3 & 5 \\ 0 & 0 & 0 & 1 & 0 & 4 \\ 0 & 0 & 0 & 0 & 0 & 0 \end{pmatrix}$$

$$\boldsymbol{A}_3=\begin{pmatrix} 0 & 2 & 1 & 0 & 1 & -4 & 3 \\ 0 & 0 & 0 & -2 & -4 & 4 & 3 \\ 0 & 0 & 0 & 0 & 1 & 0 & 4 \\ 0 & 0 & 0 & 0 & 0 & 0 & 0 \end{pmatrix},\quad \boldsymbol{A}_4=\begin{pmatrix} 2 & 1 & 0 & 1 & -4 & 3 \\ 0 & 0 & -2 & -4 & 4 & 3 \\ 1 & 0 & 0 & 1 & 0 & 4 \\ 0 & 0 & 0 & 0 & 0 & 0 \end{pmatrix}$$

A_1、A_3 是行阶梯阵，但不是最简形，而矩阵 A_2 是行最简形，A_4 不是行阶梯阵.

初等变换在线性代数中的应用十分广泛，概括起来包括以下几个方面：

(1) 求逆矩阵.

(2) 解矩阵方程（求 $A\in R^{n\times n}$ 逆矩阵 B，相当于求解矩阵方程 $AB=E_n$）.

(3) 求矩阵的最简形.

(4) 求矩阵和向量组的秩.

(5) 求向量组的极大无关组.

(6) 解线性方程组.

【例 1.1.2】 矩阵 $A=\begin{pmatrix}4&2&3\\1&1&0\\-1&2&3\end{pmatrix}$，且 $AB=A+2B$，求矩阵 B.

解 因为 $AB=A+2B$，所以 $(A-2E)B=A$.

$$(A-2E,A)=\begin{pmatrix}2&2&3&4&2&3\\1&-1&0&1&1&0\\-1&2&1&-1&2&3\end{pmatrix}\sim\begin{pmatrix}1&-1&0&1&1&0\\2&2&3&4&2&3\\-1&2&1&-1&2&3\end{pmatrix}$$

$$\sim\begin{pmatrix}1&-1&0&1&1&0\\0&4&3&2&0&3\\0&1&1&0&3&3\end{pmatrix}\sim\begin{pmatrix}1&-1&0&1&1&0\\0&1&1&0&3&3\\0&4&3&2&0&3\end{pmatrix}$$

$$\sim\begin{pmatrix}1&0&1&1&4&3\\0&1&1&0&3&3\\0&0&-1&2&-12&9\end{pmatrix}\sim\begin{pmatrix}1&0&0&3&-8&-6\\0&1&0&2&-9&-6\\0&0&1&-2&12&9\end{pmatrix}$$

因此 $B=\begin{pmatrix}3&-8&-6\\2&-9&-6\\-2&12&9\end{pmatrix}$.

【例 1.1.3】 设矩阵 $A=\begin{pmatrix}2&3&1&-3&-7\\1&2&0&-2&-4\\3&-2&8&3&0\\2&-3&7&4&3\end{pmatrix}$，求

(1) 矩阵 A 的最简形和秩.

(2) 矩阵 A 的列向量组的极大线性无关组和秩.

解

$$\begin{pmatrix}2&3&1&-3&-7\\1&2&0&-2&-4\\3&-2&8&3&0\\2&-3&7&4&3\end{pmatrix}\sim\begin{pmatrix}1&2&0&-2&-4\\2&3&1&-3&-7\\3&-2&8&3&0\\2&-3&7&4&3\end{pmatrix}\sim\begin{pmatrix}1&2&0&-2&-4\\0&-1&1&1&1\\0&-8&8&9&12\\0&-7&7&8&11\end{pmatrix}$$

$$\sim\begin{pmatrix}1&0&2&0&-2\\0&-1&1&1&1\\0&0&0&1&4\\0&0&0&1&4\end{pmatrix}\sim\begin{pmatrix}1&0&2&0&-2\\0&1&-1&-1&-1\\0&0&0&1&4\\0&0&0&1&4\end{pmatrix}\sim\begin{pmatrix}1&0&2&0&-2\\0&1&-1&0&3\\0&0&0&1&4\\0&0&0&0&0\end{pmatrix}=B$$

(1) $\boldsymbol{B}$ 是 $\boldsymbol{A}$ 的最简形，$\text{rank}(\boldsymbol{A})=\text{rank}(\boldsymbol{B})=3$.

(2) 求矩阵 $\boldsymbol{A}$ 的列向量组的秩$=\text{rank}(\boldsymbol{A})=3$. 由于 $\boldsymbol{B}$ 中台阶出现在第 1、2、4 列，因此矩阵 $\boldsymbol{A}$ 的第 1、2、4 列所构成的向量组是矩阵 $\boldsymbol{A}$ 的列向量组的极大线性无关组.

【例 1.1.4】 求非齐次方程组

$$\begin{cases} x_1-2x_2+x_3+x_4=1 \\ x_1-2x_2+x_3-x_4=-1 \\ x_1-2x_2+x_3+5x_4=5 \end{cases}$$

的通解.

解

$$(\boldsymbol{A},\boldsymbol{b})=\begin{pmatrix} 1 & -2 & 1 & 1 & 1 \\ 1 & -2 & 1 & -1 & -1 \\ 1 & -2 & 1 & 5 & 5 \end{pmatrix} \sim \begin{pmatrix} 1 & -2 & 1 & 1 & 1 \\ 0 & 0 & 0 & -2 & -2 \\ 0 & 0 & 0 & 4 & 4 \end{pmatrix} \sim \begin{pmatrix} 1 & -2 & 1 & 0 & 0 \\ 0 & 0 & 0 & 1 & 1 \\ 0 & 0 & 0 & 0 & 0 \end{pmatrix}$$

由此可得原方程组的同解方程组

$$\begin{cases} x_1-2x_2+x_3=0 \\ x_4=1 \end{cases}$$

因此，原方程组的通解为

$$\begin{pmatrix} x_1 \\ x_2 \\ x_3 \\ x_4 \end{pmatrix}=\begin{pmatrix} 0 \\ 0 \\ 0 \\ 1 \end{pmatrix}+k_1\begin{pmatrix} 2 \\ 1 \\ 0 \\ 0 \end{pmatrix}+k_2\begin{pmatrix} -1 \\ 0 \\ 1 \\ 0 \end{pmatrix},\text{其中 } k_1、k_2 \text{ 为任意常数.}$$

1.2 矩阵的特征值与特征向量

矩阵的特征值和特征向量问题是矩阵理论中的一个重要问题，它的讨论始于 18 世纪，它的概念和相关结论在纯数学、应用数学、工程技术以及包括经济理论和应用的其他许多领域，都有广泛的应用. 如在求解有关常系数线性微分方程组、机械振动、电磁振荡、稳定性问题等实际问题中，常可归结为求一个方阵的特征值和特征向量的问题. 特征值和特征向量不仅在理论上很重要，而且也可直接用来解决实际问题.

1.2.1 特征值与特征向量

定义 1.2.1 设 $\boldsymbol{A}$ 为 n 阶矩阵，若存在非零向量 $\boldsymbol{\alpha}$ 及数 λ，使等式

$$\boldsymbol{A\alpha}=\lambda\boldsymbol{\alpha} \tag{1.2.1}$$

成立，则称 λ 是矩阵 $\boldsymbol{A}$ 的特征值，$\boldsymbol{\alpha}$ 是属于（对应于）λ 的特征向量，称

$$\Delta_{\boldsymbol{A}}(\lambda)=|\lambda\boldsymbol{E}-\boldsymbol{A}|=\begin{vmatrix} \lambda-a_{11} & -a_{12} & \cdots & -a_{1n} \\ -a_{21} & \lambda-a_{22} & \cdots & -a_{2n} \\ \cdots & \cdots & \cdots & \cdots \\ -a_{n1} & -a_{n2} & \cdots & \lambda-a_{nn} \end{vmatrix} \tag{1.2.2}$$

为矩阵 $\boldsymbol{A}$ 的特征多项式，称 $\Delta_{\boldsymbol{A}}(\lambda)=0$ 为矩阵 $\boldsymbol{A}$ 的特征方程.

定义 1.2.2 (1) 在 n 阶方阵 $\boldsymbol{A}=(a_{ij})$ 中，任意选取标号相同的 k 行与 k 列（$1\leqslant k\leqslant$

n)，位于这 k 行与 k 列交叉处的 k^2 个元素按原有位置组成的 k 阶行列式称为矩阵 $\boldsymbol{A}$ 的 k **阶主子式**.

(2) 称矩阵 $\boldsymbol{A}$ 的所有 k 阶主子式的和为矩阵 $\boldsymbol{A}$ 的 k **阶迹**，记作 $\mathrm{tr}^{[k]}(\boldsymbol{A})$，即

$$\mathrm{tr}^{[k]}(\boldsymbol{A}) = \sum_{1\leqslant i_1<i_2<\cdots<i_k\leqslant n} \begin{vmatrix} a_{i_1 i_1} & \cdots & a_{i_1 i_k} \\ \cdots & \cdots & \cdots \\ a_{i_k i_1} & \cdots & a_{i_k i_k} \end{vmatrix} \quad (k=1,2,\cdots,n) \tag{1.2.3}$$

其中 $a_{i_t i_s}$ 是位于矩阵 $\boldsymbol{A}$ 中第 i_t 行、i_s 列交叉处的元素.

n 阶方阵 $\boldsymbol{A}$ 的 k 阶迹 $\mathrm{tr}^{[k]}(\boldsymbol{A})$ 为 C_n^k 个 k 阶行列式之和（$k=1$，2，…，n）. 根据这个定义，显然有：

$$\mathrm{tr}^{[1]}(\boldsymbol{A}) = \mathrm{tr}(\boldsymbol{A}) = a_{11}+a_{22}+\cdots+a_{nn};$$

$$\begin{aligned}\mathrm{tr}^{[2]}(\boldsymbol{A}) &= \sum_{1\leqslant i<j\leqslant n} \begin{vmatrix} a_{ii} & a_{ij} \\ a_{ji} & a_{jj} \end{vmatrix} \\ &= \begin{vmatrix} a_{11} & a_{12} \\ a_{21} & a_{22} \end{vmatrix} + \begin{vmatrix} a_{11} & a_{13} \\ a_{31} & a_{33} \end{vmatrix} + \cdots + \begin{vmatrix} a_{11} & a_{1n} \\ a_{n1} & a_{nn} \end{vmatrix} + \cdots + \begin{vmatrix} a_{n-1n-1} & a_{n-1n} \\ a_{nn-1} & a_{nn} \end{vmatrix};\end{aligned}$$

$$\vdots$$

$$\mathrm{tr}^{[n]}(\boldsymbol{A}) = |\boldsymbol{A}|.$$

定理 1.2.1　n 阶方阵 $\boldsymbol{A}$ 的特征多项式为

$$\Delta_{\boldsymbol{A}}(\lambda) = |\lambda \boldsymbol{E} - \boldsymbol{A}| = \sum_{k=0}^{n} (-1)^k \mathrm{tr}^{[k]}(\boldsymbol{A})\lambda^{n-k} \tag{1.2.4}$$

显然，$\boldsymbol{A}$ 的特征值就是特征方程的解（根），特征方程在复数范围内恒有解，其个数等于方程的次数（重根按重数计算），因此 n 阶方阵 $\boldsymbol{A}$ 有 n 个特征值，将此代数方程解出就可以得到矩阵 $\boldsymbol{A}$ 的 n 个特征值 λ_1，λ_2，…，λ_n，当然 λ_i 可能是实数，也可能是复数，也可能有重根.

在 Matlab 中，可以利用命令 p＝poly($\boldsymbol{A}$)，求矩阵 $\boldsymbol{A}$ 的特征多项式的系数，并可利用 r＝roots(p) 求以 p 为系数的多项式的零点. 用 eig($\boldsymbol{A}$) 求矩阵 $\boldsymbol{A}$ 的特征值.

$\boldsymbol{A}$ 的特征值与特征向量有如下性质：

定理 1.2.2　设 $\boldsymbol{A}=(a_{ij})_{n\times n}$ 的 n 个特征值是 $\lambda_1,\lambda_2,\cdots,\lambda_n$，则

$$\lambda_1+\lambda_2+\cdots+\lambda_n = a_{11}+a_{22}+\cdots+a_{nn} \tag{1.2.5}$$

$$\lambda_1\lambda_2\cdots\lambda_n = |\boldsymbol{A}| \tag{1.2.6}$$

定理 1.2.3　设 λ_0 是 $\boldsymbol{A}$ 的特征值，k，k_1，$k_2\in\boldsymbol{C}$，$\boldsymbol{\alpha}$，$\boldsymbol{\alpha}_1$ 与 $\boldsymbol{\alpha}_2$ 是 $\boldsymbol{A}$ 的属于特征值 λ_0 的特征向量.

(1) 若 $k_1\boldsymbol{\alpha}_1+k_2\boldsymbol{\alpha}_2\neq\boldsymbol{0}$，则 $k_1\boldsymbol{\alpha}_1+k_2\boldsymbol{\alpha}_2$ 也是 $\boldsymbol{A}$ 的属于特征值 λ_0 的特征向量.

(2) $k\lambda_0$ 是 $k\boldsymbol{A}$ 的特征值.

(3) $\boldsymbol{A}^{\mathrm{T}}$ 与 $\boldsymbol{A}$ 有相同的特征值.

(4) $f(\lambda_0)=a_m\lambda_0^m+\cdots+a_1\lambda_0+a_0$ 是 $f(\boldsymbol{A})=a_m\boldsymbol{A}^m+\cdots+a_1\boldsymbol{A}+a_0\boldsymbol{E}_n$ 的特征值，$\boldsymbol{\alpha}$ 是 $f(\boldsymbol{A})$ 的属于特征值 $f(\lambda_0)$ 的特征向量.

(5) 若 $\boldsymbol{A}$ 可逆，则 $\dfrac{1}{\lambda_0}$ 是 $\boldsymbol{A}^{-1}$ 的特征值.

定理 1.2.4 (1) 设 $\lambda_1,\lambda_2,\cdots,\lambda_s$ 是 n 阶方阵 $\boldsymbol{A}$ 的 s 个互不相同的特征值，$\boldsymbol{\alpha}_k$ 是属于 λ_k 的特征向量，则 $\boldsymbol{\alpha}_1,\boldsymbol{\alpha}_2,\cdots,\boldsymbol{\alpha}_s$ 线性无关.

(2) 实对称矩阵的属于不同特征值的特征向量一定正交.

上面的三个定理大家自己证明，或阅读有关文献.

如果 λ 是 $\boldsymbol{A}$ 的特征值，由于 $|\lambda\boldsymbol{E}-\boldsymbol{A}|=0$，因此齐次线性方程组 $(\lambda\boldsymbol{E}-\boldsymbol{A})\boldsymbol{x}=\boldsymbol{0}$ 一定有非零解，该齐次线性方程组的全部非零解就是 $\boldsymbol{A}$ 的对应于 λ 的全部特征向量. 于是可得出求 $\boldsymbol{A}$ 的特征值和特征向量的计算步骤：

第一步 计算 $\boldsymbol{A}$ 的特征多项式 $|\lambda\boldsymbol{E}-\boldsymbol{A}|$，令 $|\lambda\boldsymbol{E}-\boldsymbol{A}|=0$，求出特征方程的全部根，它们就是 $\boldsymbol{A}$ 的全部特征值.

第二步 对于 $\boldsymbol{A}$ 的每一个不同的特征值 λ，求出齐次线性方程组 $(\boldsymbol{A}-\lambda\boldsymbol{E})\boldsymbol{x}=\boldsymbol{0}$ 的基础解系为 $\boldsymbol{\eta}_1,\boldsymbol{\eta}_2,\cdots,\boldsymbol{\eta}_s$，则 $\boldsymbol{A}$ 的对应于 λ 全部特征向量是 $k_1\boldsymbol{\eta}_1+k_2\boldsymbol{\eta}_2+\cdots+k_s\boldsymbol{\eta}_s(k_1,k_2,\cdots,k_s$ 是任意不全为零的数).

注：注意到 $(\boldsymbol{A}-\lambda\boldsymbol{E})\boldsymbol{x}=\boldsymbol{0}$ 与 $(\lambda\boldsymbol{E}-\boldsymbol{A})\boldsymbol{x}=\boldsymbol{0}$ 是同解方程组. 为在计算过程中少出错，用 $(\boldsymbol{A}-\lambda\boldsymbol{E})\boldsymbol{x}=\boldsymbol{0}$ 求特征向量.

【例 1.2.1】 求矩阵 $\boldsymbol{A}=\begin{pmatrix}2&0&2\\1&5&-1\\1&3&3\end{pmatrix}$ 的特征值与特征向量.

解 因为

$$\mathrm{tr}^{[1]}(\boldsymbol{A})=2+5+3=10$$

$$\mathrm{tr}^{[2]}(\boldsymbol{A})=\begin{vmatrix}2&0\\1&5\end{vmatrix}+\begin{vmatrix}2&2\\1&3\end{vmatrix}+\begin{vmatrix}5&-1\\3&3\end{vmatrix}=32$$

$$\mathrm{tr}^{[3]}(\boldsymbol{A})=\begin{vmatrix}2&0&2\\1&5&-1\\1&3&3\end{vmatrix}=\begin{vmatrix}2&0&0\\1&5&-2\\1&3&2\end{vmatrix}=2\begin{vmatrix}5&-2\\3&2\end{vmatrix}=32$$

所以，$\boldsymbol{A}$ 的特征多项式为

$$|\lambda\boldsymbol{E}-\boldsymbol{A}|=\lambda^3-10\lambda^2+32\lambda-32=(\lambda-2)(\lambda-4)^2$$

$\boldsymbol{A}$ 的特征值为 $\lambda_1=2$，$\lambda_2=\lambda_3=4$.

(1) 对于 $\lambda_1=2$，由

$$\boldsymbol{A}-2\boldsymbol{E}=\begin{pmatrix}0&0&2\\1&3&-1\\1&3&1\end{pmatrix}\sim\begin{pmatrix}0&0&1\\1&3&0\\1&3&0\end{pmatrix}\sim\begin{pmatrix}1&3&0\\0&0&1\\0&0&0\end{pmatrix}$$

得基础解系 $\boldsymbol{\eta}_1=(-3,1,0)^{\mathrm{T}}$，因此 $\boldsymbol{A}$ 的属于特征值 $\lambda_1=2$ 的全部特征向量为 $k_1\boldsymbol{\eta}_1$，$(k_1\neq 0)$.

(2) 对于 $\lambda_2=\lambda_3=4$，由

$$\boldsymbol{A}-4\boldsymbol{E}=\begin{pmatrix}-2 & 0 & 2\\ 1 & 1 & -1\\ 1 & 3 & -1\end{pmatrix}\sim\begin{pmatrix}1 & 0 & -1\\ 1 & 1 & -1\\ 1 & 3 & -1\end{pmatrix}\sim\begin{pmatrix}1 & 0 & -1\\ 0 & 1 & 0\\ 0 & 0 & 0\end{pmatrix}$$

得基础解系 $\boldsymbol{\eta}_2=(1,0,1)^{\mathrm{T}}$，因此 $\boldsymbol{A}$ 的属于特征值 $\lambda_2=\lambda_3=4$ 的全部特征向量为 $k_2\boldsymbol{\eta}_2$，$(k_2\neq 0)$.

【例 1.2.2】 求矩阵 $\boldsymbol{A}=\begin{pmatrix}-1 & 2 & 2\\ 2 & -1 & -2\\ 2 & -2 & -1\end{pmatrix}$ 的特征值与特征向量.

解　因为

$$\mathrm{tr}^{[1]}(\boldsymbol{A})=-3,\mathrm{tr}^{[2]}(\boldsymbol{A})=-9,\mathrm{tr}^{[3]}(\boldsymbol{A})=\begin{vmatrix}-1 & 2 & 2\\ 2 & -1 & -2\\ 2 & -2 & -1\end{vmatrix}=-5$$

所以，$\boldsymbol{A}$ 的特征多项式为

$$|\lambda\boldsymbol{E}-\boldsymbol{A}|=\lambda^3+3\lambda^2-9\lambda+5=(\lambda-1)^2(\lambda+5)$$

$\boldsymbol{A}$ 的特征值为 $\lambda_1=-5$，$\lambda_2=\lambda_3=1$.

(1) 对于 $\lambda_1=-5$，由

$$\boldsymbol{A}+5\boldsymbol{E}=\begin{pmatrix}4 & 2 & 2\\ 2 & 4 & -2\\ 2 & -2 & 4\end{pmatrix}\sim\begin{pmatrix}1 & 2 & -1\\ 0 & -6 & 6\\ 0 & 6 & -6\end{pmatrix}\sim\begin{pmatrix}1 & 0 & 1\\ 0 & 1 & -1\\ 0 & 0 & 0\end{pmatrix}$$

得基础解系 $\boldsymbol{\eta}_1=(-1,1,1)^{\mathrm{T}}$，因此 $\boldsymbol{A}$ 的属于特征值 $\lambda_1=-5$ 的全部特征向量为 $k_1\boldsymbol{\eta}_1$ $(k_1\neq 0)$.

(2) 对于 $\lambda_2=\lambda_3=1$，由

$$\boldsymbol{A}-\boldsymbol{E}=\begin{pmatrix}-2 & 2 & 2\\ 2 & -2 & -2\\ 2 & -2 & -2\end{pmatrix}\sim\begin{pmatrix}1 & -1 & -1\\ 0 & 0 & 0\\ 0 & 0 & 0\end{pmatrix}$$

得基础解系 $\boldsymbol{\eta}_2=(1,1,0)^{\mathrm{T}}$，$\boldsymbol{\eta}_3=(1,0,1)^{\mathrm{T}}$，因此 $\boldsymbol{A}$ 的属于特征值 $\lambda_2=\lambda_3=1$ 的全部特征向量为 $k_2\boldsymbol{\eta}_2+k_3\boldsymbol{\eta}_3$（$k_2$，$k_3$ 不全为 0）.

一般情况下，求矩阵 $\boldsymbol{A}$ 的特征值是不容易的，即使是三阶矩阵. 利用式（1.2.4），可以将求特征值转化为求特征多项式的零点，如求 $\boldsymbol{A}=\begin{pmatrix}2 & -4 & 1\\ 1 & 2 & 2\\ 3 & 1 & -5\end{pmatrix}$ 的特征值，求 $\boldsymbol{A}$ 的特征多项式 $|\lambda\boldsymbol{E}-\boldsymbol{A}|=\lambda^3+\lambda^2-17\lambda+73$ 的零点.

对于低阶矩阵，利用式（1.2.4），可方便求得矩阵的特征多项式. 但对于高阶矩阵，由于 $\boldsymbol{A}$ 的 n 阶主子式有 C_n^k 个，利用式（1.2.4）来计算，计算量会很大，该方法不适用，这里介绍用 F-L 方法求特征多项式 $|\lambda\boldsymbol{E}-\boldsymbol{A}|$ 的系数.

利用递归定义以下 n 个矩阵 $\boldsymbol{B}_k(k=1,2,\cdots,n)$：

$$\begin{cases} \boldsymbol{B}_1 = \boldsymbol{A}, & c_1 = \mathrm{tr}(\boldsymbol{B}_1) \\ \boldsymbol{B}_2 = \boldsymbol{A}(\boldsymbol{B}_1 - p_1\boldsymbol{E}), & c_2 = \dfrac{1}{2}\mathrm{tr}(\boldsymbol{B}_2) \\ \boldsymbol{B}_3 = \boldsymbol{A}(\boldsymbol{B}_2 - p_2\boldsymbol{E}), & c_3 = \dfrac{1}{3}\mathrm{tr}(\boldsymbol{B}_3) \\ \quad\vdots & \quad\vdots \\ \boldsymbol{B}_n = \boldsymbol{A}(\boldsymbol{B}_{n-1} - p_{n-1}\boldsymbol{E}), & c_n = \dfrac{1}{n}\mathrm{tr}(\boldsymbol{B}_n) \end{cases} \tag{1.2.7}$$

可以证明

$$|\lambda\boldsymbol{E} - \boldsymbol{A}| = \lambda^n - c_1\lambda^{n-1} - c_2\lambda^{n-2} - \cdots - c_{n-1}\lambda - c_n \tag{1.2.8}$$

【例 1.2.3】 求矩阵 $\boldsymbol{A}=\begin{pmatrix} 2 & -4 & 1 \\ 1 & 2 & 2 \\ 3 & 1 & -5 \end{pmatrix}$ 的特征多项式.

解

$$\boldsymbol{B}_1 = \boldsymbol{A} = \begin{pmatrix} 2 & -4 & 1 \\ 1 & 2 & 2 \\ 3 & 1 & -5 \end{pmatrix}, \quad c_1 = \mathrm{tr}(\boldsymbol{B}_1) = -1$$

$$\boldsymbol{B}_2 = \boldsymbol{A}(\boldsymbol{B}_1 - c_1\boldsymbol{E}) = \begin{pmatrix} 5 & -19 & -10 \\ 11 & 4 & -3 \\ -5 & -14 & 25 \end{pmatrix}, \quad c_2 = \frac{1}{2}\mathrm{tr}(\boldsymbol{B}_2) = 17$$

$$\boldsymbol{B}_3 = \boldsymbol{A}(\boldsymbol{B}_2 - c_2\boldsymbol{E}) = \begin{pmatrix} -73 & 0 & 0 \\ 0 & -73 & 0 \\ 0 & 0 & -73 \end{pmatrix}, \quad c_3 = \frac{1}{3}\mathrm{tr}(\boldsymbol{B}_3) = -73$$

由式（1.2.4），可得 $\boldsymbol{A}$ 的特征多项式为

$$\Delta_{\boldsymbol{A}}(\lambda) = \lambda^3 + \lambda^2 - 17\lambda + 73$$

用 F-L 方法求矩阵 $\boldsymbol{A}$ 特征多项式 $\lambda\boldsymbol{E}-\boldsymbol{A}$ 的系数的 Matlab 程序如下：

```
function xishu = tezhendxs(A)
n = size(A,1);
xishu = zeros(n,1);
B = A;
xishu(1) = trace(B);
for k = 2:n
    B = A * (B-xishu(k - 1) * eye(n));
    xishu(k) = trace(B)/k;
end
xishu = [1; - xishu];
end
```

求矩阵 $\boldsymbol{A}$ 的特征值的 Matlab 命令为 lamda＝eig(A)，求 $\boldsymbol{A}$ 的特征向量和特征值的 Matlab 命令为 [P, lamda]＝eig(A). 利用 Matlab 软件，可求得 $\boldsymbol{A}=\begin{pmatrix} 2 & -4 & 1 \\ 1 & 2 & 2 \\ 3 & 1 & -5 \end{pmatrix}$ 的特征值为

$$\lambda_1 = -5.9358, \quad \lambda_2 = 2.4679 + 2.4915i, \quad \lambda_3 = 2.4679 - 2.4915i$$

相应的特征向量为

$$\boldsymbol{p}_1 = \begin{pmatrix} 0.2262 \\ 0.2111 \\ -0.9509 \end{pmatrix}, \quad \boldsymbol{p}_2 = \begin{pmatrix} 0.7898 \\ -0.0272 - 0.5315i \\ 0.2608 - 0.1582i \end{pmatrix}, \quad \boldsymbol{p}_3 = \begin{pmatrix} 0.7898 \\ -0.0272 + 0.5315i \\ 0.2608 + 0.1582i \end{pmatrix}$$

定义 1.2.3　设 n 阶方阵 $\boldsymbol{A}$ 的特征值为 $\lambda_1, \lambda_2, \cdots, \lambda_n$，称 $\rho(\boldsymbol{A}) = \max\{|\lambda_1|, |\lambda_2|, \cdots, |\lambda_n|\}$ 为 $\boldsymbol{A}$ 的谱半径.

由［例 1.2.1］可知矩阵 $\begin{pmatrix} -1 & 0 & 2 \\ 1 & 2 & -1 \\ 1 & 3 & 0 \end{pmatrix}$ 的谱半径 $\rho(\boldsymbol{A}) = \max\{|-1|, |1|, |1|\} = 1$，而

矩阵 $\boldsymbol{B} = \begin{pmatrix} 2 & -4 & 1 \\ 1 & 2 & 2 \\ 3 & 1 & -5 \end{pmatrix}$ 的谱半径

$$\begin{aligned} \rho(\boldsymbol{B}) &= \max\{|-5.9358|, |2.4679 + 2.4915i|, |2.4679 - 2.4915i|\} \\ &= \max\{5.9358, 3.5069, 3.5069\} = 5.9358 \end{aligned}$$

定义 1.2.4　设 λ_0 是 n 阶方阵 $\boldsymbol{A}$ 的特征值，则

(1) 如果 λ_0 是 $\boldsymbol{A}$ 的特征方程 $|\lambda \boldsymbol{E} - \boldsymbol{A}| = 0$ 的 m 重根，则称特征值 λ_0 的代数重数是 m.

(2) 如果 $\boldsymbol{A}$ 的属于特征值 λ_0 的线性无关特征向量有 s 个，则称特征值 λ_0 的几何重数是 s.

如［例 1.2.1］中的矩阵 $\boldsymbol{A}$，特征值 $\lambda = 1$ 的代数重数是 2，几何重数是 1.

定理 1.2.5　矩阵 $\boldsymbol{A}$ 的任意特征值的几何重数不大于它的代数重数.

证明　设矩阵 $\boldsymbol{A}$ 的特征值 λ_0 的几何重数是 s，则 $\boldsymbol{A}$ 的属于特征值 λ_0 的线性无关特征向量有 s 个. 假设 $\boldsymbol{p}_1, \boldsymbol{p}_2, \cdots, \boldsymbol{p}_s$ 是 $\boldsymbol{A}$ 的属于特征值 λ_0 的线性无关特征向量，在 $\boldsymbol{C}^n$ 中选取 $n-s$ 个列向量 $\boldsymbol{p}_{s+1}, \boldsymbol{p}_{s+2}, \cdots, \boldsymbol{p}_n$，使得 $\boldsymbol{p}_1, \boldsymbol{p}_2, \cdots, \boldsymbol{p}_s, \boldsymbol{p}_{s+1}, \boldsymbol{p}_{s+2}, \cdots, \boldsymbol{p}_n$ 线性无关. 令

$$\boldsymbol{P} = (\boldsymbol{p}_1, \boldsymbol{p}_2, \cdots, \boldsymbol{p}_s, \boldsymbol{p}_{s+1}, \boldsymbol{p}_{s+2}, \cdots, \boldsymbol{p}_n)$$

则 $\boldsymbol{P}$ 是可逆矩阵. 设 $\boldsymbol{b}_i$ 是 $\boldsymbol{P}x = \boldsymbol{A}\boldsymbol{p}_i$ $(i = s+1, s+2, \cdots, n)$ 的解，则有

$$\boldsymbol{AP} = (\lambda_0 \boldsymbol{p}_1, \lambda_0 \boldsymbol{p}_2, \cdots, \lambda_0 \boldsymbol{p}_s, \boldsymbol{Pb}_{s+1}, \cdots, \boldsymbol{Pb}_n)$$

$$= \boldsymbol{P} \begin{pmatrix} \lambda_0 & \cdots & 0 & b_{1,s+1} & \cdots & b_{1n} \\ \vdots & \ddots & \vdots & \vdots & \vdots & \vdots \\ 0 & \cdots & \lambda_0 & b_{s,s+1} & \cdots & a_{kn} \\ 0 & \cdots & 0 & b_{s+1,s+1} & \cdots & b_{s+1,n} \\ \vdots & \vdots & \vdots & \vdots & \ddots & \vdots \\ 0 & \cdots & 0 & b_{n,s+1} & \cdots & b_{m} \end{pmatrix} = \boldsymbol{PB}$$

上式表明 $\boldsymbol{A}$ 与 $\boldsymbol{B}$ 相似，从而此 $\boldsymbol{A}$ 与 $\boldsymbol{B}$ 有相同的特征值. 而

$$|\lambda \boldsymbol{E}-\boldsymbol{B}|=(\lambda-\lambda_0)^s\cdot\begin{vmatrix}\lambda-b_{s+1,s+1} & \cdots & -b_{s+1,n}\\ \vdots & \ddots & \vdots\\ -b_{n,s+1} & \cdots & \lambda-b_{nn}\end{vmatrix}$$

这表明特征值λ_0的代数重数至少是s，即特征值的几何重数不大于它的代数重数.

定义 1.2.5 (1) 若$\boldsymbol{A}$，$\boldsymbol{B}$都是n阶方阵，若存在n阶可逆方阵$\boldsymbol{P}$，使得$\boldsymbol{P}^{-1}\boldsymbol{AP}=\boldsymbol{B}$，则称$\boldsymbol{B}$与$\boldsymbol{A}$相似，称$\boldsymbol{P}$为相应的相似变换矩阵.

(2) 如果$\boldsymbol{A}$与一个对角矩阵相似，则称$\boldsymbol{A}$可相似对角化，简称为$\boldsymbol{A}$可对角化.

(3) 若$\boldsymbol{A}$相似于对角阵，则称$\boldsymbol{A}$为单纯矩阵.

从计算结果可知，[例 1.2.2] 中的矩阵是单纯矩阵，而 [例 1.2.1] 中的矩阵不是单纯矩阵.

定理 1.2.6 若$\boldsymbol{A}$与$\boldsymbol{B}$相似，则

(1) $|\boldsymbol{B}|=|\boldsymbol{A}|$.

(2) $\mathrm{rank}(\boldsymbol{B})=\mathrm{rank}(\boldsymbol{A})$.

(3) $\boldsymbol{A}$与$\boldsymbol{B}$有相同的特征多项式，从而有相同的特征值.

需要注意，定理 1.2.6 表明相似矩阵具有相同的行列式、相同的秩和相同的特征多项式，但其逆命题不成立. 例如，容易验证矩阵$\begin{pmatrix}2 & 1\\ 0 & 2\end{pmatrix}$与$\begin{pmatrix}2 & 0\\ 0 & 2\end{pmatrix}$有相同的行列式、相同的秩和相同的特征多项式，但它们不相似.

由线性代数的知识，有如下结论.

定理 1.2.7 (1) $\boldsymbol{A}$是单纯矩阵的充分必要条件是$\boldsymbol{A}$有n个线性无关的特征向量.

(2) $\boldsymbol{A}$是单纯矩阵的充分必要条件是$\boldsymbol{A}$的所有特征值的几何重数与代数重数相等.

(3) 如果$\boldsymbol{A}$的特征值两两互异，则$\boldsymbol{A}$是单纯矩阵.

(4) 实对称矩阵是单纯矩阵.

定理 1.2.8 若$\boldsymbol{A}$是正定矩阵，λ_1，λ_2，…，λ_n是$\boldsymbol{A}$的特征值，则

(1) $\lambda_i>0$，$i=1$，2，…，n.

(2) 存在正交矩阵$\boldsymbol{P}=(\boldsymbol{p}_1, \boldsymbol{p}_2, \cdots, \boldsymbol{p}_n)$，使得$\boldsymbol{P}^{\mathrm{T}}\boldsymbol{AP}=\mathrm{diag}(\lambda_1,\lambda_2,\cdots,\lambda_n)$，且$\boldsymbol{p}_i$是$\boldsymbol{A}$的属于特征值$\lambda_i$的特征向量.

(3) 存在正定阵$\boldsymbol{B}$，使得$\boldsymbol{B}^2=\boldsymbol{A}$.

1.2.2 特征值的估计

作为矩阵的重要参数，特征值可以看作是复平面上的一个点，矩阵特征值计算与估计在理论和实际应用中是非常重要的. 随着矩阵阶数的增加，特征值的精确计算难度加大，通常是一件困难的工作，甚至无法实现. 然而，在矩阵的理论研究及工程计算中，并不要求求出特征值的准确值，而只需知道特征值在什么范围内变化或确定特征值在复平面上的变化区

域. 如在数值计算中，如果用迭代法讨论线性方程组解的敛散性时，要估计系数矩阵的特征值是否在以原点为圆心的单位圆内，在讨论矩阵幂级数 $\sum_{k=1}^{\infty} c_k \boldsymbol{A}^k$ 是否收敛时，需要判别 $\rho(\boldsymbol{A})$ 是否小于幂级数 $\sum_{k=1}^{\infty} c_k z^k$ 的收敛半径；在线性系统理论中为判定系统的稳定性，只需估计系统矩阵的特征值是否都有负实部，即是否都位于复平面的左半面上. 如果能从矩阵自身元素出发，不用求特征方程的根，即可估计出特征值的范围，则使计算大大简化了.

下面我们介绍一种利用矩阵本身的元素来确定其特征值的较为精确的近似值及其分布区域的方法，即所谓的圆盘定理.

记 $\boldsymbol{B}(a,r)=\{z : |z-a|\leqslant r, z\in \boldsymbol{C}\}$ 是复平面中以 a 为中心，r 为半径的圆盘.

定义 1.2.6　对 n 阶方阵 $\boldsymbol{A}=(a_{ij})\in \boldsymbol{C}^{n\times n}$，

(1) 称 $G_{行i}=\boldsymbol{B}(a_{ii}, R_i)$ $(i=1,2,\cdots,n)$ 为矩阵 $\boldsymbol{A}$ 的第 i 个行 Gerschgorin 圆盘，其中 $R_i=\sum_{j=1,j\neq i}^{n} |a_{ij}|$. 称 $G_{行}=G_{行1}\cup G_{行2}\cup\cdots\cup G_{行n}$ 为矩阵 $\boldsymbol{A}$ 的行 Gerschgorin 区.

(2) 称 $G_{列i}=\boldsymbol{B}(a_{ii}, \widetilde{R}_i)$ $(i=1,2,\cdots,n)$ 为矩阵 $\boldsymbol{A}$ 的第 i 个列 Gerschgorin 圆盘，其中 $\widetilde{R}_i=\sum_{j=1,j\neq i}^{n} |a_{ij}|$. 称 $G_{列}=G_{列1}\cup G_{列2}\cup\cdots\cup G_{列n}$ 为矩阵 $\boldsymbol{A}$ 的列 Gerschgorin 区.

定理 1.2.9　(圆盘定理 1) 设矩阵 $\boldsymbol{A}=(a_{ij})\in \boldsymbol{C}^{n\times n}$，$\lambda$ 是 $\boldsymbol{A}$ 的特征值，则 $\lambda\in G_{行}$.

证明　设 λ 为矩阵 $\boldsymbol{A}$ 的任一特征值，则 $\boldsymbol{A}\boldsymbol{x}=\lambda\boldsymbol{x}$，$\boldsymbol{x}=(x_1,x_2,\cdots,x_n)^{\mathrm{T}}$，则 $\sum_{j=1}^{n} a_{ij}x_i = \lambda x_j (i=1,2,\cdots,n)$，因此

$$(\lambda-a_{ii})x_i=\sum_{\substack{j=1\\ j\neq i}}^{n} a_{ij}x_j$$

令 $|x_k|=\max\{|x_1|,|x_2|,\cdots,|x_n|\}$，因为 $\boldsymbol{x}\neq\boldsymbol{0}$，所以 $|x_k|\neq 0$，由 $(\lambda-a_{kk})x_k=\sum_{\substack{j=1\\ j\neq k}}^{n} a_{kj}x_j$，有

$$|\lambda-a_{kk}|=\left|\frac{1}{x_k}\sum_{\substack{j=1\\ j\neq k}}^{n} a_{kj}x_j\right|\leqslant\sum_{\substack{j=1\\ j\neq k}}^{n}|a_{kj}|\frac{|x_j|}{|x_k|}\leqslant\sum_{\substack{j=1\\ j\neq k}}^{n}|a_{kj}|=R_k$$

所以 $\lambda\in G_{行k}\subset G_{行}$，即 $\lambda\in G_{行}$.

【例 1.2.4】　试估计矩阵 $\boldsymbol{A}=\begin{pmatrix} 0 & 1 & 0 & i \\ 1 & 6 & 1 & 1 \\ \frac{i}{2} & i & 5i & 0 \\ 0 & \frac{1}{2} & \frac{1}{2} & -2 \end{pmatrix}$ 的特征值的分布范围.

解 因为 $a_{11}=0$，$a_{22}=6$，$a_{33}=5i$，$a_{44}=-2$，

$$G_{行1}=\{z:|z|\leqslant|a_{12}|+|a_{13}|+|a_{14}|=1+0+|i|=2\};$$

$$G_{行2}=\{z:|z-6|\leqslant|a_{21}|+|a_{23}|+|a_{24}|=1+1+1=3\};$$

$$G_{行3}=\left\{z:|z-5i|\leqslant|a_{31}|+|a_{32}|+|a_{34}|=\left|\frac{i}{2}\right|+|i|+0=\frac{3}{2}\right\};$$

$$G_{行4}=\left\{z:|z+2|\leqslant|a_{41}|+|a_{42}|+|a_{43}|=0+\frac{1}{2}+\frac{1}{2}=1\right\}.$$

由此可知矩阵 $\boldsymbol{A}$ 的四个特征值分别分布在以上四个圆盘的并集 $G_{行}=\bigcup\limits_{k=1}^{4}G_{行k}$ 中.

此例中，圆盘 $G_{行1}$ 与 $G_{行4}$ 的交集合不空，$G_{行1}$ 与 $G_{行4}$ 的并集合构成一个连通区域，我们也称由相交的几个 Gerschgorin 圆盘所构成的连通区域为 S 的一个**连通部分**，孤立的 Gerschgorin 圆盘也视为一个连通部分.

定理 1.2.10 （圆盘定理 2）矩阵 $\boldsymbol{A}$ 的行 Gerschgorin 区 $G_{行}$ 的某一连通部分 Ω 由 m 个 Gerschgorin 行圆盘的并集构成，则那么 Ω 中有且仅有矩阵 $\boldsymbol{A}$ 的 m 个特征值.

证明 假设矩阵 $\boldsymbol{A}$ 的行 Gerschgorin 区域的某一连通部分 Ω 由 m 个 Gerschgorin 行圆盘 $G_{行i_1},G_{行i_2},\cdots,G_{行i_m}$ 的并集构成. 记

$$\boldsymbol{A}_t=\begin{pmatrix} a_{11} & ta_{12} & \cdots & ta_{1n} \\ ta_{21} & a_{22} & \cdots & ta_{2n} \\ \vdots & \vdots & \ddots & \vdots \\ ta_{n1} & ta_{n2} & \cdots & a_{nn} \end{pmatrix}$$

当 $t=0$ 时，$\boldsymbol{A}_t=\mathrm{diag}(a_{11},a_{22},\cdots,a_{nn})$，当 $t=1$ 时，$\boldsymbol{A}_t=\boldsymbol{A}$. 设 $\boldsymbol{A}_t$ 的特征多项式为

$$\det(\lambda\boldsymbol{E}-\boldsymbol{A}_t)=\lambda^n+p_{n-1}(t)\lambda^{n-1}+\cdots+p_1(t)\lambda+p_0(t)$$

系数 $p_i(t)$ 是区间 $[0,1]$ 上的连续函数.

按代数函数理论，特征方程的根 $\lambda(t)$ 是 t 的连续函数. 若令 t 从 0 变到 1，则每个特征值都沿着某条路径连续地变化.

若 Ω 中没有 $\boldsymbol{A}$ 的 m 个特征值，注意到 $\boldsymbol{A}_0$ 有且仅有 m 个特征值在 Ω 中，因此至少有一个 i，使得 $\lambda_i(0)$ 在 Ω 中而点 $\lambda_i(1)$ 在 Ω 之外. 而由定理 1.2.9 知，$\lambda_i(1)$ 必在某一个连通部分，因此 $\lambda_i(1)$ 必在另外一个连通部分. 由于 $\lambda_i(t)$ 是 $[0,1]$ 上的连续函数，因此存在 t_0 使 $\lambda_i(t_0)$ 是 $\boldsymbol{A}_{t_0}$ 的特征值，但它不在任意一个圆盘 $G_{行i}$，从而 $\lambda_i(t_0)\notin\bigcup\limits_{i=1}^{n}G_{行i}$，如图 1.1 所示.

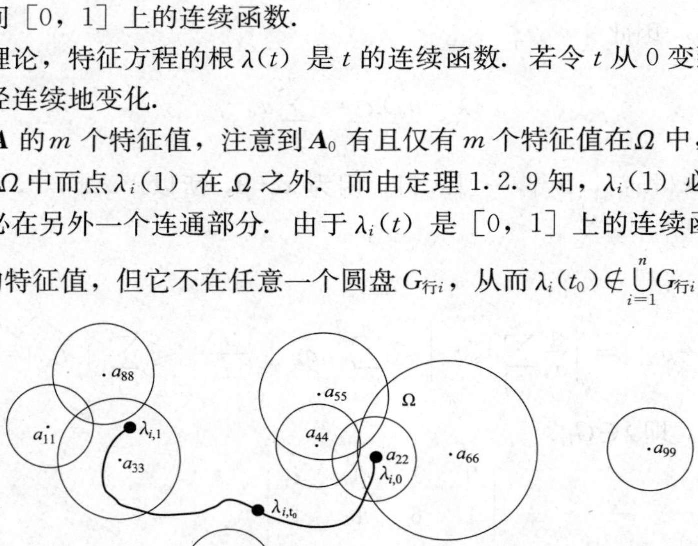

图 1.1 $\boldsymbol{A}_t$ 的特征值随 t 变化图

由于

$$\left\{z: |z-a_{ii}| \leqslant t_0 \sum_{j=1,j\neq i}^{n} |a_{ij}|\right\} \subseteq \left\{z: |z-a_{ii}| \leqslant \sum_{j=1,j\neq i}^{n} |a_{ij}|\right\}$$

定理 1.2.9 知

$$\lambda_i(t_0) \in \bigcup_{i=1}^{n} \left\{z: |z-a_{ii}| \leqslant t_0 \sum_{j=1,j\neq i}^{n} |a_{ij}|\right\} \subseteq \bigcup_{i=1}^{n} G_{行i}$$

这就产生矛盾，因此 Ω 中至少有 $\boldsymbol{A}$ 的 m 个特征值.

由前面的证明可知，每个 $\boldsymbol{A}$ 的行 Gerschgorin 区域的连通部分都至少含有构成它们的 Gerschgorin 行圆盘的个数个特征值，而 $\boldsymbol{A}$ 只有 n 个特征值，因此 Ω 中有且仅有 $\boldsymbol{A}$ 的 m 个特征值.

对［例 1.2.4］中的矩阵 $\boldsymbol{A}$，在圆盘 $G_{行2}$，$G_{行3}$ 中各有一个 $\boldsymbol{A}$ 的特征值，在 $G_{行1} \cup G_{行4}$ 中有 $\boldsymbol{A}$ 的两个特征值.

由定理 1.2.10，孤立的 Gerschgorin 圆盘中，有且只有 $\boldsymbol{A}$ 的一个特征值. 两个连通的圆盘中，恰恰只有两个 $\boldsymbol{A}$ 的特征值，但不能保证每个圆盘中都有特征值，如矩阵 $\boldsymbol{A}=\begin{pmatrix}-4 & -10\\ 1 & 6\end{pmatrix}$有两个圆盘，$G_{行1}=\{z: |z+4| \leqslant 10\}$，$G_{行2}=\{z: |z-6| \leqslant 1\}$，$\boldsymbol{A}$ 的两个特征值为 $\lambda_1=1+\sqrt{15}$ 和 $\lambda_2=1-\sqrt{15}$，易知，λ_1，$\lambda_2 \in G_{行1}$，但 λ_1，$\lambda_2 \notin G_{行2}$. 然而，如果 $\boldsymbol{A}$ 的 n 个圆盘两两互不相交，则 $\boldsymbol{A}$ 一定有 n 个互不相同的特征值.

推论 1.2.1　设 n 阶矩阵 $\boldsymbol{A}$ 的 n 个圆盘两两不相交，则

(1) $\boldsymbol{A}$ 相似于对角阵.

(2) 如果 $\boldsymbol{A}$ 是实矩阵，则 $\boldsymbol{A}$ 的特征值全是实数.

证明　n 阶矩阵 $\boldsymbol{A}$ 的 n 个圆盘两两不相交，由圆盘定理 2（即定理 1.2.10）可知，$\boldsymbol{A}$ 的每一个圆盘中有且仅有 $\boldsymbol{A}$ 的一个特征值. 因此

(1) $\boldsymbol{A}$ 的 n 个特征值两两互异，从而 $\boldsymbol{A}$ 相似于对角阵.

(2) 假设 $\lambda_0=a+bi$（$b\neq 0$）是 $\boldsymbol{A}$ 的特征值，且该特征值在圆盘 B（a_{kk}，R_k）中，由于 $\boldsymbol{A}$ 为实矩阵，它的复特征值一定成对出现，因此 $\lambda_0=a-bi$（$b\neq 0$）也是 $\boldsymbol{A}$ 的特征值。由于 $\lambda_0=a-bi$（$b\neq 0$）也在圆盘 B（a_{kk}，R_k）中，这表明圆盘 B（a_{kk}，R_k）中至少有 $\boldsymbol{A}$ 的两个特征值。这与 $\boldsymbol{A}$ 的每一个圆盘中有且仅有 $\boldsymbol{A}$ 的一个特征值矛盾，因此 $\boldsymbol{A}$ 只有实特征值。

推论 1.2.2　若矩阵 $\boldsymbol{A}$ 的 Gerschgorin 区不含 0，则 $\boldsymbol{A}$ 一定可逆.

由于 $\boldsymbol{A}^{\mathrm{T}}$ 与 $\boldsymbol{A}$ 有相同的特征值，利用 $\boldsymbol{A}^{\mathrm{T}}$ 的行圆盘，可得如下推论.

推论 1.2.3　矩阵 $\boldsymbol{A} \in \boldsymbol{C}^{n\times n}$ 的所有特征值含于 A 的列 Gerschgorin 区 $G_{列}$ 中.

由定理 1.2.10 和推论 1.2.3，可得如下推论.

推论 1.2.4 矩阵 $\boldsymbol{A}\in \boldsymbol{C}^{n\times n}$ 的全部特征值含在复平面的区域 $T=\left(\bigcup\limits_{i=1}^{n} G_{\text{行}i}\right)\cap\left(\bigcup\limits_{j=1}^{n} G_{\text{列}j}\right)$ 之中.

【例 1.2.5】 试估计矩阵 $\boldsymbol{A}=\begin{pmatrix} 1 & 0.1 & 0.2 & 0.3 \\ 0.5 & 3 & 0.1 & 0.2 \\ 0.7 & 0.3 & -1 & 0.5 \\ 0.2 & -0.3 & -0.1 & -4 \end{pmatrix}$ 的特征值的分布范围.

解 $\boldsymbol{A}$ 的 4 个行圆盘分别是 $B(1,\ 0.6)$，$B(3,\ 0.8)$，$B(-1,\ 1.5)$，$B(-4,\ 0.6)$，如图 1.2 所示. $\boldsymbol{A}$ 的 4 个列圆盘分别是 $B(1,\ 1.4)$，$B(3,\ 0.7)$，$B(-1,\ 0.4)$，$B(-4,\ 1)$，如图 1.2 所示. 由推论 1.2.4 可得，$\boldsymbol{A}$ 的特征值在

$$T=\left(\bigcup_{i=1}^{4} G_{\text{行}i}\right)\cap\left(\bigcup_{j=1}^{4} G_{\text{列}j}\right)$$

中. 因此，$\boldsymbol{A}$ 的特征值有一个在 $T_1=B(-4,\ 0.6)$ 中，有一个在 $T_2=B(-1,\ 0.4)$ 中，有一个在

$$T_3=B(3,0.8)\cap(B(1,1.4)\cup B(3,0.7))$$

中，第四个在区域

$$T_4=(B(-1,1.5)\cup B(1,0.6))\cap(B(1,1.4)\cup B(3,0.7))$$

中. 由于 T_1、T_2、T_3、T_4 两两不相交，因此 $T_i\ (i=1,2,3,4)$ 中有且仅有矩阵 $\boldsymbol{A}$ 的一个特征值，又因为 $\boldsymbol{A}$ 是实矩阵，如果它有复特征值 $a+bi\ (b\neq 0)$，则 $a-bi$ 也一定是特征值，因此 $\boldsymbol{A}$ 的 4 个特征值分别在区间 $[-4.6,-3.4]$，$[-1.4,-0.6]$，$[-0.4,1.6]$，$[2.2,3.7]$ 中上.

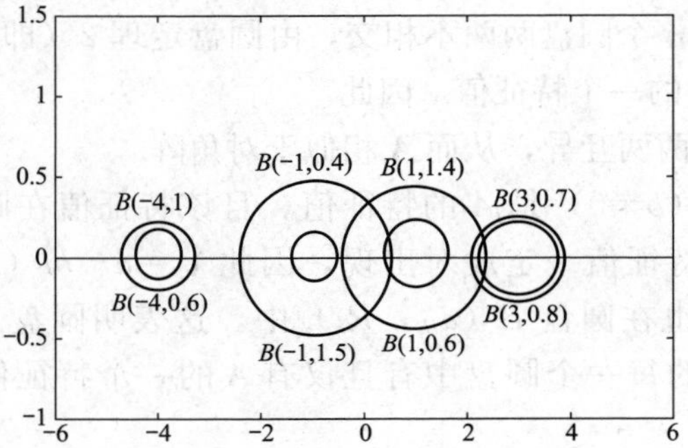

图 1.2 圆盘图示

注：经计算，$\boldsymbol{A}$ 的 4 个特征值分别是

$$\lambda_1=-3.9887,\quad \lambda_2=-1.0859,\quad \lambda_3=1.0498,\quad \lambda_4=3.0248$$

由定理 1.2.10 知道，在由 $\boldsymbol{A}$ 的 k 个 Gerschgorin 行圆盘组成的连通部分里有 k 个特征值. 我们能否实现在每个连通的 Gerschgorin 区仅有一个特征值呢？这就是特征值的隔离问题.

因为只要 $\boldsymbol{P}$ 为可逆矩阵，$\boldsymbol{P}^{-1}\boldsymbol{AP}$ 就和 $\boldsymbol{A}$ 有相同的特征值. 所以，可以把圆盘定理应用于 $\boldsymbol{P}^{-1}\boldsymbol{AP}$，得到新的估计结果. $\boldsymbol{P}$ 的一个方便的选择是取

$$\boldsymbol{P}=\mathrm{diag}(d_1,d_2,\cdots,d_n)\quad d_1,d_2,\cdots,d_n>0,$$

记

$$r_i=\frac{1}{d_i}\sum_{\substack{j=1\\ j\neq i}}^{n}|a_{ij}|d_j,\quad Q_i=B(a_{ii},r_i)$$

$$t_j=d_j\sum_{\substack{i=1\\ i\neq j}}^{n}|a_{ij}|\frac{1}{d_i},\quad \widetilde{Q}_j=B(a_{jj},r_j)$$

定理 1.2.11　设 $\boldsymbol{A}\in\boldsymbol{C}^{n\times n}$，$d_1,d_2,\cdots,d_n>0$，则全部特征值含在复平面的区域 $D=\left(\bigcup\limits_{i=1}^{n}Q_i\right)\cap\left(\bigcup\limits_{j=1}^{n}\widetilde{Q}_j\right)$之中.

证明　将推论 1.2.4 应用于 $\boldsymbol{P}^{-1}\boldsymbol{AP}$ 就可得到定理 1.2.11 的结论.

直接应用 Gerschgorin 定理只给出 $\boldsymbol{A}$ 的特征值的一个相当粗略的估计，而定理 1.2.11 中的备用参数 d_1，d_2，…，d_n 却为得到特征值的一个令人满意的估计提供很大的灵活性. 当选取 d_1，d_2，…，d_n 就可能使得 $\boldsymbol{A}$ 的每一个 Gerschgorin 圆包含的一个特征值. 具体做法为：要想 $\boldsymbol{A}$ 的第 j 个 Gerschgorin 圆缩小，可取 $d_j<1$，其余取为 1；要想 $\boldsymbol{A}$ 的第 j 个 Gerschgorin 圆放大，取 $d_j>1$，其余取为 1.

当然上述方法也有局限性，当 $\boldsymbol{A}$ 的对角线上有相同元素时，这种方法就失效了.

【例 1.2.6】　将［例 1.2.4］中的特征值进行隔离.

解　取 $\boldsymbol{P}=\mathrm{diag}(3,1,1,1)$，则矩阵

$$\boldsymbol{B}=\boldsymbol{P}^{-1}\boldsymbol{AP}=\begin{pmatrix}0&\frac{1}{3}&0&\frac{i}{3}\\3&6&1&1\\\frac{3i}{2}&i&5i&0\\0&\frac{1}{2}&\frac{1}{2}&-2\end{pmatrix}$$

矩阵 $\boldsymbol{A}$ 与 $\boldsymbol{B}$ 的四个 Gerschgorin 圆的圆心相同，而 $\boldsymbol{B}$ 的四个 Gerschgorin 圆的半径分别为

$$R_{1B}=\frac{2}{3},\quad R_{2B}=5,\quad R_{3B}=\frac{5}{2},\quad R_{4B}=1$$

$$D_{1B}=\left\{z:|z|\leqslant\frac{2}{3}\right\},\quad D_{2B}=\{z:|z-6|\leqslant 5\},$$

$$D_{3B}=\left\{z:|z-5i|\leqslant\frac{5}{2}\right\},\quad D_{4B}=\{z:|z+2|\leqslant 1\}$$

D_{1B} 与 D_{4B} 就隔离开了.

【例 1.2.7】　将［例 1.2.5］中 $\boldsymbol{A}$ 的特征值进行隔离，并估计 $\boldsymbol{A}$ 的特征值的分布范围.

解 $\boldsymbol{A}$ 的 4 个行圆盘分别是 $B(1,0.6)$，$B(3,0.8)$，$B(-1,1.5)$，$B(-4,0.6)$，如图 1.5 所示.

从图 1.5 可知，圆盘 $B(-1,\ 1.5)$，$B(1,\ 0.6)$ 相交，而圆盘 $B(-4,\ 0.6)$，$B(3,\ 0.8)$ 是孤立圆. 取 $\boldsymbol{P}=\mathrm{diag}(1,\ 1,\ 2,\ 1)$，缩小圆盘 $B(-1,\ 1.5)$，可得矩阵

$$\boldsymbol{B}=\boldsymbol{P}^{-1}\boldsymbol{A}\boldsymbol{P}=\begin{pmatrix}0.5 & 3 & 0.2 & 0.2\\ 0.5 & 3 & 0.2 & 0.2\\ 0.35 & 0.15 & -1 & 0.25\\ 0.2 & -0.3 & -0.2 & -4\end{pmatrix}$$

而 $\boldsymbol{B}$ 的四个 Gerschgorin 行圆盘分别为 $B(1,0.8)$，$B(3,0.9)$，$B(-1,0.75)$，$B(-4,0.7)$，如图 1.6 所示. 从图 1.6 可知，矩阵 $\boldsymbol{B}$ 的四个圆盘都是孤立的. 因此，每个圆盘中有且仅有矩阵 $\boldsymbol{A}$ 的一个特征值. 由于 $\boldsymbol{A}$ 是实矩阵，因此 $\boldsymbol{A}$ 的特征值在下列四个区间内，且每个区间上只有一个 $\boldsymbol{A}$ 的特征值：$[-4.7,-3.3]$，$[-1.75,-0.25]$，$[0.2,1.8]$，$[2.1,3.9]$.

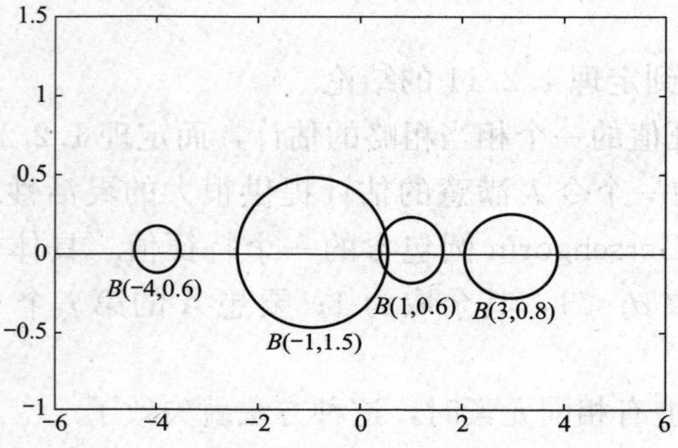

图 1.5 矩阵 $\boldsymbol{A}$ 的行圆盘

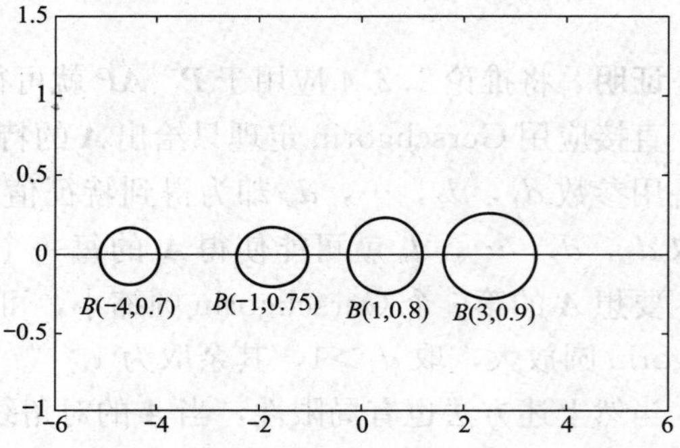

图 1.6 矩阵 $\boldsymbol{B}$ 的行圆盘

【例 1.2.8】 证明矩阵 $\boldsymbol{A}=\begin{pmatrix}1 & 0.1 & 0.2 & 0.3\\ 0.5 & 3 & 0.1 & 0.2\\ 1 & 0.3 & -1 & 0.5\\ 0.2 & -0.3 & -0.1 & -4\end{pmatrix}$ 可以对角化.

证明 取 $\boldsymbol{P}=\mathrm{diag}(1,1,2,1)$，则

$$\boldsymbol{C}=\boldsymbol{P}^{-1}\boldsymbol{A}\boldsymbol{P}=\begin{pmatrix}1 & 0.1 & 0.4 & 0.3\\ 0.5 & 3 & 0.2 & 0.2\\ 0.5 & 0.15 & -1 & 0.25\\ 0.2 & -0.3 & -0.2 & -4\end{pmatrix}$$

$\boldsymbol{C}$ 的 4 个行圆盘分别是 $B(1,0.8)$，$B(3,0.9)$，$B(-1,0.9)$，$B(-4,0.7)$. 由于四个圆盘两两不相交，每个圆盘中有且仅有矩阵 $\boldsymbol{A}$ 的一个特征值，因此 $\boldsymbol{A}$ 的特征值两两互异，从而 $\boldsymbol{A}$ 可以对角化.

1.3 矩 阵 分 解

1.3.1 矩阵的三角分解

定义 1.3.1 主对角线上的元素都是 1 的下三角矩阵，称为单位下三角矩阵，主对角线

上的元素都是1的上三角矩阵，称为单位上三角矩阵.

定义 1.3.2　(1) 如果 n 阶矩阵 $\boldsymbol{A}$ 能够分解为一个下三角矩阵 $\boldsymbol{L}$ 和一个上三角矩阵 $\boldsymbol{U}$ 的乘积，则称其为三角分解或 $\boldsymbol{LU}$ 分解.

(2) 如果 n 阶矩阵 $\boldsymbol{A}$ 能够分解为 $\boldsymbol{LDU}$，其中 $\boldsymbol{L}$ 为单位下三角矩阵，$\boldsymbol{D}$ 为对角矩阵，$\boldsymbol{U}$ 为单位上三角矩阵，则称其为 $\boldsymbol{LDU}$ 分解.

设 $\boldsymbol{A}=\boldsymbol{LU}$ 是 $\boldsymbol{A}$ 的三角分解：

(1) 如果 $\boldsymbol{L}$ 是一个单位下三角矩阵，则称它为 Doolittle 分解.

(2) 如果 $\boldsymbol{U}$ 是一个单位上三角矩阵，则称它为 Crout 分解.

定理 1.3.1　矩阵 $\boldsymbol{A}=(a_{ij})_{n\times n}$ 的 $\boldsymbol{LDU}$ 分解式唯一的充分且必要条件为 $\boldsymbol{A}$ 的顺序主子式 $\boldsymbol{D}_k=\begin{vmatrix} a_{11} & a_{12} & \cdots & a_{1k} \\ a_{21} & a_{22} & \cdots & a_{2k} \\ \vdots & \vdots & \ddots & \vdots \\ a_{k1} & a_{k2} & \cdots & a_{kk} \end{vmatrix}\neq 0\quad (k=1,2,\cdots,n-1)$

利用 $\boldsymbol{LDU}$ 分解得

(1) 令 $\boldsymbol{L}_1=\boldsymbol{L}$，$\boldsymbol{U}_1=\boldsymbol{DU}$，则 $\boldsymbol{L}_1\boldsymbol{U}_1$ 是 $\boldsymbol{A}$ 的 Doolittle 分解.

(2) 令 $\boldsymbol{L}_2=\boldsymbol{LD}$，$\boldsymbol{U}_2=\boldsymbol{U}$，则 $\boldsymbol{L}_2\boldsymbol{U}_2$ 是 $\boldsymbol{A}$ 的 Crout 分解.

如何得到矩阵 $\boldsymbol{A}$ 的 Doolittle 分解？为清晰起见，以 $n=4$ 为例来说明.

如果

$$\boldsymbol{D}_1=a_{11}^{(1)}=a_{11}\neq 0$$

令 $c_{i1}=\dfrac{a_{i1}^{(1)}}{a_{11}^{(1)}}$，$i=2, 3, 4$，构造矩阵

$$\boldsymbol{L}_1=\begin{pmatrix} 1 & 0 & 0 & 0 \\ c_{21} & 1 & 0 & 0 \\ c_{31} & 0 & 1 & 0 \\ c_{41} & 0 & 0 & 1 \end{pmatrix}$$

则

$$\boldsymbol{L}_1^{-1}\boldsymbol{A}^{(1)}=\begin{pmatrix} a_{11}^{(1)} & a_{12}^{(1)} & a_{13}^{(1)} & a_{1n}^{(1)} \\ 0 & a_{22}^{(2)} & a_{23}^{(2)} & a_{24}^{(2)} \\ 0 & a_{32}^{(2)} & a_{33}^{(2)} & a_{34}^{(2)} \\ 0 & a_{42}^{(2)} & a_{43}^{(2)} & a_{44}^{(2)} \end{pmatrix}=\boldsymbol{A}^{(2)}$$

在 $\boldsymbol{A}^{(2)}$ 的第一列中除主元素 $a_{11}^{(1)}$ 外，其余元素均被化为零，由于倍加变换不改变矩阵行列式的值，所以由 $\boldsymbol{A}^{(2)}$ 得到 $\boldsymbol{A}$ 的二阶顺序主子式为 $\boldsymbol{D}_2=a_{11}^{(1)}a_{22}^{(2)}$. 如果 $\boldsymbol{D}_2=a_{11}^{(1)}a_{22}^{(2)}\neq 0$，则 $a_{22}^{(2)}\neq 0$，令 $c_{i2}=\dfrac{a_{i2}^{(2)}}{a_{22}^{(2)}}$，$i=3, 4$，构造矩阵

$$
\boldsymbol{L}_2=\begin{pmatrix}1&0&0&0\\0&1&0&0\\0&c_{32}&1&0\\0&c_{42}&0&1\end{pmatrix}
$$

则

$$
\boldsymbol{L}_2^{-1}\boldsymbol{A}^{(2)}=\begin{pmatrix}a_{11}^{(1)}&a_{12}^{(1)}&a_{13}^{(1)}&a_{1n}^{(1)}\\0&a_{22}^{(2)}&a_{23}^{(2)}&a_{24}^{(2)}\\0&0&a_{33}^{(3)}&a_{34}^{(3)}\\0&0&a_{43}^{(3)}&a_{44}^{(3)}\end{pmatrix}=\boldsymbol{A}^{(3)}
$$

在 $\boldsymbol{A}^{(3)}$ 的前两列中，主元素以下的元素均已化为零，由于倍加变换不改变矩阵行列式的值，所以由 $\boldsymbol{A}^{(3)}$ 得到 $\boldsymbol{A}$ 的三阶顺序主子式为 $\boldsymbol{D}_3=a_{11}^{(1)}a_{22}^{(2)}a_{33}^{(3)}$.

令 $c_{43}=\dfrac{a_{43}^{(3)}}{a_{33}^{(3)}}$ 构造矩阵

$$
\boldsymbol{L}_3=\begin{pmatrix}1&0&0&0\\0&1&0&0\\0&0&1&0\\0&0&c_{43}&1\end{pmatrix}
$$

则

$$
\boldsymbol{L}_3^{-1}\boldsymbol{A}^{(3)}=\begin{pmatrix}a_{11}^{(1)}&a_{12}^{(1)}&a_{13}^{(1)}&a_{1n}^{(1)}\\0&a_{22}^{(2)}&a_{23}^{(2)}&a_{24}^{(2)}\\0&0&a_{33}^{(3)}&a_{34}^{(3)}\\0&0&0&a_{44}^{(4)}\end{pmatrix}=\boldsymbol{A}^{(4)}
$$

因此

$$
\boldsymbol{A}=\boldsymbol{A}^{(1)}=\boldsymbol{L}_1\boldsymbol{A}^{(2)}=\boldsymbol{L}_1\boldsymbol{L}_2\boldsymbol{A}^{(3)}=\boldsymbol{L}_1\boldsymbol{L}_2\boldsymbol{L}_3\boldsymbol{A}^{(4)}
$$

而

$$
\boldsymbol{L}=\boldsymbol{L}_1\boldsymbol{L}_2\boldsymbol{L}_3=\begin{pmatrix}1&0&0&0\\c_{21}&1&0&0\\c_{31}&c_{32}&1&0\\c_{41}&c_{42}&c_{43}&1\end{pmatrix}
$$

而 $\boldsymbol{A}^{(4)}$ 是一个上三角矩阵. 令 $\boldsymbol{U}=\boldsymbol{A}^{(4)}$，则 $\boldsymbol{LU}$ 是 $\boldsymbol{A}$ 的 Doolittle 分解.

为节省存储，可将每次得到的 $\boldsymbol{L}$ 的元素 c_{jk}（$j>k$）存放在矩阵 $\boldsymbol{A}^{(k+1)}$ 的（j，k）位置上，从而得到紧凑格式的 Doolittle 分解求解方法：

$$
\boldsymbol{A}\sim\begin{pmatrix}a_{11}^{(1)}&a_{12}^{(1)}&a_{13}^{(1)}&a_{1n}^{(1)}\\c_{21}&a_{22}^{(2)}&a_{23}^{(2)}&a_{24}^{(2)}\\c_{31}&a_{32}^{(2)}&a_{33}^{(2)}&a_{34}^{(2)}\\c_{41}&a_{42}^{(2)}&a_{43}^{(2)}&a_{44}^{(2)}\end{pmatrix}\sim\begin{pmatrix}a_{11}^{(1)}&a_{12}^{(1)}&a_{13}^{(1)}&a_{1n}^{(1)}\\c_{21}&a_{22}^{(2)}&a_{23}^{(2)}&a_{24}^{(2)}\\c_{31}&c_{32}&a_{33}^{(3)}&a_{34}^{(3)}\\c_{41}&c_{42}&a_{43}^{(3)}&a_{44}^{(3)}\end{pmatrix}\sim\begin{pmatrix}a_{11}^{(1)}&a_{12}^{(1)}&a_{13}^{(1)}&a_{1n}^{(1)}\\c_{21}&a_{22}^{(2)}&a_{23}^{(2)}&a_{24}^{(2)}\\c_{31}&c_{32}&a_{33}^{(3)}&a_{34}^{(3)}\\c_{41}&c_{42}&c_{43}&a_{44}^{(4)}\end{pmatrix}
$$

它的 $\boldsymbol{LDU}$ 分解为

$$\begin{pmatrix}1&0&0&0\\c_{21}&1&0&0\\c_{31}&c_{32}&1&0\\c_{41}&c_{42}&c_{43}&1\end{pmatrix}\begin{pmatrix}a_{11}^{(1)}&0&0&0\\0&a_{22}^{(2)}&0&0\\0&0&a_{33}^{(3)}&0\\0&0&0&a_{44}^{(4)}\end{pmatrix}\begin{pmatrix}1&a_{12}^{(1)}/a_{11}^{(1)}&a_{13}^{(1)}/a_{11}^{(1)}&a_{1n}^{(1)}/a_{11}^{(1)}\\0&1&a_{23}^{(2)}/a_{22}^{(2)}&a_{24}^{(2)}/a_{22}^{(2)}\\0&0&1&a_{34}^{(3)}/a_{33}^{(3)}\\0&0&0&1\end{pmatrix}$$

【例 1.3.1】 用紧凑格式求矩阵 $\boldsymbol{A}=\begin{pmatrix}2&1&-1&3\\4&3&-2&11\\-4&1&5&8\\6&2&12&3\end{pmatrix}$ 的 Doolittle 分解、$\boldsymbol{LDU}$ 分解和 Crout 分解.

解

$$\boldsymbol{A}\sim\begin{pmatrix}2&1&-1&3\\2&1&0&5\\-2&3&3&14\\3&-1&15&-6\end{pmatrix}\sim\begin{pmatrix}2&1&-1&3\\2&1&0&5\\-2&3&3&-1\\3&-1&15&-1\end{pmatrix}\sim\begin{pmatrix}2&1&-1&3\\2&1&0&5\\-2&3&3&-1\\3&-1&5&4\end{pmatrix}$$

因此 $\boldsymbol{A}$ 的 Doolittle 分解为

$$\begin{pmatrix}1&0&0&0\\2&1&0&0\\-2&3&1&0\\3&-1&5&1\end{pmatrix}\begin{pmatrix}2&1&-1&3\\0&1&0&5\\0&0&3&-1\\0&0&0&4\end{pmatrix}$$

从而 $\boldsymbol{A}$ 的 $\boldsymbol{LDU}$ 分解为

$$\begin{pmatrix}1&0&0&0\\2&1&0&0\\-2&3&1&0\\3&-1&5&1\end{pmatrix}\begin{pmatrix}2&0&0&0\\0&1&0&0\\0&0&3&0\\0&0&0&4\end{pmatrix}\begin{pmatrix}1&\frac{1}{2}&-\frac{1}{2}&\frac{3}{2}\\0&1&0&5\\0&0&1&-\frac{1}{3}\\0&0&0&1\end{pmatrix}$$

Crout 分解为

$$\begin{pmatrix}2&0&0&0\\4&1&0&0\\-4&3&3&0\\6&-1&15&4\end{pmatrix}\begin{pmatrix}1&\frac{1}{2}&-\frac{1}{2}&\frac{3}{2}\\0&1&0&5\\0&0&1&-\frac{1}{3}\\0&0&0&1\end{pmatrix}$$

用紧凑格式求矩阵 $\boldsymbol{A}$ 的 Doolittle 分解的 Matlab 程序如下.

```
function[L,U] = LU(A)
n = size(A,1);
  for k1 = 1 : n - 1
     for k2 = k1 + 1 : n
           A(k2,k1) = A(k2,k1)/A(k1,k1);
           A(k2,k1 + 1 : n) = A(k2,k1 + 1 : n) - A(k2,k1) * A(k1,k1 + 1 : n);
     end
```

```
    end
U = triu(A);
L = tril(A, - 1);
    for k = 1 : n
        L(k,k) = 1;
    end
end
```

定义 1.3.3 设$\boldsymbol{A}$是实对称正定矩阵. 如果$\boldsymbol{A}=\boldsymbol{G}\boldsymbol{G}^{\mathrm{T}}$，其中$\boldsymbol{G}$是下三角矩阵，则称分解式$\boldsymbol{A}=\boldsymbol{G}\boldsymbol{G}^{\mathrm{T}}$为实对称正定矩阵$\boldsymbol{A}$的柯列斯基（Choleshy）分解（也叫作平方根分解，或对称三角分解）.

定理 1.3.2 实对称正定矩阵$\boldsymbol{A}$的柯列斯基分解唯一存在.

证明 由于$\boldsymbol{A}$是实对称正定矩阵，因此$\boldsymbol{A}$非奇异，由定理 1.3.1 可知，$\boldsymbol{A}$有唯一的$\boldsymbol{LDU}$分解，其中

$$\boldsymbol{D}=\operatorname{diag}(d_1,d_2,\cdots,d_n),\quad d_i>0,\quad i=1,2,\cdots,n$$

因为

$$\boldsymbol{A}=\boldsymbol{A}^{\mathrm{T}}=\boldsymbol{U}^{\mathrm{T}}\boldsymbol{D}^{\mathrm{T}}\boldsymbol{L}^{\mathrm{T}}=\boldsymbol{U}^{\mathrm{T}}\boldsymbol{D}\boldsymbol{L}^{\mathrm{T}}$$

所以$\boldsymbol{U}^{\mathrm{T}}\boldsymbol{D}\boldsymbol{L}^{\mathrm{T}}$也是$\boldsymbol{A}$的$\boldsymbol{LDU}$分解，故$\boldsymbol{U}=\boldsymbol{L}^{\mathrm{T}}$，$\boldsymbol{L}=\boldsymbol{U}^{\mathrm{T}}$，因此

$$\boldsymbol{A}=\boldsymbol{L}\boldsymbol{D}\boldsymbol{L}^{\mathrm{T}}$$

令

$$\boldsymbol{G}=\boldsymbol{L}\widetilde{\boldsymbol{D}}=\operatorname{diag}(\sqrt{d_1},\sqrt{d_2},\cdots,\sqrt{d_n})$$

则$\boldsymbol{G}$是下三角矩阵，且

$$\boldsymbol{A}=\boldsymbol{L}\widetilde{\boldsymbol{D}}\widetilde{\boldsymbol{D}}\boldsymbol{L}^{\mathrm{T}}=\boldsymbol{G}\boldsymbol{G}^{\mathrm{T}}$$

因为$\boldsymbol{A}$的$\boldsymbol{LDU}$分解唯一，因此$\boldsymbol{G}$也是唯一的，从而$\boldsymbol{A}$的柯列斯基分解唯一.

求实对称正定矩阵$\boldsymbol{A}$的柯列斯基分解的步骤如下：

(1) 求$\boldsymbol{A}$的$\boldsymbol{LDU}$分解.

(2) 令$\boldsymbol{G}=\boldsymbol{L}\cdot\operatorname{diag}(\sqrt{d_1},\ \sqrt{d_2},\ \cdots,\ \sqrt{d_n})$.

(3) 写出柯列斯基分解$\boldsymbol{A}=\boldsymbol{G}\boldsymbol{G}^{\mathrm{T}}$.

【例 1.3.2】 求矩阵$\boldsymbol{A}=\begin{pmatrix}4&-4&8\\-4&5&-5\\8&-5&34\end{pmatrix}$的柯列斯基（Choleshy）分解.

解

$$A\sim\begin{pmatrix}4&-4&8\\-1&1&3\\2&3&18\end{pmatrix}\sim\begin{pmatrix}4&-4&8\\-1&1&3\\2&3&9\end{pmatrix}$$

因此 $\boldsymbol{A}$ 的 $\boldsymbol{LDU}$ 分解为

$$\begin{pmatrix}1&0&0\\-1&1&0\\2&3&1\end{pmatrix}\begin{pmatrix}4&0&0\\0&1&0\\0&0&9\end{pmatrix}\begin{pmatrix}1&-1&2\\0&1&3\\0&0&1\end{pmatrix}$$

令

$$\boldsymbol{G}=\begin{pmatrix}1&0&0\\-1&1&0\\2&3&1\end{pmatrix}\begin{pmatrix}2&0&0\\0&1&0\\0&0&3\end{pmatrix}=\begin{pmatrix}2&0&0\\-2&1&0\\4&3&3\end{pmatrix}$$

则 $\boldsymbol{GG}^{\mathrm{T}}$ 是 $\boldsymbol{A}$ 的 Choleshy 分解.

利用矩阵的 $\boldsymbol{LDU}$ 分解，求正定矩阵 $\boldsymbol{A}$ 的 Choleshy 分解的 Matlab 程序

```
function [G]=Choleshy (A)
  n = size(A,1);
    for k1 = 1 : n-1
      for k2 = k1 + 1 : n
        A(k2,k1) = A(k2,k1)/A(k1,k1);
        A(k2,k1 + 1 : n) = A(k2,k1 + 1 : n) - A(k2,k1) * A(k1,k1 + 1 : n);
      end
    end
  G = zeros(n,n);
    for k = 1 : n-1
      G(k,k) = sqrt(A(k,k));
      G(k + 1 : n,k) = A(k + 1 : n,k) * G(k,k);
    end
      G(n,n) = sqrt(A(n,n));
  end
```

设 $\boldsymbol{A}=(a_{ij})_{n\times n}$，令

$$\boldsymbol{G}=\begin{pmatrix}g_{11}&0&0&\cdots&0\\g_{21}&g_{22}&0&\cdots&0\\g_{31}&g_{32}&g_{33}&\cdots&0\\\vdots&\vdots&\vdots&\ddots&\vdots\\g_{n1}&g_{n2}&g_{n3}&\cdots&g_{nn}\end{pmatrix}$$

由 Cholesky 分解 $\boldsymbol{A}=\boldsymbol{GG}^{\mathrm{T}}$ 两边对应元素相等知：对任意 $i=1,2,\cdots,n$，有

$$a_{ij}=g_{i1}g_{j1}+g_{i2}g_{j2}+\cdots+g_{ij}g_{jj},\quad j<i$$
$$a_{ii}=g_{i1}^2+g_{i2}^2+\cdots+g_{ii}^2$$

从而可得 Cholesky 分解的递推公式.

Cholesky 分解的递推算法如下.

若 $i=1,2,\cdots,n$，则

(1) $g_{ii}=\left(a_{ii}-\sum\limits_{k=1}^{i-1}g_{ik}^2\right)^{1/2}$.

(2) $g_{ji}=\frac{1}{g_{ii}}\left(a_{ij}-\sum_{k=1}^{i-1}g_{ik}g_{jk}\right),j=i+1,\cdots,n.$

如果 $\boldsymbol{A}$ 不满足定理 1.3.1 的条件，交换 $\boldsymbol{A}$ 的行，使得交换后的矩阵满足定理 1.3.1 的条件.

Matlab 的函数 lu 可用于对矩阵 $\boldsymbol{A}$ 进行三角分解，其调用格式为：

(1) $[\boldsymbol{L},\boldsymbol{U}]=\mathrm{lu}(\boldsymbol{A})$，产生一个上三角矩阵 $\boldsymbol{U}$，使之满足 $\boldsymbol{A}=\boldsymbol{LU}$. 当 $\boldsymbol{A}$ 满足定理 1.3.1 的条件时，$\boldsymbol{L}$ 是单位下三角阵.

(2) $[\boldsymbol{L},\boldsymbol{U},\boldsymbol{P}]=\mathrm{lu}(\boldsymbol{A})$，产生上三角阵 $\boldsymbol{U}$，单位下三角阵 $\boldsymbol{L}$，置换矩阵 $\boldsymbol{P}$，使得 $\boldsymbol{LU}=\boldsymbol{PA}$.

1.3.2 矩阵的满秩分解

下面用 $\mathbf{R}_r^{m\times n}$ 表示秩为 r 的 $m\times n$ 实矩阵的集合.

定义 1.3.4 设 $\boldsymbol{A}\in\mathbf{R}_r^{m\times n}$，$r>0$. 如果矩阵 $\boldsymbol{B}\in\mathbf{R}^{m\times r}$ 与 $\boldsymbol{C}\in\mathbf{R}^{r\times n}$，使得 $\boldsymbol{A}=\boldsymbol{BC}$，则称 $\boldsymbol{BC}$ 为矩阵 $\boldsymbol{A}$ 的满秩分解.

定义 1.3.5 如果 $\boldsymbol{H}\in\mathbf{R}^{m\times n}$ 满足：

(1) $\boldsymbol{H}$ 的后 $m-r$ 行上的元素都是零；

(2) $\boldsymbol{H}$ 的 $j_1,j_2,\cdots,j_r$ 列构成 m 阶单位阵的前 r 个列，即

$$(\boldsymbol{H}_{j_1},\boldsymbol{H}_{j_2},\cdots,\boldsymbol{H}_{j_r})=\begin{pmatrix}\boldsymbol{E}_r\\ \boldsymbol{0}\end{pmatrix}$$

则称 $\boldsymbol{H}$ 为拟 Hermite 标准形.

如果 $j_1<j_2<\cdots<j_r$，则称 $\boldsymbol{H}$ 为 Hermite 标准形. Hermite 标准形就是线性代数中的最简形.

定理 1.3.3 设 $\boldsymbol{A}\in\mathbf{R}_r^{m\times n}$，则存在矩阵 $\boldsymbol{B}\in\mathbf{R}^{m\times r}$ 与 $\boldsymbol{C}\in\mathbf{R}^{r\times n}$，使得 $\boldsymbol{A}=\boldsymbol{BC}$，即矩阵 $\boldsymbol{A}$ 的满秩分解存在.

证明 使用初等行变换，可将 $\boldsymbol{A}$ 化为拟 Hermite 标准形 $\boldsymbol{H}$，即存在可逆矩阵 $\boldsymbol{P}$ 使得 $\boldsymbol{PA}=\boldsymbol{H}$，即 $\boldsymbol{A}=\boldsymbol{P}^{-1}\boldsymbol{H}$. 由于 $\boldsymbol{H}$ 是拟 Hermite 标准形，记前 r 行为 $\boldsymbol{C}$，则

$$\boldsymbol{H}=\begin{pmatrix}\boldsymbol{C}\\ \boldsymbol{O}_{(m-r)\times n}\end{pmatrix}$$

设 $\boldsymbol{P}^{-1}$ 的前 r 列为 $\boldsymbol{B}$，后 $m-r$ 列为 $\boldsymbol{S}$，即

$$\boldsymbol{P}^{-1}=(\boldsymbol{B},\boldsymbol{S}),\quad \boldsymbol{B}=(\boldsymbol{p}_1,\boldsymbol{p}_2,\cdots,\boldsymbol{p}_r),\quad \boldsymbol{S}=(\boldsymbol{p}_{r+1},\cdots,\boldsymbol{p}_m)$$

则

$$\boldsymbol{A}=\boldsymbol{P}^{-1}\boldsymbol{H}=(\boldsymbol{B},\boldsymbol{S})\begin{pmatrix}\boldsymbol{C}\\ \boldsymbol{0}_{(m-r)\times n}\end{pmatrix}=\boldsymbol{BC}$$

$\boldsymbol{A}$ 的第 $j_1,j_2,\cdots,j_r$ 列分别等于 $\boldsymbol{P}^{-1}\boldsymbol{H}$ 的第 $j_1,j_2,\cdots,j_r$ 列，它们是

$$(\boldsymbol{p}_1,\boldsymbol{p}_2,\cdots,\boldsymbol{p}_r,\boldsymbol{p}_{r+1},\cdots,\boldsymbol{p}_m)\begin{pmatrix}1&0&\cdots&0\\0&1&\cdots&0\\\vdots&\vdots&\ddots&0\\0&0&\cdots&1\\0&0&\cdots&0\\\vdots&\vdots&\ddots&\vdots\\0&0&\cdots&0\end{pmatrix}_{m\times r}=(\boldsymbol{p}_1,\boldsymbol{p}_2,\cdots,\boldsymbol{p}_r)=\boldsymbol{B}$$

定理的证明告诉我们求满秩分解的具体步骤：

(1) 用初等行变换将 $\boldsymbol{A}$ 化为拟 Hermite 标准形 $\boldsymbol{H}$，其 j_1，j_2，…，j_r 列构成 m 阶单位阵的前 r 列.

(2) 写出 $\boldsymbol{A}$ 有满秩分解 $\boldsymbol{A}=\boldsymbol{BC}$，其中 $\boldsymbol{B}$ 是由 $\boldsymbol{A}$ 的 j_1，j_2，…，j_r 列构成的矩阵，$\boldsymbol{C}$ 是由 $\boldsymbol{H}$ 的前 r 行构成的矩阵.

【例 1.3.3】 求矩阵 $\boldsymbol{A}=\begin{pmatrix}3&1&0&-1&1\\0&1&1&0&2\\1&-1&-1&2&-1\\7&2&0&0&3\end{pmatrix}$ 的满秩分解.

解

$$\begin{pmatrix}3&1&0&-1&1\\0&1&1&0&2\\1&-1&-1&2&-1\\7&2&0&0&3\end{pmatrix}\sim\begin{pmatrix}3&1&0&-1&1\\0&1&1&0&2\\1&0&0&2&1\\7&2&0&0&3\end{pmatrix}\sim\begin{pmatrix}3&1&0&-1&1\\-3&0&1&1&1\\1&0&0&2&1\\1&0&0&2&1\end{pmatrix}\sim$$

$$\begin{pmatrix}2&1&0&-3&0\\-4&0&1&-1&0\\1&0&0&2&1\\0&0&0&0&0\end{pmatrix}$$

取

$$\boldsymbol{B}=(\boldsymbol{A}_2,\boldsymbol{A}_3,\boldsymbol{A}_5)=\begin{pmatrix}1&0&1\\1&1&2\\-1&-1&-1\\2&0&3\end{pmatrix},\quad \boldsymbol{C}=\begin{pmatrix}2&1&0&-3&0\\-4&0&1&-1&0\\1&0&0&2&1\end{pmatrix}$$

则 $\boldsymbol{BC}$ 是 $\boldsymbol{A}$ 的满秩分解.

矩阵 $\boldsymbol{A}$ 的满秩分解不唯一. 实际上，如果 $\boldsymbol{BC}$ 是 $\boldsymbol{A}$ 的满秩分解，$\mathrm{rank}(\boldsymbol{A})=r$，$\boldsymbol{P}$ 是 r 阶可逆矩阵，取 $\boldsymbol{B}_1=\boldsymbol{BP}$，$\boldsymbol{C}_1=\boldsymbol{P}^{-1}\boldsymbol{C}$，则 $\boldsymbol{B}_1\boldsymbol{C}_1$ 也是 $\boldsymbol{A}$ 的满秩分解.

一般的，两个不同的满秩分解有何关系呢？

定理 1.3.4 设 $\boldsymbol{A}\in\mathbf{R}_r^{m\times n}$，$\boldsymbol{BC}$ 和 $\boldsymbol{B}_1\boldsymbol{C}_1$ 都是 $\boldsymbol{A}$ 的满秩分解，则存在 r 阶可逆矩阵 $\boldsymbol{P}$，使得

$$\boldsymbol{B}=\boldsymbol{B}_1\boldsymbol{P},\quad \boldsymbol{C}=\boldsymbol{P}^{-1}\boldsymbol{C}_1$$

证明 设 $\boldsymbol{BC}$ 和 $\boldsymbol{B}_1\boldsymbol{C}_1$ 都是 $\boldsymbol{A}$ 的满秩分解，则

$$\boldsymbol{A}=\boldsymbol{BC}=\boldsymbol{B}_1\boldsymbol{C}_1$$

因此

$$\boldsymbol{BCC}^{\mathrm{T}}=\boldsymbol{B}_1\boldsymbol{C}_1\boldsymbol{C}^{\mathrm{T}}$$

由于 $\mathrm{rank}(\boldsymbol{CC}^{\mathrm{T}})=\mathrm{rank}(\boldsymbol{C})=r$，因此 $\boldsymbol{CC}^{\mathrm{T}}$ 非奇异，从而有

$$\boldsymbol{B}=\boldsymbol{B}_1\boldsymbol{C}_1\boldsymbol{C}^{\mathrm{T}}(\boldsymbol{CC}^{\mathrm{T}})^{-1}\tag{1.3.1}$$

记 $\boldsymbol{P}=\boldsymbol{C}_1\boldsymbol{C}^{\mathrm{T}}(\boldsymbol{CC}^{\mathrm{T}})^{-1}$，则 $\boldsymbol{B}=\boldsymbol{B}_1\boldsymbol{P}$.

记 $\boldsymbol{Q}=(\boldsymbol{B}^{\mathrm{T}}\boldsymbol{B})^{-1}\boldsymbol{B}^{\mathrm{T}}\boldsymbol{B}_1$，类似可得，$\boldsymbol{C}=\boldsymbol{QC}_1$

$$\boldsymbol{C}=(\boldsymbol{B}^{\mathrm{T}}\boldsymbol{B})^{-1}\boldsymbol{B}^{\mathrm{T}}\boldsymbol{B}_1\boldsymbol{C}_1=\boldsymbol{QC}_1\tag{1.3.2}$$

将式（1.3.1）和式（1.3.2）代入 $\boldsymbol{BC}=\boldsymbol{B}_1\boldsymbol{C}_1$ 可得

$$\boldsymbol{B}_1\boldsymbol{C}_1=\boldsymbol{BC}=\boldsymbol{B}_1\boldsymbol{PQC}_1$$

从而有

$$\boldsymbol{B}_1^{\mathrm{T}}\boldsymbol{B}_1\boldsymbol{C}_1\boldsymbol{C}_1^{\mathrm{T}}=\boldsymbol{B}_1^{\mathrm{T}}\boldsymbol{B}_1\boldsymbol{PQC}_1\boldsymbol{C}_1^{\mathrm{T}}$$

注意到 $\boldsymbol{B}_1^{\mathrm{T}}\boldsymbol{B}_1$，$\boldsymbol{C}_1\boldsymbol{C}_1^{\mathrm{T}}$ 都是可逆矩阵，因此 $\boldsymbol{PQ}=\boldsymbol{E}_r$，这就证明了 $\boldsymbol{Q}=\boldsymbol{P}^{-1}$.

用列主元法求矩阵 $\boldsymbol{A}$ 的满秩分解的 Matlab 程序如下：

```
function[B,C] = fenjie_manzhi(A)
n = size(A);C = A;
for k2 = 1 : n(2)
    [C(:,k2:n(2)),shixin] = bianhuan1(C(:,k2:n(2)));
        if shixin>0
            jb = k2;break;
        end
end
for k = 2:n(1)
    for k2 = jb(k - 1):n(2)
        [C(k:n(1),k2:n(2)),shixin] = bianhuan1(C(k:n(1),k2:n(2)));
            if shixin>0
              jb = [jb,k2];break;
        end
    end
    end
m = size(jb,2);C = C(1:m,:);
    for k = m: - 1:2
        for k1 = 1:k - 1
            C(k1,jb(k):n) = C(k1,jb(k):n)-C(k,jb(k):n) * C(k1,jb(k));
        end
    end
    B = A(:,jb);
end
```

1.3.3 矩阵的正交三角分解

一、Givens 矩阵

定义 1.3.6 设实数 α 与 β 满足 $\alpha^2+\beta^2=1$，则称矩阵 $\boldsymbol{T}_{ij}=(t_{ij})_{n\times n}$，$(i<j)$ 为 Givens 矩

阵（或初等旋转矩阵），简记为 T_{ij} 或 $T_{ij}(\alpha,\beta)$. 其中

$$t_{kk}=\begin{cases}1, & k\neq i,k\neq j\\ \alpha, & k=i,j\end{cases},\quad t_{ks}=\begin{cases}\beta, & k=i,s=j\\ -\beta, & k=j,s=j\\ 0, & \text{其他情况}\end{cases}$$

Givens 矩阵具有以下性质：

（1）Givens 矩阵是正交矩阵，并且

$$[T_{ij}(\alpha,\beta)]^{-1}=[T_{ij}(\alpha,\beta)]^{\mathrm{T}}=T_{ij}(\alpha,-\beta)$$

（2）设 $x=(x_1, x_2, \cdots, x_n)^{\mathrm{T}}$，$y=(y_1, y_2, \cdots, y_n)^{\mathrm{T}}=T_{ij}x$，则

$$\begin{cases}y_i=\alpha x_i+\beta x_j\\ y_j=-\beta x_i+\alpha x_j\\ b_k=x_k(k\neq i,j)\end{cases}$$

定理 1.3.5　设 $x=(a_1,a_2,\cdots,a_n)^{\mathrm{T}}$，则存在有限个 Givens 矩阵，它们的积 T 使得 $Tx=\|x\|e_1$.

证明　如果 $a_1\neq 0$，则对 x 构造 Givens 矩阵 $T_{12}(\alpha_2, \beta_2)$，其中

$$\alpha_2=\frac{a_1}{\sqrt{a_1^2+a_2^2}},\quad \beta_2=\frac{a_2}{\sqrt{a_1^2+a_2^2}}$$

则

$$T_{12}x=(\sqrt{a_1^2+a_2^2},0,a_3,\cdots,a_n)^{\mathrm{T}}$$

对 $T_{12}x$ 构造 Givens 矩阵 T_{13}（α_3, β_3），其中

$$\alpha_3=\frac{\sqrt{a_1^2+a_2^2}}{\sqrt{a_1^2+a_2^2+a_3^2}},\quad \beta_3=\frac{a_3}{\sqrt{a_1^2+a_2^2+a_3^2}}$$

则

$$T_{13}T_{12}x=(\sqrt{a_1^2+a_2^2+a_3^2},0,0,a_4,\cdots,a_n)^{\mathrm{T}}$$

依此类推，对 $T_{1,n-1}\cdots T_{12}x$ 构造 Givens 矩阵 $T_{1n}(\alpha_n, \beta_n)$，其中

$$\alpha_n=\frac{\sqrt{a_1^2+\cdots+a_{n-1}^2}}{\sqrt{a_1^2+\cdots+a_{n-1}^2+a_n^2}},\quad \beta_n=\frac{a_n}{\sqrt{a_1^2+\cdots+a_{n-1}^2+a_n^2}}$$

令 $T=T_{1n}T_{1,n-1}\cdots T_{12}$，则有 $Tx=\|x\|e_1$.

如果 $a_1=a_2=\cdots a_{k-1}=0$，$a_k\neq 0$（$1<k\leqslant n$），由 T_{1k} 开始施行以上的步骤，结论成立.

二、Householder 矩阵

定义 1.3.7　设单位向量 $u\in\mathbf{R}^n$，称 $H=E_n-2uu^{\mathrm{T}}$ 为 Householder 矩阵（或初等反射矩阵）.

Householder 矩阵具有以下性质：

（1）Householder 矩阵是对称矩阵，即 $H^{\mathrm{T}}=H$.

（2）Householder 矩阵是正交矩阵，即 $H^{\mathrm{T}}H=E_n$.

（3）Householder 矩阵对合矩阵，即 $H^2=E_n$.

(4) Householder 矩阵自逆矩阵，即 $\boldsymbol{H}^{-1}=\boldsymbol{H}$.

(5) $\det(\boldsymbol{H})=1$.

定理 1.3.6 任意给定非零列向量 $\boldsymbol{x}\in\mathbf{R}^n$ 及单位列向量 $\boldsymbol{z}\in\mathbf{R}^n$，则存在 Householder 矩阵 $\boldsymbol{H}$，使得 $\boldsymbol{Hx}=\|\boldsymbol{x}\|\boldsymbol{z}$.

证明 (1) 当 $\boldsymbol{x}=\|\boldsymbol{x}\|\boldsymbol{z}$ 时，取满足 $\boldsymbol{u}^{\mathrm{T}}\boldsymbol{x}=0$ 单位列向量 $\boldsymbol{u}$，令 $\boldsymbol{H}=\boldsymbol{E}_n-2\boldsymbol{uu}^{\mathrm{T}}$，则

$$\boldsymbol{Hx}=(\boldsymbol{E}_n-2\boldsymbol{uu}^{\mathrm{T}})\boldsymbol{x}=\boldsymbol{x}-2\boldsymbol{u}(\boldsymbol{u}^{\mathrm{T}}\boldsymbol{x})=\boldsymbol{x}=\|\boldsymbol{x}\|\boldsymbol{z}$$

(2) 当 $\boldsymbol{x}\neq\|\boldsymbol{x}\|\boldsymbol{z}$ 时，取 $\boldsymbol{u}=\dfrac{\boldsymbol{x}-\|\boldsymbol{x}\|\boldsymbol{z}}{\|\boldsymbol{x}-\|\boldsymbol{x}\|\boldsymbol{z}\|}$，令 $\boldsymbol{H}=\boldsymbol{E}_n-2\boldsymbol{uu}^{\mathrm{T}}$，由于

$$\|\boldsymbol{x}-\|\boldsymbol{x}\|\boldsymbol{z}\|^2=2(\boldsymbol{x}-\|\boldsymbol{x}\|\boldsymbol{z},\boldsymbol{x})$$

因此

$$\begin{aligned}\boldsymbol{Hx}&=\left[\boldsymbol{E}-2\frac{(\boldsymbol{x}-\|\boldsymbol{x}\|\boldsymbol{z})(\boldsymbol{x}-\|\boldsymbol{x}\|\boldsymbol{z})^{\mathrm{T}}}{\|\boldsymbol{x}-\|\boldsymbol{x}\|\boldsymbol{z}\|^2}\right]\boldsymbol{x}\\&=\boldsymbol{x}-2(\boldsymbol{x}-\|\boldsymbol{x}\|\boldsymbol{z},\boldsymbol{x})\frac{\boldsymbol{x}-\|\boldsymbol{x}\|\boldsymbol{z}}{\|\boldsymbol{x}-\|\boldsymbol{x}\|\boldsymbol{z}\|^2}=\boldsymbol{x}-(\boldsymbol{x}-\|\boldsymbol{x}\|\boldsymbol{z})=\|\boldsymbol{x}\|\boldsymbol{z}\end{aligned}$$

定理 1.3.7 设 $\boldsymbol{A}\in\mathbf{R}_r^{m\times n}$，则 $\boldsymbol{A}$ 可分解为

$$\boldsymbol{A}=\boldsymbol{QR}$$

其中 $\boldsymbol{Q}\in\mathbf{R}_r^{m\times r}$，且 $\boldsymbol{Q}^{\mathrm{T}}\boldsymbol{Q}=\boldsymbol{E}_r$，$\boldsymbol{R}\in\boldsymbol{R}_r^{r\times n}$.
矩阵 $\boldsymbol{A}$ 的这种分解，称为 $\boldsymbol{QR}$ 分解.

证明 设 $\boldsymbol{A}=\boldsymbol{BC}$ 是矩阵 $\boldsymbol{A}$ 的满秩分解. 将矩阵 $\boldsymbol{B}$ 按列分块为 $\boldsymbol{B}=(\boldsymbol{b}_1,\ \boldsymbol{b}_2,\ \cdots,\ \boldsymbol{b}_r)$，因为矩阵 $\boldsymbol{B}$ 列满秩，所以 $\boldsymbol{b}_1$，$\boldsymbol{b}_2$，…，$\boldsymbol{b}_r$ 线性无关，利用施密特（Schmidt）正交化方法将其正交化：

$$\begin{cases}\boldsymbol{p}_1=\boldsymbol{b}_1\\\boldsymbol{p}_2=\boldsymbol{b}_2-\lambda_{21}\boldsymbol{p}_1\\\vdots\\\boldsymbol{p}_r=\boldsymbol{b}_r-\lambda_{r1}\boldsymbol{p}_1-\cdots-\lambda_{r,r-1}\boldsymbol{p}_{r-1}\end{cases}\tag{1.3.3}$$

其中 $\lambda_{ij}=\dfrac{(\boldsymbol{b}_i,\ \boldsymbol{p}_j)}{(\boldsymbol{p}_j,\ \boldsymbol{p}_j)}$. 再将 $\boldsymbol{p}_k(k=1,\ 2,\ \cdots,\ r)$ 单位化，得到

$$\boldsymbol{q}_k=\frac{\boldsymbol{p}_k}{\|\boldsymbol{p}_k\|_2}\quad(k=1,2,\cdots,r)\tag{1.3.4}$$

由式（1.3.4）和式（1.3.5）可得

$$\begin{cases}\boldsymbol{p}_1=\boldsymbol{b}_1\\\boldsymbol{p}_2=\boldsymbol{b}_2-\lambda_{21}\boldsymbol{p}_1\\\vdots\\\boldsymbol{p}_r=\boldsymbol{b}_r-\lambda_{r1}\boldsymbol{p}_1-\cdots-\lambda_{r,r-1}\boldsymbol{p}_{r-1}\end{cases}\tag{1.3.5}$$

$$
\begin{aligned}
\boldsymbol{b}_1 &= \boldsymbol{p}_1 = \|\boldsymbol{p}_1\|_2 \boldsymbol{q}_1 \\
\boldsymbol{b}_2 &= \lambda_{21}\boldsymbol{p}_1 + \boldsymbol{p}_2 = \lambda_{21}\|\boldsymbol{p}_1\|_2\boldsymbol{q}_1 + \|\boldsymbol{p}_2\|_2\boldsymbol{q}_2 \\
&\vdots \\
\boldsymbol{b}_r &= \lambda_{r1}\boldsymbol{p}_1 + \cdots + \lambda_{r,r-1}\boldsymbol{p}_{r-1} + \boldsymbol{p}_r \\
&= \lambda_{r1}\|\boldsymbol{p}_1\|_2\boldsymbol{q}_1 + \cdots + \lambda_{r,r-1}\|\boldsymbol{p}_{r-1}\|_2\boldsymbol{q}_{r-1} + \|\boldsymbol{p}_r\|_2\boldsymbol{q}_r
\end{aligned}
$$

因此

$$
\boldsymbol{B} = (\boldsymbol{q}_1, \boldsymbol{q}_2, \cdots, \boldsymbol{q}_r)\begin{pmatrix} \|\boldsymbol{p}_1\|_2 & \lambda_{21}\|\boldsymbol{p}_1\|_2 & \cdots & \lambda_{r1}\|\boldsymbol{p}_1\|_2 \\ & \|\boldsymbol{p}_2\|_2 & \cdots & \lambda_{r2}\|\boldsymbol{p}_2\|_2 \\ & & \ddots & \vdots \\ & & & \|\boldsymbol{p}_r\|_2 \end{pmatrix} \triangleq \boldsymbol{QD} \tag{1.3.6}
$$

其中 $\boldsymbol{Q}$ 满足 $\boldsymbol{Q}^{\mathrm{T}}\boldsymbol{Q}=\boldsymbol{E}_r$，$\boldsymbol{D}$ 是具有正对角元素的上三角可逆矩阵. 令 $\boldsymbol{R}=\boldsymbol{DC}$，则 $\boldsymbol{A}=\boldsymbol{QR}$.

定理 1.3.8　设 $\boldsymbol{A}\in\mathbf{R}_n^{m\times n}$，则 $\boldsymbol{A}$ 可以唯一的分解为

$$
\boldsymbol{A} = \boldsymbol{QR}
$$

其中 $\boldsymbol{Q}\in\mathbf{R}_n^{m\times n}$，且 $\boldsymbol{Q}^{\mathrm{T}}\boldsymbol{Q}=\boldsymbol{E}_n$，$\boldsymbol{R}\in\mathbf{R}_n^{n\times n}$，且 $\boldsymbol{R}$ 是具有正对角元素的上三角可逆矩阵.

列满秩矩阵 $\boldsymbol{A}$ 的这种分解，称为正交三角分解（$\boldsymbol{QR}$ 分解）.

证明　存在性的证明：

方法 1：由于 $\boldsymbol{A}\in\mathbf{R}_n^{m\times n}$ 的列向量线性无关，如同定理 1.3.7 的证明过程，将 $\boldsymbol{A}$ 的列向量正交单位化，就可得到 $\boldsymbol{A}$ 的正交三角分解（$\boldsymbol{QR}$ 分解）.

方法 2：利用 Householder 矩阵.

将矩阵 $\boldsymbol{A}$ 按列分块为（$\boldsymbol{a}_1$，$\boldsymbol{a}_2$，…，$\boldsymbol{a}_n$）. 因 $\boldsymbol{A}$ 非奇异，因此 $\boldsymbol{a}_1\neq\boldsymbol{0}$. 由定理 1.3.6 可知，存在 n 阶 Householder 矩阵 $\boldsymbol{H}_1$，使得 $\boldsymbol{H}_1\boldsymbol{a}_1=\|\boldsymbol{a}_1\|\boldsymbol{e}_1$，因此

$$
\boldsymbol{H}_1\boldsymbol{A} = (\boldsymbol{H}_1\boldsymbol{a}_1, \boldsymbol{H}_1\boldsymbol{a}_2, \cdots, \boldsymbol{H}_1\boldsymbol{a}_n) = \begin{pmatrix} \|\boldsymbol{a}_1\| & * & \cdots & * \\ 0 & & & \\ \vdots & & \boldsymbol{A}_{n-1}^{(2)} & \\ 0 & & & \end{pmatrix}
$$

其中 $\boldsymbol{A}_{n-1}^{(2)}=[\boldsymbol{a}_1^{(2)},\ \boldsymbol{a}_2^{(2)},\ \boldsymbol{a}_{n-1}^{(2)}]$ 是 $n-1$ 阶非奇异矩阵.

同理存在 $n-1$ 阶 Householder 矩阵 $\hat{\boldsymbol{H}}_2$，使得 $\hat{\boldsymbol{H}}_2\boldsymbol{a}_1^{(2)}=\|\boldsymbol{a}_1^{(2)}\|\boldsymbol{e}_1^{(2)}$. 令

$$
\boldsymbol{H}_2 = \begin{pmatrix} 1 & \boldsymbol{0}^{\mathrm{T}} \\ \boldsymbol{0} & \widetilde{\boldsymbol{H}}_2 \end{pmatrix}
$$

则 $\boldsymbol{H}_2$ 是 n 阶 Householder 矩阵，且

$$
\boldsymbol{H}_2(\boldsymbol{H}_1\boldsymbol{A}) = \begin{pmatrix} \|\boldsymbol{a}_1\| & * & * & \cdots & * \\ 0 & \|\boldsymbol{a}_1^{(2)}\| & * & \cdots & * \\ 0 & 0 & & \boldsymbol{A}_{n-2}^{(3)} & \end{pmatrix}
$$

依次类推，到第 $n-1$ 步，有

$$H_{(n-1)}\cdots H_2H_1A=\begin{pmatrix}\|a_1\| & & *\\ & \ddots & \\ & & A_1^{(n-1)}\end{pmatrix}=R$$

其中的 H_k，$k=1$，2，…，$n-1$ 都是 n 阶 Householder 矩阵．由于 H_k 的自逆性，所以有 $A=H_1H_2\cdots H_{n-1}R=QR$，此处 Q 是正交矩阵矩阵，R 是上三角矩阵．

方法 3：利用 Givens 矩阵．

将矩阵 A 按列分块为 $(a_1，a_2，…，a_n)$．由于 A 非奇异，因此 $a_1\neq\mathbf{0}$．由定理 1.3.5 可知，存在 n 阶 Givens 矩阵 T_{12}，…，T_{1n}，使得 T_{1n}，…，$T_{12}a_1=\|a_1\|e_1$，因此

$$T_{1n}\cdots T_{12}A=\begin{pmatrix}\|a_1\|_2 & * & \cdots & *\\ 0 & b_2 & \cdots & b_n\end{pmatrix},\quad b_k\in\mathbf{R}^{n-1},\quad k=2,3,\cdots,n$$

对于其第 2 列，存在 n 阶 Givens 矩阵 T_{23}，…，T_{2n}，使得

$$T_{2n}\cdots T_{23}\begin{pmatrix}*\\ b_2\end{pmatrix}=(*,\|b_2\|_2,0,\cdots,0)^{\mathrm{T}}$$

因此

$$T_{2n}\cdots T_{23}T_{1n}\cdots T_{12}A=\begin{pmatrix}\|a_1\|_2 & * & * & \cdots & *\\ 0 & \|b_2\|_2 & * & \cdots & *\\ 0 & 0 & c_3 & \cdots & c_n\end{pmatrix}$$

其中 $c_k\in\mathbf{R}^{n-2}$，$k=3$，4，…，n．依次类推，最后得到

$$T_{n-1,n}\cdots T_{2n}\cdots T_{23}T_{1n}\cdots T_{12}A=R$$

由此有

$$A=T_{12}^{\mathrm{T}}\cdots T_{1n}^{\mathrm{T}}T_{23}^{\mathrm{T}}\cdots T_{2n}^{\mathrm{T}}\cdots T_{n-1,n}^{\mathrm{T}}R=QR$$

其中 $Q=T_{12}^{\mathrm{T}}\cdots T_{1n}^{\mathrm{T}}T_{23}^{\mathrm{T}}\cdots T_{2n}^{\mathrm{T}}\cdots T_{n-1,n}^{\mathrm{T}}$是正交矩阵，$R$ 是上三角矩阵．

下面证明 QR 分解的唯一性．

方法 1：设矩阵 A 有两个 QR 分解：$A=QR=Q_1R_1$，则

$$Q=Q_1R_1R^{-1}=Q_1D$$

其中 $D=R_1R^{-1}$是具有正对角元素的上三角可逆矩阵，由于

$$E=Q^{\mathrm{T}}Q=(Q_1D)^{\mathrm{T}}(Q_1D)=D^{\mathrm{T}}D$$

因此 D 是 n 阶正交矩阵，这说明 D 是上三角正交矩阵，从而 D 是单位矩阵，所以 $Q=Q_1D=Q_1$，$R_1=DR=R$.

方法 2：设矩阵 A 有两个 QR 分解：$A=QR=Q_1R_1$，则

$$A^{\mathrm{T}}A=R^{\mathrm{T}}Q^{\mathrm{T}}QR=R^{\mathrm{T}}R,\quad A^{\mathrm{T}}A=R_1^{\mathrm{T}}Q_1^{\mathrm{T}}Q_1R_1=R_1^{\mathrm{T}}R_1$$

由于 $A\in\mathbf{R}_n^{m\times n}$，$A^{\mathrm{T}}A$ 是正定矩阵，$R^{\mathrm{T}}R$ 和 $R_1^{\mathrm{T}}R_1$ 都是 $A^{\mathrm{T}}A$ 的 Cholesky 分解，由定理 1.3.2 知，$R=R_1$，且 R 可逆，因此 $Q=Q_1$.

这个定理的证明过程给出了用 Schmidt 正交化方法，Householder 变换及 Givens 变换求矩阵的 QR 分解的具体方法.

【例 1.3.4】 试求矩阵 $A=\begin{pmatrix}0 & 3 & 1\\ 0 & 4 & -2\\ 2 & 1 & 2\end{pmatrix}$ 的 QR 分解.

解　方法一：应用 Schmidt 正交化方法.

因为 $\boldsymbol{a}_1=(0,\ 0,\ 2)^{\mathrm{T}}$，$\boldsymbol{a}_2=(3,\ 4,\ 1)^{\mathrm{T}}$，$\boldsymbol{a}_3=(1,\ -2,\ 2)$，$\boldsymbol{a}_1$，$\boldsymbol{a}_2$，$\boldsymbol{a}_3$ 线性无关，应用施密特正交化得到：

$$\boldsymbol{p}_1=\boldsymbol{a}_1=(0,0,2)^{\mathrm{T}},\quad \boldsymbol{p}_2=\boldsymbol{a}_2-\frac{1}{2}\boldsymbol{p}_1=(3,4,0)^{\mathrm{T}},\quad \boldsymbol{p}_3=\boldsymbol{a}_3-\boldsymbol{p}_1+\frac{1}{5}\boldsymbol{p}_2=\left(\frac{8}{5},-\frac{6}{5},0\right)^{\mathrm{T}}$$

将它们单位化得到：

$$\boldsymbol{q}_1=\frac{1}{2}\boldsymbol{p}_1=(0,0,1)^{\mathrm{T}},\quad \boldsymbol{q}_2=\frac{1}{5}\boldsymbol{p}_2=\left(\frac{3}{5},\frac{4}{5},0\right)^{\mathrm{T}},\quad \boldsymbol{q}_3=\frac{1}{2}\boldsymbol{p}_3=\left(\frac{4}{5},-\frac{3}{5},0\right)^{\mathrm{T}}$$

因此，

$$\boldsymbol{a}_1=\boldsymbol{p}_1=2\boldsymbol{q}_1,\quad \boldsymbol{a}_2=\frac{1}{2}\boldsymbol{p}_1+\boldsymbol{p}_2=\boldsymbol{q}_1+5\boldsymbol{q}_2,\quad \boldsymbol{a}_3=\boldsymbol{p}_1-\frac{1}{5}\boldsymbol{p}_2+\boldsymbol{p}_3=2\boldsymbol{q}_1-\boldsymbol{q}_2+2\boldsymbol{q}_3$$

从而可得矩阵 $\boldsymbol{A}$ 的 $\boldsymbol{QR}$ 分解为

$$\boldsymbol{A}=\begin{pmatrix}0 & 3/5 & 4/5\\ 0 & 4/5 & -3/5\\ 1 & 0 & 0\end{pmatrix}\begin{pmatrix}2 & 1 & 2\\ 0 & 5 & -1\\ 0 & 0 & 2\end{pmatrix}$$

方法二：应用 Householder 矩阵.

取

$$\boldsymbol{u}_1=\frac{\boldsymbol{a}_1-\boldsymbol{\alpha}_1\boldsymbol{e}_1}{\|\boldsymbol{a}_1-\boldsymbol{\alpha}_1\boldsymbol{e}_1\|_2}=\frac{1}{\sqrt{2}}(-1,0,1)^{\mathrm{T}}$$

$$\boldsymbol{H}_1=\boldsymbol{E}_3-2\boldsymbol{u}_1\boldsymbol{u}_1^{\mathrm{T}}=\begin{pmatrix}0 & 0 & 1\\ 0 & 1 & 0\\ 1 & 0 & 0\end{pmatrix}$$

则

$$\boldsymbol{H}_1\boldsymbol{A}=\begin{pmatrix}2 & 1 & 2\\ 0 & 4 & -2\\ 0 & 3 & 1\end{pmatrix}$$

又因为 $\boldsymbol{b}_1=(4,\ 3)^{\mathrm{T}}$，$\alpha_2=\|\boldsymbol{b}_1\|=5$. 取

$$\widetilde{\boldsymbol{u}}_2=\frac{\boldsymbol{b}_2-\alpha_2\widetilde{\boldsymbol{e}}_1}{\|\boldsymbol{b}_2-\alpha_2\widetilde{\boldsymbol{e}}_1\|_2}=\frac{1}{\sqrt{10}}(-1,3)^{\mathrm{T}}$$

$$\widetilde{\boldsymbol{H}}_2=\boldsymbol{E}_2-2\widetilde{\boldsymbol{u}}_2\widetilde{\boldsymbol{u}}_2^{\mathrm{T}}=\frac{1}{5}\begin{pmatrix}4 & 3\\ 3 & -4\end{pmatrix}$$

$$\boldsymbol{H}_2=\begin{pmatrix}1 & \boldsymbol{0}^{\mathrm{T}}\\ \boldsymbol{0} & \widetilde{\boldsymbol{H}}_2\end{pmatrix}$$

则

$$\boldsymbol{H}_2\boldsymbol{H}_1\boldsymbol{A}=\begin{pmatrix}2 & 1 & 2\\ 0 & 5 & -1\\ 0 & 0 & -2\end{pmatrix}=\boldsymbol{R}$$

所以矩阵 $\boldsymbol{A}$ 的 $\boldsymbol{QR}$ 分解为

$$A=(H_1H_2)R=\begin{pmatrix}0&3/5&-4/5\\0&4/5&3/5\\1&0&0\end{pmatrix}\begin{pmatrix}2&1&2\\0&5&-1\\0&0&-2\end{pmatrix}=Q_1R_1$$

注：上面的两个 QR 分解是不同的.

$$Q_1=Q\begin{pmatrix}1&0&0\\0&1&0\\0&0&-1\end{pmatrix},\quad R_1=\begin{pmatrix}1&0&0\\0&1&0\\0&0&-1\end{pmatrix}R$$

设 $A=(A_1, A_2, \cdots, A_n)$ 是列满秩矩阵，并设 A 有如下 QR 分解：

$$(A_1,A_2,\cdots,A_n)=(q_1,q_2,\cdots,q_n)\begin{pmatrix}r_{11}&r_{12}&\cdots&r_{1n}\\0&r_{22}&\cdots&r_{2n}\\\vdots&\vdots&\ddots&\vdots\\0&0&\cdots&r_{nn}\end{pmatrix}$$

由上式两边各个列向量对应相等，可得向量方程组

$$\begin{cases}A_1=r_{11}q_1\\A_2=r_{12}q_1+r_{22}q_2\\\vdots\\A_n=r_{1n}q_1+r_{2n}q_2+\cdots+r_{nn}q_n\end{cases}\tag{1.3.7}$$

由方程组（1.3.7）的第一个方程可求出 r_{11} 和 q_1；用 q_1^{T} 左乘第二个方程，可求出 $r_{12}=q_1^{\mathrm{T}}A_2$，以及 r_{22} 和 q_2. 依次类推、最后用 $q_1^{\mathrm{T}},\cdots,q_{n-1}^{\mathrm{T}}$ 左乘最后一个方程，从而依次可以求出 $r_{1n},\cdots,r_{n-1,n}$ 以及 r_{nn} 和 q_n.

利用施密特正交化方法求列满秩矩阵 A 的 QR 分解的 Matlab 程序如下：

```
function[Q,R] = QRzhengjiao(A)
[m,n] = size(A);Q = zeros(m,n);R = zeros(n,n);
    norm1 = sqrt(sum(A(:,1). * A(:,1)));
    R(1,1) = norm1;Q(:,1) = A(:,1)/norm1;
    for i = 2:n
        for k = 1:i-1
            R(k,i) = sum(A(:,i). * Q(:,k));
        end
        tempA = A(:,k);
        for k = 1:i-1
            tempA = tempA-R(k,i) * Q(:,k);
        end
        R(i,i) = sqrt(sum(tempA. * tempA));
        Q(:,i) = tempA/R(i,i);
    end
end
```

利用 Householder 矩阵对列满秩矩阵 A 进行 QR 分解的 Matlab 程序如下：

```
function[Q,R] = qrhs(A)
```

```
    n = size(A,1);
    R = A;
    Q = eye(n);
    for i = 1:n-1
        x = R(i:n,i);
        Ht = housholder(x);
        H = blkdiag(eye(i-1),Ht);
        Q = Q * H;
        R = H * R;
end
```

其中的 housholder 函数为

```
function[H] = housholder(x)
```

求 Housholder 矩阵 $\boldsymbol{H}$，使 $\boldsymbol{Hx}$ 与 $\boldsymbol{e}_1$ 同方向

```
    n = length(x);
    sigma = norm(x(2:n),2);
    if(sigma = = 0)
        H = eye(n);
    else
        v = x; v(1) = - sigma^2/(x(1) + norm(x,2));
        v = v/norm(v,2);   H = eye(n) - (2/(v' * v)) * (v * v');
    end
end
```

Matlab 的函数 qr 可用于对矩阵进行 $\boldsymbol{QR}$ 分解，其调用格式为

(1) $[\boldsymbol{Q},\boldsymbol{R}]=\mathrm{qr}(\boldsymbol{A})$，产生一个正交矩阵 $\boldsymbol{Q}$ 和一个上三角矩阵 $\boldsymbol{R}$，使之满足 $\boldsymbol{A}=\boldsymbol{QR}$.

(2) $[\boldsymbol{Q},\boldsymbol{R}]=\mathrm{qr}(\boldsymbol{A},0)$，产生矩阵 $\boldsymbol{A}$ 的“经济大小”分解. 如果 $m>n$，只给出正交矩阵 $\boldsymbol{Q}$ 的前 n 列和 $\boldsymbol{R}$ 的前 n 行. 如果 $m\leqslant n$ 计算结果与 $[\boldsymbol{Q},\boldsymbol{R}]=\mathrm{qr}(\boldsymbol{A})$ 相同.

(3) $[\boldsymbol{Q},\boldsymbol{R},\boldsymbol{E}]=\mathrm{qr}(\boldsymbol{A})$ 或 $[\boldsymbol{Q},\boldsymbol{R},\boldsymbol{E}]=\mathrm{qr}(\boldsymbol{A},'\mathrm{matrix}')$ 产生一个正交矩阵 $\boldsymbol{Q}$ 和一个上三角矩阵 $\boldsymbol{R}$，$\boldsymbol{E}$ 为置换矩阵，使之满足 $\boldsymbol{A}*\boldsymbol{E}=\boldsymbol{Q}*\boldsymbol{R}$，且 R 的对角线元素使得 abs (diag($\boldsymbol{R}$)) 按大小降序排列.

(4) $[\boldsymbol{Q},\boldsymbol{R},\boldsymbol{E}]=\mathrm{qr}(\boldsymbol{A},0)$，产生一个正交矩阵 $\boldsymbol{Q}$ 和一个上三角矩阵 $\boldsymbol{R}$，使之满足 $\boldsymbol{A}(:,\boldsymbol{E})=\boldsymbol{Q}*\boldsymbol{R}$，且 $\boldsymbol{R}$ 的对角线元素使得 abs (diag($\boldsymbol{R}$)) 单调下降. 如果 $m>n$，只给出正交矩阵 $\boldsymbol{Q}$ 的前 n 列和 $\boldsymbol{R}$ 的前 n 行. E 是置换阵的列标. 如果 $m\leqslant n$ 计算结果与 $[\boldsymbol{Q},\boldsymbol{R},\boldsymbol{E}]=\mathrm{qr}(\boldsymbol{A},0)$ 相同.

1.3.4 矩阵的谱分解与奇异值分解

一、单纯矩阵的谱分解

定理 1.3.9 设 n 阶方阵 $\boldsymbol{A}$ 是单纯矩阵，$\lambda_1,\lambda_2,\cdots,\lambda_k$ 是 $\boldsymbol{A}$ 的互异特征根，$m_1,m_2,\cdots,m_k$ 分别是 $\lambda_1,\lambda_2,\cdots,\lambda_k$ 的重数，则存在唯一的一组 $\boldsymbol{S}_1,\boldsymbol{S}_2,\cdots,\boldsymbol{S}_k\in\mathbf{C}^{n\times n}$，使得

(1) $\boldsymbol{A}=\sum\limits_{i=1}^{k}\lambda_i\boldsymbol{S}_i$.

(2) $\boldsymbol{S}_i\boldsymbol{S}_j=\begin{cases}\boldsymbol{S}_i, & i=j;\\ \boldsymbol{0}, & i\neq j\end{cases}\quad i,\ j=1,\ 2,\ \cdots k.$

(3) $\sum_{i=1}^{k} \boldsymbol{S}_i = \boldsymbol{E}_n$.

(4) $\boldsymbol{S}_i\boldsymbol{A} = \boldsymbol{A}\boldsymbol{S}_i = \lambda_i \boldsymbol{S}_i$，$i=1,2,\cdots,k$.

(5) $\operatorname{rank}(\boldsymbol{S}_i) = m_i$，$i=1,2,\cdots,k$

$\boldsymbol{A} = \sum_{i=1}^{k} \lambda_i \boldsymbol{S}_i$ 称为单纯矩阵 $\boldsymbol{A}$ 的谱分解，$\boldsymbol{S}_1$，$\boldsymbol{S}_2$，…，$\boldsymbol{S}_k \in \mathbf{C}^{n\times n}$ 称为 $\boldsymbol{A}$ 的谱族.

证明

(1) 设 $\boldsymbol{A}=\boldsymbol{P}\Lambda\boldsymbol{P}^{-1}$，其中 Λ 是以 $\boldsymbol{A}$ 的特征值为对角元的对角矩阵，则 $\boldsymbol{A}\boldsymbol{P}=\boldsymbol{P}\boldsymbol{\Lambda}$，因此 $\boldsymbol{P}$ 的列向量是 $\boldsymbol{A}$ 的特征向量. $\boldsymbol{P}$ 按相应的互异特征值分块为 $\boldsymbol{P}=(\boldsymbol{P}_1,\boldsymbol{P}_2,\cdots,\boldsymbol{P}_k)$.

$$\boldsymbol{P}^{-1} = \begin{pmatrix} \widetilde{\boldsymbol{P}}_1^{\mathrm{T}} \\ \widetilde{\boldsymbol{P}}_2^{\mathrm{T}} \\ \vdots \\ \widetilde{\boldsymbol{P}}_k^{\mathrm{T}} \end{pmatrix}$$

则

$$\widetilde{\boldsymbol{P}}_i^{\mathrm{T}}\boldsymbol{P}_j = \begin{cases} \boldsymbol{E}_{m_i}, & i=j; \\ \boldsymbol{0}_{m_i\times m_j}, & i\neq j \end{cases} \tag{1.3.8}$$

$$\boldsymbol{A} = \boldsymbol{P}\Lambda\boldsymbol{P}^{-1} = (\boldsymbol{P}_1,\boldsymbol{P}_2,\cdots,\boldsymbol{P}_k)\begin{pmatrix} \lambda_1\boldsymbol{E}_{m1} & & & \\ & \lambda_2\boldsymbol{E}_{m2} & & \\ & & \ddots & \\ & & & \lambda_k\boldsymbol{E}_{mk} \end{pmatrix}\begin{pmatrix} \widetilde{\boldsymbol{P}}_1^{\mathrm{T}} \\ \widetilde{\boldsymbol{P}}_2^{\mathrm{T}} \\ \vdots \\ \widetilde{\boldsymbol{P}}_k^{\mathrm{T}} \end{pmatrix}$$

$$= \sum_{i=1}^{k} \lambda_i \boldsymbol{P}_i \widetilde{\boldsymbol{P}}_i^{\mathrm{T}} = \sum_{i=1}^{k} \lambda_i \boldsymbol{S}_i$$

其中 $\boldsymbol{S}_i = \boldsymbol{P}_i\widetilde{\boldsymbol{P}}_i^{\mathrm{T}}$.

(2) $\boldsymbol{S}_i\boldsymbol{S}_j = \boldsymbol{P}_i\widetilde{\boldsymbol{P}}_i^{\mathrm{T}}\boldsymbol{P}_j\widetilde{\boldsymbol{P}}_j^{\mathrm{T}}$. 由式 (1.3.8)，当 $i=j$ 时

$$\boldsymbol{S}_i\boldsymbol{S}_i = \boldsymbol{P}_i\widetilde{\boldsymbol{P}}_i^{\mathrm{T}}\boldsymbol{P}_i\widetilde{\boldsymbol{P}}_i^{\mathrm{T}} = \boldsymbol{P}_i\boldsymbol{E}_{m_i}\widetilde{\boldsymbol{P}}_i^{\mathrm{T}} = \boldsymbol{P}_i\widetilde{\boldsymbol{P}}_i^{\mathrm{T}} = \boldsymbol{S}_i$$

当 $i\neq j$ 时

$$\boldsymbol{S}_i\boldsymbol{S}_j = \boldsymbol{P}_i\widetilde{\boldsymbol{P}}_i^{\mathrm{T}}\boldsymbol{P}_j\widetilde{\boldsymbol{P}}_j^{\mathrm{T}} = \boldsymbol{P}_i\boldsymbol{0}_{m_i\times m_j}\widetilde{\boldsymbol{P}}_i^{\mathrm{T}} = \boldsymbol{0}_{n\times n}$$

(3) $\sum_{i=1}^{k} \boldsymbol{S}_i = \boldsymbol{P}_1\widetilde{\boldsymbol{P}}_1^{\mathrm{T}} + \boldsymbol{P}_2\widetilde{\boldsymbol{P}}_2^{\mathrm{T}} + \cdots + \boldsymbol{P}_k\widetilde{\boldsymbol{P}}_k^{\mathrm{T}} = \boldsymbol{P}\boldsymbol{P}^{-1} = \boldsymbol{E}_n$.

(4) $\boldsymbol{S}_i\boldsymbol{A} = \boldsymbol{S}_i\sum_{i=1}^{k}\lambda_j\boldsymbol{S}_j = \lambda_i\boldsymbol{S}_i\boldsymbol{S}_i = \lambda_i\boldsymbol{S}_i = \boldsymbol{A}\boldsymbol{S}_i$.

(5) 由式 (1.3.8) 得

$$m_i = \operatorname{rank}(\boldsymbol{S}_i\boldsymbol{S}_i) \leqslant \operatorname{rank}(\boldsymbol{S}_i) = \operatorname{rank}(\boldsymbol{P}_i\widetilde{\boldsymbol{P}}_i^{\mathrm{T}}) \leqslant \operatorname{rank}(\boldsymbol{P}_i) \leqslant m_i$$

因此 $\operatorname{rank}(\boldsymbol{S}_i) = m_i$，$i=1,2,\cdots,k$

(6) 若 $\widetilde{\boldsymbol{S}}_1,\widetilde{\boldsymbol{S}}_2,\cdots,\widetilde{\boldsymbol{S}}_k \in \mathbf{C}^{n\times n}$ 也满足上述要求. 由

$$\lambda_j S_i \widetilde{S}_j = S_i(\lambda_j \widetilde{S}_i) = S_i(A\widetilde{S}_j)$$
$$= (S_i A)\widetilde{S}_j = (AS_i)\widetilde{S}_j = \lambda_i S_i \widetilde{S}_j$$

因此 $(\lambda_i - \lambda_j)S_i\widetilde{S}_j = \mathbf{0}$. 当 $i \neq j$ 时 $S_i\widetilde{S}_j = \mathbf{0}$. 故

$$S_i = S_i E_n = S_i \sum_{j=1}^{k} \widetilde{S}_j = S_i \widetilde{S}_i = (\sum_{j=1}^{k} S_j)\widetilde{S}_i = E_n \widetilde{S}_i = \widetilde{S}_i$$

由上述证明可得出，求单纯矩阵 A 的谱分解的步骤如下：

(1) 求 A 相异特征值 λ_1，λ_2，…，λ_k.

(2) 求 A 的对应于特征值 λ_i 的线性无关的特征向量 u_{i1}，u_{i2}，…，u_{im_i} $(i=1,2,\cdots,k)$.

(3) 令 $P_i = (u_{11}, u_{12}, \cdots, u_{1m_1})$，$P = (P_1, P_2, \cdots, P_k)$，并求 P^{-1}.

(4) 设

$$P^{-1} = \begin{pmatrix} \widetilde{P}_1^{\mathrm{T}} \\ \widetilde{P}_2^{\mathrm{T}} \\ \vdots \\ \widetilde{P}_k^{\mathrm{T}} \end{pmatrix}$$

记 $S_i = P_i \widetilde{P}_1^{\mathrm{T}}$，则 A 的谱分解是 $A = \sum_{i=1}^{k} \lambda_i S_i$.

【例 1.3.5】 求矩阵 $A = \begin{pmatrix} -1 & 2 & 2 \\ 2 & -1 & -2 \\ 2 & -2 & -1 \end{pmatrix}$ 的谱分解.

解 由［例 1.2.2］可知，A 的特征值为 $\lambda_1 = -5$，$\lambda_2 = \lambda_3 = 1$，$p_1 = (-1,1,1)^{\mathrm{T}}$ 是 A 的属于特征值 $\lambda_1 = -5$ 的特征向量，$p_2 = (1,1,0)^{\mathrm{T}}$，$p_3 = (1,0,1)^{\mathrm{T}}$ 是 A 的属于特征值 $\lambda_2 = \lambda_3 = 1$ 的线性无关特征向量. 令

$$P = \begin{pmatrix} -1 & 1 & 1 \\ 1 & 1 & 0 \\ 1 & 0 & 1 \end{pmatrix}$$

则

$$P^{-1} = \frac{1}{3}\begin{pmatrix} -1 & 1 & 1 \\ 1 & 2 & -1 \\ 1 & -1 & 2 \end{pmatrix}$$

取

$$S_1 = \frac{1}{3}\begin{pmatrix} -1 \\ 1 \\ 1 \end{pmatrix}(-1,1,1) = \frac{1}{3}\begin{pmatrix} 1 & -1 & -1 \\ -1 & 1 & 1 \\ -1 & 1 & 1 \end{pmatrix}$$

$$S_2=\frac{1}{3}\begin{pmatrix}1&1\\1&0\\0&1\end{pmatrix}\begin{pmatrix}1&2&-1\\1&-1&2\end{pmatrix}=\frac{1}{3}\begin{pmatrix}2&1&1\\1&2&-1\\1&-1&2\end{pmatrix}$$

因此 A 谱分解是

$$A=-\frac{5}{3}\begin{pmatrix}1&-1&-1\\-1&1&1\\-1&1&1\end{pmatrix}+\frac{1}{3}\begin{pmatrix}2&1&1\\1&2&-1\\1&-1&2\end{pmatrix}$$

定义 1.3.8 设 $A\in \mathbf{R}^{n\times n}(\mathbf{C}^{n\times n})$，若

$$A^{\mathrm{T}}A=AA^{\mathrm{T}}\quad(A^{\mathrm{H}}A=AA^{\mathrm{H}})$$

则称 A 为实（复）正规矩阵.

对角阵、实对称阵、反对称阵、Hermite 阵、反 Hermite 阵、正交矩阵、酉矩阵都是正规矩阵，但是正规矩阵并不仅限于上述七种矩阵.

定理 1.3.10 （Schur 定理）设 $A\in \mathbf{C}^{n\times n}$，则酉矩阵 U，使得

$$U^{\mathrm{H}}AU=R$$

其中 R 为对角元素是 A 的特征值的上三角矩阵.

定理表明：任意的一个 n 阶方阵都酉相似于一个上三角阵.

二、任意矩阵的奇异值分解

矩阵的奇异值分解是现代数值分析最基本和最重要的工具之一. 在最优化问题、统计学、信息处理以及工程技术等方面都有重要应用.

定理 1.3.11 设 $A\in \mathbf{C}^{m\times n}$，$\mathrm{rank}(A)=r$，则

(1) 矩阵 $A^{\mathrm{H}}A$，AA^{H} 的特征值都是非负实数；

(2) 矩阵 $A^{\mathrm{H}}A$ 与 AA^{H} 有相同的非 $\mathbf{0}$ 特征值.

证明

(1) 设 $\boldsymbol{\alpha}$ 为 $A^{\mathrm{H}}A$ 的特征值 λ 所对应的特征向量，由于 $A^{\mathrm{H}}A$ 是 Hermite 矩阵，所以 λ 是实数；并且

$$0\leqslant(A\boldsymbol{\alpha},A\boldsymbol{\alpha})=\boldsymbol{\alpha}^{\mathrm{H}}A^{\mathrm{H}}A\boldsymbol{\alpha}=\lambda\boldsymbol{\alpha}^{\mathrm{H}}\boldsymbol{\alpha}$$

因为 $\boldsymbol{\alpha}\neq\mathbf{0}$，所以 $\boldsymbol{\alpha}^{\mathrm{H}}\boldsymbol{\alpha}>0$，从而有 $\lambda\geqslant0$.

同理可证，AA^{H} 的特征值也是非负实数.

(2) $A\in \mathbf{C}^{m\times n}$，$\mathrm{rank}(A)=r$，存在可逆矩阵 P、Q，使得

$$PAQ=\begin{pmatrix}E_r&\mathbf{0}\\\mathbf{0}&\mathbf{0}\end{pmatrix}$$

令

$$Q^{-1}A^{\mathrm{H}}P^{-1}=\begin{pmatrix}B_1&B_2\\B_3&B_4\end{pmatrix}$$

其中 $\boldsymbol{B}_1 \in \mathbf{C}^{r\times r}$，则

$$\boldsymbol{PAQQ}^{-1}\boldsymbol{A}^{\mathrm{H}}\boldsymbol{P}^{-1} = \boldsymbol{PAA}^{\mathrm{H}}\boldsymbol{P}^{-1} = \begin{pmatrix} \boldsymbol{B}_1 & \boldsymbol{B}_2 \\ \boldsymbol{0} & \boldsymbol{0} \end{pmatrix}$$

$$\boldsymbol{Q}^{-1}\boldsymbol{A}^{\mathrm{H}}\boldsymbol{P}^{-1}\boldsymbol{PAQ} = \boldsymbol{Q}^{-1}\boldsymbol{A}^{\mathrm{H}}\boldsymbol{AQ} = \begin{bmatrix} \boldsymbol{B}_1 & \boldsymbol{0} \\ \boldsymbol{B}_3 & \boldsymbol{0} \end{bmatrix}$$

因此

$$|\lambda \boldsymbol{E}_m - \boldsymbol{AA}^{\mathrm{H}}| = \lambda^{m-r} |\lambda \boldsymbol{E}_r - \boldsymbol{B}_1|$$
$$|\lambda \boldsymbol{E}_n - \boldsymbol{A}^{\mathrm{H}}\boldsymbol{A}| = \lambda^{n-r} |\lambda \boldsymbol{E}_r - \boldsymbol{B}_1|$$

从而有

$$|\lambda \boldsymbol{E}_m - \boldsymbol{AA}^{\mathrm{H}}| = \lambda^{m-n} |\lambda \boldsymbol{E}_n - \boldsymbol{A}^{\mathrm{H}}\boldsymbol{A}|$$

因此矩阵 $\boldsymbol{A}^{\mathrm{H}}\boldsymbol{A}$ 与 $\boldsymbol{AA}^{\mathrm{H}}$ 有相同的非 $\boldsymbol{0}$ 特征值.

设 $\boldsymbol{A} \in \mathbf{C}_r^{m\times n}$，由于 $\operatorname{rank}(\boldsymbol{A}^{\mathrm{H}}\boldsymbol{A}) = \operatorname{rank}(\boldsymbol{AA}^{\mathrm{H}}) = \operatorname{rank}(\boldsymbol{A})$，因此 $\boldsymbol{A}^{\mathrm{H}}\boldsymbol{A}$ 有 r 个非零特征值.

定义 1.3.9　设 $\boldsymbol{A} \in \mathbf{C}_r^{m\times n}$，$\boldsymbol{A}^{\mathrm{H}}\boldsymbol{A}$ 的 r 个非零特征值为

$$\lambda_1 \geqslant \lambda_2 \geqslant \cdots \geqslant \lambda_r$$

则称 $\sigma_i = \sqrt{\lambda_i}$，$(i=1,2,\cdots,r)$ 为矩阵 $\boldsymbol{A}$ 的正奇异值.

定理 1.3.12　（奇异值分解定理）设 $\boldsymbol{A} \in \mathbf{C}_r^{m\times n}$，$\sigma_1, \sigma_2, \cdots, \sigma_r$ 为矩阵 $\boldsymbol{A}$ 的正奇异值，则存在 m 阶酉矩阵，n 阶酉矩阵，使得

$$\boldsymbol{A} = U\begin{pmatrix} \boldsymbol{\Sigma} & \boldsymbol{0} \\ \boldsymbol{0} & \boldsymbol{0} \end{pmatrix}\boldsymbol{V}^{\mathrm{H}}$$

其中

$$\boldsymbol{\Sigma} = \operatorname{diag}(\sigma_1, \sigma_2, \cdots, \sigma_r)$$

证明　因为 $\boldsymbol{AA}^{\mathrm{H}}$ 是 Hermite 矩阵，$\sigma_1^2, \sigma_2^2, \cdots, \sigma_r^2, 0, \cdots, 0$ 为矩阵 $\boldsymbol{AA}^{\mathrm{H}}$ 的特征值，因此存在 m 阶酉矩阵 $\boldsymbol{U}$，使得

$$\boldsymbol{U}^{\mathrm{H}}(\boldsymbol{AA}^{\mathrm{H}})\boldsymbol{U} = \begin{pmatrix} \boldsymbol{\Sigma}^2 & \boldsymbol{0} \\ \boldsymbol{0} & \boldsymbol{0} \end{pmatrix}$$

将 $\boldsymbol{U}$ 分块为 $\boldsymbol{U} = (\boldsymbol{U}_1, \boldsymbol{U}_2)$，$\boldsymbol{U}_1 \in \mathbf{C}^{m\times r}$，$\boldsymbol{U}_2 \in \mathbf{C}^{m\times(m-r)}$，则有

$$(\boldsymbol{AA}^{\mathrm{H}})\boldsymbol{U} = (\boldsymbol{AA}^{\mathrm{H}}\boldsymbol{U}_1, \boldsymbol{AA}^{\mathrm{H}}\boldsymbol{U}_2) = (\boldsymbol{U}_1, \boldsymbol{U}_2)\begin{pmatrix} \boldsymbol{\Sigma}^2 & \boldsymbol{0} \\ \boldsymbol{0} & \boldsymbol{0} \end{pmatrix} = (\boldsymbol{U}_1\boldsymbol{\Sigma}^2 \quad \boldsymbol{0})$$

从而有

$$\boldsymbol{U}_1^{\mathrm{H}}\boldsymbol{AA}^{\mathrm{H}}\boldsymbol{U}_1 = \boldsymbol{U}_1^{\mathrm{H}}\boldsymbol{U}_1\boldsymbol{\Sigma}^2 = \boldsymbol{\Sigma}^2, \boldsymbol{U}_2^{\mathrm{H}}\boldsymbol{AA}^{\mathrm{H}}\boldsymbol{U}_2 = \boldsymbol{0}$$

由此可得 $\boldsymbol{A}^{\mathrm{H}}\boldsymbol{U}_2 = \boldsymbol{0}$. 令 $\boldsymbol{V}_1 = \boldsymbol{A}^{\mathrm{H}}\boldsymbol{U}_1(\boldsymbol{\Sigma}^{-1})$，则

$$\boldsymbol{V}_1^{\mathrm{H}}\boldsymbol{V}_1 = \boldsymbol{\Sigma}^{-1}\boldsymbol{U}_1^{\mathrm{H}}\boldsymbol{AA}^{\mathrm{H}}\boldsymbol{U}_1^{\mathrm{H}}\boldsymbol{\Sigma}^{-1} = \boldsymbol{\Sigma}^{-1}\boldsymbol{\Sigma}^2\boldsymbol{\Sigma}^{-1} = E_r$$

即 $\boldsymbol{V}_1$ 的 r 列是两两正交的单位向量. 添加 $n-r$ 单位向量 $\boldsymbol{v}_{r+1}, \cdots, \boldsymbol{v}_n$，使 $\boldsymbol{v}_1, \boldsymbol{v}_2, \cdots, \boldsymbol{v}_n$ 成为 $\mathbf{C}_n$ 的标准正交基，则 $\boldsymbol{V} = (\boldsymbol{v}_1, \boldsymbol{v}_2, \cdots, \boldsymbol{v}_n)$ 是 n 阶酉矩阵. 记 $\boldsymbol{V}_2 = (\boldsymbol{v}_{r+1}, \cdots, \boldsymbol{v}_n)$，则

$$\boldsymbol{V}^{\mathrm{H}}\boldsymbol{A}^{\mathrm{H}}\boldsymbol{U}=\boldsymbol{V}^{\mathrm{H}}(\boldsymbol{A}^{\mathrm{H}}\boldsymbol{U}_1\quad \boldsymbol{A}^{\mathrm{H}}\boldsymbol{U}_2)=\begin{pmatrix}\boldsymbol{V}_1^{\mathrm{H}}\\ \boldsymbol{V}_2^{\mathrm{H}}\end{pmatrix}(\boldsymbol{V}_1\boldsymbol{\Sigma}\quad \boldsymbol{0})=\begin{pmatrix}\boldsymbol{\Sigma} & \boldsymbol{0}\\ \boldsymbol{0} & \boldsymbol{0}\end{pmatrix}$$

从而有

$$\boldsymbol{A}=\boldsymbol{U}\begin{pmatrix}\boldsymbol{\Sigma} & \boldsymbol{0}\\ \boldsymbol{0} & \boldsymbol{0}\end{pmatrix}\boldsymbol{V}^{\mathrm{H}}$$

由定理 1.3.12 得

$$\boldsymbol{A}^{\mathrm{H}}\boldsymbol{A}=\boldsymbol{V}\begin{pmatrix}\boldsymbol{\Sigma}^2 & \boldsymbol{0}\\ \boldsymbol{0} & \boldsymbol{0}\end{pmatrix}\boldsymbol{V}^{\mathrm{H}}$$

因此 v_j 是 $\boldsymbol{A}^{\mathrm{H}}\boldsymbol{A}$ 的对应于特征值 σ_j^2 的单位特征向量. 可以验证

$$\boldsymbol{U}_1=\boldsymbol{A}\boldsymbol{V}_1\boldsymbol{\Sigma}^{-1}$$

由于

$$\boldsymbol{A}=\boldsymbol{U}\begin{pmatrix}\boldsymbol{\Sigma} & \boldsymbol{0}\\ \boldsymbol{0} & \boldsymbol{0}\end{pmatrix}\boldsymbol{V}^{\mathrm{H}}=\boldsymbol{U}_1\boldsymbol{\Sigma}\boldsymbol{V}_1^{\mathrm{H}}$$

也称 $\boldsymbol{U}_1\boldsymbol{\Sigma}\boldsymbol{V}_1^{\mathrm{H}}$ 为 $\boldsymbol{A}$ 的奇异值分解.

由上述证明可得出，求 $\boldsymbol{A}$ 的奇异值分解的步骤如下：

(1) 求 $\boldsymbol{A}\boldsymbol{A}^{\mathrm{H}}$（或 $\boldsymbol{A}^{\mathrm{H}}\boldsymbol{A}$）的非零特征值 λ_1，λ_2，…，λ_r.

(2) 求 $\boldsymbol{A}\boldsymbol{A}^{\mathrm{H}}$ 的对应于非零特征值 λ_1，λ_2，…，λ_r 的正交单位特征向量 $\boldsymbol{u}_1$，$\boldsymbol{u}_2$，…，$\boldsymbol{u}_r$，得到 $\boldsymbol{U}_1=(\boldsymbol{u}_1, \boldsymbol{u}_2, \cdots, \boldsymbol{u}_r)$.

(3) 求 $\boldsymbol{A}^{\mathrm{H}}\boldsymbol{A}$ 的对应于非零特征值 λ_1，λ_2，…，λ_r 的正交单位特征向量 $\boldsymbol{v}_1$，$\boldsymbol{v}_2$，…，$\boldsymbol{v}_r$，得到 $\boldsymbol{V}_1=(\boldsymbol{v}_1, \boldsymbol{v}_2, \cdots, \boldsymbol{v}_r)$. 或利用 $\boldsymbol{V}_1=\boldsymbol{A}^{\mathrm{H}}\boldsymbol{U}_1(\boldsymbol{\Sigma}^{-1})$ 求得 $\boldsymbol{V}_1$.

(4) $\boldsymbol{U}_1\boldsymbol{\Sigma}\boldsymbol{V}_1^{\mathrm{H}}$ 为 $\boldsymbol{A}$ 的奇异值分解.

求 $\boldsymbol{A}$ 的奇异值分解的 matlab 命令为 svd(A).

习 题 1

1.1 设

$$\boldsymbol{\alpha}_1=\begin{pmatrix}1\\1\\1\\3\end{pmatrix},\quad \boldsymbol{\alpha}_2=\begin{pmatrix}-1\\-3\\5\\1\end{pmatrix},\quad \boldsymbol{\alpha}_3=\begin{pmatrix}3\\2\\-1\\p+2\end{pmatrix},\quad \boldsymbol{\alpha}_4=\begin{pmatrix}-2\\-6\\10\\p\end{pmatrix}$$

求向量组 $\boldsymbol{\alpha}_1, \boldsymbol{\alpha}_2, \boldsymbol{\alpha}_3, \boldsymbol{\alpha}_4$ 的秩以及极大线性无关组.

1.2 设

$$\boldsymbol{\alpha}_1=\begin{pmatrix}1\\-2\\3\\-1\\2\end{pmatrix},\quad \boldsymbol{\alpha}_2=\begin{pmatrix}2\\1\\2\\-1\\-3\end{pmatrix},\quad \boldsymbol{\alpha}_3=\begin{pmatrix}5\\0\\7\\-5\\-4\end{pmatrix},\quad \boldsymbol{\alpha}_4=\begin{pmatrix}3\\-1\\5\\-3\\-1\end{pmatrix}$$

求向量组 $\boldsymbol{\alpha}_1$，$\boldsymbol{\alpha}_2$，$\boldsymbol{\alpha}_3$，$\boldsymbol{\alpha}_4$ 的极大线性无关组，并将其余向量表示成极大线性无关组的线性组合.

1.3 求齐次方程组

$$\begin{cases} x_1+2x_2+4x_3-3x_4=0 \\ 3x_1+5x_2+6x_3-4x_4=0 \\ 4x_1+5x_2-2x_3+3x_4=0 \\ 3x_1+8x_2+24x_3-19x_4=0 \end{cases}$$

的通解和基础解系.

1.4 求如下线性方程组的解.

(1)

$$\begin{cases} x_1+2x_2+4x_3-3x_4=0 \\ 2x_1+4x_2+3x_3-x_4=0 \\ -2x_1-4x_2+x_3+3x_4=0 \\ 3x_1+6x_2+4x_3+5x_4=0 \end{cases}$$

(2)

$$\begin{cases} x_1+2x_2+4x_3-3x_4=5 \\ 2x_1+4x_2+3x_3-x_4=0 \\ -2x_1-4x_2+x_3-3x_4=8 \\ 3x_1+6x_2+4x_3-x_4=-1 \end{cases}$$

1.5 求下列矩阵的特征值和特征向量.

(1) $\begin{pmatrix} 3 & 2 & -1 \\ -2 & -2 & 2 \\ 3 & 6 & -1 \end{pmatrix}$　(2) $\begin{pmatrix} 1 & -2 & -4 \\ -2 & 4 & -2 \\ -4 & -2 & 1 \end{pmatrix}$　(3) $\begin{pmatrix} 2 & 1 & 1 \\ 2 & 3 & 2 \\ 1 & 1 & 2 \end{pmatrix}$

(4) $\begin{pmatrix} 5 & 6 & -3 \\ -1 & 0 & 1 \\ 1 & 2 & -1 \end{pmatrix}$　(5) $\begin{pmatrix} 1 & 9 & 4 \\ 4 & -24 & 11 \\ 10 & -66 & 30 \end{pmatrix}$　(6) $\begin{pmatrix} 1 & -3 & 3 \\ 3 & -5 & 3 \\ 6 & -6 & 4 \end{pmatrix}$

1.6 设 $\boldsymbol{A}$，$\boldsymbol{B}$ 是 n 阶方阵，证明 $\boldsymbol{AB}$ 与 $\boldsymbol{BA}$ 有相同的特征值.

1.7 用圆盘定理估计矩阵的特征值的分布范围.

$$\boldsymbol{A}_1=\begin{pmatrix} 3 & 0.4 & 0.2 & 0.2 \\ 0.2 & 3 & 0.1 & 0.1 \\ 0.4 & 0.5 & 4 & 0.5 \\ -0.3 & 1 & 0.5 & 1 \end{pmatrix}\quad \boldsymbol{A}_2=\begin{pmatrix} 3 & 1 & -1 & 0 \\ 1 & 3 & 2 & 1 \\ -1 & 2 & 14 & 3 \\ 0 & 1 & 3 & 30 \end{pmatrix}$$

1.8 用圆盘定理证明如下矩阵是可以对角化的非奇异矩阵.

$$\begin{pmatrix} 1 & 0.4 & 0.1 & 0.2 \\ 0.2 & 3 & 0.1 & 0.1 \\ 0.4 & 0.5 & 6 & 0.5 \\ -0.3 & 1 & 0.5 & 12 \end{pmatrix}$$

1.9 证明 $\boldsymbol{A}=\begin{pmatrix} 9 & 1 & -2 & 1 \\ 0 & 8 & 1 & -4 \\ -1 & 0 & 4 & 0 \\ 2 & 0 & 0 & -1 \end{pmatrix}$ 至少有两个实特征值.

1.10 求下列矩阵的三角分解.

(1) $\begin{pmatrix} 1 & -1 & 2 & -4 \\ 3 & -1 & 7 & -15 \\ 0 & -4 & 2 & 5 \\ 1 & -3 & 17 & -11 \end{pmatrix}$ (2) $\begin{pmatrix} 2 & -1 & 2 & 1 \\ 4 & -1 & 6 & 6 \\ -2 & 3 & 0 & 8 \\ 4 & -1 & 8 & 8 \end{pmatrix}$

1.11 求矩阵 $\boldsymbol{A}$ 的 $\boldsymbol{LDU}$ 分解和柯列斯基（Choleshy）分解，其中

$$\boldsymbol{A}=\begin{pmatrix} 1 & 2 & -1 & 3 \\ 2 & 8 & -6 & 14 \\ -1 & -6 & 21 & -27 \\ 3 & 14 & -27 & 50 \end{pmatrix}$$

1.12 求下列矩阵的满秩分解.

(1) $\begin{pmatrix} 1 & -1 & -1 & 1 \\ -2 & 2 & -2 & 6 \\ 1 & -1 & -2 & 3 \end{pmatrix}$ (2) $\begin{pmatrix} 1 & 0 & -1 & 1 \\ 0 & 2 & 2 & 2 \\ -1 & 4 & 5 & 3 \end{pmatrix}$

(3) $\begin{pmatrix} 3 & 2 & 0 & 5 & 0 \\ 3 & -2 & 3 & 6 & -1 \\ 2 & 0 & 1 & 5 & -3 \\ 1 & 6 & -4 & -1 & 4 \end{pmatrix}$ (4) $\begin{pmatrix} 1 & -2 & 2 & -1 \\ 2 & -4 & 8 & 0 \\ -2 & 4 & -2 & 3 \\ 3 & -6 & 0 & -6 \end{pmatrix}$

1.13 求下列矩阵的正交三角（$\boldsymbol{QR}$）分解.

(1) $\boldsymbol{A}=\begin{pmatrix} 1 & 0 & -1 & 2 \\ 2 & 1 & 0 & -1 \\ 2 & -1 & 1 & 0 \\ 0 & 1 & -2 & 1 \end{pmatrix}$ (2) $\begin{pmatrix} -1 & -2 & -4 \\ -2 & 4 & -2 \\ -4 & -2 & 1 \end{pmatrix}$

1.14 求下列矩阵的谱分解.

(1) $\boldsymbol{A}_1=\begin{pmatrix} 3 & -3 & 2 \\ -1 & 5 & -2 \\ -1 & 3 & 0 \end{pmatrix}$ (2) $\boldsymbol{A}_2=\begin{pmatrix} -1 & -2 & -4 \\ -2 & 4 & -2 \\ -4 & -2 & 1 \end{pmatrix}$

1.15 编写利用 Givens 矩阵对矩阵 $\boldsymbol{A}$ 进行 $\boldsymbol{QR}$ 分解的 Matlab 程序.

第2章 线 性 空 间

2.1 线性空间的概述

2.1.1 集合与映射

人们经常使用“一组”“一队”“一批”这样的词汇来描述某类事物，它们被用来表示一定事物的集体．在数学上称它们为**集合**或**集**．组成集合的东西称为集合中的**元素**．

我们用大写字母 A，B，C，…表示**集合**，用小写字母 a，b，c，…表示集合的元素．

如果 a 是集合 A 的元素，就称 a **属于** A，记作 $a\in A$；如果 a 不是集合 A 的元素，就称 a **不属于** A，记作 $a\notin A$.

若集合 A 中仅含有有限个元素，则称其为**有限集合**；若集合 A 中含有无限个元素，则称其为**无限集合**.

集合可以用列出其所含有的全部元素，或者给出集合中元素所具备的特征的方式来表示．当然前一种表示方式仅对有限集合适用，而无限集合的表示必须用第二种方式.

例如，由 -1、1 这两个元素组成的集合可以表示 $A=\{-1, 1\}$，而由全体实数组成的集合可以表示为 $A=\{x \mid x\in \mathbf{R}\}$，当然第一个集也可以表示为 $A=\{x \mid x^2-1=0, x\in \mathbf{R}\}$.

不含有任何元素的集合称为**空集合**，记为$\varnothing$．例如集合 $A=\{x \mid x^2+1=0, x\in \mathbf{R}\}$ 就是一个空集合.

为了方便起见，约定：$\mathbf{N}$ 为全体自然数组成的集合；$\mathbf{Z}$ 为全体整数组成的集合；$\mathbf{Q}$ 为全体有理数组成的集合；$\mathbf{R}$ 为全体实数组成的集合；$\mathbf{C}$ 为全体复数组成的集合.

设 A、B 是两个集合，如果 A 的每一个元素都是 B 的元素，则称 A 是 B 的子集，记 $A\subseteq B$，或记作 $B\supseteq A$.

设 A、B 是两个集合，如果 $A\subseteq B$，并且 $B\subseteq A$，则称这两个集合相等，记作 $A=B$.

设 A、B 是两个集合，由 A 的所有元素和 B 的所有元素组成的集合称为 A 与 B 的并集，记作 $A\cup B$．即 $A\cup B=\{x \mid x\in A$ 或 $x\in B\}$．显然 $A\subseteq A\cup B$，$B\subseteq A\cup B$.

由 A 和 B 的公共元素组成的集合称为 A 与 B 的交集，记作 $A\cap B$．即 $A\cap B=\{x|x\in A$ 且 $x\in B\}$．显然 $A\cap B\subseteq A$，$A\cap B\subseteq B$.

类似地，设给定 n 个集合 A_1，A_2，…，A_n．由 A_1，A_2，…，A_n 的所有元素组成的集合称为 A_1，A_2，…，A_n 的并集；而由 A_1，A_2，…，A_n 的公共元素组成的集合称为 A_1，A_2，…，A_n 的交集，分别记为 $A_1\cup A_2\cup\cdots\cup A_n$ 和 $A_1\cap A_2\cap\cdots\cap A_n$.

设 A、B 是两个集合，由一切属于 A 但不属于 B 的元素组成的集合称为 B 在 A 中的**余集**，或称为 A 与 B 的差，记作 $A\setminus B$．即 $A\setminus B=\{x|x\in A$ 且 $x\notin B\}$.

设 A、B 是两个集合，集合 $A\times B=\{(a,b)|a\in A,b\in B\}$称为 A 与 B 的**积**.

数学中，另一个常用的基本概念是**映射**.

设 A、B 是两个非空集合，A 到 B 的一个映射是指一个对应法则，通过这一法则，对于集合 A 中的每一个元素 x，都有集合 B 中的一个唯一确定的元素 y 与之对应.

如果通过映射 $\boldsymbol{T}$，与 A 中元素 x 对应的 B 中元素是 y，则记作

$$\boldsymbol{T}: x \to y$$

或

$$\boldsymbol{T}(x) = y$$

y 称为元素 x 在 $\boldsymbol{T}$ 下的象，x 称为 y 在 $\boldsymbol{T}$ 下的**原象**.

A 在 T 下的象的集合记作 $T(A)=\{T(x)\mid x\in A\}$.

设 T 是 A 到 B 的一个映射，则

(1) 如果 $T(A)=B$，则称 T 是满射.

(2) 如果对于 A 中的任意两个不同的元素 x_1 和 x_2，都有 $T(x_1)\neq T(x_2)$，则称 T 是 A 到 B 的单射.

(3) 如果 T 既是满射，又是单射，则称 T 是 A 到 B 的双射，也称为 1-1 映射.

2.1.2 线性空间及其性质

在线性代数中，为研究齐次线性方程组解的结构，介绍了实向量空间的基本理论. 在工程技术和科学计算以及数学领域的不同场合，有许多集合本身所伴随的运算具有与实向量空间中的运算相同的本质特征. 将类似的具有共同运算规律的数学对象进行统一的数学描述就得到抽象的线性空间的定义.

定义 2.1.1 设 P 是一个数域，$\boldsymbol{V}$ 是一个非空集合，如果下列条件被满足，则称 $\boldsymbol{V}$ 是 P 上的一个**线性空间**：

(1) 定义了一个从 $\boldsymbol{V}\times\boldsymbol{V}$ 到 $\boldsymbol{V}$ 的映射 T_1，称为“加法”，即对于 $\boldsymbol{V}$ 中任意两个元素 $\boldsymbol{\alpha}$ 与 $\boldsymbol{\beta}$，有 $\boldsymbol{V}$ 中一个唯一确定的元素 $T_1(\boldsymbol{\alpha},\boldsymbol{\beta})$ 与它们对应.

(2) 定义了一个从 $P\times\boldsymbol{V}$ 到 $\boldsymbol{V}$ 的映射 T_2，称为“纯量乘法”，即对于 P 中每一个元素 k 和 $\boldsymbol{V}$ 中每一个元素 $\boldsymbol{\alpha}$，有 $\boldsymbol{V}$ 中一个唯一确定的元素与它们对应，这个向量称为 k 与 $\boldsymbol{\alpha}$ 的积，记作 $k\boldsymbol{\alpha}$.

(3) 映射 T_1、T_2 满足下列运算律：

1) $T_1(\boldsymbol{\alpha},\boldsymbol{\beta})=T_1(\boldsymbol{\beta},\boldsymbol{\alpha})$；

2) $T_1(T_1(\boldsymbol{\alpha},\boldsymbol{\beta}),\boldsymbol{\gamma})=T_1(\boldsymbol{\alpha},T_1(\boldsymbol{\beta},\boldsymbol{\gamma}))$；

3) 在 $\boldsymbol{V}$ 中存在一个零元素，记作 $\mathbf{0}$，对于 $\boldsymbol{V}$ 中每一个元素 $\boldsymbol{\alpha}$，都有 $T_1(\mathbf{0},\boldsymbol{\alpha})=\boldsymbol{\alpha}$；

4) 对于 $\boldsymbol{V}$ 中每一个元素 $\boldsymbol{\alpha}$，在 $\boldsymbol{V}$ 中存在一个元素 $\boldsymbol{\alpha}'$，使得 $T_1(\boldsymbol{\alpha},\boldsymbol{\alpha}')=\mathbf{0}$，这样的 $\boldsymbol{\alpha}'$ 叫作 $\boldsymbol{\alpha}$ 的负元素，记作 $\boldsymbol{\alpha}'=-\boldsymbol{\alpha}$；

5) $T_2(k,T_1(\boldsymbol{\alpha},\boldsymbol{\beta}))=T_2(k,\boldsymbol{\alpha})+T_2(k,\boldsymbol{\beta})$；

6) $T_2(k+\lambda,\boldsymbol{\alpha})=T_2(k,\boldsymbol{\alpha})+T_2(\lambda,\boldsymbol{\alpha})$；

7) $T_2(k\lambda,\boldsymbol{\alpha})=T_2(k,T_2(\lambda,\boldsymbol{\alpha}))$；

8) $T_2(1,\boldsymbol{\alpha})=\boldsymbol{\alpha}$.

其中 $\boldsymbol{\alpha}$、$\boldsymbol{\beta}$、$\boldsymbol{\gamma}$ 是 $\boldsymbol{V}$ 中的任意元素，k、λ 是 P 中的元素.

习惯上，$T_1(\boldsymbol{\alpha},\boldsymbol{\beta})$ 记为 $\boldsymbol{\alpha}+\boldsymbol{\beta}$，$T_2(k,\boldsymbol{\alpha})$ 记为 $k\boldsymbol{\alpha}$.

如果 $\boldsymbol{V}$ 是 P 上的一个**线性空间**，称 $\boldsymbol{V}$ 中的元素为向量，P 中的元素为纯量.

线性空间 $\boldsymbol{V}$ 中所定义的加法与纯量乘法称为 $\boldsymbol{V}$ 中的线性运算，在不致发生混淆的情况下，将数域 P 上的线性空间 $\boldsymbol{V}$ 简称为线性空间 $\boldsymbol{V}$. 当 P 为实数域 $\mathbf{R}$ 时，称 $\boldsymbol{V}$ 为实线性空间，当 P 为复数域 $\mathbf{C}$ 时，分别称 $\boldsymbol{V}$ 为复线性空间.

常用的线性空间如下：

(1) 分量属于数域 P 的全体 n 元数组 $(x_1, x_2, \cdots, x_n)^{\mathrm{T}}$ 构成 P 上的一个线性空间，记作 P^n.

(2) 数域 P 上一切 $m\times n$ 矩阵所成的集合对于矩阵的加法和数与矩阵的乘法构成 P 上的一个线性空间. 当 $P=\mathbf{C}$ 时，则此空间记作 $\mathbf{C}^{m\times n}$；当 $P=\mathbf{R}$ 时，则此空间记作 $\mathbf{R}^{m\times n}$.

(3) 对于 $P_n(t)=\{a_0+a_1t+\cdots+a_nt^n \mid a_k\in\mathbf{R}\}$，在通常的多项式加法和数乘运算下构成线性空间，称为实 n 次多项式空间.

(4) $W_n(t)=\{a_0+\sum\limits_{k=1}^{n}(a_k\sin kt+b_k\cos kt) \mid a_k, b_k\in\mathbf{R}\}$，在通常的函数加法和数乘运算下构成线性空间，称为三角函数空间.

【例 2.1.1】 给定 $\boldsymbol{A}\in\mathbf{R}^{m\times n}$，$N(\boldsymbol{A})=\{\boldsymbol{x} \mid \boldsymbol{A}\boldsymbol{x}=\boldsymbol{0}, \boldsymbol{x}\in\mathbf{R}^n\}$，按 $\mathbf{R}^n$ 中的加法和数乘运算，$N(A)$ 是 $\mathbf{R}$ 上的线性空间，称 $N(A)$ 为矩阵 A 的零空间（核空间）. 而当 $\boldsymbol{b}\neq\boldsymbol{0}$ 时，相容的线性方程组 $A\boldsymbol{x}=\boldsymbol{b}$ 的解的全体 $S=\{\boldsymbol{x} \mid \boldsymbol{A}\boldsymbol{x}=\boldsymbol{b}, \boldsymbol{x}\in\mathbf{R}^n\}$ 不构成线性空间.

注：要证明 V 在所定义的两个运算下不构成线性空间，只需证明，八条性质中有一条不满足即可.

2.1.3　线性空间的基、维数与坐标

线性空间中相关性概念与线性代数中向量组线性相关性概念类似.

设 V 是 P 上的一个线性空间，则

(1) 线性组合：设 $\boldsymbol{\alpha}_1, \boldsymbol{\alpha}_2, \cdots, \boldsymbol{\alpha}_m\in\boldsymbol{V}$，$\lambda_1, \lambda_2, \cdots, \lambda_m\in P$，则称 $\lambda_1\boldsymbol{\alpha}_1+\lambda_2\boldsymbol{\alpha}_2+\cdots+\lambda_m\boldsymbol{\alpha}_m$ 为向量组 $\boldsymbol{\alpha}_1, \boldsymbol{\alpha}_2, \cdots, \boldsymbol{\alpha}_m$ 的一个线性组合.

(2) 线性表示：$\boldsymbol{V}$ 中 $\boldsymbol{\alpha}$ 向量可表示为向量组 $\boldsymbol{\alpha}_1, \boldsymbol{\alpha}_2, \cdots, \boldsymbol{\alpha}_m$ 的线性组合时，则称 $\boldsymbol{\alpha}$ 可由该向量组 $\boldsymbol{\alpha}_1, \boldsymbol{\alpha}_2, \cdots, \boldsymbol{\alpha}_m$ 线性表示.

如果 $\boldsymbol{\beta}=\lambda_1\boldsymbol{\alpha}_1+\lambda_2\boldsymbol{\alpha}_2+\cdots+\lambda_m\boldsymbol{\alpha}_m$，则我们可采用如下形式记号

$$\boldsymbol{\beta}=(\boldsymbol{\alpha}_1, \boldsymbol{\alpha}_2, \cdots, \boldsymbol{\alpha}_m)\begin{pmatrix}\lambda_1\\ \lambda_2\\ \vdots\\ \lambda_m\end{pmatrix} \tag{2.1.1}$$

(3) 线性相关性：设 $\boldsymbol{\alpha}_1, \boldsymbol{\alpha}_2, \cdots, \boldsymbol{\alpha}_m\in\boldsymbol{V}$，如果存在一组不全为零的数 $\lambda_1, \lambda_2, \cdots, \lambda_m\in P$，使得 $\lambda_1\boldsymbol{\alpha}_1+\lambda_2\boldsymbol{\alpha}_2+\cdots+\lambda_m\boldsymbol{\alpha}_m=\boldsymbol{0}$，则称向量组 $\boldsymbol{\alpha}_1, \boldsymbol{\alpha}_2, \cdots, \boldsymbol{\alpha}_m$ 线性相关；否则称 $\boldsymbol{\alpha}_1, \boldsymbol{\alpha}_2, \cdots, \boldsymbol{\alpha}_m$ 线性无关.

【例 2.1.2】 讨论 $\mathbf{R}^{2\times 2}$ 中的向量组

$$\boldsymbol{\alpha}_1=\begin{pmatrix}-1 & 5\\ 1 & 12\end{pmatrix}, \boldsymbol{\alpha}_2=\begin{pmatrix}5 & 5\\ -2 & 24\end{pmatrix}, \boldsymbol{\alpha}_3=\begin{pmatrix}4 & -2\\ 5 & -12\end{pmatrix}, \boldsymbol{\alpha}_4=\begin{pmatrix}5 & -3\\ 2 & -8\end{pmatrix}$$

的线性相关性.

解　设 x_1，x_2，x_3，$x_4\in\mathbf{R}$，使得 $x_1\boldsymbol{\alpha}_1+x_2\boldsymbol{\alpha}_2+x_3\boldsymbol{\alpha}_3+x_4\boldsymbol{\alpha}_4=\mathbf{0}_{2\times2}$，即

$$\begin{bmatrix}-x_1+5x_2+4x_3+5x_4 & 5x_1+5x_2-2x_3-3x_4\\ x_1-2x_2+5x_3+2x_4 & 12x_1+24x_2-12x_3-8x_4\end{bmatrix}=\begin{pmatrix}0&0\\0&0\end{pmatrix}$$

因此

$$\begin{cases}-x_1+5x_2+4x_3+5x_4=0\\ 5x_1+5x_2-2x_3-3x_4=0\\ x_1-2x_2+5x_3+2x_4=0\\ 12x_1+24x_2-12x_3-8x_4=0\end{cases}$$

由于此方程组的系数行列式 $D=0$，所以它有非零解，故 $\boldsymbol{\alpha}_1$、$\boldsymbol{\alpha}_2$、$\boldsymbol{\alpha}_3$、$\boldsymbol{\alpha}_4$ 线性相关.

定义 2.1.2　设 $\mathbf{V}$ 是数域 P 上的一个线性空间，$\mathbf{V}$ 中满足以下两个条件的向量组 $\{\boldsymbol{\alpha}_1$，$\boldsymbol{\alpha}_2$，…，$\boldsymbol{\alpha}_n\}$ 称为 $\mathbf{V}$ 的一组基：

(1) $\boldsymbol{\alpha}_1$，$\boldsymbol{\alpha}_2$，…，$\boldsymbol{\alpha}_n$ 线性无关；

(2) $\mathbf{V}$ 中的每一个向量都可以由 $\boldsymbol{\alpha}_1$，$\boldsymbol{\alpha}_2$，…，$\boldsymbol{\alpha}_n$ 线性表示.

此时，称 n 为线性空间 $\mathbf{V}$ 的维数，记作 $\dim(\mathbf{V})=n$. 维数为 n 的线性空间称为 n 维线性空间，记作 $\mathbf{V}^n$，简记为 $\mathbf{V}$. 规定仅含零向量的线性空间的维数是零.

在线性代数中，我们曾经学习了极大线性无关组的概念. 线性空间的基实际上是线性空间的极大线性无关组，而线性空间的维数是线性空间的极大线性无关组所含向量的个数，它反映了 $\mathbf{V}$ 的一种本质属性.

【例 2.1.3】　设 $\mathbf{C}^{m\times n}$ 是数域 $\mathbf{C}$ 上一切 $m\times n$ 矩阵构成的线性空间，考虑如下的 mn 个矩阵

$$\boldsymbol{E}_{ij}=\begin{bmatrix} & & & 0 & & & \\ & & & \vdots & & & \\ & & & 0 & & & \\ 0 & \cdots & 0 & 1 & 0 & \cdots & 0\\ & & & 0 & & & \\ & & & \vdots & & & \\ & & & 0 & & & \end{bmatrix}(i),(i=1,2,\cdots,m;j=1,2,\cdots,n)$$

（在 $\boldsymbol{E}_{ij}$ 中，除去第 i 行第 j 列位置上的元素是 1 外，其余的元素都是 $\mathbf{0}$）. 由定义 **2.1.2** 可见 $\{\boldsymbol{E}_{ij}\}$ 构成所有 $m\times n$ 矩阵组成的线性空间 $\mathbf{C}^{m\times n}$ 的一组基，因此 $\dim(\mathbf{C}^{m\times n})=mn$. 同理可得，对于线性空间 $\mathbf{R}^{m\times n}$ 而言，也有 $\dim(\mathbf{R}^{m\times n})=mn$. 如果将 $\mathbf{C}^{m\times n}$ 看成实数域 $\mathbf{R}$ 上的线性空间，则 $\{\boldsymbol{E}_{ij}$，$\sqrt{-1}\boldsymbol{E}_{ij}$，$i=1$，2，…，$m$；$j=1$，2，…，$n\}$ 是基，从而 $\dim(\mathbf{C}^{m\times n})=2mn$.

对于 $\boldsymbol{P}_n(t)=\{a_0+a_1t+\cdots+a_nt^n\,|\,a_0,a_1,\cdots,a_n\in\mathbf{R}\}$，由于 1，$t$，…，$t^n$ 线性无关，$P_n(t)$ 中任意一个向量都可以表示成 $a_0+a_1t+\cdots+a_nt^n\in\boldsymbol{P}_n(t)$，因此 1，$t$，$t^2$，…，$t^n$ 是 $\boldsymbol{P}_n(t)$ 的基，在该基下的坐标为 $\boldsymbol{x}=(a_0,\ a_1,\ \cdots,\ a_n)^{\mathrm{T}}$（证明见［例 2.1.5］），称 1，$t$，$t_2$，…，$t^n$ 为 $\boldsymbol{P}_n(t)$ 的自然基.

类似地，$\boldsymbol{W}_n(t)=\{a_0+a_1\sin t+b_1\cos t+\cdots+a_n\sin nt+b_n\cos nt\,|\,a_k,b_k\in\mathbf{R}\}$，在通常的函数加法和数乘运算下构成线性空间，称为三角函数空间，它的自然基为 $\{1$，$\sin t$，$\cos t$，…，

$\sin nt$，$\cos nt\}$.

线性空间不一定是有限维的，如 $C[a, b]$ 就是一个无限维的线性空间. 在矩阵论中，只考虑有限维情况，对于无限维线性空间，有兴趣的可阅读泛函分析及其他图书的相关内容.

定理 2.1.1 设 $\boldsymbol{\alpha}_1$，$\boldsymbol{\alpha}_2$，$\boldsymbol{\alpha}_3$，…，$\boldsymbol{\alpha}_n$ 是数域 P 上的线性空间 $\mathbf{V}^n$ 的一组基，则 $\mathbf{V}^n$ 中的每一个向量都可以用 $\boldsymbol{\alpha}_1$，$\boldsymbol{\alpha}_2$，…，$\boldsymbol{\alpha}_n$ 唯一线性表示.

证明 $\forall \boldsymbol{\alpha} \in \mathbf{V}^n$，

$$\boldsymbol{\alpha} = x_1\boldsymbol{\alpha}_1 + x_2\boldsymbol{\alpha}_2 + \cdots + x_n\boldsymbol{\alpha}_n$$
$$\boldsymbol{\alpha} = y_1\boldsymbol{\alpha}_1 + y_2\boldsymbol{\alpha}_2 + \cdots + y_n\boldsymbol{\alpha}_n$$

两式相减有

$$(x_1 - y_1)\boldsymbol{\alpha}_1 + (x_2 - y_2)\boldsymbol{\alpha}_2 + \cdots + (x_n - y_n)\boldsymbol{\alpha}_{\mathrm{n}} = \mathbf{0}$$

$\because \boldsymbol{\alpha}_1$，$\boldsymbol{\alpha}_2$，…，$\boldsymbol{\alpha}_n$ 线性无关，$\therefore x_1 = y_1$，$x_2 = y_2$，…，$x_n = y_n$.

反之，任给一个有序数组 x_1，x_2，…，x_n，总有唯一的向量

$$\boldsymbol{\alpha} = x_1\boldsymbol{\alpha}_1 + x_2\boldsymbol{\alpha}_2 + \cdots + x_n\boldsymbol{\alpha}_n \in \mathbf{V}^n$$

与它对应.

由此可知，如果 $\boldsymbol{\alpha}_1$，$\boldsymbol{\alpha}_2$，…，$\boldsymbol{\alpha}_n$ 是 $\mathbf{V}^n$ 的一组基，则 $\mathbf{V}^n$ 中向量的全体可以表示为

$$\mathbf{V}^n = \{x_1\boldsymbol{\alpha}_1 + x_2\boldsymbol{\alpha}_2 + \cdots + x_n\boldsymbol{\alpha}_n \mid x_1, x_2, \cdots, x_n \in P\}$$

也就是说 $\mathbf{V}^n$ 中的向量 $\boldsymbol{\alpha}$ 与有序数组 x_1，x_2，…，x_n 之间构成一一对应关系.

定义 2.1.3 设 $\boldsymbol{\alpha}_1$，$\boldsymbol{\alpha}_2$，…，$\boldsymbol{\alpha}_n$ 是线性空间 $\mathbf{V}^n$ 的一组基，$\forall \boldsymbol{\alpha} \in V^n$，如果有序数组 x_1，x_2，…，x_n，使得

$$\boldsymbol{\alpha} = x_1\boldsymbol{\alpha}_1 + x_2\boldsymbol{\alpha}_2 + \cdots + x_n\boldsymbol{\alpha}_n$$

则称 x_1，x_2，…，x_n 为向量 $\boldsymbol{\alpha}$ 在基 $\boldsymbol{\alpha}_1$，$\boldsymbol{\alpha}_2$，…，$\boldsymbol{\alpha}_n$ 下的坐标，记作 $(x_1, x_2, \cdots, x_n)^{\mathrm{T}}$.

【例 2.1.4】 取定 $\boldsymbol{A} = \begin{pmatrix} 1 & 1 \\ 2 & -1 \end{pmatrix}$，令

$$\mathbf{V}_A = \{\boldsymbol{X} \mid A\boldsymbol{X} = \boldsymbol{X}A, \boldsymbol{X} \in \mathbf{R}^{2\times 2}\}$$

求 $\mathbf{V}_A$ 的基与维数.

解 设 $\boldsymbol{X} = \begin{bmatrix} x_1 & x_2 \\ x_3 & x_4 \end{bmatrix}$，则由 $A\boldsymbol{X} = \boldsymbol{X}A$ 得

$$\begin{cases} 2x_2 - x_3 = 0 \\ x_1 - 2x_2 - x_4 = 0 \\ x_1 - x_3 - x_4 = 0 \end{cases}$$

解得：

$$\boldsymbol{X} = \begin{bmatrix} 2x_2 + x_4 & x_2 \\ 2x_2 & x_4 \end{bmatrix} = k_1\begin{pmatrix} 2 & 1 \\ 2 & 0 \end{pmatrix} + k_2\begin{pmatrix} 1 & 0 \\ 0 & 1 \end{pmatrix}$$

因此$\begin{pmatrix}2&1\\2&0\end{pmatrix}$，$\begin{pmatrix}1&0\\0&1\end{pmatrix}$是$\boldsymbol{V}_A$的基，$\dim(\boldsymbol{V}_A)=2$.

【例 2.1.5】 求线性空间$\boldsymbol{P}_n[t]$的基、维数以及向量$f(t)=a_0+a_1t+a_2t^2+\cdots+a_{n-1}t^{n-1}+a_nt^n$在所取基下的坐标.

解 在$\boldsymbol{P}_n[t]$中，$p_1=1$，$p_2=t$，$p_3=t^2$，…，$p_n=t^{n-1}$，$p_{n+1}=t^n$，是$P_n[t]$的一组基，因此

$$\dim(\boldsymbol{P}_n[t])=n+1$$

易见，$f(t)=a_0p_1+a_1p_2+a_2p_3+\cdots+a_{n-1}p_n+a_np_{n+1}$在基$p_1$，$p_2$，…，$p_{n+1}$下的坐标为$x=(a_0, a_1, a_2, \cdots, a_n)^{\mathrm{T}}$.

取$\tilde{p}_1=1$，$\tilde{p}_2=t-a$，…，$\tilde{p}_{n+1}=(t-a)^n$，则它们也是$\boldsymbol{P}_n[t]$的基. $f(t)$在$t=a$点处的 Taylor 多项式为

$$f(t)=p(a)+p'(a)(t-a)+\cdots+\frac{p^n(a)}{n!}(t-a)^n$$

因此，$f(t)$在基$\{\tilde{p}_1, \tilde{p}_2, \cdots, \tilde{p}_{n+1}\}$下的坐标为

$$y=\left(p(a),p'(a),\cdots,\frac{p^{(n)}(a)}{n!}\right)^{\mathrm{T}}$$

定理 2.1.2 设V是数域P上的一个n维线性空间，$\boldsymbol{\alpha}_1$，$\boldsymbol{\alpha}_2$，…，$\boldsymbol{\alpha}_n$是$\boldsymbol{V}$的一组基，$\boldsymbol{\alpha}$，$\boldsymbol{\beta}\in V$，它们在基$\boldsymbol{\alpha}_1$，$\boldsymbol{\alpha}_2$，…，$\boldsymbol{\alpha}_n$下的坐标分别是$(x_1, x_2, \cdots, x_n)^{\mathrm{T}}$和$(y_1, y_2, \cdots, y_n)^{\mathrm{T}}$，$k\in P$，则

(1) $\boldsymbol{\alpha}+\boldsymbol{\beta}$在基$\boldsymbol{\alpha}_1$，$\boldsymbol{\alpha}_2$，…，$\boldsymbol{\alpha}_n$下的坐标是$(x_1+y_1, x_2+y_2, \cdots, x_n+y_n)^{\mathrm{T}}$.

(2) $k\boldsymbol{\alpha}$在基$\boldsymbol{\alpha}_1$，$\boldsymbol{\alpha}_2$，…，$\boldsymbol{\alpha}_n$下的坐标是$(kx_1, kx_2, \cdots, kx_n)^{\mathrm{T}}$.

一般来说，线性空间及其向量是抽象的对象，不同空间的向量完全可以具有千差万别的类别及性质. 但坐标表示却把它们统一了起来，坐标表示把这种差别留给了基和基向量，由坐标所组成的新向量仅由数域中的数组表示出来. 更进一步，原本抽象的“加法”及“数乘”经过坐标表示就转化为通常n维向量的加法和数乘.

【例 2.1.6】 求$\begin{pmatrix}1&-1\\2&4\end{pmatrix}$，$\begin{pmatrix}0&3\\1&2\end{pmatrix}$，$\begin{pmatrix}3&0\\7&14\end{pmatrix}$，$\begin{pmatrix}1&2\\3&-4\end{pmatrix}$的秩及其极大线性无关组.

解 $\begin{pmatrix}1&-1\\2&4\end{pmatrix}$，$\begin{pmatrix}0&3\\1&2\end{pmatrix}$，$\begin{pmatrix}3&0\\7&14\end{pmatrix}$，$\begin{pmatrix}1&2\\3&-4\end{pmatrix}$在自然基$\boldsymbol{E}_{11}$，$\boldsymbol{E}_{12}$，$\boldsymbol{E}_{21}$，$\boldsymbol{E}_{22}$下的坐标分别是

$$\boldsymbol{\alpha}_1=(1,-1,2,4)^{\mathrm{T}},\boldsymbol{\alpha}_2=(0,3,1,2)^{\mathrm{T}},\boldsymbol{\alpha}_3=(3,0,7,14)^{\mathrm{T}},\boldsymbol{\alpha}_4=(1,2,3,-4)^{\mathrm{T}}$$

$$\begin{pmatrix}1&0&3&1\\-1&3&0&2\\2&1&7&3\\4&2&14&-4\end{pmatrix}\sim\begin{pmatrix}1&0&3&1\\0&3&3&3\\0&0&0&-10\\0&0&0&0\end{pmatrix}=\boldsymbol{B}$$

因为$R(\boldsymbol{B})=3$，阶梯阵$\boldsymbol{B}$的非零行数是 3，台阶出现在 1、2、4 列，因此向量组的秩是

3，$\begin{pmatrix}1 & -1\\2 & 4\end{pmatrix}$，$\begin{pmatrix}0 & 3\\1 & 2\end{pmatrix}$，$\begin{pmatrix}1 & 2\\3 & -4\end{pmatrix}$是极大线性无关组.

【例 2.1.7】 求 $P_3(t)$ 中的多项式组

$$f_1(t)=1+4t-2t^2+t^3, f_2(t)=-1+9t-3t^2+2t^3,$$
$$f_3(t)=-5+6t+t^3, f_4(t)=5+7t-5t^2+2t^3$$

的秩和一个极大线性无关组.

解 选取 $P_3(t)$ 中的自然基 1、t、t^2、t^3，以 $f_1(t)$、$f_2(t)$、$f_3(t)$、$f_4(t)$ 在此基下的坐标为列向量构成的矩阵 $\boldsymbol{A}$，并且对 $\boldsymbol{A}$ 做初等行变换，即

$$\boldsymbol{A}=\begin{pmatrix}1 & -1 & -5 & 5\\4 & 9 & 6 & 7\\-2 & -3 & 0 & -5\\1 & 2 & 1 & 2\end{pmatrix}\sim\begin{pmatrix}1 & -1 & -5 & 5\\0 & 13 & 26 & -13\\0 & -5 & -10 & 5\\0 & 23 & 16 & -3\end{pmatrix}\sim\begin{pmatrix}1 & -1 & -5 & 5\\0 & 1 & 2 & -1\\0 & 0 & 0 & 0\\0 & 0 & 0 & 0\end{pmatrix}$$

因此 $\operatorname{rank}(\boldsymbol{A})=\operatorname{rank}(\boldsymbol{B})=2$，且 $\boldsymbol{A}$ 的第一、第二列为 $\boldsymbol{A}$ 的列向量组的一个极大线性无关组，因此 $f_1(t)$、$f_2(t)$ 为多项式组 $f_1(t)$、$f_2(t)$、$f_3(t)$、$f_4(t)$ 的极大线性无关组.

【例 2.1.8】 设有 $P_3(t)$ 中的多项式组，即

$$f_1(t)=1+2t^2+3t^3,\qquad f_2(t)=1+t+3t^2+5t^3$$
$$f_3(t)=1-t+(a+2)t^2+t^3,\quad f_4(t)=1+2t+4t^2+(a+8)t^3$$

和多项式 $f(t)=1+t+(b+3)t^2+5t^3$.

(1) a、b 为何值时，f 不能表示成 f_1、f_2、f_3、f_4 的线性组合?

(2) a、b 为何值时，f 可以由 f_1、f_2、f_3、f_4 唯一线性表示? 并写出表示式.

解 f_1、f_2、f_3、f_4，f 在 $P_3(t)$ 中自然基下的坐标依次为 $\boldsymbol{\alpha}_1=(1,0,2,3)^{\mathrm{T}}$，$\boldsymbol{\alpha}_2=(1,1,3,5)^{\mathrm{T}}$，$\boldsymbol{\alpha}_3=(1,-1,a+2,1)^{\mathrm{T}}$，$\boldsymbol{\alpha}_4=(1,2,4,a+8)^{\mathrm{T}}$ 及 $\boldsymbol{\beta}=(1,1,b+3,5)^{\mathrm{T}}$.

$$\boldsymbol{A}=\begin{pmatrix}1 & 1 & 1 & 1 & 1\\0 & 1 & -1 & 2 & 1\\2 & 3 & a+2 & 4 & b+3\\3 & 5 & 1 & a+8 & 5\end{pmatrix}\sim\begin{pmatrix}1 & 1 & 1 & 1 & 1\\0 & 1 & -1 & 2 & 1\\0 & 1 & a & 2 & b+1\\0 & 2 & -2 & a+5 & 2\end{pmatrix}\sim\begin{pmatrix}1 & 1 & 1 & 1 & 1\\0 & 1 & -1 & 2 & 1\\0 & 0 & a+1 & 0 & b\\0 & 0 & 0 & a+1 & 0\end{pmatrix}$$

(1) 当 $a=-1$，$b\neq0$ 时，$\boldsymbol{\beta}$ 不能表示成 $\boldsymbol{\alpha}_1$、$\boldsymbol{\alpha}_2$、$\boldsymbol{\alpha}_3$、$\boldsymbol{\alpha}_4$ 的线性组合，因此当 $a=-1$，$b\neq0$ 时，f 不能表示成 f_1、f_2、f_3、f_4 的线性组合.

(2) 当 $a\neq-1$ 时，$\boldsymbol{\beta}$ 可以由 $\boldsymbol{\alpha}_1$、$\boldsymbol{\alpha}_2$、$\boldsymbol{\alpha}_3$、$\boldsymbol{\alpha}_4$ 的唯一的线性表示，且表示式为

$$\boldsymbol{\beta}=-\frac{2b}{a+1}\boldsymbol{\alpha}_1+\frac{a+b+1}{a+1}\boldsymbol{\alpha}_2+\frac{b}{a+1}\boldsymbol{\alpha}_3+0\boldsymbol{\alpha}_4$$

因此，当 $a\neq-1$ 时，f 可以由 f_1、f_2、f_3、f_4 的唯一的线性表示，且表示式为

$$f=-\frac{2b}{a+1}f_1+\frac{a+b+1}{a+1}f_2+\frac{b}{a+1}f_3+0f_4$$

一个向量的坐标依赖于基的选取，对于线性空间 $\boldsymbol{V}$ 的两组不同的基来说，同一个向量的坐标一般是不相同的.

以下我们来讨论，一个向量在不同基下的坐标之间的关系. 设 $\boldsymbol{\alpha}_1$，$\boldsymbol{\alpha}_2$，…，$\boldsymbol{\alpha}_n$ 和 $\boldsymbol{\beta}_1$，$\boldsymbol{\beta}_2$，…，$\boldsymbol{\beta}_n$ 是 $\boldsymbol{V}^n$ 的两个基，且满足:

$$\begin{cases}\boldsymbol{\beta}_1 = a_{11}\boldsymbol{\alpha}_1 + a_{21}\boldsymbol{\alpha}_2 + \cdots + a_{n1}\boldsymbol{\alpha}_n \\ \boldsymbol{\beta}_2 = a_{12}\boldsymbol{\alpha}_1 + a_{22}\boldsymbol{\alpha}_2 + \cdots + a_{n2}\boldsymbol{\alpha}_n \\ \qquad\vdots \\ \boldsymbol{\beta}_n = a_{1n}\boldsymbol{\alpha}_1 + a_{2n}\boldsymbol{\alpha}_2 + \cdots + a_{nn}\boldsymbol{\alpha}_n\end{cases} \tag{2.1.2}$$

这里 $(a_{1j}, a_{2j}, \cdots, a_{nj})^{\mathrm{T}}$ 是 $\boldsymbol{\beta}_j$ 在基 $\boldsymbol{\alpha}_1$，$\boldsymbol{\alpha}_2$，…，$\boldsymbol{\alpha}_n$ 下的坐标，$(j=1, 2, \cdots, n)$. 记

$$\boldsymbol{A} = \begin{bmatrix} a_{11} & a_{12} & \cdots & a_{1n} \\ a_{21} & a_{22} & \cdots & a_{2n} \\ \cdots & \cdots & \vdots & \cdots \\ a_{n1} & a_{n2} & \cdots & a_{nn}\end{bmatrix}.$$

利用矩阵 $\boldsymbol{A}$，借鉴矩阵乘法的计算公式，式（2.1.2）可以表示成如下形式

$$(\boldsymbol{\beta}_1, \boldsymbol{\beta}_2, \cdots, \boldsymbol{\beta}_n) = (\boldsymbol{\alpha}_1, \boldsymbol{\alpha}_2, \cdots, \boldsymbol{\alpha}_n)\boldsymbol{A} \tag{2.1.3}$$

定义 2.1.4 设 $\boldsymbol{\alpha}_1$，$\boldsymbol{\alpha}_2$，…，$\boldsymbol{\alpha}_n$ 和 $\boldsymbol{\beta}_1$，$\boldsymbol{\beta}_2$，…，$\boldsymbol{\beta}_n$ 是 $\boldsymbol{V}^n$ 的两组基，且满足式（2.1.2），则

（1）称矩阵 $\boldsymbol{A}$ 为由基 $\boldsymbol{\alpha}_1$，$\boldsymbol{\alpha}_2$，…，$\boldsymbol{\alpha}_n$ 到基 $\boldsymbol{\beta}_1$，$\boldsymbol{\beta}_2$，…，$\boldsymbol{\beta}_n$ 的过渡矩阵.

（2）称式（2.1.2）或式（2.1.3）为由基 $\boldsymbol{\alpha}_1$，$\boldsymbol{\alpha}_2$，…，$\boldsymbol{\alpha}_n$ 到基 $\boldsymbol{\beta}_1$，$\boldsymbol{\beta}_2$，…，$\boldsymbol{\beta}_n$ 的基变换公式.

设 $\boldsymbol{\alpha} \in V$，$\boldsymbol{\alpha}$ 关于基 $\boldsymbol{\alpha}_1$，$\boldsymbol{\alpha}_2$，…，$\boldsymbol{\alpha}_n$ 的坐标为 $\boldsymbol{x}=(x_1, x_2, \cdots, x_n)^{\mathrm{T}}$，关于基 $\boldsymbol{\beta}_1$，$\boldsymbol{\beta}_2$，…，$\boldsymbol{\beta}_n$ 的坐标为 $\boldsymbol{y}=(y_1, y_2, \cdots, y_n)^{\mathrm{T}}$. 于是有

$$\boldsymbol{\alpha} = \sum_{i=1}^{n} x_i\boldsymbol{\alpha}_i = (\boldsymbol{\alpha}_1, \boldsymbol{\alpha}_2, \cdots, \boldsymbol{\alpha}_n)\begin{bmatrix} x_1 \\ x_2 \\ \vdots \\ x_n\end{bmatrix} = (\boldsymbol{\alpha}_1, \boldsymbol{\alpha}_2, \cdots, \boldsymbol{\alpha}_n)\boldsymbol{x} \tag{2.1.4}$$

$$\boldsymbol{\alpha} = \sum_{i=1}^{n} y_i\boldsymbol{\beta}_i = (\boldsymbol{\beta}_1, \boldsymbol{\beta}_2, \cdots, \boldsymbol{\beta}_n)\begin{bmatrix} y_1 \\ y_2 \\ \vdots \\ y_n\end{bmatrix} = (\boldsymbol{\beta}_1, \boldsymbol{\beta}_2, \cdots, \boldsymbol{\beta}_n)\boldsymbol{y} \tag{2.1.5}$$

将式（2.1.3）代入式（2.1.5）有

$$\boldsymbol{\alpha} = ((\boldsymbol{\alpha}_1, \boldsymbol{\alpha}_2, \cdots, \boldsymbol{\alpha}_n)\boldsymbol{A})\boldsymbol{y} = (\boldsymbol{\alpha}_1, \boldsymbol{\alpha}_2, \cdots, \boldsymbol{\alpha}_n)(\boldsymbol{A}\boldsymbol{y}) \tag{2.1.6}$$

由式（2.1.6）可见，$\boldsymbol{\alpha}$ 关于基 $\boldsymbol{\alpha}_1$，$\boldsymbol{\alpha}_2$，…，$\boldsymbol{\alpha}_n$ 的坐标为 $\boldsymbol{A}\boldsymbol{y}$. 由于向量 $\boldsymbol{\alpha}$ 在基 $\boldsymbol{\alpha}_1$，$\boldsymbol{\alpha}_2$，…，$\boldsymbol{\alpha}_n$ 的坐标是唯一的，因此

$$\boldsymbol{x} = \boldsymbol{A}\boldsymbol{y} \tag{2.1.7}$$

定理 2.1.3 设 $\boldsymbol{V}$ 是数域 P 上的一个 n 维线性空间，$\boldsymbol{A}$ 是由基 $\boldsymbol{\alpha}_1$，$\boldsymbol{\alpha}_2$，…，$\boldsymbol{\alpha}_n$ 到基 $\boldsymbol{\beta}_1$，$\boldsymbol{\beta}_2$，…，$\boldsymbol{\beta}_n$ 的过渡矩阵，$\boldsymbol{V}$ 中向量 $\boldsymbol{\alpha}$ 关于基 $\boldsymbol{\alpha}_1$，$\boldsymbol{\alpha}_2$，…，$\boldsymbol{\alpha}_n$ 的坐标 x，关于基 $\boldsymbol{\beta}_1$，$\boldsymbol{\beta}_2$，…，$\boldsymbol{\beta}_n$ 的坐标 $\boldsymbol{y}$，则 $\boldsymbol{x}=\boldsymbol{A}\boldsymbol{y}$.

过渡矩阵反映了线性空间的不同的基之间的关系，这是一个很重要的关系. 现在进一步讨论过渡矩阵的一些性质.

定理 2.1.4　设 $\boldsymbol{A}$ 是 n 维线性空间 $\boldsymbol{V}^n$ 中由基 $\boldsymbol{\alpha}_1$，$\boldsymbol{\alpha}_2$，…，$\boldsymbol{\alpha}_n$ 到基 $\boldsymbol{\beta}_1$，$\boldsymbol{\beta}_2$，…，$\boldsymbol{\beta}_n$ 的过渡矩阵，那么 $\boldsymbol{A}$ 是一个可逆矩阵；反之，任意一个 n 阶可逆矩阵 $\boldsymbol{A}$ 都可以作为 $\boldsymbol{V}^n$ 中一组基到另一组基的过渡矩阵．如果由基 $\boldsymbol{\alpha}_1$，$\boldsymbol{\alpha}_2$，…，$\boldsymbol{\alpha}_n$ 到基 $\boldsymbol{\beta}_1$，$\boldsymbol{\beta}_2$，…，$\boldsymbol{\beta}_n$ 的过渡矩阵为 $\boldsymbol{A}$，那么由基 $\boldsymbol{\beta}_1$，$\boldsymbol{\beta}_2$，…，$\boldsymbol{\beta}_n$ 到基 $\boldsymbol{\alpha}_1$，$\boldsymbol{\alpha}_2$，…，$\boldsymbol{\alpha}_n$ 的过渡矩阵就是 $\boldsymbol{A}^{-1}$．

【例 2.1.9】　已知 $\boldsymbol{\alpha}_1$、$\boldsymbol{\alpha}_2$、$\boldsymbol{\alpha}_3$ 是三维线性空间 $\boldsymbol{V}$ 的一组基，向量组 $\boldsymbol{\beta}_1$、$\boldsymbol{\beta}_2$、$\boldsymbol{\beta}_3$ 满足

$$\boldsymbol{\beta}_1+\boldsymbol{\beta}_3=\boldsymbol{\alpha}_1+\boldsymbol{\alpha}_2+\boldsymbol{\alpha}_3,\boldsymbol{\beta}_1+\boldsymbol{\beta}_2=\boldsymbol{\alpha}_2+\boldsymbol{\alpha}_3,\boldsymbol{\beta}_2+\boldsymbol{\beta}_3=\boldsymbol{\alpha}_1+\boldsymbol{\alpha}_3$$

(1) 证明：$\boldsymbol{\beta}_1$、$\boldsymbol{\beta}_2$、$\boldsymbol{\beta}_3$ 也是 $\boldsymbol{V}$ 的一组基．

(2) 求由基 $\boldsymbol{\beta}_1$、$\boldsymbol{\beta}_2$、$\boldsymbol{\beta}_3$ 到基 $\boldsymbol{\alpha}_1$、$\boldsymbol{\alpha}_2$、$\boldsymbol{\alpha}_3$ 的过渡矩阵．

(3) 求向量 $\boldsymbol{\alpha}=\boldsymbol{\alpha}_1+2\boldsymbol{\alpha}_2-\boldsymbol{\alpha}_3$ 在基 $\boldsymbol{\beta}_1$、$\boldsymbol{\beta}_2$、$\boldsymbol{\beta}_3$ 下的坐标．

解

(1) 由于向量组 $\boldsymbol{\beta}_1$、$\boldsymbol{\beta}_2$、$\boldsymbol{\beta}_3$ 满足

$$\boldsymbol{\beta}_1+\boldsymbol{\beta}_3=\boldsymbol{\alpha}_1+\boldsymbol{\alpha}_2+\boldsymbol{\alpha}_3,\boldsymbol{\beta}_1+\boldsymbol{\beta}_2=\boldsymbol{\alpha}_2+\boldsymbol{\alpha}_3,\boldsymbol{\beta}_2+\boldsymbol{\beta}_3=\boldsymbol{\alpha}_1+\boldsymbol{\alpha}_3$$

因此

$$(\boldsymbol{\beta}_1,\boldsymbol{\beta}_2,\boldsymbol{\beta}_3)\begin{pmatrix}1&1&0\\0&1&1\\1&0&1\end{pmatrix}=(\boldsymbol{\alpha}_1,\boldsymbol{\alpha}_2,\boldsymbol{\alpha}_3)\begin{pmatrix}1&0&1\\1&1&0\\1&1&1\end{pmatrix}$$

因为

$$\begin{vmatrix}1&0&1\\1&1&0\\1&1&1\end{vmatrix}=\begin{vmatrix}1&0&1\\0&1&-1\\0&1&0\end{vmatrix}=1\neq0$$

所以 $\begin{pmatrix}1&0&1\\1&1&0\\1&1&1\end{pmatrix}$ 可逆，且

$$\begin{pmatrix}1&0&1\\1&1&0\\1&1&1\end{pmatrix}^{-1}=\begin{pmatrix}1&1&-1\\-1&0&1\\0&-1&1\end{pmatrix}$$

于是

$$(\boldsymbol{\alpha}_1,\boldsymbol{\alpha}_2,\boldsymbol{\alpha}_3)=(\boldsymbol{\beta}_1,\boldsymbol{\beta}_2,\boldsymbol{\beta}_3)\begin{pmatrix}1&1&0\\0&1&1\\1&0&1\end{pmatrix}\begin{pmatrix}1&0&1\\1&1&0\\1&1&1\end{pmatrix}^{-1}=(\boldsymbol{\beta}_1,\boldsymbol{\beta}_2,\boldsymbol{\beta}_3)\begin{pmatrix}0&1&0\\-1&-1&2\\1&0&0\end{pmatrix}$$

故

$$3\geqslant\operatorname{rank}(\boldsymbol{\beta}_1,\boldsymbol{\beta}_2,\boldsymbol{\beta}_3)\geqslant\operatorname{rank}(\boldsymbol{\alpha}_1,\boldsymbol{\alpha}_2,\boldsymbol{\alpha}_3)=3=\dim(\boldsymbol{V})$$

因此 $\boldsymbol{\beta}_1$、$\boldsymbol{\beta}_2$、$\boldsymbol{\beta}_3$ 线性无关，且 $\boldsymbol{\beta}_1$、$\boldsymbol{\beta}_2$、$\boldsymbol{\beta}_3$ 也是 $\boldsymbol{V}$ 的一组基．

(2) 由上问证明可知，由基 $\boldsymbol{\beta}_1$、$\boldsymbol{\beta}_2$、$\boldsymbol{\beta}_3$ 到基 $\boldsymbol{\alpha}_1$、$\boldsymbol{\alpha}_2$、$\boldsymbol{\alpha}_3$ 的过渡矩阵是 $\begin{pmatrix}0&1&0\\-1&-1&2\\1&0&0\end{pmatrix}$．

(3)

$$\boldsymbol{\alpha}=\boldsymbol{\alpha}_1+2\boldsymbol{\alpha}_2-\boldsymbol{\alpha}_3=(\boldsymbol{\alpha}_1,\boldsymbol{\alpha}_2,\boldsymbol{\alpha}_3)\begin{pmatrix}1\\2\\-1\end{pmatrix}$$

$$=(\boldsymbol{\beta}_1,\boldsymbol{\beta}_2,\boldsymbol{\beta}_3)\begin{bmatrix}0&1&0\\-1&-1&2\\1&0&0\end{bmatrix}\begin{bmatrix}1\\2\\-1\end{bmatrix}=(\boldsymbol{\beta}_1,\boldsymbol{\beta}_2,\boldsymbol{\beta}_3)\begin{bmatrix}2\\-5\\1\end{bmatrix}$$

因此向量 $\boldsymbol{\alpha}=\boldsymbol{\alpha}_1+2\boldsymbol{\alpha}_2-\boldsymbol{\alpha}_3$ 在基 $\boldsymbol{\beta}_1$、$\boldsymbol{\beta}_2$、$\boldsymbol{\beta}_3$ 下的坐标是 $(2,-5,1)^{\mathrm{T}}$.

【例 2.1.10】 设 $\mathbf{R}^{2\times 2}$ 的两组基为：

（Ⅰ）$\boldsymbol{A}_1=\begin{pmatrix}1&0\\0&0\end{pmatrix}$，$\boldsymbol{A}_2=\begin{pmatrix}1&1\\0&0\end{pmatrix}$，$\boldsymbol{A}_3=\begin{pmatrix}1&1\\1&0\end{pmatrix}$，$\boldsymbol{A}_4=\begin{pmatrix}1&1\\1&1\end{pmatrix}$

（Ⅱ）$\boldsymbol{B}_1=\begin{pmatrix}1&0\\1&1\end{pmatrix}$，$\boldsymbol{B}_2=\begin{pmatrix}0&1\\1&1\end{pmatrix}$，$\boldsymbol{B}_3=\begin{pmatrix}1&1\\1&0\end{pmatrix}$，$\boldsymbol{B}_4=\begin{pmatrix}1&1\\0&1\end{pmatrix}$

试求：(1) 由基（Ⅰ）到基（Ⅱ）的过渡矩阵；

(2) 求在基（Ⅰ）与基（Ⅱ）下有相同坐标的矩阵.

解 (1) 取 $\mathbf{R}^{2\times 2}$ 的基 $\boldsymbol{E}_{11}$、$\boldsymbol{E}_{12}$、$\boldsymbol{E}_{21}$、$\boldsymbol{E}_{22}$，则有

$$(\boldsymbol{A}_1,\boldsymbol{A}_2,\boldsymbol{A}_3,\boldsymbol{A}_4)=(\boldsymbol{E}_{11},\boldsymbol{E}_{12},\boldsymbol{E}_{21},\boldsymbol{E}_{22})\boldsymbol{C}_1,(\boldsymbol{B}_1,\boldsymbol{B}_2,\boldsymbol{B}_3,\boldsymbol{B}_4)=(\boldsymbol{E}_{11},\boldsymbol{E}_{12},\boldsymbol{E}_{21},\boldsymbol{E}_{22})\boldsymbol{C}_2,$$

其中 $\boldsymbol{C}_1=\begin{bmatrix}1&1&1&1\\0&1&1&1\\0&0&1&1\\0&0&0&1\end{bmatrix}$，$\boldsymbol{C}_2=\begin{bmatrix}1&0&1&1\\0&1&1&1\\1&1&1&0\\1&1&0&1\end{bmatrix}$，于是

$$(\boldsymbol{B}_1,\boldsymbol{B}_2,\boldsymbol{B}_3,\boldsymbol{B}_4)=(\boldsymbol{A}_1,\boldsymbol{A}_2,\boldsymbol{A}_3,\boldsymbol{A}_4)\boldsymbol{C}_1^{-1}\boldsymbol{C}_2=(\boldsymbol{A}_1,\boldsymbol{A}_2,\boldsymbol{A}_3,\boldsymbol{A}_4)\boldsymbol{C}$$

所以由基（Ⅰ）到基（Ⅱ）的过渡矩阵为 $\boldsymbol{C}=\boldsymbol{C}_1^{-1}\boldsymbol{C}_2=\begin{bmatrix}1&-1&0&0\\-1&0&0&1\\0&0&1&-1\\1&1&0&1\end{bmatrix}$；

(2) 设 $\boldsymbol{A}\in\mathbf{R}^{2\times 2}$ 在基（Ⅰ）与基（Ⅱ）的坐标都是 $\boldsymbol{x}=(x_1,x_2,x_3,x_4)^{\mathrm{T}}$，则由坐标变换公式知 $\boldsymbol{x}$ 满足 $\boldsymbol{x}=\boldsymbol{C}\boldsymbol{x}$，即 $\boldsymbol{x}$ 是方程 $(\boldsymbol{C}-\boldsymbol{E})\boldsymbol{x}=\boldsymbol{0}$ 的解. 由于齐次线性方程组 $(\boldsymbol{C}-\boldsymbol{E})\boldsymbol{x}=\boldsymbol{0}$ 的通解为 $\boldsymbol{x}=(0,0,1,0)^{\mathrm{T}}$，所以在基（Ⅰ）与基（Ⅱ）下有相同坐标的矩阵为 $\boldsymbol{A}=k\boldsymbol{A}_3=k\begin{pmatrix}1&1\\1&0\end{pmatrix}$，其中 k 是任意实数.

2.1.4 线性子空间

前面我们讨论了线性空间的定义及其基、维数、坐标. 本节将对线性空间的子空间做一些介绍.

1. 线性子空间

定义 2.1.5 设 $\boldsymbol{V}$ 是数域 P 上的一个线性空间，$\boldsymbol{S}$ 为 $\boldsymbol{V}$ 中的一个非空子集. 若 $\boldsymbol{S}$ 对于 $\boldsymbol{V}$ 中所定义的加法与数乘也构成一个线性空间，则 $\boldsymbol{S}$ 称为 $\boldsymbol{V}$ 的一个线性子空间.

定理 2.1.5 线性空间 $\boldsymbol{V}$ 的非空子集 $\boldsymbol{S}$ 构成子空间的充分必要条件是 $\boldsymbol{S}$ 对于 $\boldsymbol{V}$ 中的线性运算封闭，即对任意 $\boldsymbol{\alpha}$，$\boldsymbol{\beta}\in\boldsymbol{S}$，$\lambda$，$\mu\in P$，都有 $\lambda\boldsymbol{\alpha}+\mu\boldsymbol{\beta}\in\boldsymbol{S}$.

由定义 2.1.5 可知如下事实：如果 $\boldsymbol{S}$ 是 $\boldsymbol{V}$ 的一个线性子空间，则必有 $\dim(\boldsymbol{S})\leqslant\dim(\boldsymbol{V})$.

单独一个零向量构成的子集 $\{\boldsymbol{0}\}$ 与 $\boldsymbol{V}$ 都是 $\boldsymbol{V}$ 的线性子空间，称它们为线性空间 $\boldsymbol{V}$ 的平凡子空间.

【例 2.1.11】 线性空间 $\mathbf{R}^{2\times 2}$ 中的下列子集合是否是线性子空间？为什么？

（1）$\boldsymbol{V}_1=\left\{\begin{pmatrix} a_{11} & a_{12} \\ a_{21} & a_{22} \end{pmatrix} \mid a_{11}+a_{12}+a_{21}+a_{22}=0\right\}$

（2）$\boldsymbol{V}_2=\{\boldsymbol{A} \mid \det(\boldsymbol{A})=0\}$

解　（1）$\boldsymbol{V}_1$ 是 $\mathbf{R}^{2\times 2}$ 的线性子空间. 事实上，如果

$$\boldsymbol{A}=\begin{pmatrix} a_{11} & a_{12} \\ a_{21} & a_{22} \end{pmatrix}\in \boldsymbol{V}_1, \boldsymbol{B}=\begin{pmatrix} b_{11} & b_{12} \\ b_{21} & b_{22} \end{pmatrix}\in \boldsymbol{V}_1$$

则

$$a_{11}+a_{12}+a_{21}+a_{22}=0, b_{11}+b_{12}+b_{21}+b_{22}=0$$
$$(a_{11}+b_{11})+(a_{12}+b_{12})+(a_{21}+b_{21})+(a_{22}+b_{22})=0$$

因此 $\boldsymbol{A}+\boldsymbol{B}\in \boldsymbol{V}_1$，则

$$ka_{11}+ka_{12}+ka_{21}+ka_{22}=k(a_{11}+a_{12}+a_{21}+a_{22})=0$$

因此 $k\boldsymbol{A}\in \boldsymbol{V}_1$. 这说明 $\boldsymbol{V}_1$ 对于 $\mathbf{R}^{2\times 2}$ 中的线性运算具有封闭性，从而 $\boldsymbol{V}_1$ 是 $\mathbf{R}^{2\times 2}$ 的线性子空间.

（2）$\boldsymbol{V}_2$ 不是 $\mathbf{R}^{2\times 2}$ 的线性子空间. 取 $\boldsymbol{A}_1=\begin{pmatrix} 1 & 0 \\ 0 & 0 \end{pmatrix}$，$\boldsymbol{A}_2=\begin{pmatrix} 0 & 0 \\ 0 & 1 \end{pmatrix}$，由于 $\det(\boldsymbol{A}_1)=\det(\boldsymbol{A}_2)=0$，因此 $\boldsymbol{A}_1\in \boldsymbol{V}_2$，$\boldsymbol{A}_2\in \boldsymbol{V}_2$，但 $|\boldsymbol{A}_1+\boldsymbol{A}_2|=\begin{vmatrix} 1 & 0 \\ 0 & 1 \end{vmatrix}=1\neq 0$，$\boldsymbol{A}_1+\boldsymbol{A}_2\notin \boldsymbol{V}_2$. 故 $\boldsymbol{V}_2$ 对加法运算不封闭，从而不是 $\mathbf{R}^{2\times 2}$ 线性子空间.

【例 2.1.12】 设 $\boldsymbol{\alpha}_1$，$\boldsymbol{\alpha}_2$，…，$\boldsymbol{\alpha}_n$ 是线性空间 $\boldsymbol{V}$ 的一组基，$\boldsymbol{\beta}_1$，$\boldsymbol{\beta}_2$，…，$\boldsymbol{\beta}_n$ 也是线性空间 $\boldsymbol{V}$ 的一组基，

$$\boldsymbol{W}=\{\boldsymbol{\alpha} \mid \boldsymbol{\alpha}=(\boldsymbol{\alpha}_1,\boldsymbol{\alpha}_2,\cdots,\boldsymbol{\alpha}_n)x=(\boldsymbol{\beta}_1,\boldsymbol{\beta}_2,\cdots,\boldsymbol{\beta}_n)x\}$$

（1）**证明**　$\boldsymbol{W}$ 是 $\boldsymbol{V}$ 的线性子空间.

（2）如果 $\boldsymbol{V}=\mathbf{R}^{2\times 2}$，

$$\boldsymbol{\alpha}_1=\begin{pmatrix} 2 & 2 \\ 0 & 1 \end{pmatrix}, \boldsymbol{\alpha}_2=\begin{pmatrix} 2 & 2 \\ -3 & 3 \end{pmatrix}, \boldsymbol{\alpha}_3=\begin{pmatrix} 2 & 0 \\ 6 & -3 \end{pmatrix}, \boldsymbol{\alpha}_4=\begin{pmatrix} 3 & 2 \\ -6 & 3 \end{pmatrix},$$

$$\boldsymbol{\beta}_1=\begin{pmatrix} 1 & 2 \\ 0 & 1 \end{pmatrix}, \boldsymbol{\beta}_2=\begin{pmatrix} 2 & 1 \\ -1 & 3 \end{pmatrix}, \boldsymbol{\beta}_3=\begin{pmatrix} -1 & 2 \\ 2 & -3 \end{pmatrix}, \boldsymbol{\beta}_4=\begin{pmatrix} 1 & 0 \\ -2 & 3 \end{pmatrix}$$

求 $\boldsymbol{W}$ 的基与维数 $\dim(\boldsymbol{W})$.

解　（1）容易证明 $\boldsymbol{W}$ 在矩阵加法运算和数乘运算下封闭，因此 $\boldsymbol{W}$ 是 $\boldsymbol{V}$ 的线性子空间.

（2）在 $\mathbf{R}^{2\times 2}$ 的自然基下，$\boldsymbol{\alpha}_1$，$\boldsymbol{\alpha}_2$，$\boldsymbol{\alpha}_3$，$\boldsymbol{\alpha}_4$ 的坐标是矩阵 $\boldsymbol{A}=\begin{pmatrix} 2 & 2 & 2 & 3 \\ 2 & 2 & 0 & 2 \\ 0 & -3 & 6 & -6 \\ 1 & 3 & -3 & 3 \end{pmatrix}$ 的列向量，$\boldsymbol{\beta}_1$，$\boldsymbol{\beta}_2$，$\boldsymbol{\beta}_3$，$\boldsymbol{\beta}_4$ 的坐标是矩阵 $\boldsymbol{B}=\begin{pmatrix} 1 & 2 & -1 & 1 \\ 2 & 1 & 2 & 0 \\ 0 & -1 & 6 & -2 \\ 1 & 3 & -3 & 3 \end{pmatrix}$ 的列向量. 如果矩阵 $\boldsymbol{\alpha}\in \boldsymbol{W}$ 在基 $\boldsymbol{\alpha}_1$，$\boldsymbol{\alpha}_2$，$\boldsymbol{\alpha}_3$，$\boldsymbol{\alpha}_4$ 下的坐标为 $\boldsymbol{x}=(x_1, x_2, x_3, x_4)^{\mathrm{T}}$，则 $\boldsymbol{x}$ 是方程 $(\boldsymbol{A}-\boldsymbol{B})\boldsymbol{x}=\boldsymbol{0}$ 的解. 取

$$\boldsymbol{C}=\boldsymbol{A}-\boldsymbol{B}=\begin{pmatrix}1&0&3&2\\0&1&-2&2\\0&2&4&4\\0&0&0&0\end{pmatrix}$$

$\boldsymbol{C}x=\boldsymbol{0}$ 的通解是 $x=k_1(-3,2,1,0)^{\mathrm{T}}+k_2(-2,-2,0,1)^{\mathrm{T}}$，因此 $\boldsymbol{W}$ 中的元素可表示为

$$(-3k_1-2k_2)\boldsymbol{\alpha}_1+(2k_1-2k_2)\boldsymbol{\alpha}_2+k_1\boldsymbol{\alpha}_3+k_2\boldsymbol{\alpha}_4=k_1(-3\boldsymbol{\alpha}_1+2\boldsymbol{\alpha}_2+\boldsymbol{\alpha}_3)$$
$$+k_2(-2\boldsymbol{\alpha}_1-2\boldsymbol{\alpha}_2+\boldsymbol{\alpha}_4)=k_1(-3\boldsymbol{\beta}_1+2\boldsymbol{\beta}_2+\boldsymbol{\beta}_3)+k_2(-2\boldsymbol{\beta}_1-2\boldsymbol{\beta}_2+\boldsymbol{\beta}_4)$$

而

$$-3\boldsymbol{\beta}_1+2\boldsymbol{\beta}_2+\boldsymbol{\beta}_3=\begin{pmatrix}0&-2\\0&0\end{pmatrix},-2\boldsymbol{\beta}_1-2\boldsymbol{\beta}_2+\boldsymbol{\beta}_4=\begin{pmatrix}-5&-6\\0&-5\end{pmatrix}$$

线性无关，因此 $\begin{pmatrix}0&-2\\0&0\end{pmatrix}$，$\begin{pmatrix}-5&-6\\0&-5\end{pmatrix}$ 是 $\boldsymbol{W}$ 的基，$\dim(\boldsymbol{W})=2$.

【例 2.1.13】 取定 $\boldsymbol{A}\in\mathbf{R}^{n\times n}$，令

$$\boldsymbol{V}_A=\{\boldsymbol{X}\mid\boldsymbol{AX}=\boldsymbol{XA},\boldsymbol{X}\in\mathbf{R}^{n\times n}\}$$

即 $\boldsymbol{V}_A$ 是 $\mathbf{R}^{n\times n}$ 中所有与矩阵 $\boldsymbol{A}$ 可交换的矩阵构成的集合，则在通常矩阵加法运算和数乘运算下是线性空间，称 $\boldsymbol{V}_A$ 为 $\boldsymbol{A}$ 的交换子空间.

定理 2.1.6 设 $\boldsymbol{W}$ 是 n 维线性空间 $\boldsymbol{V}$ 的一个 r 维子空间，$\boldsymbol{\alpha}_1$，$\boldsymbol{\alpha}_2$，…，$\boldsymbol{\alpha}_r$ 是 $\boldsymbol{W}$ 的一组基，则 $\boldsymbol{V}$ 中存在 $n-r$ 个向量 $\boldsymbol{\alpha}_{r+1}$，$\boldsymbol{\alpha}_{r+2}$，…，$\boldsymbol{\alpha}_n$，使得 $\boldsymbol{\alpha}_1$，$\boldsymbol{\alpha}_2$，…，$\boldsymbol{\alpha}_n$ 为 $\boldsymbol{V}$ 的一组基.

证：对 r 做归纳证明.

(1) 当 $r=1$ 时，取 $\boldsymbol{V}$ 的一组基 $\boldsymbol{\beta}_1$，$\boldsymbol{\beta}_2$，…，$\boldsymbol{\beta}_n$，则存在 λ_1，λ_2，…，λ_n，使得

$$\boldsymbol{\alpha}_1=\lambda_1\boldsymbol{\beta}_1+\lambda_2\boldsymbol{\beta}_2+\cdots+\lambda_n\boldsymbol{\beta}_n$$

由于 $\boldsymbol{\alpha}_1$ 线性无关，因此 λ_1，λ_2，…，λ_n 不全为 0. 不妨假定 $\lambda_1\neq0$，因此

$$\boldsymbol{\beta}_1=\frac{1}{\lambda_1}\boldsymbol{\alpha}_1-\frac{\lambda_2}{\lambda_1}\boldsymbol{\beta}_2-\cdots-\frac{\lambda_n}{\lambda_1}\boldsymbol{\beta}_n$$

从而有

$$(\boldsymbol{\beta}_1,\boldsymbol{\beta}_2,\cdots,\boldsymbol{\beta}_n)=(\boldsymbol{\alpha}_1,\boldsymbol{\beta}_2,\cdots,\boldsymbol{\beta}_n)\begin{pmatrix}\frac{1}{\lambda_1}&0&\cdots&0\\-\frac{\lambda_2}{\lambda_1}&1&\cdots&0\\\vdots&\vdots&\ddots&\vdots\\-\frac{\lambda_n}{\lambda_1}&0&\cdots&1\end{pmatrix}$$

因此 $\boldsymbol{\alpha}_1$，$\boldsymbol{\beta}_2$，…，$\boldsymbol{\beta}_n$ 是 $\boldsymbol{V}$ 的一组基.

(2) 假设当 $r=k$ 时，定理结论成立.

(3) 当 $r=k+1$ 时，由于 $\boldsymbol{\alpha}_1$，$\boldsymbol{\alpha}_2$，…，$\boldsymbol{\alpha}_k$，$\boldsymbol{\alpha}_{k+1}$ 线性无关，因此 $\boldsymbol{\alpha}_1$，$\boldsymbol{\alpha}_2$，…，$\boldsymbol{\alpha}_k$ 线性无关，由归纳假设，存在 $\boldsymbol{\beta}_{k+1}$，$\boldsymbol{\beta}_{k+2}$，…，$\boldsymbol{\beta}_n$，使得 $\boldsymbol{\alpha}_1$，$\boldsymbol{\alpha}_2$，…，$\boldsymbol{\alpha}_k$，$\boldsymbol{\beta}_{k+1}$，$\boldsymbol{\beta}_{k+2}$，…，$\boldsymbol{\beta}_n$ 是 $\boldsymbol{V}$ 的基. 因此存在 x_1，x_2，…，x_k，x_{k+1}，…，x_n，使得

$$\boldsymbol{\alpha}_{k+1}=x_1\boldsymbol{\alpha}_1+x_2\boldsymbol{\alpha}_2+\cdots+x_k\boldsymbol{\alpha}_k+x_{k+1}\boldsymbol{\beta}_{k+1}+\cdots+x_n\boldsymbol{\beta}_n$$

且 x_{k+1}，…，x_n 中至少有一个数不为 **0**（否则，$\boldsymbol{\alpha}_{k+1}$ 可以由 $\boldsymbol{\alpha}_1$，$\boldsymbol{\alpha}_2$，…，$\boldsymbol{\alpha}_k$ 线性表示，与 $\boldsymbol{\alpha}_1$，$\boldsymbol{\alpha}_2$，…，$\boldsymbol{\alpha}_k$，$\boldsymbol{\alpha}_{k+1}$ 矛盾）. 不妨假设 $x_{k+1}\neq 0$，因此 $\boldsymbol{\alpha}_1$，$\boldsymbol{\alpha}_2$，…，$\boldsymbol{\alpha}_k$，$\boldsymbol{\beta}_{k+1}$，$\boldsymbol{\beta}_{k+2}$，…，$\boldsymbol{\beta}_n$ 可以由 $\boldsymbol{\alpha}_1$，$\boldsymbol{\alpha}_2$，…，$\boldsymbol{\alpha}_k$，$\boldsymbol{\alpha}_{k+1}$，$\boldsymbol{\beta}_{k+2}$，…，$\boldsymbol{\beta}_n$ 线性表示，从而 $\boldsymbol{\alpha}_1$，$\boldsymbol{\alpha}_2$，…，$\boldsymbol{\alpha}_{k+1}$，$\boldsymbol{\beta}_{k+2}$，…，$\boldsymbol{\beta}_n$ 是 $\boldsymbol{V}$ 的基.

如果 $\boldsymbol{V}$ 是数域 P 上的一个线性空间，$\boldsymbol{\alpha}_1$，$\boldsymbol{\alpha}_2$，…，$\boldsymbol{\alpha}_m\in\boldsymbol{V}$，我们考虑由 $\boldsymbol{\alpha}_1$，$\boldsymbol{\alpha}_2$，…，$\boldsymbol{\alpha}_m$ 的一切线性组合所构成的集合 $\boldsymbol{S}$，显然此集合非空.

设 $\boldsymbol{\alpha}=\lambda_1\boldsymbol{\alpha}_1+\lambda_2\boldsymbol{\alpha}_2+\cdots+\lambda_m\boldsymbol{\alpha}_m$，$\boldsymbol{\beta}=k_1\boldsymbol{\alpha}_1+k_2\boldsymbol{\alpha}_2+\cdots+k_m\boldsymbol{\alpha}_m\in\boldsymbol{S}$. 则对于任意的 λ、$k\in P$，有

$$\lambda\boldsymbol{\alpha}+k\boldsymbol{\beta}=\sum_{i=1}^{m}(\lambda\lambda_i+kk_i)\boldsymbol{\alpha}_i\in\boldsymbol{S}$$

因此由 $\boldsymbol{\alpha}_1$，$\boldsymbol{\alpha}_2$，…，$\boldsymbol{\alpha}_m$ 的一切线性组合构成线性空间 $\boldsymbol{V}$ 的一个子空间 $\boldsymbol{S}$. 称这个子空间为由 $\boldsymbol{\alpha}_1$，$\boldsymbol{\alpha}_2$，…，$\boldsymbol{\alpha}_m$ 所生成的子空间，记作 $\mathrm{span}\{\boldsymbol{\alpha}_1,\boldsymbol{\alpha}_2,\cdots,\boldsymbol{\alpha}_m\}$，其中 $\boldsymbol{\alpha}_1$，$\boldsymbol{\alpha}_2$，…，$\boldsymbol{\alpha}_m$ 称为子空间 $\boldsymbol{S}$ 的生成元.

定理 2.1.7　线性空间 $\boldsymbol{S}=\mathrm{span}\{\boldsymbol{\alpha}_1,\boldsymbol{\alpha}_2,\cdots,\boldsymbol{\alpha}_s\}$ 的维数 $\dim(\boldsymbol{S})$ 等于向量组 $\{\boldsymbol{\alpha}_1,\boldsymbol{\alpha}_2,\cdots,\boldsymbol{\alpha}_s\}$ 的秩.

【例 2.1.14】　设有 $\boldsymbol{P}_3(t)$ 中的多项式组

$$f_1(t)=1+4t-2t^2+t^3,\quad f_2(t)=-1+9t-3t^2+2t^3,$$
$$f_3(t)=-5+6t+t^3,\qquad f_4(t)=5+7t-5t^2+2t^3$$

(1) 求 $\mathrm{span}\{f_1,f_2,f_3,f_4\}$ 的基与维数.

(2) 将 (1) 中所求得的 $\mathrm{span}\{f_1,f_2,f_3,f_4\}$ 的基扩充成 $\boldsymbol{P}_3(t)$ 的基.

解　(1) 取 $\boldsymbol{P}_3(t)$ 的基 1、t、t^2、t^3，以 f_1、f_2、f_3、f_4 在此基下的坐标为列向量构成的矩阵 $\boldsymbol{A}$，并且对 $\boldsymbol{A}$ 做初等行变换

$$\boldsymbol{A}=\begin{pmatrix}1&-1&-5&5\\4&9&6&7\\-2&-3&0&-5\\1&2&1&2\end{pmatrix}\sim\begin{pmatrix}1&-1&-5&5\\0&13&26&-13\\0&-5&-10&5\\0&23&16&13\end{pmatrix}\sim\begin{pmatrix}1&-1&-5&5\\0&1&2&-1\\0&0&0&0\\0&0&0&0\end{pmatrix}$$

由于初等变换不改变矩阵的秩，因此 $\mathrm{rank}(\boldsymbol{A})=2$，由于 $\boldsymbol{A}$ 的任意两列都不成比例，因此 $\boldsymbol{A}$ 的任意两列都是 $\boldsymbol{A}$ 的列向量组的一个极大线性无关组，因此多项式组 f_1、f_2、f_3、f_4 的任意两个都是它的极大线性无关组，因此 f_i，f_j，$(i,\ j=1,2,3,4,\ i\neq j)$ 都是 $\mathrm{span}\{f_1,f_2,f_3,f_4\}$ 的基，$\dim(\mathrm{span}\{f_1,f_2,f_3,f_4\})=2$. 特别地，$f_1$、$f_2$ 是 $\mathrm{span}\{f_1,f_2,f_3,f_4\}$ 的基.

(2) 由于

$$\boldsymbol{B}=\begin{vmatrix}1&-1&0&0\\4&9&0&0\\-2&0&1&0\\1&2&0&1\end{vmatrix}=13\neq 0$$

因此 f_1、f_2、t^2、t^3 线性无关，且 $\mathrm{rank}(\{f_1,f_2,t^2,t^3\})=4=\dim[P_3(t)]$，从而 f_1、f_2、t_2、t_3 是 $\boldsymbol{P}_3(t)$ 的基.

注：任意先取矩阵$\boldsymbol{B}=\begin{pmatrix}1 & -1 & b_{13} & b_{14}\\ 4 & 9 & b_{23} & b_{24}\\ -2 & 0 & b_{33} & b_{34}\\ 1 & 2 & b_{43} & b_{44}\end{pmatrix}$，只要$|\boldsymbol{B}|\neq 0$，以$\boldsymbol{B}$的列向量组为坐标的四个向量$f_1$、$f_2$、$g_3$、$g_4$都是$\boldsymbol{P}_3(\mathrm{t})$的基.

2. 子空间的交与和

定理 2.1.8 设$\boldsymbol{V}_1$、$\boldsymbol{V}_2$是线性空间$\boldsymbol{V}$的子空间，则$\boldsymbol{V}_1\cap\boldsymbol{V}_2$也是$\boldsymbol{V}$的子空间，称这个子空间为$\boldsymbol{V}_1$与$\boldsymbol{V}_2$的交.

证明 因为$\boldsymbol{V}_1$、$\boldsymbol{V}_2$是线性空间$\boldsymbol{V}$的子空间，所以$\boldsymbol{0}\in\boldsymbol{V}_1$，$\boldsymbol{0}\in\boldsymbol{V}_2$，因此$\boldsymbol{0}\in\boldsymbol{V}_1\cap\boldsymbol{V}_2$，从而$\boldsymbol{V}_1\cap\boldsymbol{V}_2$不是空集.

若任意的$k\in P$，$\boldsymbol{\alpha}$、$\boldsymbol{\beta}\in\boldsymbol{V}_1\cap\boldsymbol{V}_2$，则

(1) $\boldsymbol{\alpha}$、$\boldsymbol{\beta}\in\boldsymbol{V}_1$，由于$\boldsymbol{V}_1$是$\boldsymbol{V}$的子空间，因此$\boldsymbol{\alpha}+\boldsymbol{\beta}\in\boldsymbol{V}_1$，$k\boldsymbol{\alpha}\in\boldsymbol{V}_1$；

(2) $\boldsymbol{\alpha}$，$\boldsymbol{\beta}\in\boldsymbol{V}_2$，由于$\boldsymbol{V}_2$是$\boldsymbol{V}$的子空间，因此$\boldsymbol{\alpha}+\boldsymbol{\beta}\in\boldsymbol{V}_2$，$k\boldsymbol{\alpha}\in\boldsymbol{V}_2$.

故$\boldsymbol{\alpha}+\boldsymbol{\beta}\in\boldsymbol{V}_1\cap\boldsymbol{V}_2$，$k\boldsymbol{\alpha}\in\boldsymbol{V}_1\cap\boldsymbol{V}_2$，所以$\boldsymbol{V}_1\cap\boldsymbol{V}_2$是$\boldsymbol{V}$的子空间.

定理 2.1.9 设$\boldsymbol{V}_1$、$\boldsymbol{V}_2$是线性空间$\boldsymbol{V}$的子空间，则

$$\boldsymbol{V}_1+\boldsymbol{V}_2=\{\boldsymbol{\alpha}_1+\boldsymbol{\alpha}_2\mid\boldsymbol{\alpha}_1\in\boldsymbol{V}_1,\boldsymbol{\alpha}_2\in\boldsymbol{V}_2\}$$

也是$\boldsymbol{V}$的子空间，称这个子空间为$\boldsymbol{V}_1$与$\boldsymbol{V}_2$的和.

证明 显然$\boldsymbol{V}_1+\boldsymbol{V}_2$非空，对任意的$\boldsymbol{\alpha}$、$\boldsymbol{\beta}\in\boldsymbol{V}_1+\boldsymbol{V}_2$，有：

$$\boldsymbol{\alpha}=\boldsymbol{\alpha}_1+\boldsymbol{\alpha}_2,\boldsymbol{\beta}=\boldsymbol{\beta}_1+\boldsymbol{\beta}_2(\boldsymbol{\alpha}_i、\boldsymbol{\beta}_i\in\boldsymbol{V}_i,i=1、2),$$

因此$\boldsymbol{\alpha}+\boldsymbol{\beta}=(\boldsymbol{\alpha}_1+\boldsymbol{\alpha}_2)+(\boldsymbol{\beta}_1+\boldsymbol{\beta}_2)=(\boldsymbol{\alpha}_1+\boldsymbol{\beta}_1)+(\boldsymbol{\alpha}_2+\boldsymbol{\beta}_2)\in\boldsymbol{V}_1+\boldsymbol{V}_2$.

又对任意的$k\in P$，$k\boldsymbol{\alpha}=k\boldsymbol{\alpha}_1+k\boldsymbol{\alpha}_2\in\boldsymbol{V}_1+\boldsymbol{V}_2$. 故$\boldsymbol{V}_1+\boldsymbol{V}_2$是$\boldsymbol{V}$的子空间.

如果线性空间$\boldsymbol{V}_1$与$\boldsymbol{V}_2$分别由$\boldsymbol{\alpha}_1$，$\boldsymbol{\alpha}_2$，…，$\boldsymbol{\alpha}_s$与$\boldsymbol{\beta}_1$，$\boldsymbol{\beta}_2$，…，$\boldsymbol{\beta}_t$所生成，那么

$$\boldsymbol{V}_1+\boldsymbol{V}_2=\mathrm{span}\{\boldsymbol{\alpha}_1,\boldsymbol{\alpha}_2,\cdots,\boldsymbol{\alpha}_s,\boldsymbol{\beta}_1,\boldsymbol{\beta}_2,\cdots,\boldsymbol{\beta}_t\}$$

以上运算可以推广到n个子空间$\boldsymbol{V}_1$，$\boldsymbol{V}_2$，…，$\boldsymbol{V}_n$.

注：设$\boldsymbol{V}_1$、$\boldsymbol{V}_2$是线性空间$\boldsymbol{V}$的子空间，$\boldsymbol{V}_1\cup\boldsymbol{V}_2$一般不是$\boldsymbol{V}$的线性子空间.

例如$\boldsymbol{V}_1=\{(x,0)\mid x\in\mathbf{R}\}$，$\boldsymbol{V}_2=\{(0,y)\mid y\in\mathbf{R}\}$，则$\boldsymbol{V}_1$、$\boldsymbol{V}_2$是$\mathbf{R}^2$的线性子空间. 但$\boldsymbol{V}_1\cup\boldsymbol{V}_2$不是$\mathbf{R}^2$的线性子空间. 这是因为$\boldsymbol{\alpha}_1=(1,0)\in\boldsymbol{V}_1\cup\boldsymbol{V}_2$，$\boldsymbol{\alpha}_2=(0,1)\in\boldsymbol{V}_1\cup\boldsymbol{V}_2$，但$\boldsymbol{\alpha}_1+\boldsymbol{\alpha}_2=(1,1)\notin\boldsymbol{V}_1\cup\boldsymbol{V}_2$，$\boldsymbol{V}_1\cup\boldsymbol{V}_2$对加法运算不封闭.

定理 2.1.10 设$\boldsymbol{V}_1$、$\boldsymbol{V}_2$是线性空间$\boldsymbol{V}$的两个子空间，则$\boldsymbol{V}_1\cup\boldsymbol{V}_2$也是$\boldsymbol{V}$的线性子空间的充分必要条件是$\boldsymbol{V}_1\subset\boldsymbol{V}_2$与$\boldsymbol{V}_2\subset\boldsymbol{V}_1$中至少有一个成立.

定理 2.1.11 设$\boldsymbol{V}_1$、$\boldsymbol{V}_2$是线性空间$\boldsymbol{V}$的任意两个子空间，则

$$\dim(\boldsymbol{V}_1+\boldsymbol{V}_2)=\dim(\boldsymbol{V}_1)+\dim(\boldsymbol{V}_2)-\dim(\boldsymbol{V}_1\cap\boldsymbol{V}_2).$$

证明 设$\dim(\boldsymbol{V}_1)=n_1$，$\dim(\boldsymbol{V}_2)=n_2$，$\dim(\boldsymbol{V}_1\cap\boldsymbol{V}_2)=r$. 取$\boldsymbol{V}_1\cap\boldsymbol{V}_2$的基$\boldsymbol{\alpha}_1$，$\boldsymbol{\alpha}_2$，…，

$\boldsymbol{\alpha}_r$，由定理 2.1.6，在 $\boldsymbol{V}_1$ 中存在 n_1-r 个向量 $\boldsymbol{\beta}_1$，$\boldsymbol{\beta}_2$，…，$\boldsymbol{\beta}_{n_1-r}$，使得 $\boldsymbol{\alpha}_1$，$\boldsymbol{\alpha}_2$，…，$\boldsymbol{\alpha}_r$，$\boldsymbol{\beta}_1$，$\boldsymbol{\beta}_2$，…，$\boldsymbol{\beta}_{n_1-r}$ 构成 $\boldsymbol{V}_1$ 的基，在 $\boldsymbol{V}_2$ 中存在 n_2-r 个向量 $\boldsymbol{e}_1$，$\boldsymbol{e}_2$，…，$\boldsymbol{e}_{n_2-r}$，使得 $\boldsymbol{\alpha}_1$，$\boldsymbol{\alpha}_2$，…，$\boldsymbol{\alpha}_r$，$\boldsymbol{e}_1$，$\boldsymbol{e}_2$，…，$\boldsymbol{e}_{n_2-r}$ 构成 $\boldsymbol{V}_2$ 的基. 因此

$$\boldsymbol{V}_1+\boldsymbol{V}_2=\mathrm{span}\{\boldsymbol{\alpha}_1,\boldsymbol{\alpha}_2,\cdots,\boldsymbol{\alpha}_r,\boldsymbol{\beta}_1,\boldsymbol{\beta}_2,\cdots,\boldsymbol{\beta}_{n1-r},\boldsymbol{e}_1,\boldsymbol{e}_2,\cdots,\boldsymbol{e}_{n_2-r}\}$$

下面证明：$\boldsymbol{\alpha}_1$，$\boldsymbol{\alpha}_2$，…，$\boldsymbol{\alpha}_r$，$\boldsymbol{\beta}_1$，$\boldsymbol{\beta}_2$，…，$\boldsymbol{\beta}_{n_1-r}$，$\boldsymbol{e}_1$，$\boldsymbol{e}_2$，…，$\boldsymbol{e}_{n_2-r}$ 线性无关.

假设数 x_1，…，x_r，y_1，…，y_{n_1-r}，z_1，…，z_{n_2-r} 使得

$$x_1\boldsymbol{\alpha}_1+x_2\boldsymbol{\alpha}_2+\cdots+x_r\boldsymbol{\alpha}_r+y_1\boldsymbol{\beta}_1+y_2\boldsymbol{\beta}_2+\cdots+y_{n_1-r}\boldsymbol{\beta}_{n_1-r}$$
$$+z_1\boldsymbol{e}_1+z_2\boldsymbol{e}_2+\cdots+z_{n_2-r}\boldsymbol{e}_{n_2-r}\}=\boldsymbol{0}$$

取 $\boldsymbol{\alpha}=z_1\boldsymbol{e}_1+z_2\boldsymbol{e}_2+\cdots+z_{n_2-r}\boldsymbol{e}_{n_2-r}$，则 $\boldsymbol{\alpha}\in V_2$. 由于

$$\boldsymbol{\alpha}=-(x_1\boldsymbol{\alpha}_1+x_2\boldsymbol{\alpha}_2+\cdots+x_r\boldsymbol{\alpha}_r+y_1\boldsymbol{\beta}_1+y_2\boldsymbol{\beta}_2+\cdots+y_{n_1-r}\boldsymbol{\beta}_{n_1-r})$$

因此 $\boldsymbol{\alpha}\in\boldsymbol{V}_1$，从而有 $\boldsymbol{\alpha}\in\boldsymbol{V}_1\cap\boldsymbol{V}_2$，因此存在 λ_1，λ_2，…，λ_r，使得

$$\boldsymbol{\alpha}=\lambda_1\boldsymbol{\alpha}_1+\lambda_2\boldsymbol{\alpha}_2+\cdots+\lambda_r\boldsymbol{\alpha}_r$$

即

$$\lambda_1\boldsymbol{\alpha}_1+\lambda_2\boldsymbol{\alpha}_2+\cdots+\lambda_r\boldsymbol{\alpha}_r-z_1\boldsymbol{e}_1-z_2\boldsymbol{e}_2-\cdots-z_{n_2-r}\boldsymbol{e}_{n_2-r}=\boldsymbol{0}$$

由于 $\boldsymbol{\alpha}_1$，$\boldsymbol{\alpha}_2$，…，$\boldsymbol{\alpha}_r$，$\boldsymbol{e}_1$，$\boldsymbol{e}_2$，…，$\boldsymbol{e}_{n_2-r}$ 是 $\boldsymbol{V}_2$ 的基，它们线性无关，因此

$$\lambda_1=\lambda_2=\cdots=\lambda_r=z_1=z_2=\cdots=z_{n_2-r}=0$$

从而有 $\boldsymbol{\alpha}=\boldsymbol{0}$. 由于 $\boldsymbol{\alpha}_1$，$\boldsymbol{\alpha}_2$，…，$\boldsymbol{\alpha}_r$，$\boldsymbol{\beta}_1$，$\boldsymbol{\beta}_2$，…，$\boldsymbol{\beta}_{n_1-r}$ 是 $\boldsymbol{V}_1$ 的基，它们线性无关，因此

$$x_1=x_2=\cdots=x_r=y_1=y_2=\cdots=y_{n_1-r}=0$$

这就证明了 $\boldsymbol{\alpha}_1$，$\boldsymbol{\alpha}_2$，…，$\boldsymbol{\alpha}_r$，$\boldsymbol{\beta}_1$，$\boldsymbol{\beta}_2$，…，$\boldsymbol{\beta}_{n_1-r}$，$\boldsymbol{e}_1$，$\boldsymbol{e}_2$，…，$\boldsymbol{e}_{n_2-r}$ 线性无关.

推论 2.1.1　$\boldsymbol{V}_1$，$\boldsymbol{V}_2$ 是线性空间 $\boldsymbol{V}^n$ 的两个子空间，$\dim(\boldsymbol{V}_1)+\dim(\boldsymbol{V}_2)>n$，则必存在 $\boldsymbol{\alpha}\neq\boldsymbol{0}$，使得 $\boldsymbol{\alpha}\in\boldsymbol{V}_1\cap\boldsymbol{V}_2$.

【例 2.1.15】　设 $\boldsymbol{\alpha}_1=(1,2,1,0)^{\mathrm{T}}$，$\boldsymbol{\alpha}_2=(-1,1,1,1)^{\mathrm{T}}$，$\boldsymbol{\beta}_1=(2,-1,0,1)^{\mathrm{T}}$，$\boldsymbol{\beta}_2=(1,-1,3,7)^{\mathrm{T}}$，$\boldsymbol{V}_1=\mathrm{span}\{\boldsymbol{\alpha}_1,\boldsymbol{\alpha}_2\}$，$\boldsymbol{V}_2=\mathrm{span}\{\boldsymbol{\beta}_1,\boldsymbol{\beta}_2\}$，求 $\boldsymbol{V}_1+\boldsymbol{V}_2$ 与 $\boldsymbol{V}_1\cap\boldsymbol{V}_2$ 的维数以及它们的基.

解

$$\boldsymbol{V}_1+\boldsymbol{V}_2=\mathrm{span}\{\boldsymbol{\alpha}_1,\boldsymbol{\alpha}_2\}+\mathrm{span}\{\boldsymbol{\beta}_1,\boldsymbol{\beta}_2\}=\mathrm{span}\{\boldsymbol{\alpha}_1,\boldsymbol{\alpha}_2,\boldsymbol{\beta}_1,\boldsymbol{\beta}_2\}$$

向量组 $\boldsymbol{\alpha}_1$，$\boldsymbol{\alpha}_2$，$\boldsymbol{\beta}_1$，$\boldsymbol{\beta}_2$ 的秩为 3，并且 $\boldsymbol{\alpha}_1$，$\boldsymbol{\alpha}_2$，$\boldsymbol{\beta}_1$ 为其一个极大线性无关组. 因此 $\dim(\boldsymbol{V}_1+\boldsymbol{V}_2)=3$，并且 $\{\boldsymbol{\alpha}_1,\boldsymbol{\alpha}_2,\boldsymbol{\beta}_1\}$ 是 $\boldsymbol{V}_1+\boldsymbol{V}_2$ 的基，即

$$\boldsymbol{V}_1+\boldsymbol{V}_2=\mathrm{span}\{\boldsymbol{\alpha}_1,\boldsymbol{\alpha}_2,\boldsymbol{\beta}_1\}$$

对于任意的 $\boldsymbol{\alpha}\in\boldsymbol{V}_1\cap\boldsymbol{V}_2$，有 a_1，a_2，b_1，$b_2\in P$，使

$$\boldsymbol{\alpha}=a_1\boldsymbol{\alpha}_1+a_2\boldsymbol{\alpha}_2=b_1\boldsymbol{\beta}_1+b_2\boldsymbol{\beta}_2$$

因此

$$a_1\boldsymbol{\alpha}_1+a_2\boldsymbol{\alpha}_2-b_1\boldsymbol{\beta}_1-b_2\boldsymbol{\beta}_2=\boldsymbol{0}$$

即 a_1，a_2，b_1，b_2 是如下线性方程的解

$$\begin{cases}a_1-a_2-2b_1-b_2=0\\2a_1+a_2+b_1+b_2=0\\a_1+a_2-3b_2=0\\a_2-b_1-7b_2=0\end{cases}$$

而以上方程组的基础解为 $(1, -4, 3, -1)^T$. 因此对任意 $\boldsymbol{\alpha} \in \boldsymbol{V}_1 \cap \boldsymbol{V}_2$，存在常数 λ，使得 $\boldsymbol{\alpha} = \lambda(\boldsymbol{\alpha}_1 - 4\boldsymbol{\alpha}_2) = \lambda(3\boldsymbol{\beta}_1 - \boldsymbol{\beta}_2) = \lambda(5, -2, -3, -4)$，所以 $\dim(\boldsymbol{V}_1 \cap \boldsymbol{V}_2) = 1$.

定义 2.1.6 设 $\boldsymbol{V}_1$，$\boldsymbol{V}_2$ 是线性空间 $\boldsymbol{V}$ 的两个子空间，若 $\boldsymbol{V}_1 + \boldsymbol{V}_2$ 中每个向量的分解式 $\boldsymbol{\alpha} = \boldsymbol{\alpha}_1 + \boldsymbol{\alpha}_2$（$\boldsymbol{\alpha}_1 \in \boldsymbol{V}_1$，$\boldsymbol{\alpha}_2 \in \boldsymbol{V}_2$）是唯一的，则称 $\boldsymbol{V}_1 + \boldsymbol{V}_2$ 为直和，记作 $\boldsymbol{V}_1 \oplus \boldsymbol{V}_2$.

定理 2.1.12 设 $\boldsymbol{V}_1$，$\boldsymbol{V}_2$ 是线性空间 $\boldsymbol{V}$ 的任意两个子空间，则下列条件相互等价：

(1) $\boldsymbol{V}_1 + \boldsymbol{V}_2$ 是直和.

(2) $\boldsymbol{V}_1 \cap \boldsymbol{V}_2 = \{\boldsymbol{0}\}$.

(3) 零向量的分解式唯一，即若 $\boldsymbol{\alpha}_1 + \boldsymbol{\alpha}_2 = \boldsymbol{0}$，则必有 $\boldsymbol{\alpha}_1 = \boldsymbol{\alpha}_2 = \boldsymbol{0}$.

(4) $\boldsymbol{V}_1 + \boldsymbol{V}_2$ 的基由 $\boldsymbol{V}_1$ 的基与 $\boldsymbol{V}_2$ 的基合并而成.

(5) $\dim(\boldsymbol{V}_1 + \boldsymbol{V}_2) = \dim(\boldsymbol{V}_1) + \dim(\boldsymbol{V}_2)$.

定义 2.1.7 若 $\boldsymbol{V} = \boldsymbol{V}_1 \oplus \boldsymbol{V}_2$，则称 $\boldsymbol{V}_1$ 与 $\boldsymbol{V}_2$ 互补，$\boldsymbol{V}_2$ 为 $\boldsymbol{V}_1$ 的补空间，$\boldsymbol{V}_1$ 为 $\boldsymbol{V}_2$ 的补空间，并且称 $\boldsymbol{V} = \boldsymbol{V}_1 \oplus \boldsymbol{V}_2$ 为 $\boldsymbol{V}$ 的直和分解.

【例 2.1.16】 设 $\mathbf{R}^{2\times 2}$ 的两个子空间为

$$\boldsymbol{V}_1 = \left\{ \begin{pmatrix} x_1 & x_2 \\ x_3 & x_4 \end{pmatrix} \mid 2x_1 + 3x_2 - x_3 = 0, x_1 + 2x_2 + x_3 - x_4 = 0 \right\}$$

$$\boldsymbol{V}_2 = \operatorname{span}\left\{ \begin{pmatrix} 2 & -1 \\ a+2 & 1 \end{pmatrix}, \begin{pmatrix} -1 & 2 \\ 4 & a+8 \end{pmatrix} \right\}$$

(1) 求 $\boldsymbol{V}_1$ 的基与维数；

(2) a 为何值时，$\boldsymbol{V}_1 + \boldsymbol{V}_2$ 是直和？当 $\boldsymbol{V}_1 + \boldsymbol{V}_2$ 不是直和时，求 $\boldsymbol{V}_1 \cap \boldsymbol{V}_2$ 的基与维数.

解 (1)

$$\begin{pmatrix} 2 & 3 & -1 & 0 \\ 1 & 2 & 1 & -1 \end{pmatrix} \sim \begin{pmatrix} -2 & -3 & 1 & 0 \\ -3 & -5 & 0 & 1 \end{pmatrix}$$

因此

$$x_3 = 2x_1 + 3x_2, x_4 = 3x_1 + 5x_2$$

从而有

$$\boldsymbol{V}_1 = \operatorname{span}\left\{ \begin{pmatrix} 1 & 0 \\ 2 & 3 \end{pmatrix}, \begin{pmatrix} 0 & 1 \\ 3 & 5 \end{pmatrix} \right\}$$

$\begin{pmatrix} 1 & 0 \\ 2 & 3 \end{pmatrix}$，$\begin{pmatrix} 0 & 1 \\ 3 & 5 \end{pmatrix}$是 $\boldsymbol{V}_1$ 的基，$\dim(\boldsymbol{V}_1) = 2$.

(2) 设 $\boldsymbol{\alpha} \in \boldsymbol{V}_1 \cap \boldsymbol{V}_2$，则存在常数 x_1，x_2，x_3，x_4 使得

$$\alpha = x_1 \begin{pmatrix} 1 & 0 \\ 2 & 3 \end{pmatrix} + x_2 \begin{pmatrix} 0 & 1 \\ 3 & 5 \end{pmatrix} = x_3 \begin{pmatrix} 2 & -1 \\ a+2 & 1 \end{pmatrix} + x_4 \begin{pmatrix} -1 & 2 \\ 4 & a+8 \end{pmatrix}$$

此时 x_1，x_2，x_3，x_4 是方程组 $\boldsymbol{Ax}=\mathbf{0}$ 的解，其中 $\boldsymbol{A}=\begin{pmatrix}1&0&-2&1\\0&1&1&-2\\2&3&-a-2&-4\\3&5&-1&-a-8\end{pmatrix}$.

$$\boldsymbol{A}\sim\begin{pmatrix}1&0&-2&1\\0&1&1&-2\\0&3&-a+2&-6\\0&5&5&-a+5\end{pmatrix}\sim\begin{pmatrix}1&0&-2&1\\0&1&1&-2\\0&0&-a-1&0\\0&0&0&-a-1\end{pmatrix}$$

当 $a\neq-1$ 时，$\mathrm{rank}(\boldsymbol{A})=4$，此时方程组 $\boldsymbol{Ax}=\mathbf{0}$ 只有零解，$\boldsymbol{V}_1\cap\boldsymbol{V}_2=\{\mathbf{0}\}$，故 $\boldsymbol{V}_1+\boldsymbol{V}_2$ 是直和. 当 $a=-1$ 时，rank（$\boldsymbol{A}$）$=2$，这时 $\begin{pmatrix}1&0\\2&3\end{pmatrix}$，$\begin{pmatrix}0&1\\3&5\end{pmatrix}$ 与 $\begin{pmatrix}2&-1\\1&1\end{pmatrix}$，$\begin{pmatrix}-1&2\\4&7\end{pmatrix}$ 等价，从而 $\boldsymbol{V}_1=\boldsymbol{V}_2$，故 $\boldsymbol{V}_1\cap\boldsymbol{V}_2=\boldsymbol{V}_1$，$\begin{pmatrix}1&0\\2&3\end{pmatrix}$，$\begin{pmatrix}0&1\\3&5\end{pmatrix}$ 是 $\boldsymbol{V}_1\cap\boldsymbol{V}_2$ 的基，$\dim(\boldsymbol{V}_1\cap\boldsymbol{V}_2)=2$.

【例 2.1.17】 已知 $\mathbf{R}^{n\times n}$ 的两个子空间

$$\boldsymbol{S}_1=\{\boldsymbol{A}\mid\boldsymbol{A}^{\mathrm{T}}=\boldsymbol{A}\},\boldsymbol{S}_2=\{\boldsymbol{A}\mid\boldsymbol{A}^{\mathrm{T}}=-\boldsymbol{A}\}$$

（1）证明：$\mathbf{R}^{n\times n}=S_1\oplus S_2$；

（2）如果 $n=3$，求 $\dim(S_1)$ 的一组基及 $\dim(S_2)$.

解　（1）若任意 $\boldsymbol{A}\in\mathbf{R}^{n\times n}$，有

$$\boldsymbol{A}=\frac{\boldsymbol{A}+\boldsymbol{A}^{\mathrm{T}}}{2}+\frac{\boldsymbol{A}-\boldsymbol{A}^{\mathrm{T}}}{2}$$

令

$$\boldsymbol{B}=\frac{\boldsymbol{A}+\boldsymbol{A}^{\mathrm{T}}}{2},\boldsymbol{C}=\frac{\boldsymbol{A}-\boldsymbol{A}^{\mathrm{T}}}{2}$$

则有

$$\boldsymbol{B}^{\mathrm{T}}=\boldsymbol{B},\boldsymbol{C}^{\mathrm{T}}=-\boldsymbol{C}$$

因此 $\boldsymbol{B}\in\boldsymbol{S}_1$，$\boldsymbol{C}\in\boldsymbol{S}_2$ 且 $\mathbf{R}^{n\times n}\subset\boldsymbol{S}_1+\boldsymbol{S}_2$. 由于 $\boldsymbol{S}_1+\boldsymbol{S}_2\subset\mathbf{R}^{n\times n}$，因此 $\mathbf{R}^{n\times n}=\boldsymbol{S}_1+\boldsymbol{S}_2$.

若 $\boldsymbol{A}\in\boldsymbol{S}_1\cap\boldsymbol{S}_2$，由 $\boldsymbol{A}\in\boldsymbol{S}_1$ 有 $\boldsymbol{A}^{\mathrm{T}}=\boldsymbol{A}$，$\boldsymbol{A}\in\boldsymbol{S}_2$ 有 $\boldsymbol{A}^{\mathrm{T}}=-\boldsymbol{A}$，从而 $\boldsymbol{A}=\mathbf{0}_{n\times n}$，即 $\boldsymbol{S}_1\cap\boldsymbol{S}_2=\{\mathbf{0}_{n\times n}\}$. 综上所证，有 $\mathbf{R}^{n\times n}=\boldsymbol{S}_1\oplus\boldsymbol{S}_2$.

（2）当 $n=3$ 时，如果 $\boldsymbol{A}\in\boldsymbol{S}_1$，则

$$A=\begin{pmatrix}a_{11}&a_{12}&a_{13}\\a_{12}&a_{22}&a_{23}\\a_{13}&a_{23}&a_{33}\end{pmatrix}$$

$$=a_{11}\boldsymbol{E}_{11}+a_{22}\boldsymbol{E}_{22}+a_{33}\boldsymbol{E}_{33}+a_{12}(\boldsymbol{E}_{12}+\boldsymbol{E}_{21})+a_{13}(\boldsymbol{E}_{13}+\boldsymbol{E}_{31})+a_{13}(\boldsymbol{E}_{32}+\boldsymbol{E}_{23})$$

因为 $\boldsymbol{E}_{11}$，$\boldsymbol{E}_{22}$，$\boldsymbol{E}_{33}$，$\boldsymbol{E}_{12}+\boldsymbol{E}_{21}$，$\boldsymbol{E}_{13}+\boldsymbol{E}_{31}$，$\boldsymbol{E}_{32}+\boldsymbol{E}_{23}$ 线性无关，因此它们是 $\boldsymbol{S}_1$ 的基，$\dim(\boldsymbol{S}_1)=6$.

$$\dim(\boldsymbol{S}_2)=\dim(\mathbf{R}^{3\times3})-\dim(\boldsymbol{S}_1)=9-6=3$$

注：对一般的 n，$\dim(\boldsymbol{S}_1)=\dfrac{n(n+1)}{2}$，$\dim(\boldsymbol{S}_2)=\dfrac{n(n-1)}{2}$.

2.1.5　线性空间的同构

定义 2.1.8　设 $\boldsymbol{V}$，$\boldsymbol{W}$ 是数域 P 上的两个线性空间，如果由 $\boldsymbol{V}$ 到 $\boldsymbol{W}$ 的映射 T 满足：

(1) T 是由 $\mathbf{V}$ 到 $\mathbf{W}$ 的 1-1 映射.

(2) 对任意 $\boldsymbol{\alpha}$，$\boldsymbol{\beta}\in\mathbf{V}$，都有 $T(\boldsymbol{\alpha}+\boldsymbol{\beta})=T(\boldsymbol{\alpha})+T(\boldsymbol{\beta})$.

(3) 对任意 $k\in P$，$\boldsymbol{\beta}\in\mathbf{V}$，都有 $T(k\boldsymbol{\beta})=kT(\boldsymbol{\beta})$.

则称 T 是由 $\mathbf{V}$ 到 $\mathbf{W}$ 同构映射.

定义 2.1.9 设 $\mathbf{V}$，$\mathbf{W}$ 是数域 P 上的两个线性空间，如果存在由 $\mathbf{V}$ 到 $\mathbf{W}$ 的同构映射，则称线性空间 $\mathbf{W}$ 与线性空间 $\mathbf{V}$ 同构，记作 $\mathbf{W}\cong\mathbf{V}$.

线性空间的同构是一个等价关系，它满足自反性、对称性和传递性.

我们已经知道，如果在数域 P 上的 n 维线性空间 $\mathbf{V}$ 中取定一组基 $\boldsymbol{\alpha}_1$，$\boldsymbol{\alpha}_2$，…，$\boldsymbol{\alpha}_n$ 后，$\mathbf{V}$ 中的每一个向量 $\boldsymbol{\beta}$ 有唯一确定的坐标 $\boldsymbol{x}=(x_1, x_2, \cdots, x_n)^{\mathrm{T}}$ 与之对应，而向量的坐标就是数域 P 上的 n 元数列，即 $x\in P^n$. 所以，存在着一个由 $\mathbf{V}$ 到 P^n 的映射，即

$$T:\boldsymbol{\beta}\mapsto\boldsymbol{x}$$

并且 T 是由 $\mathbf{V}$ 到 P^n 的同构映射.

数域 P 上任意一个 n 维线性空间都与线性空间 P^n 同构，因此线性空间 P^n 可以作为数域 P 上的 n 维线性空间的代表.

定理 2.1.13 数域 P 上的两个有限维线性空间同构的充分且必要条件为它们有相同的维数.

2.2 赋范线性空间与矩阵范数

2.2.1 赋范线性空间

每个具有一定普遍意义的数值方法总是针对某类集合（如函数集、向量集、矩阵集等）而建立的，为了给出算法，进行误差分析或讨论收敛性，需要在集合中引入线性运算使之成为线性空间，不仅如此，在线性空间的基础上还需进一步引入“长度”. 范数是 $\mathbf{R}^n$ 中向量长度概念的直接推广.

定义 2.2.1 设 $\mathbf{V}$ 是数域 P 上的线性空间，如果从 $\mathbf{V}$ 到 $\mathbf{R}$ 的映射 N，并且满足下列条件：

(1) $N(\boldsymbol{\alpha})\geqslant 0$，$N(\boldsymbol{\alpha})=0$ 当且仅当 $\boldsymbol{\alpha}=\mathbf{0}$（正定条件）.

(2) $N(k\boldsymbol{\alpha})=|k|N(\boldsymbol{\alpha})$，($\forall k\in P$，$\boldsymbol{\alpha}\in\mathbf{V}$)（非负齐次条件）.

(3) $N(\boldsymbol{\alpha}+\boldsymbol{\beta})\leqslant N(\boldsymbol{\alpha})+N(\boldsymbol{\beta})$（三角不等式），则称实函数 $N(\boldsymbol{\alpha})$ 是 $\mathbf{V}$ 上的向量范数，此时称 $\mathbf{V}$ 为赋范线性空间.

习惯上，记 $N(\boldsymbol{\alpha})$ 为 $\|\boldsymbol{\alpha}\|$.

由向量范数定义，不难验证向量的范数具有下列性质：

(1) 当 $\|\boldsymbol{\alpha}\|\neq 0$ 时，$\left\|\dfrac{1}{\|\boldsymbol{\alpha}\|}\boldsymbol{\alpha}\right\|=1$；

(2) $\forall\boldsymbol{\alpha}$，$\boldsymbol{\beta}\in V$，$\|\boldsymbol{\alpha}\|-\|\boldsymbol{\beta}\|\leqslant\|\boldsymbol{\alpha}-\boldsymbol{\beta}\|$.

【例 2.2.1】 设 $\boldsymbol{x}=(\boldsymbol{x}_1, \boldsymbol{x}_2, \cdots, \boldsymbol{x}_n)^{\mathrm{T}}\in \mathbf{C}^n$ 是 $\mathbf{C}^n$ 中的向量，规定 $\|\boldsymbol{x}\|=\max\limits_{1\leqslant i\leqslant n}|\boldsymbol{x}_i|$，证明 $\|\boldsymbol{x}\|$ 是 $\mathbf{C}^n$ 中的一个向量范数. 这个范数称为 $\boldsymbol{x}$ 的∞－范数. 记作 $\|\boldsymbol{x}\|_\infty$.

证明 (1) 当 $\|\boldsymbol{x}\|\neq 0$，有 $\|\boldsymbol{x}\|=\max\limits_{1\leqslant i\leqslant n}|\boldsymbol{x}_i|>0$；当 $\boldsymbol{x}=\mathbf{0}$ 时 $\|\boldsymbol{x}\|=0$

(2) $\forall k\in C$，$\|k\boldsymbol{x}\|_\infty=\max\limits_{1\leqslant i\leqslant n}|k\boldsymbol{x}_i|=|k|\max\limits_{1\leqslant i\leqslant n}|\boldsymbol{x}_i|=|k|\,\|\boldsymbol{x}\|_\infty$

(3) $\forall \boldsymbol{x}=(\boldsymbol{x}_1, \boldsymbol{x}_2, \cdots, \boldsymbol{x}_n)^{\mathrm{T}}$，$y=(y_1, y_2, \cdots, y_n)^{\mathrm{T}}\in\mathbf{C}^n$ 有

$$\|\boldsymbol{x}+y\|_\infty=\max_{1\leqslant i\leqslant n}|\boldsymbol{x}_i+y_i|\leqslant\max_{1\leqslant i\leqslant n}|\boldsymbol{x}_i|+\max_{1\leqslant i\leqslant n}|y_i|=\|\boldsymbol{x}\|_\infty+\|y\|_\infty$$

所以 $\|\boldsymbol{x}\|_\infty=\max\limits_{1\leqslant i\leqslant n}|\boldsymbol{x}_i|$ 是 $\mathbf{C}^n$ 中的向量范数.

类似可证：设 $\boldsymbol{x}=(\boldsymbol{x}_1, \boldsymbol{x}_2, \cdots, \boldsymbol{x}_n)^{\mathrm{T}}\in\mathbf{C}^n$，下列定义的实值函数是 $\mathbf{C}^n$ 中的向量范数：

(1) 定义 $\|\boldsymbol{x}\|_1=\sum\limits_{i=1}^{n}|\boldsymbol{x}_i|$，则 $\|\boldsymbol{x}\|_1$ 是 $\mathbf{C}^n$ 中的一个向量范数，这个范数称为 $\boldsymbol{x}$ 的 1-范数.

(2) 定义 $\|\boldsymbol{x}\|_2=\sqrt{\sum\limits_{i=1}^{n}|\boldsymbol{x}_i|^2}$，则 $\|\boldsymbol{x}\|_2$ 是 $\mathbf{C}^n$ 中的一个向量范数，这个范数称为 $\boldsymbol{x}$ 的 2-范数.

(3) 定义 $\|\boldsymbol{x}\|_p=\left(\sum\limits_{i=1}^{n}|\boldsymbol{x}_i|^p\right)^{\frac{1}{p}}, 1\leqslant p<+\infty$，则 $\|\boldsymbol{x}\|_p$ 是 $\mathbf{C}^n$ 中的一个向量范数，这个范数称为 x 的 p-范数.

显然，$p=1$，2 时，p-范数就是 1—范数和 2—范数.

由以上说明可见，在线性空间中，可以定义多种向量范数. 那么这些向量范数之间有什么关系呢?

定义 2.2.2 若 $\|\boldsymbol{\alpha}\|$ 和 $\|\boldsymbol{\alpha}\|_*$ 是线性空间 $\mathbf{V}$ 中的两个向量范数，如果存在 $M>0$，$m>0$，使得对 $\forall\boldsymbol{\alpha}\in V$，都有 $m\|\boldsymbol{\alpha}\|\leqslant\|\boldsymbol{\alpha}\|_*\leqslant M\|\boldsymbol{\alpha}\|$，则称范数 $\|\boldsymbol{\alpha}\|$ 和 $\|\boldsymbol{\alpha}\|_*$ 等价.

定理 2.2.1 有限维线性空间中任意两个向量范数都等价.

证明 取定 n 维线性空间 $\mathbf{V}$ 的一个基 $\boldsymbol{e}_1, \boldsymbol{e}_2, \cdots, \boldsymbol{e}_n$，则对任意 $\boldsymbol{\alpha}\in\mathbf{V}$，唯一存在 $\boldsymbol{x}_1$，$\boldsymbol{x}_2, \cdots, \boldsymbol{x}_n$，使得

$$\boldsymbol{\alpha}=x_1\boldsymbol{e}_1+x_2\boldsymbol{e}_2+\cdots+x_n\boldsymbol{e}_n$$

对任意一个向量范数 $\|\cdot\|$，定义

$$f(x_1,x_2,\cdots,x_n)=\|x_1\boldsymbol{e}_1+x_2\boldsymbol{e}_2+\cdots+x_n\boldsymbol{e}_n\|$$

记

$$\boldsymbol{\beta}=y_1\boldsymbol{e}_1+y_2\boldsymbol{e}_2+\cdots+y_n\boldsymbol{e}_n$$

由于

$$|f(x_1,x_2,\cdots,x_n)-f(y_1,y_2,\cdots,y_n)|=|\,\|\boldsymbol{\alpha}\|-\|\boldsymbol{\beta}\|\,|\leqslant\|\boldsymbol{\alpha}-\boldsymbol{\beta}\|$$
$$=\left\|\sum_{i=1}^{n}(x_i-y_i)\boldsymbol{e}_i\right\|\leqslant\sum_{i=1}^{n}(|x_i-y_i|\,\|\boldsymbol{e}_i\|)\leqslant\|\boldsymbol{x}-\boldsymbol{y}\|_1\max_{1\leqslant i\leqslant n}\|\boldsymbol{e}_i\|$$

因此，当 $(x_1, x_2, \cdots, x_n)\to(y_1, y_2, \cdots, y_n)$ 时，$f(x_1, x_2, \cdots, x_n)-f(y_1, y_2, \cdots,$

$y_n)\to 0$，从而 $f(x_1, x_2, \cdots, x_n)$ 是 $(x_1, x_2, \cdots, x_n)$ 的**连续函数**.

记

$$S=\{(x_1,x_2,\cdots,x_n):|x_1|+|x_2|+\cdots+|x_n|=1\}$$

则 S 是一个有界闭集. 由连续函数的性质，$f(\boldsymbol{x}_1, \boldsymbol{x}_2, \cdots, \boldsymbol{x}_n)$ 在 S 上有最大值 M_1，最小值 m_1. 由于 S 中没有零向量，因此 $0<m_1\leqslant M_1$.

对任意 $y=(y_1, y_2, \cdots, y_n)\in\mathbf{R}^n$，$\dfrac{1}{\|y\|_1}y\in S$，因此

$$m_1\leqslant f\left(\frac{y_1}{\|y\|_1},\frac{y_2}{\|y\|_1},\cdots,\frac{y_n}{\|y\|_1}\right)\leqslant M_1$$

由函数 f 的定义和范数的定义，有

$$m_1\|y\|_1\leqslant f(y_1,y_2,\cdots,y_n)=\|y_1\boldsymbol{e}_1+y_2\boldsymbol{e}_2+\cdots+y_n\boldsymbol{e}_n\|\leqslant M_1\|y\|_1$$

设 $\|\cdot\|_*$ 是 n 维线性空间 $\boldsymbol{V}$ 的另外一个向量范数，同理，存在非零常数 m_2，M_2，使得

$$m_2\|y\|_1\leqslant\|y_1\boldsymbol{e}_1+y_2\boldsymbol{e}_2+\cdots+y_n\boldsymbol{e}_n\|_*\leqslant M_2\|y\|_1$$

因此

$$\|y_1\boldsymbol{e}_1+y_2\boldsymbol{e}_2+\cdots+y_n\boldsymbol{e}_n\|\leqslant M_1\|y\|_1\leqslant\frac{M_1}{m_2}\|y_1\boldsymbol{e}_1+y_2\boldsymbol{e}_2+\cdots+y_n\boldsymbol{e}_n\|_*$$

$$\|y_1\boldsymbol{e}_1+y_2\boldsymbol{e}_2+\cdots+y_n\boldsymbol{e}_n\|\geqslant m_1\|y\|_1\geqslant\frac{m_1}{M_2}\|y_1\boldsymbol{e}_1+y_2\boldsymbol{e}_2+\cdots+y_n\boldsymbol{e}_n\|_*$$

取 $m=m_1/M_2$，$M=M_1/m_2$，则

$$\begin{aligned}m\|y_1\boldsymbol{e}_1+y_2\boldsymbol{e}_2+\cdots+y_n\boldsymbol{e}_n\|_*&\leqslant\|y_1\boldsymbol{e}_1+y_2\boldsymbol{e}_2+\cdots+y_n\boldsymbol{e}_n\|\\&\leqslant M\|y_1\boldsymbol{e}_1+y_2\boldsymbol{e}_2+\cdots+y_n\boldsymbol{e}_n\|_*\end{aligned}$$

这就说明有限维线性空间中任意两个向量范数都等价.

对 $\mathbf{C}^n$ 上向量的 1－，2－，∞－范数，有下面的不等式成立：

$$\|\boldsymbol{x}\|_2\leqslant\|\boldsymbol{x}\|_1\leqslant\sqrt{n}\|\boldsymbol{x}\|_2$$
$$\|\boldsymbol{x}\|_\infty\leqslant\|\boldsymbol{x}\|_1\leqslant n\|\boldsymbol{x}\|_\infty$$
$$\|\boldsymbol{x}\|_\infty\leqslant\|\boldsymbol{x}\|_2\leqslant\sqrt{n}\|\boldsymbol{x}\|_\infty$$

证明留作习题.

定义 2.2.3 若 $\{\boldsymbol{x}^{(k)}\}(k=1, 2, \cdots)$ 是赋范线性空间 $\boldsymbol{V}$ 中的向量序列，如果存在 $\boldsymbol{x}\in\boldsymbol{V}$，使得 $\lim\limits_{k\to+\infty}\|\boldsymbol{x}^{(k)}-\boldsymbol{x}\|=0$，则称序列 $\{\boldsymbol{x}^{(k)}\}$ $(k=1, 2, \cdots)$ 收敛于 $\boldsymbol{x}$.

由于在线性空间 $\boldsymbol{V}$ 中可以定义多种范数，因此 $\boldsymbol{V}$ 中的向量序列就有多种收敛. 那么，这些按不同范数收敛之间有什么关系呢？它与向量序列按坐标收敛的关系又如何？由定理 2.2.1，有如下定理.

定理 2.2.2 (1) 在有限维线性空间中，若向量序列 $\{\boldsymbol{x}^{(k)}\}$ 按某种范数收敛于 $\boldsymbol{x}$，则 $\{\boldsymbol{x}^{(k)}\}$ 按任何范数都收敛于 $\boldsymbol{x}$.

(2) 在有限维线性空间中，按范数收敛于 $\boldsymbol{x}$ 与按坐标收敛于 $\boldsymbol{x}$ 等价.

2.2.2 矩阵的范数

在讨论了向量范数之后，我们继续讨论矩阵的范数. 矩阵空间 $\mathbf{R}^{n\times n}$ 是一个 n^2 维的线性空间，对于 $\boldsymbol{A}\in\mathbf{R}^{n\times n}$，可视 $\boldsymbol{A}$ 为 $\mathbf{R}^{n\times n}$ 中的一个向量，由向量范数的定义可以类似地定义矩阵的范数.

定义 2.2.4 如果从 $\mathbf{R}^{n\times n}$ 到 $\boldsymbol{R}$ 的映射 N，并且满足下列条件.

(1) 正定条件：$N(\boldsymbol{A})\geqslant 0$，$N(\boldsymbol{A})=0$ 当且仅当 $\boldsymbol{A}=\boldsymbol{0}$，

(2) 非负齐次条件：$N(k\boldsymbol{A})=|k|N(\boldsymbol{A})$，($\forall k\in C$，$\boldsymbol{A}\in\mathbf{R}^{n\times n}$).

(3) 三角不等式：$N(\boldsymbol{A}+\boldsymbol{B})\leqslant N(\boldsymbol{A})+N(\boldsymbol{B})$，($\forall\boldsymbol{A}$，$\boldsymbol{B}\in\mathbf{R}^{n\times n}$).

则称实函数 $N(\boldsymbol{A})$ 是 $\mathbf{R}^{n\times n}$ 上的广义矩阵范数.

定义 2.2.5 对于 $\mathbf{R}^{n\times n}$ 上的广义矩阵范数 N，如果满足相容条件：$N(\boldsymbol{AB})\leqslant N(\boldsymbol{A})N(\boldsymbol{B})$，($\forall\boldsymbol{A}$，$\boldsymbol{B}\in\mathbf{R}^{n\times n}$)，则称 $N(\boldsymbol{A})$ 为 $\boldsymbol{A}$ 的矩阵范数. 习惯上，将 $N(\boldsymbol{A})$ 记成 $\|\boldsymbol{A}\|$.

类似地，可以定义 $\mathbf{C}^{n\times n}$ 上的范数.

定义 2.2.6 对 $\mathbf{R}^{n\times n}$ 中的矩阵范数 $\|\boldsymbol{A}\|$，$\mathbf{R}^n$ 中的向量范数 $\|\boldsymbol{x}\|_*$，如果对任意 $\boldsymbol{A}\in\mathbf{R}^{n\times n}$，$\boldsymbol{x}\in\mathbf{R}^n$，都有 $\|\boldsymbol{Ax}\|_*\leqslant\|\boldsymbol{A}\|\,\|\boldsymbol{x}\|_*$ 则称矩阵范数 $\|\boldsymbol{A}\|$ 与向量范数 $\|\boldsymbol{x}\|_*$ 相容.

【例 2.2.2】 设 $\boldsymbol{A}\in\mathbf{R}^{n\times n}$，规定

$$\|\boldsymbol{A}\|_F=\left(\sum_{i=1}^{n}\sum_{j=1}^{n}|a_{ij}|^2\right)^{\frac{1}{2}}=\sqrt{\mathrm{tr}(\boldsymbol{A}^{\mathrm{H}}\boldsymbol{A})}$$

证明 $\|\boldsymbol{A}\|_F$ 是一个矩阵范数（这个范数称为矩阵 $\boldsymbol{A}$ 的 Frobenius 范数），且 $\|\boldsymbol{A}\|_F$ 与 $\|\boldsymbol{x}\|_2$ 相容.

证明 矩阵 $\boldsymbol{A}$ 可以视为 $\mathbf{R}^{n^2}$ 中的向量，所以 $\|\boldsymbol{A}\|_F$ 也就是向量 $\boldsymbol{A}$ 的 2—范数，因此 $\|\boldsymbol{A}\|_F$ 满足

(1) 正定条件：$\|k\boldsymbol{A}\|_F\geqslant 0$，$\|\boldsymbol{A}\|_F=0$ 当且仅当 $\boldsymbol{A}=\boldsymbol{0}$.

(2) 非负齐次条件：$\|k\boldsymbol{A}\|_F=|k|\,\|\boldsymbol{A}\|_F$ ($\forall k\in\mathbf{R}$，$\boldsymbol{A}\in\mathbf{R}^{n\times n}$).

(3) 三角不等式：$\|\boldsymbol{A}+\boldsymbol{B}\|_F\leqslant\|\boldsymbol{A}\|_F+\|\boldsymbol{B}\|_F$ ($\forall\boldsymbol{A}$，$\boldsymbol{B}\in\mathbf{R}^{n\times n}$).

又设 $\boldsymbol{A}_i=(a_{i1},a_{i2},\cdots,a_{in})$，$\boldsymbol{x}=(x_1,x_2,\cdots,x_n)^{\mathrm{T}}$，则

$$\boldsymbol{A}x=\begin{pmatrix}\boldsymbol{A}_1\\\boldsymbol{A}_2\\\vdots\\\boldsymbol{A}_n\end{pmatrix}x=\begin{pmatrix}\boldsymbol{A}_1x\\\boldsymbol{A}_2x\\\vdots\\\boldsymbol{A}_nx\end{pmatrix}$$

由 Cauchy 不等式有

$$\|\boldsymbol{A}_ix\|^2\leqslant\sum_{j=1}^{n}|a_{ij}|^2\sum_{j=1}^{n}|x_j|^2=\|\boldsymbol{A}_i\|_2^2\,\|\boldsymbol{x}\|_2^2$$

因此

$$\|Ax\|_2^2=\sum_{i=1}^{n}|A_ix|^2\leqslant(\sum_{i=1}^{n}\|A_i\|_2^2)\|x\|_2^2$$

$$\leqslant(\sum_{i=1}^{n}\sum_{j=1}^{n}|a_{ij}|^2)\|x\|_2^2=\|A\|_F^2\|x\|_2^2$$

从而有

$$\|Ax\|_2\leqslant\|A\|_F\|x\|_2$$

设A，$B\in\mathbf{R}^{n\times n}$，$B=(b_1, b_2, \cdots, b_n)$，则

$$\|AB\|_F^2=\|Ab_1\|_2^2+\|Ab_2\|_2^2+\cdots+\|Ab_n\|_2^2$$

$$\|AB\|_F^2=\|Ab_1\|_1^2+\|Ab_2\|_2^2+\cdots+\|Ab_n\|_2^2$$

$$\leqslant\|A\|_F^2(\|b_1\|_2^2+\|b_2\|_2^2+\cdots+\|b_n\|_2^2)=\|A\|_F^2\|B\|_F^2$$

因此

$$\|AB\|_F=\|A\|_F\|B\|_F$$

定理 2.2.3 $\|A\|_F=\sqrt{A^TA}$的所有特征值的和.

证明 $\|A\|_F=(\sum_{i=1}^{n}\sum_{j=1}^{n}|a_{ij}|^2)^{\frac{1}{2}}=\sqrt{\mathrm{tr}(A^TA)}=\sqrt{A^TA}$ 的所有特征值的和.

注：如果$A\in\mathrm{C}^{n\times n}$，则$\|A\|_F=\sqrt{A^HA}$ 的所有特征根的和.

定理 2.2.4 设$\|A\|$是$\mathbf{R}^{n\times n}(\mathbf{C}^{n\times n})$ 中的矩阵范数，则在$\mathbf{R}^n(\mathbf{C}^n)$ 中一定存在与它相容的向量范数.

对于$\mathbf{R}^n$ 中的向量范数，是否有矩阵范数与之相容？另一方面，与向量范数类似，同一矩阵它的各种范数有一定的差别. 此外，如$\|E\|\neq 1$，将给理论分析与实际应用造成不便，所以要找出一种矩阵范数$\|A\|_*$，使得$\|E\|_*=1$，且与所给的向量范数$\|x\|_*$相容.

下面的定理给出了一种定义矩阵范数的方法，使得该矩阵范数与已知的向量范数相容，且单位矩阵的范数是 1.

定理 2.2.5 已知线性空间$\mathbf{R}^n$ 上的范数$\|x\|_*$，则$\|A\|_*=\max\limits_{x\neq 0}\frac{\|Ax\|_*}{\|x\|_*}$是$\mathbf{R}^{n\times n}$上的矩阵范数，此范数与向量范数$\|x\|_*$相容，这个矩阵范数称为由向量范数$\|x\|_*$诱导的**诱导范数**，或称为**从属范数于**向量范数$\|x\|_*$的矩阵范数.

对应向量的 1—范数、2—范数、∞—范数，就可以确定三个矩阵范数$\|A\|_1$，$\|A\|_2$和$\|A\|_\infty$：

(1) $\|A\|_1=\max\limits_{x\neq 0}\frac{\|Ax\|_1}{\|x\|_1}$；

(2) $\|A\|_2=\max\limits_{x\neq 0}\frac{\|Ax\|_2}{\|x\|_2}$；

(3) $\|A\|_\infty=\max\limits_{x\neq 0}\dfrac{\|Ax\|_\infty}{\|x\|_\infty}$.

定理 2.2.6　设 $A=(a_{ij})\in \mathbf{R}^{n\times n}$，$x=(x_1, x_2, \cdots, x_n)^{\mathrm T}\in\mathbf{R}^n$，向量的∞—范数、2—范数和 1—范数的诱导矩阵范数分别是 $\|A\|_\infty$、$\|A\|_2$ 和 $\|A\|_1$，则

(1) $\|A\|_\infty=\max\limits_{1\leqslant i\leqslant n}\sum\limits_{j=1}^{n}|a_{ij}|$；

(2) $\|A\|_2=\sqrt{\lambda_1}$（其中 λ_1 为 $A^{\mathrm T}A$ 的最大特征值)；

(3) $\|A\|_1=\max\limits_{1\leqslant j\leqslant n}\sum\limits_{i=1}^{n}\|a_{ij}\|$.

分别称之为矩阵 A 的行（和）范数、谱范数与列（和）范数.

证明　只就（1)、(2) 给出证明，(3) 的证明如 (1).

(1) 设 $x=(x_1, x_2, \cdots, x_n)^{\mathrm T}\neq \mathbf{0}$，不妨设 $A\neq\mathbf{0}$ 记

$$t=\max_{1\leqslant i\leqslant n}|x_i|,\mu=\max_{1\leqslant i\leqslant n}\sum_{j=1}^{n}|a_{ij}|$$

则

$$\|Ax\|_\infty=\max_{1\leqslant i\leqslant n}\sum_{j=1}^{n}|a_{ij}x_j|\leqslant t\cdot\max_{1\leqslant i\leqslant n}\sum_{j=1}^{n}|a_{ij}|$$

这说明对任意非零 $x\in\mathbf{R}^n$，有

$$\frac{\|Ax\|_\infty}{\|x\|_\infty}\leqslant\mu$$

另一方面，设 $\mu=\sum\limits_{j=1}^{n}|a_{i_0j}|$，取向量 $x_0=(x_1, x_2, \cdots, x_n)^{\mathrm T}$，其中 $x_j=\mathrm{sign}\ (a_{i_0j})$，$j=1, 2, \cdots, n$，显然 $\|x_0\|_\infty=1$，且 Ax_0 的第 i_0 个分量为

$$\sum_{j=1}^{n}|a_{i_0j}x_j|=\sum_{j=1}^{n}|a_{i_0j}|=\mu$$

这说明 $\|Ax_0\|=\mu$，即 $\|A\|_\infty=\mu=\max\limits_{1\leqslant i\leqslant n}\sum\limits_{j=1}^{n}|a_{ij}|$.

(2) 由于

$$\|Ax\|_2^2=(Ax)^{\mathrm T}(Ax)=x^{\mathrm T}(A^{\mathrm T}A)x\geqslant 0$$

因此 $A^{\mathrm T}A$ 是半正定的. 设 $A^{\mathrm T}A$ 的特征值为

$$\lambda_1\geqslant\lambda_2\geqslant\cdots\geqslant\lambda_n\geqslant 0$$

再设 $\boldsymbol{\xi}_1$，$\boldsymbol{\xi}_2$，…，$\boldsymbol{\xi}_n$ 为 $A^{\mathrm T}A$ 的分别对应于 λ_1，λ_2，…，λ_n 的正交规范的特征向量，则对任意向量 $x\in\mathbf{R}^n$，有

$$x=\sum_{i=1}^{n}k_i\boldsymbol{\xi}_i(k_i\ \text{为组合系数})$$

$$\frac{\|Ax\|_2^2}{\|x\|_2^2}=\frac{x^{\mathrm T}(A^{\mathrm T}A)x}{x^{\mathrm T}x}=\frac{\sum\limits_{i=1}^{n}k_i^2\lambda_i}{\sum\limits_{i=1}^{n}k_i^2}\leqslant\lambda_1$$

另一方面，取 $\boldsymbol{x}=\boldsymbol{\xi}_1$ 则

$$\frac{\|\boldsymbol{A\xi}_1\|_2^2}{\|\boldsymbol{x}\|_2^2}=\frac{\boldsymbol{\xi}_1^{\mathrm{T}}(\boldsymbol{A}^{\mathrm{T}}\boldsymbol{A})\boldsymbol{\xi}_1}{\boldsymbol{\xi}_1^{\mathrm{T}}\boldsymbol{\xi}_1}=\lambda_1$$

故

$$\|\boldsymbol{A}\|_2=\max_{x\neq 0}\frac{\|\boldsymbol{Ax}\|_2}{\|\boldsymbol{x}\|_2}=\sqrt{\lambda_1}=\sqrt{\lambda_{\max}(\boldsymbol{A}^{\mathrm{T}}\boldsymbol{A})}$$

【例 2.2.3】 计算矩阵 $\boldsymbol{A}=\begin{pmatrix}2 & -2\\ 3 & 4\end{pmatrix}$ 的 1-范数、2-范数、无穷范数和 Frobenius 范数.

解 由矩阵范数的定义

$\|\boldsymbol{A}\|_1=\max\{2+3,\ 2+4\}=6$

$\|\boldsymbol{A}\|_\infty=\max\{2+2,\ 3+4\}=7$

$\|\boldsymbol{A}\|_F=\sqrt{4+4+9+16}=\sqrt{33}$

$$\boldsymbol{A}^{\mathrm{T}}\boldsymbol{A}=\begin{pmatrix}13 & 8\\ 8 & 20\end{pmatrix},\ |\lambda\boldsymbol{E}-\boldsymbol{A}^{\mathrm{T}}\boldsymbol{A}|=\begin{vmatrix}\lambda-13 & -8\\ -8 & \lambda-20\end{vmatrix}$$

$\boldsymbol{A}^{\mathrm{T}}\boldsymbol{A}$ 的两个特征值为 $\lambda_1=\dfrac{33+\sqrt{305}}{2}$，$\lambda_2=\dfrac{33-\sqrt{305}}{2}$，因此

$$\|\boldsymbol{A}\|_2=\sqrt{\lambda_1}=\sqrt{\frac{33+\sqrt{305}}{2}}$$

由定理 2.2.6 和上例可以看出，计算一个矩阵的 $\|\boldsymbol{A}\|_\infty$、$\|\boldsymbol{A}\|_1$ 还是比较容易的，而矩阵的 2—范数 $\|\boldsymbol{A}\|_2$ 在计算上不方便，但由于它有许多好的性质，所以它在理论上是有用的. 由定理 2.2.6 的（2），可以容易得到定理 2.2.7.

定理 2.2.7 设 $\boldsymbol{A}\in\mathbf{R}^{n\times n}$，$\boldsymbol{U}$、$\boldsymbol{V}$ 是 n 阶正交矩阵，则

$$\|\boldsymbol{UAV}\|_F=\|\boldsymbol{UA}\|_F=\|\boldsymbol{AV}\|_F=\|\boldsymbol{A}\|_F,$$
$$\|\boldsymbol{UAV}\|_2=\|\boldsymbol{UA}\|_2=\|\boldsymbol{AV}\|_2=\|\boldsymbol{A}\|_2.$$

定理 2.2.8 设 $\boldsymbol{A}\in\mathbf{C}^{n\times n}$.

（1）$\rho(\boldsymbol{A})\leqslant\|\boldsymbol{A}\|$.

（2）若 $\boldsymbol{A}$ 是可逆矩阵，λ 是 $\boldsymbol{A}$ 的任一特征值，则有 $\dfrac{1}{\|\boldsymbol{A}^{-1}\|}\leqslant|\lambda|$.

证明 （1）设 λ 是 $\boldsymbol{A}$ 的任一特征值，$\boldsymbol{x}$ 是相应的特征向量，则有 $\boldsymbol{Ax}=\lambda\boldsymbol{x}$. 选取一个与矩阵范数 $\|\cdot\|$ 相容的向量范数 $\|\cdot\|$，则有

$$|\lambda|\,\|\boldsymbol{x}\|=\|\lambda\boldsymbol{x}\|=\|\boldsymbol{Ax}\|\leqslant\|\boldsymbol{A}\|\,\|\boldsymbol{x}\|$$

故 $|\lambda|\leqslant\|\boldsymbol{A}\|$，从而 $\rho(\boldsymbol{A})\leqslant\|\boldsymbol{A}\|$.

（2）λ^{-1} 是 $\boldsymbol{A}^{-1}$ 特征值，$\boldsymbol{x}$ 是相应的特征向量，因此

$$|\lambda|^{-1}\|\boldsymbol{x}\|=\|\lambda^{-1}\boldsymbol{x}\|=\|\boldsymbol{A}^{-1}\boldsymbol{x}\|\leqslant\|\boldsymbol{A}^{-1}\|\,\|\boldsymbol{x}\|$$

故 $|\lambda|^{-1}\leqslant\|\boldsymbol{A}\|^{-1}$ 因此有 $\dfrac{1}{\|\boldsymbol{A}^{-1}\|}\leqslant|\lambda|$.

定理 2.2.9　设 $A\in C^{n\times n}$，则 $\rho(A)$ 是所有矩阵范数的下确界，即 $\rho(\boldsymbol{A})=\inf\limits_{\alpha}\|\boldsymbol{A}\|_{\alpha}$ 也就是说 $\forall\varepsilon>0$，则一定存在某一矩阵范数 $\|\cdot\|$，使得 $\|\boldsymbol{A}\|\leqslant\rho(\boldsymbol{A})+\varepsilon$.

证明　对矩阵 $\boldsymbol{A}$，总存在相似变换化 $\boldsymbol{A}$ 为上三角形，即存在可逆矩阵 $\boldsymbol{P}$，使

$$\boldsymbol{PAP}^{-1}=\boldsymbol{\Lambda}+\boldsymbol{U}$$

其中 $\boldsymbol{\Lambda}=\mathrm{diag}(\lambda_1,\lambda_2,\cdots,\lambda_n)$，$\lambda_i(i=1,2\cdots,n)$ 为 $\boldsymbol{A}$ 的特征值，$\boldsymbol{U}=(u_{ij})_{n\times n}$ 是主对角元为零的上三角矩阵. 对 $\delta>0$，取矩阵

$$\boldsymbol{D}=\mathrm{diag}(1,\delta^{-1},\delta^{-2},\cdots,\delta^{1-n})$$

于是

$$\boldsymbol{D}(\boldsymbol{\Lambda}+\boldsymbol{U})\boldsymbol{D}^{-1}=\boldsymbol{\Lambda}+\boldsymbol{B}\overset{def}{=}\boldsymbol{C}$$

其中矩阵 B 的元素为

$$b_{ij}=\begin{cases}0, & j\leqslant i\\ u_{ij}\delta^{j-i}, & j>i\end{cases}$$

令 $\boldsymbol{Q}=\boldsymbol{DP}$，则有 $\boldsymbol{QAQ}^{-1}=\boldsymbol{C}$. 这说明矩阵 $\boldsymbol{A}$ 和 $\boldsymbol{C}$ 相似，所以有相同的特征值.

今规定

$$\|\boldsymbol{A}\|_{\alpha}=\max_{\|x\|\neq0}\frac{\|\boldsymbol{QA}x\|_2}{\|\boldsymbol{Q}x\|_2}\tag{2.2.1}$$

则 $\|\boldsymbol{A}\|_{\alpha}$ 是矩阵范数. 记 $\boldsymbol{y}=\boldsymbol{Qx}$，则

$$\|\boldsymbol{A}\|_{\alpha}=\max_{\|\boldsymbol{x}\|\neq0}\frac{\|\boldsymbol{QAx}\|_2}{\|\boldsymbol{Qx}\|_2}=\max_{\|\boldsymbol{x}\|\neq0}\frac{\|\boldsymbol{QQ}^{-1}\boldsymbol{CQx}\|_2}{\|\boldsymbol{Qx}\|_2}=\max_{\|\boldsymbol{x}\|\neq0}\frac{\|\boldsymbol{CQx}\|_2}{\|\boldsymbol{Qx}\|_2}$$

$$=\max_{\|\boldsymbol{y}\|\neq0}\frac{\|\boldsymbol{Cy}\|_2}{\|\boldsymbol{y}\|_2}=\|\boldsymbol{C}\|_2\leqslant\|\boldsymbol{\Lambda}\|_2+\|\boldsymbol{B}\|_2$$

因为 $\boldsymbol{\Lambda}$ 为对角矩阵，所以

$$\|\boldsymbol{\Lambda}\|_2=\rho(\boldsymbol{\Lambda})=\rho(\boldsymbol{A})$$

其次，存在常数 $\mathrm{K}>0$，使

$$\|\boldsymbol{B}\|_2\leqslant\delta\mathrm{K}$$

从而有

$$\|\boldsymbol{A}\|_{\alpha}\leqslant\rho(\boldsymbol{A})+\delta\mathrm{K}$$

今对给定的 $\varepsilon>0$，取 $\delta=\varepsilon/\mathrm{K}$，上式就化为

$$\|\boldsymbol{A}\|_{\alpha}\leqslant\rho(\boldsymbol{A})+\varepsilon$$

定理 2.2.10　设 $\boldsymbol{A}\in\mathbf{R}^{n\times n}$ 为对称矩阵，则

$$\|\boldsymbol{A}\|_2=\|\boldsymbol{\Lambda}\|_2=\rho(\boldsymbol{A}),$$

$$\|\boldsymbol{A}\|_F=\|\boldsymbol{\Lambda}\|_F=\sqrt{\lambda_1^2+\lambda_2^2+\cdots+\lambda_n^2}$$

证明　$\boldsymbol{A}\in\mathbf{R}^{n\times n}$ 为对称矩阵，因此存在正交矩阵 P，使得

$$\boldsymbol{P}^{\mathrm{T}}\boldsymbol{AP}=\boldsymbol{\Lambda}=\mathrm{diag}(\lambda_1,\lambda_2,\cdots,\lambda_n)$$

其中 $\lambda_i(i=1,2\cdots,n)$ 是 A 的特征值. 由定理 2.2.7 可得

$$\|\boldsymbol{A}\|_2=\|\boldsymbol{\Lambda}\|_2=\rho(\boldsymbol{A}),\ \|\boldsymbol{A}\|_F=\|\boldsymbol{\Lambda}\|_F=\sqrt{\lambda_1^2+\lambda_2^2+\cdots+\lambda_n^2}$$

2.3 内 积 空 间

2.3.1 内积的定义与性质

线性空间是解析几何中空间概念的推广．上一节中，定义了向量的范数，使线性空间成为赋范线性空间．但是，在赋范线性空间中，还缺少欧几里得空间中的一些重要概念，即两向量之间的夹角，特别是两向量之间的正交概念．我们知道，由于有了向量间的夹角和正交概念，也就产生出勾股定理，向量的投影等一系列概念和结论，从而建立起一整套欧几里得空间的几何理论．我们也知道，向量的夹角和正交概念可以用“向量的内积”这个更本质的概念来描述．

我们先来回顾一下 $\mathbf{R}^3$ 中内积的概念，对 $\mathbf{R}^3$ 中任意两个非零向量 $\boldsymbol{\alpha}$、$\boldsymbol{\beta}$，它们的内积 $\boldsymbol{\alpha}\cdot\boldsymbol{\beta}=|\boldsymbol{\alpha}||\boldsymbol{\beta}|\cos\theta$，其中 $|\boldsymbol{\alpha}|$，$|\boldsymbol{\beta}|$ 分别是 $\boldsymbol{\alpha}$，$\boldsymbol{\beta}$ 的长度，θ 是 $\boldsymbol{\alpha}$ 与 $\boldsymbol{\beta}$ 的夹角．并且当 $\boldsymbol{\alpha}$，$\boldsymbol{\beta}$ 中有一个是零向量时，$\boldsymbol{\alpha}\cdot\boldsymbol{\beta}=0$．有了内积的概念后，$\mathbf{R}^3$ 中任何一个向量 $\boldsymbol{\alpha}$ 的长度就可以由式 $|\boldsymbol{\alpha}|=\sqrt{\boldsymbol{\alpha}\cdot\boldsymbol{\alpha}}$ 确定，同时两个向量 $\boldsymbol{\alpha}$ 与 $\boldsymbol{\beta}$ 之间的夹角 θ 也可以由式 $\cos\theta=\dfrac{\boldsymbol{\alpha}\cdot\boldsymbol{\beta}}{|\boldsymbol{\alpha}||\boldsymbol{\beta}|}$ 确定．

当然不能直接将 $\mathbf{R}^3$ 中的内积公式推广到一般的线性空间，与定义线性空间类似，我们用公理来引入一般线性空间的内积．

在 $\mathbf{R}^3$ 中，向量的内积具有以下性质（$\forall\boldsymbol{\alpha}，\boldsymbol{\beta}，\boldsymbol{\gamma}\in\mathbf{R}^3$，$\forall a\in\mathbf{R}$）：

（1）对称性 $\boldsymbol{\alpha}\cdot\boldsymbol{\beta}=\boldsymbol{\beta}\cdot\boldsymbol{\alpha}$．

（2）线性性 $(\boldsymbol{\alpha}+\boldsymbol{\beta})\cdot\boldsymbol{\gamma}=\boldsymbol{\alpha}\cdot\boldsymbol{\gamma}+\boldsymbol{\beta}\cdot\boldsymbol{\gamma}$，$(a\boldsymbol{\alpha})\cdot\boldsymbol{\beta}=a(\boldsymbol{\alpha}\cdot\boldsymbol{\beta})$．

（3）正定性当 $\boldsymbol{\alpha}\neq\mathbf{0}$ 时，$\boldsymbol{\alpha}\cdot\boldsymbol{\alpha}>0$．

这些性质足以刻画内积的概念．

定义 2.3.1 设 V 是实数域 $\mathbf{R}$ 上的线性空间，$\boldsymbol{\alpha}$，$\boldsymbol{\beta}$，$\boldsymbol{\gamma}\in V$；$k\in\mathbf{R}$．在 $V\times V$ 上定义了一个实函数 $(\boldsymbol{\alpha},\boldsymbol{\beta})$，它满足下列条件：

（1）对称性 $(\boldsymbol{\alpha},\boldsymbol{\beta})=(\boldsymbol{\beta},\boldsymbol{\alpha})$．

（2）线性性 $(\boldsymbol{\alpha}+\boldsymbol{\beta},\boldsymbol{\gamma})=(\boldsymbol{\alpha},\boldsymbol{\gamma})+(\boldsymbol{\beta},\boldsymbol{\gamma})$；$(k\boldsymbol{\alpha},\boldsymbol{\beta})=k(\boldsymbol{\alpha},\boldsymbol{\beta})$．

（3）正定性 $(\boldsymbol{\alpha},\boldsymbol{\alpha})\geqslant 0$ 当且仅当 $\boldsymbol{\alpha}=\mathbf{0}$ 时，$(\boldsymbol{\alpha},\boldsymbol{\alpha})=0$．

则称实数 $(\boldsymbol{\alpha},\boldsymbol{\beta})$ 为向量 $\boldsymbol{\alpha}$ 与 $\boldsymbol{\beta}$ 的内积，称定义了内积的线性空间 $\mathbf{V}$ 为**内积**空间．

【例 2.3.1】 考虑线性空间 $\mathbf{R}^n$，对任意的 $\boldsymbol{\alpha}$，$\boldsymbol{\beta}\in\mathbf{R}^n$，不妨设 $\boldsymbol{\alpha}=(a_1,a_2,\cdots,a_n)$，$\boldsymbol{\beta}=(b_1,b_2,\cdots,b_n)$，规定 $(\boldsymbol{\alpha},\boldsymbol{\beta})=a_1b_1+a_2b_2+\cdots+a_nb_n$，满足定义 2.3.1 的条件，所以线性空间 $\mathbf{R}^n$ 对于如上规定的运算构成一个内积空间．

【例 2.3.2】 考虑线性空间 $\mathbf{R}^n$，对任意的 $\boldsymbol{\alpha}$，$\boldsymbol{\beta}\in\mathbf{R}^n$，不妨设 $\boldsymbol{\alpha}=(a_1,a_2,\cdots,a_n)$，$\boldsymbol{\beta}=(b_1,b_2,\cdots,b_n)$，规定 $(\boldsymbol{\alpha},\boldsymbol{\beta})=a_1b_1+2a_2b_2+\cdots+na_nb_n$，不难验证线性空间 $\mathbf{R}^n$ 对于如上规定的运算也构成一个内积空间．

由此可见，对于同一个线性空间可以引入不同的内积，从而构成不同的内积空间．

【例 2.3.3】 设 $\mathbf{C}[a,b]$ 为定义在区间 $[a,b]$ 上一切连续实函数所构成的线性空间对任意 $f(x)$，$g(x)\in\mathbf{C}[a,b]$，规定 $(f,g)=\int_a^b f(x)g(x)\,\mathrm{d}x$．则它是 $\mathbf{C}[a,b]$ 的内积．

证明： $\forall f(x),\ g(x)\in \mathbf{C}[a,\ b],\ k\in\mathbf{R}$

1) $(f,g)=\int_a^b f(x)g(x)\mathrm{d}x=\int_a^b g(x)f(x)\mathrm{d}x=(g,f)$；

2) $(f+g,h)=\int_a^b (f(x)+g(x))h(x)\mathrm{d}x=\int_a^b f(x)h(x)\mathrm{d}x+\int_a^b g(x)h(x)\mathrm{d}x=(f,h)+(g,h)$；

$(kf,g)=\int_a^b (kf(x))g(x)\mathrm{d}x=k\int_a^b f(x)g(x)\mathrm{d}x=k(f,g)$；

3) $(f,f)=\int_a^b f^2(x)\mathrm{d}x\geqslant 0$；当且仅当 $f(x)=0$ 时，$(f,f)=0$.

所以 $(f,g)=\int_a^b f(x)g(x)\mathrm{d}x$ 是线性空间 $\mathbf{C}[a,\ b]$ 是一个内积空间.

向量的内积有以下性质：

性质 1　$(\boldsymbol{\alpha},k\boldsymbol{\beta})=k(\boldsymbol{\alpha},\boldsymbol{\beta})$；

性质 2　$(\boldsymbol{\alpha},\ \mathbf{0})=(\mathbf{0},\ \boldsymbol{\alpha})=0$；

性质 3　$\left(\sum_{i=1}^{n} x_i\boldsymbol{\alpha}_i,\ \sum_{j=1}^{n} y_j\boldsymbol{\beta}_j\right)=\sum_{i,j=1}^{n} x_i y_i\ (\boldsymbol{\alpha}_i,\ \boldsymbol{\beta}_j)$.

其中 $\boldsymbol{\alpha}$，$\boldsymbol{\beta}$，$\boldsymbol{\alpha}_i$，$\boldsymbol{\beta}_j$ 是向量，x_i，y_j 是数量，并且 $\boldsymbol{\alpha}=\sum_{i=1}^{n} x_i\boldsymbol{\alpha}_i$，$\boldsymbol{\beta}=\sum_{j=1}^{n} y_j\boldsymbol{\beta}_j$.

定义 2.3.2　在内积空间 $\mathbf{V}$ 中，非负实数 $\|\boldsymbol{\alpha}\|=\sqrt{(\boldsymbol{\alpha},\boldsymbol{\alpha})}$ 是 $\mathbf{V}$ 中向量 $\boldsymbol{\alpha}$ 的范数称它为由内积所导出的范数，简称导出范数.

容易验证，内积空间按导出范数成为赋范线性空间.

设 $\mathbf{V}$ 为内积空间，$\|\boldsymbol{\alpha}\|$ 为由内积导出的范数. 则 $\forall\boldsymbol{\alpha}$，$\boldsymbol{\beta}\in\mathbf{V}$ 有

$$\|\boldsymbol{\alpha}+\boldsymbol{\beta}\|^2+\|\boldsymbol{\alpha}-\boldsymbol{\beta}\|^2=2(\|\boldsymbol{\alpha}\|^2+\|\boldsymbol{\beta}\|^2)$$

此式称为平行四边形公式. 平行四边形公式是内积空间中的范数的特征性质. 可以证明：设 $\mathbf{V}$ 是赋范线性空间，若其范数 $\|\boldsymbol{\alpha}\|$ 满足平行四边形公式，则必可在 $\mathbf{V}$ 中定义内积 $(\boldsymbol{\alpha},\ \boldsymbol{\beta})$，使 $\mathbf{V}$ 成为一内积空间，且使原有范数 $\|\boldsymbol{\alpha}\|$ 就是由该内积 $(\boldsymbol{\alpha},\ \boldsymbol{\beta})$ 所导出的范数.

范数为 1 的向量称为单位向量. 如果 $\boldsymbol{\alpha}\neq\mathbf{0}$，用向量 $\boldsymbol{\alpha}$ 的范数 $\|\boldsymbol{\alpha}\|$ 的倒数乘以 $\boldsymbol{\alpha}$，则得到一个与 $\boldsymbol{\alpha}$ 同方向的单位向量 $\frac{1}{\|\boldsymbol{\alpha}\|}\boldsymbol{\alpha}$，这一运算称为将向量 $\boldsymbol{\alpha}$ 单位化或规范化.

定理 2.3.1　(Cauchy-Schwarz 不等式) 对任意内积空间中的向量 $\boldsymbol{\alpha}$，$\boldsymbol{\beta}$ 恒有

$$|(\boldsymbol{\alpha},\boldsymbol{\beta})|\leqslant\|\boldsymbol{\alpha}\|\cdot\|\boldsymbol{\beta}\|$$

成立.

由 Cauchy-Schwarz 不等式可得：

(1)　$\|\boldsymbol{\alpha}+\boldsymbol{\beta}\|\leqslant\|\boldsymbol{\alpha}\|+\|\boldsymbol{\beta}\|$；

(2)　$\|\boldsymbol{\alpha}-\boldsymbol{\beta}\|\geqslant\|\boldsymbol{\alpha}\|-\|\boldsymbol{\beta}\|$.

我们称 $\|\boldsymbol{\alpha}-\boldsymbol{\beta}\|$ 为向量 $\boldsymbol{\alpha}$ 与 $\boldsymbol{\beta}$ 之间的距离，记为 $\rho(\boldsymbol{\alpha},\ \boldsymbol{\beta})$，它有以下性质：

性质 1 $\rho(\boldsymbol{\alpha},\boldsymbol{\alpha})=0$，$\rho(\boldsymbol{\alpha},\boldsymbol{\beta})>0$，其中 $\boldsymbol{\alpha}\neq\boldsymbol{\beta}$；

性质 2 $\rho(\boldsymbol{\alpha},\boldsymbol{\beta})=\rho(\boldsymbol{\beta},\boldsymbol{\alpha})$；

性质 3 $\rho(\boldsymbol{\alpha},\boldsymbol{\beta})+\rho(\boldsymbol{\beta},\boldsymbol{\gamma})\geqslant\rho(\boldsymbol{\alpha},\boldsymbol{\gamma})$.

定义 2.3.3 在内积空间中非零向量 $\boldsymbol{\alpha}$，$\boldsymbol{\beta}$ 的夹角由式 $\theta=\arccos\dfrac{(\boldsymbol{\alpha},\boldsymbol{\beta})}{\|\boldsymbol{\alpha}\|\|\boldsymbol{\beta}\|}$ 确定，其中 $0\leqslant\theta<\pi$.

内积空间是对实数域 **R** 上的线性空间而言，对于复数域 **C** 上的线性空间定义内积如下.

定义 2.3.4 设 $\boldsymbol{V}$ 是复数域 **C** 上的线性空间，对于 $\boldsymbol{V}$ 中任意两个向量 $\boldsymbol{\alpha}$，$\boldsymbol{\beta}$，依照某一规则有一个复数 $(\boldsymbol{\alpha},\boldsymbol{\beta})$ 与之对应，并且满足下列三个条件：

(1) 对称性 $(\boldsymbol{\alpha},\boldsymbol{\beta})=\overline{(\boldsymbol{\beta},\boldsymbol{\alpha})}$，其中 $\overline{(\boldsymbol{\beta},\boldsymbol{\alpha})}$ 是 $(\boldsymbol{\beta},\boldsymbol{\alpha})$ 的共轭复数；

(2) 线性性 $(\boldsymbol{\alpha}+\boldsymbol{\beta},\boldsymbol{\gamma})=(\boldsymbol{\alpha},\boldsymbol{\gamma})+(\boldsymbol{\beta},\boldsymbol{\gamma})$，$(\boldsymbol{\lambda\alpha},\boldsymbol{\beta})=\boldsymbol{\lambda}(\boldsymbol{\alpha},\boldsymbol{\beta})$，$\forall\boldsymbol{\lambda}\in\mathbf{C}$；

(3) 正定性 $(\boldsymbol{\alpha},\boldsymbol{\alpha})\geqslant0$ 当且仅当 $\boldsymbol{\alpha}=\mathbf{0}$ 时，实数 $(\boldsymbol{\alpha},\boldsymbol{\alpha})=0$.

则称复数 $(\boldsymbol{\alpha},\boldsymbol{\beta})$ 为向量 $\boldsymbol{\alpha}$ 与 $\boldsymbol{\beta}$ 的内积，称定义了内积的复线性空间 $\boldsymbol{V}$ 为**复内积空间**.

定义 2.3.5 在**复内积**空间 $\boldsymbol{V}$ 中，非负实数 $\sqrt{(\boldsymbol{\alpha},\boldsymbol{\alpha})}$ 是 V 中向量 $\boldsymbol{\alpha}$ 的范数，记为 $\|\boldsymbol{\alpha}\|=\sqrt{(\boldsymbol{\alpha},\boldsymbol{\alpha})}$，称之为由内积导出的范数。

两个非零向量 $\boldsymbol{\alpha}$，$\boldsymbol{\beta}$ 的夹角由式 $\cos^2\theta=\dfrac{(\boldsymbol{\alpha},\boldsymbol{\beta})(\boldsymbol{\beta},\boldsymbol{\alpha})}{(\boldsymbol{\alpha},\boldsymbol{\alpha})(\boldsymbol{\beta},\boldsymbol{\beta})}$ 确定.

【例 2.3.4】 设 t_0，t_1，t_2，…，t_m 两两互异. 在实多项式空间 $P_n(t)$ 中定义二元实函数

$$(f(x),g(x))=\sum_{i=1}^{m}f(t_i)g(t_i),\forall f(x),g(x)\in P_n(x)$$

(1) 当 $m\geqslant n$ 时，证明 $(f(x),g(x))$ 是 $P_n(t)$ 上的内积.

(2) 当 $m<n$ 时，$(f(x),g(x))$ 是 $P_n(t)$ 上的内积吗？给出你的结论，并说明理由.

证明：(1) $\forall f(t)$，$g(t)$，$h(t)\in P_n(t)$

1) $(f(t),g(t))=\sum\limits_{i=1}^{n}f(t_i)g(t_i)=\sum\limits_{i=0}^{n}g(t_i)f(t_i)=(g(t),f(t))$

2) $(f(t)+g(t),h(t))=\sum\limits_{i=0}^{m}(f(t_i)+g(t_i))h(t_i)$

$=\sum\limits_{i=0}^{m}f(t_i)h(t_i)+\sum\limits_{i=1}^{m}g(t_i)h(t_i)=(f(t),h(t))+(g(t),h(t))$

$(\lambda f(t),g(t))=\sum\limits_{i=1}^{m}\lambda f(t_i)g(t_i)=\lambda\sum\limits_{i=1}^{m}f(t_i)g(t_i)=\lambda(f(t),g(t))$

3) $(f(t),f(t))=\sum\limits_{i=0}^{m}f(t_i)f(t_i)\geqslant0$,

$(f(t),f(t))=\sum\limits_{i=0}^{m}f(t_i)f(t_i)=0\Leftrightarrow f(t_i)=0,i=0,1,\cdots,n.$

设 $f(t)=a_0+a_1t+a_2t^2+\cdots+a_nt^n$，则

$$f(t_i)=a_0+a_1t_i+a_2t_i^2+\cdots+a_nt_i^n=0,\quad i=0,1,2,\cdots,m \tag{2.3.1}$$

方程组 2.3.1 的系数矩阵是

$$A=\begin{pmatrix} 1 & t_0 & t_0^2 & \cdots & t_0^n \\ 1 & t_1 & t_1^2 & \cdots & t_1^n \\ \vdots & \vdots & \vdots & \ddots & \cdots \\ 1 & t_m & t_m^2 & \cdots & t_m^n \end{pmatrix}$$

当 $m\geqslant n$ 时，$\mathrm{rank}(A)=n+1$，此时，方程组 2.3.1 只有零解，即 $f(t)=0$，故 $[f(t),\ g(t)]$ 是 $P_n(t)$ 的内积.

(2) 当 $m<n$ 时，$[f(x),\ g(x)]$ 不是 $P_n(t)$ 上的内积. 如同 (1)，可得方程组 2.3.1，当 $m<n$ 时，$\mathrm{rank}(\boldsymbol{A})=m+1<n+1$，此时，方程组 2.3.1 有非零解，因此存在 $f(t)\in P_n(t)$，使得 $f(t)\neq 0$，$[f(t),\ f(t)]=0$，故 $[f(t),\ g(t)]$ 不是 $P_n(t)$ 的内积.

2.3.2　内积的表示

在 n 维实内积空间 V 中，取基 $\boldsymbol{e}_1$，$\boldsymbol{e}_2$，$\cdots$，$\boldsymbol{e}_n$，对于 V^n 中的任意两个向量 $\boldsymbol{\alpha}$、$\boldsymbol{\beta}$，有

$$\boldsymbol{\alpha}=\sum_{i=1}^{n}x_i\boldsymbol{e}_i,\boldsymbol{\beta}=\sum_{j=1}^{n}y_j\boldsymbol{e}_j$$

由内积的定义可知

$$(\boldsymbol{\alpha},\boldsymbol{\beta})=\Big(\sum_{i=1}^{n}x_i\boldsymbol{e}_i,\sum_{j=1}^{n}y_j\boldsymbol{e}_j\Big)=\sum_{i=1}^{n}\sum_{j=1}^{n}x_iy_j(\boldsymbol{e}_i,\boldsymbol{e}_j)=\boldsymbol{x}^{\mathrm{T}}\boldsymbol{A}\boldsymbol{y}$$

其中，$\boldsymbol{x}=(x_1,\ x_2,\ \cdots,\ x_n)^{\mathrm{T}}$，$\boldsymbol{y}=(y_1,\ y_2,\ \cdots,\ y_n)^{\mathrm{T}}$ 分别是 $\boldsymbol{\alpha}$，$\boldsymbol{\beta}$ 在基 $\boldsymbol{e}_1$，$\boldsymbol{e}_2$，$\cdots$，$\boldsymbol{e}_n$ 下的坐标，

$$\boldsymbol{A}=\begin{pmatrix} (\boldsymbol{e}_1,\boldsymbol{e}_1) & (\boldsymbol{e}_1,\boldsymbol{e}_2) & \cdots & (\boldsymbol{e}_1,\boldsymbol{e}_n) \\ (\boldsymbol{e}_2,\boldsymbol{e}_1) & (\boldsymbol{e}_2,\boldsymbol{e}_2) & \cdots & (\boldsymbol{e}_2,\boldsymbol{e}_n) \\ \vdots & \vdots & \ddots & \vdots \\ (\boldsymbol{e}_n,\boldsymbol{e}_1) & (\boldsymbol{e}_n,\boldsymbol{e}_2) & \cdots & (\boldsymbol{e}_n,\boldsymbol{e}_n) \end{pmatrix}.$$

(1) 由内积的对称性知 $(\boldsymbol{e}_i,\ \boldsymbol{e}_j)=(\boldsymbol{e}_j,\ \boldsymbol{e}_i)$，因此 A 是对称阵.

(2) 由内积的线性与正定性可得 A 是一个**正定**矩阵.

定义 2.3.6　设 $\boldsymbol{e}_1$，$\boldsymbol{e}_2$，$\cdots$，$\boldsymbol{e}_n$ 是 n 维实内积空间 $\mathbf{V}$ 的一组基，记

$$\boldsymbol{A}=\begin{pmatrix} (\boldsymbol{e}_1,\boldsymbol{e}_1) & (\boldsymbol{e}_1,\boldsymbol{e}_2) & \cdots & (\boldsymbol{e}_1,\boldsymbol{e}_n) \\ (\boldsymbol{e}_2,\boldsymbol{e}_1) & (\boldsymbol{e}_2,\boldsymbol{e}_2) & \cdots & (\boldsymbol{e}_2,\boldsymbol{e}_n) \\ \vdots & \vdots & \ddots & \vdots \\ (\boldsymbol{e}_n,\boldsymbol{e}_1) & (\boldsymbol{e}_n,\boldsymbol{e}_2) & \cdots & (\boldsymbol{e}_n,\boldsymbol{e}_n) \end{pmatrix}$$

称矩阵 $\boldsymbol{A}$ 是内积空间 $\mathbf{V}$ 在基 $\boldsymbol{e}_1$，$\boldsymbol{e}_2$，$\cdots$，$\boldsymbol{e}_n$ 下的度量矩阵.

定理 2.3.2　设 $\boldsymbol{e}_1$，$\boldsymbol{e}_2$，$\cdots$，$\boldsymbol{e}_n$ 是 n 维实内积空间 $\mathbf{V}$ 的基，$\boldsymbol{\alpha}$、$\boldsymbol{\beta}$ 在基 $\boldsymbol{e}_1$，$\boldsymbol{e}_2$，$\cdots$，$\boldsymbol{e}_n$ 下的坐标分别为 $\boldsymbol{x}$、$\boldsymbol{y}$，则 $(\boldsymbol{\alpha},\ \boldsymbol{\beta})=\boldsymbol{x}^{\mathrm{T}}\boldsymbol{A}\boldsymbol{y}$ 为内积的充分必要条件是 $\boldsymbol{A}$ 为正定矩阵.

【例 2.3.5】　如果内积空间在基 $\boldsymbol{\alpha}_1$，$\boldsymbol{\alpha}_2$，$\boldsymbol{\alpha}_3$ 下的度量矩阵 $\boldsymbol{A}=\begin{pmatrix} 10 & -3 & 4 \\ -3 & 20 & 1 \\ 4 & 1 & 30 \end{pmatrix}$，求向量 $\boldsymbol{\alpha}=3\boldsymbol{\alpha}_1+2\boldsymbol{\alpha}_2-\boldsymbol{\alpha}_3$ 的长度 $\|\boldsymbol{\alpha}\|$ 以及它与 $\boldsymbol{\alpha}_1+2\boldsymbol{\alpha}_2$ 之间的夹角.

解

$$\|3\boldsymbol{\alpha}_1+2\boldsymbol{\alpha}_2-\boldsymbol{\alpha}_3\|=\sqrt{(3,2,-1)\begin{pmatrix}10&-3&4\\-3&20&1\\4&1&30\end{pmatrix}\begin{pmatrix}3\\2\\-1\end{pmatrix}}=\sqrt{136}$$

$$\|\boldsymbol{\alpha}_1+2\boldsymbol{\alpha}_2\|=\sqrt{(1,2,0)\begin{pmatrix}10&-3&4\\-3&20&1\\4&1&30\end{pmatrix}\begin{pmatrix}1\\2\\0\end{pmatrix}}=\sqrt{78}$$

$$(3\boldsymbol{\alpha}_1+2\boldsymbol{\alpha}_2-\boldsymbol{\alpha}_3,\boldsymbol{\alpha}_1+2\boldsymbol{\alpha}_2)=(3,2,-1)\begin{pmatrix}10&-3&4\\-3&20&1\\4&1&30\end{pmatrix}\begin{pmatrix}1\\2\\0\end{pmatrix}=80$$

$$\theta=\arccos\frac{(3\boldsymbol{\alpha}_1+2\boldsymbol{\alpha}_2-\boldsymbol{\alpha}_3,\boldsymbol{\alpha}_1+2\boldsymbol{\alpha}_2)}{\|3\boldsymbol{\alpha}_1+2\boldsymbol{\alpha}_2-\boldsymbol{\alpha}_3\|\cdot\|\boldsymbol{\alpha}_1+2\boldsymbol{\alpha}_2\|}=\arccos\frac{80}{\sqrt{136}\sqrt{78}}$$

设 $\boldsymbol{e}_1$，$\boldsymbol{e}_2$，…，$\boldsymbol{e}_n$ 和 $\boldsymbol{\beta}_1$，$\boldsymbol{\beta}_2$，…，$\boldsymbol{\beta}_n$ 是内积空间 $\boldsymbol{V}^n$ 的两组基，由基 $\boldsymbol{e}_1$，$\boldsymbol{e}_2$，…，$\boldsymbol{e}_n$ 到基 $\boldsymbol{\beta}_1$，$\boldsymbol{\beta}_2$，…，$\boldsymbol{\beta}_n$ 的过渡矩阵是 $\boldsymbol{P}$，即

$$(\boldsymbol{\beta}_1,\boldsymbol{\beta}_2,\cdots,\boldsymbol{\beta}_n)=(\boldsymbol{e}_1,\boldsymbol{e}_2,\cdots,\boldsymbol{e}_n)\boldsymbol{P}$$

内积空间 V^n 在基 $\boldsymbol{e}_1$，$\boldsymbol{e}_2$，…，$\boldsymbol{e}_n$ 下的度量矩阵

$$\boldsymbol{A}=\begin{pmatrix}(\boldsymbol{e}_1,\boldsymbol{e}_1)&(\boldsymbol{e}_1,\boldsymbol{e}_2)&\cdots&(\boldsymbol{e}_1,\boldsymbol{e}_n)\\(\boldsymbol{e}_2,\boldsymbol{e}_1)&(\boldsymbol{e}_2,\boldsymbol{e}_2)&\cdots&(\boldsymbol{e}_2,\boldsymbol{e}_n)\\\vdots&\vdots&\ddots&\vdots\\(\boldsymbol{e}_n,\boldsymbol{e}_1)&(\boldsymbol{e}_n,\boldsymbol{e}_2)&\cdots&(\boldsymbol{e}_n,\boldsymbol{e}_n)\end{pmatrix}\xlongequal{\text{形式上记为}}\begin{pmatrix}\boldsymbol{e}_1\\\boldsymbol{e}_2\\\vdots\\\boldsymbol{e}_n\end{pmatrix}(\boldsymbol{e}_1,\boldsymbol{e}_2,\cdots,\boldsymbol{e}_n)$$

因此内积空间 V^n 在基 $\boldsymbol{\beta}_1$，$\boldsymbol{\beta}_2$，…，$\boldsymbol{\beta}_n$ 下的度量矩阵

$$\boldsymbol{B}=\begin{pmatrix}\boldsymbol{\beta}_1\\\boldsymbol{\beta}_2\\\vdots\\\boldsymbol{\beta}_n\end{pmatrix}(\boldsymbol{\beta}_1,\boldsymbol{\beta}_2,\cdots,\boldsymbol{\beta}_n)=\boldsymbol{P}^{\mathrm{T}}\begin{pmatrix}\boldsymbol{e}_1\\\boldsymbol{e}_2\\\vdots\\\boldsymbol{e}_n\end{pmatrix}(\boldsymbol{e}_1,\boldsymbol{e}_2\cdots,\boldsymbol{e}_n)\boldsymbol{P}=\boldsymbol{P}^{\mathrm{T}}A\boldsymbol{P}$$

这表明内积空间在不同基下的度量矩阵是合同的.

2.3.3　向量的正交性与施米特（Schmidt）正交化方法

在线性空间中确定了向量的长度与向量的夹角之后，就可以对向量的正交性进行讨论了.

定义 2.3.7　设 V^n 为 n 维实内积空间，对任意的向量 $\boldsymbol{\alpha}$、$\boldsymbol{\beta}\in V^n$，如果 $(\boldsymbol{\alpha},\boldsymbol{\beta})=0$，则称 $\boldsymbol{\alpha}$ 与 $\boldsymbol{\beta}$ 正交，记作 $\boldsymbol{\alpha}\perp\boldsymbol{\beta}$.

定理 2.3.3　若 $\boldsymbol{\alpha}\perp\boldsymbol{\beta}$，则勾股定理成立，即

$$\|\boldsymbol{\alpha}+\boldsymbol{\beta}\|^2=\|\boldsymbol{\alpha}\|^2+\|\boldsymbol{\beta}\|^2$$

证明

$$\|\boldsymbol{\alpha}+\boldsymbol{\beta}\|^2=(\boldsymbol{\alpha}+\boldsymbol{\beta},\boldsymbol{\alpha}+\boldsymbol{\beta})=(\boldsymbol{\alpha},\boldsymbol{\alpha})+2(\boldsymbol{\alpha},\boldsymbol{\beta})+(\boldsymbol{\beta},\boldsymbol{\beta})=\|\boldsymbol{\alpha}\|^2+\|\boldsymbol{\beta}\|^2$$

【例 2.3.6】　设 $t_i=i$，$i=0$，1，2. 在实多项式空间 $P_2(t)$ 中定义二元实函数

$$(f(x),g(x)) = \sum_{i=0}^{2} f(t_i)g(t_i), \forall f(x),g(x) \in P_2(x)$$

如果 $f(t)=1+2t-t^2$，$g(t)=2-t+at^2$，则

(1) 求 $f(t)$ 与 $g(t)$ 夹角.

(2) 当 a 为何值时，$f(t)$ 与 $g(t)$ 正交.

解

$$(f(t),g(t)) = f(0)g(0)+f(1)g(1)+f(2)g(2)$$

如果 $f(t)=1+2t-t^2$，$g(t)=2-t+at^2$ 则

$$(f(t),g(t)) = f(0)g(0)+f(1)g(1)+f(2)g(2) = 1\times 2+2\times(1+a)+1\times 4a = 4+6a$$

$$(f(t),f(t)) = f(0)f(0)+f(1)f(1)+f(2)f(2) = 1+4+1 = 6$$

$$(g(t),g(t)) = g(0)g(0)+g(1)g(1)+g(2)g(2) = 4+(1+a)^2+16a^2 = 5+2a+17a^2$$

(1) $f(t)$ 与 $g(t)$ 夹角为

$$\theta = \arccos\frac{4+6a}{\sqrt{6}\times\sqrt{5+2a+17a^2}} = \arccos\frac{\sqrt{2}(2+3a)}{\sqrt{3(5+2a+17a^2)}}$$

(2) $(f(t),\ g(t))=0$ 充分必要条件是 $a=-2/3$，因此当且仅当 $a=-2/3$ 时，$f(t)$ 与 $g(t)$ 正交.

【例 2.3.7】 设 W 是内积空间 V 的子空间，证明：

$$\boldsymbol{W}^{\perp} = \{\boldsymbol{\alpha}:\boldsymbol{\alpha}\perp\boldsymbol{\beta}, \forall\boldsymbol{\beta}\in\boldsymbol{W}\}$$

也是 V 的子空间，称子空间 $\boldsymbol{W}^{\perp}$ 为 $\boldsymbol{W}$ 的正交补.

证明 设 $\boldsymbol{\alpha}_1$，$\boldsymbol{\alpha}_2\in\boldsymbol{W}^{\perp}$，则 $\forall\boldsymbol{\beta}\in\boldsymbol{W}$，

$$(\boldsymbol{\alpha}_1,\boldsymbol{\beta}) = (\boldsymbol{\alpha}_2,\boldsymbol{\beta}) = \mathbf{0}$$

由内积的线性性质有，$\forall\lambda_1$，$\lambda_2\in\mathbf{R}$

$$(\lambda_1\boldsymbol{\alpha}_1+\lambda_2\boldsymbol{\alpha}_2,\boldsymbol{\beta}) = \lambda_1(\boldsymbol{\alpha}_1,\boldsymbol{\beta})+\lambda_2(\boldsymbol{\alpha}_2,\boldsymbol{\beta}) = \mathbf{0}$$

因此

$$\boldsymbol{\alpha}_1+\boldsymbol{\alpha}_2\in\boldsymbol{W}^{\perp},\quad \lambda_1\boldsymbol{\alpha}_1\in\boldsymbol{W}^{\perp}$$

故 $\boldsymbol{W}\perp$ 是 V 的子空间.

【例 2.3.8】 内积空间 $\mathbf{V}$ 在基 $\boldsymbol{\alpha}_1$，$\boldsymbol{\alpha}_2$，$\boldsymbol{\alpha}_3$ 下的度量矩阵

$$\boldsymbol{A} = \begin{pmatrix} 5 & 2 & -4 \\ 2 & 1 & -2 \\ -4 & -2 & 5 \end{pmatrix}$$

$\boldsymbol{\alpha}=\boldsymbol{\alpha}_1+\boldsymbol{\alpha}_2-\boldsymbol{\alpha}_3$，$\boldsymbol{\beta}=2\boldsymbol{\alpha}_1-\boldsymbol{\alpha}_2+3\boldsymbol{\alpha}_3$.

(1) 求 $\boldsymbol{\alpha}$ 与 $\boldsymbol{\beta}$ 之间的夹角.

(2) 求 $W=\mathrm{span}\{\boldsymbol{\alpha},\ \boldsymbol{\beta}\}$ 的正交补.

解

(1)

$$(\boldsymbol{\alpha},\boldsymbol{\beta}) = (1,1,-1)\begin{pmatrix} 5 & 2 & -4 \\ 2 & 1 & -2 \\ -4 & -2 & 5 \end{pmatrix}\begin{pmatrix} 2 \\ -1 \\ 3 \end{pmatrix} = -16$$

$$(\boldsymbol{\alpha},\boldsymbol{\alpha}) = (1,1,-1)\begin{pmatrix}5 & 2 & -4\\ 2 & 1 & -2\\ -4 & -2 & 5\end{pmatrix}\begin{pmatrix}1\\ 1\\ -1\end{pmatrix} = 27$$

$$(\boldsymbol{\beta},\boldsymbol{\beta}) = (2,-1,3)\begin{pmatrix}5 & 2 & -4\\ 2 & 1 & -2\\ -4 & -2 & 5\end{pmatrix}\begin{pmatrix}2\\ -1\\ 3\end{pmatrix} = 22$$

因此，$\boldsymbol{\alpha}$ 与 $\boldsymbol{\beta}$ 之间的夹角

$$\theta = \arccos\frac{(\boldsymbol{\alpha},\boldsymbol{\beta})}{\sqrt{(\boldsymbol{\alpha},\boldsymbol{\alpha})}\cdot\sqrt{(\boldsymbol{\beta},\boldsymbol{\beta})}} = \arccos\frac{-16}{\sqrt{594}}$$

(2) 设 $x_1\boldsymbol{\alpha}_1+x_2\boldsymbol{\alpha}_2+x_3\boldsymbol{\alpha}_3\in\boldsymbol{W}^{\perp}$，则

$$(x_1\boldsymbol{\alpha}_1+x_2\boldsymbol{\alpha}_2+x_3\boldsymbol{\alpha}_3,\boldsymbol{\alpha}) = (x_1\boldsymbol{\alpha}_1+x_2\boldsymbol{\alpha}_2+x_3\boldsymbol{\alpha}_3,\boldsymbol{\beta}) = 0$$

即（x_1，x_2，x_3）满足方程

$$\begin{cases}11x_1+5x_2-7x_3=0\\ -4x_1-3x_2+5x_3=0\end{cases}$$

该方程组的基础解系为$\left(-\frac{4}{13},\ \frac{27}{13},\ 1\right)$，因此$\boldsymbol{W}=\mathrm{Span}\{\boldsymbol{\alpha},\ \boldsymbol{\beta}\}$ 的正交补

$$\boldsymbol{W}^{\perp} = \mathrm{Span}\{-4\boldsymbol{\alpha}_1+27\boldsymbol{\alpha}_2+13\boldsymbol{\alpha}_3\}$$

定理 2.3.4 如果 $\boldsymbol{W}$ 是内积空间 $\boldsymbol{V}$ 的非平凡线性子空间，则

$$\boldsymbol{V} = \boldsymbol{W}\oplus\boldsymbol{W}^{\perp}$$

证明 设 $\boldsymbol{e}_1$，$\boldsymbol{e}_2$，…，$\boldsymbol{e}_r$ 是 $\boldsymbol{W}$ 的一组基，将它扩充成 $\boldsymbol{V}$ 的基 $\boldsymbol{e}_1$，$\boldsymbol{e}_2$，…，$\boldsymbol{e}_r$，$\boldsymbol{e}_{r+1}$，…，$\boldsymbol{e}_n$. $\boldsymbol{V}$ 在基 $\boldsymbol{e}_1$，$\boldsymbol{e}_2$，…，$\boldsymbol{e}_r$，$\boldsymbol{e}_{r+1}$，…，$\boldsymbol{e}_n$ 下的度量矩阵

$$\boldsymbol{A} = \begin{pmatrix}\boldsymbol{A}_{11} & \boldsymbol{A}_{12}\\ \boldsymbol{A}_{21} & \boldsymbol{A}_{22}\end{pmatrix}$$

其中 $\boldsymbol{A}_{11}\in\mathbf{R}^{r\times r}$. 设 $\boldsymbol{\beta}=x_1\boldsymbol{e}_1+x_2\boldsymbol{e}_2+\cdots+x_r\boldsymbol{e}_r+x_{r+1}\boldsymbol{e}_{r+1}+\cdots+x_n\boldsymbol{e}_n\in\boldsymbol{W}^{\perp}$，则 $\boldsymbol{x}=(x_1，x_2，\cdots，x_n)^{\mathrm{T}}$ 满足如下方程

$$(\boldsymbol{E}_r,\boldsymbol{0})\boldsymbol{A}\boldsymbol{x} = (\boldsymbol{A}_{11},\boldsymbol{A}_{12})\boldsymbol{x} = \boldsymbol{0}$$

由于 $\boldsymbol{A}_{11}$ 是度量矩阵 $\boldsymbol{A}$ 的左上角的 r 阶子式，因此 $\det(\boldsymbol{A}_{11})\neq0$，从而 $\mathrm{rank}(\boldsymbol{A}_{11}，\boldsymbol{A}_{12})=r$，因此（$\boldsymbol{A}_{11}$，$\boldsymbol{A}_{12}$）$\boldsymbol{x}=\boldsymbol{0}$ 的基础解系中含有 $n-r$ 个向量，故 $\dim(\boldsymbol{W}^{\perp})=n-r$.

对任意 $\boldsymbol{\alpha}\in\boldsymbol{W}\cap\boldsymbol{W}^{\perp}$，$(\boldsymbol{\alpha}，\boldsymbol{\alpha})=0$，由内积的正定性知 $\boldsymbol{\alpha}=\boldsymbol{0}$，因此 $\boldsymbol{W}\cap\boldsymbol{W}^{\perp}=\{\boldsymbol{0}\}$. 从而有 $\boldsymbol{W}+\boldsymbol{W}^{\perp}$ 是直和.

$$\dim(\boldsymbol{W}+\boldsymbol{W}^{\perp}) = \dim(\boldsymbol{W})+\dim(\boldsymbol{W}^{\perp})-\dim(\boldsymbol{W}\cap\boldsymbol{W}^{\perp}) = r+n-r = n$$

因此

$$\boldsymbol{W}+\boldsymbol{W}^{\perp} = \boldsymbol{V}$$

定理 2.3.5 若 $\boldsymbol{\alpha}_1$，$\boldsymbol{\alpha}_2$，…，$\boldsymbol{\alpha}_k$ 是 n 维内积空间 $\boldsymbol{V}^n$ 中非零正交向量组，即

$$\boldsymbol{\alpha}_i\neq\boldsymbol{0},\quad (\boldsymbol{\alpha}_i,\boldsymbol{\alpha}_j)=0,\quad (i\neq j;i,j=1,2,\cdots,k)$$

则 $\boldsymbol{\alpha}_1$，$\boldsymbol{\alpha}_2$，…，$\boldsymbol{\alpha}_k$ 必线性无关.

证明　设 $k_i \in \mathbf{R}$ ($i=1, 2, \cdots, k$)，使得

$$k_1\boldsymbol{\alpha}_1 + k_2\boldsymbol{\alpha}_2 + \cdots + k_k\boldsymbol{\alpha}_k = \mathbf{0}$$

对于任意的 $\boldsymbol{\alpha}_j$，必有

$$\Big(\sum_{i=1}^{k} k_i\boldsymbol{\alpha}_i, \boldsymbol{\alpha}_j\Big) = \sum_{i=1}^{k} k_i(\boldsymbol{\alpha}_i, \boldsymbol{\alpha}_j) = k_j(\boldsymbol{\alpha}_j, \boldsymbol{\alpha}_j) = 0$$

因为

$$\boldsymbol{\alpha}_j \neq \mathbf{0}, \quad (\boldsymbol{\alpha}_j, \boldsymbol{\alpha}_j) > 0$$

所以

$$k_j = 0, \quad (j = 1, 2, \cdots, k)$$

因此 $\boldsymbol{\alpha}_1$，$\boldsymbol{\alpha}_2$，…，$\boldsymbol{\alpha}_k$ 线性无关.

定义 2.3.8　设 $\boldsymbol{\alpha}_1$，$\boldsymbol{\alpha}_2$，…，$\boldsymbol{\alpha}_m$ 为 n 维内积空间 $\boldsymbol{V}^n$ 中一个正交系，如果 $\|\boldsymbol{\alpha}_i\| = \sqrt{(\boldsymbol{\alpha}_i, \boldsymbol{\alpha}_i)} = 1$，($i=1, 2, \cdots, m$)，则称 $\boldsymbol{\alpha}_1$，$\boldsymbol{\alpha}_2$，…，$\boldsymbol{\alpha}_m$ 为 $\boldsymbol{V}^n$ 中一个标准正交系.

定理 2.3.6　在 n 维内积空间 $\boldsymbol{V}^n$ 中必存在标准正交基 $\boldsymbol{\alpha}_1$，$\boldsymbol{\alpha}_2$，…，$\boldsymbol{\alpha}_n$，即

$$(\boldsymbol{\alpha}_i, \boldsymbol{\alpha}_j) = \delta_{ij} = \begin{cases} 1 & i = j \\ 0 & i \neq j \end{cases} \quad (i, j = 1, 2, \cdots, n),$$

符号 δ_{ij} 称为 Kronecker 符号.

证明　方法 1：设 $\boldsymbol{\beta}_1$，$\boldsymbol{\beta}_2$，…，$\boldsymbol{\beta}_n$ 是 n 维内积空间 $\boldsymbol{V}^n$ 中一组基，由于内积空间 $\boldsymbol{V}^n$ 在这组基下的度量矩阵 $\boldsymbol{A}$ 是正定矩阵，因此存在正交阵 $\boldsymbol{P}$ 使得

$$\boldsymbol{P}^{\mathrm{T}}\boldsymbol{A}\boldsymbol{P} = \boldsymbol{\Lambda} = \mathrm{diag}(\lambda_1, \lambda_2, \cdots, \lambda_n)$$

其中 λ_1，λ_2，…，λ_n 是 A 的特征值. 作基变换

$$(\boldsymbol{e}_1, \boldsymbol{e}_2, \cdots, \boldsymbol{e}_n) = (\boldsymbol{\beta}_1, \boldsymbol{\beta}_2, \cdots, \boldsymbol{\beta}_n)\boldsymbol{P}$$

则在基 $\boldsymbol{e}_1$，$\boldsymbol{e}_2$，…，$\boldsymbol{e}_n$ 下的度量矩阵 $\boldsymbol{\Lambda}$ 是对角矩阵，从而基 $\boldsymbol{e}_1$，$\boldsymbol{e}_2$，…，$\boldsymbol{e}_n$ 是正交基. 令

$$\boldsymbol{\alpha}_i = \frac{1}{\sqrt{\lambda_i}}\boldsymbol{e}_i, \quad i = 1, 2, \cdots, n$$

则

$$(\boldsymbol{\alpha}_i, \boldsymbol{\alpha}_i) = \frac{1}{\lambda_i}(\boldsymbol{e}_i, \boldsymbol{e}_i) = 1$$

因此基 $\boldsymbol{\alpha}_1$，$\boldsymbol{\alpha}_2$，…，$\boldsymbol{\alpha}_n$ 是标准正交基.

方法 2：设 $\boldsymbol{\beta}_1$，$\boldsymbol{\beta}_2$，…，$\boldsymbol{\beta}_n$ 是内积空间 $\boldsymbol{V}^n$ 中的一个基，令

$$\begin{cases} \boldsymbol{e}_1 = \boldsymbol{\beta}_1, \\ \boldsymbol{e}_k = \boldsymbol{\beta}_k - \displaystyle\sum_{i=1}^{k-1} \frac{(\boldsymbol{\beta}_k, \boldsymbol{e}_i)}{(\boldsymbol{e}_i, \boldsymbol{e}_i)}\boldsymbol{e}_i, \quad k = 2, 3, \cdots, n \end{cases} \tag{2.3.2}$$

则 $\boldsymbol{e}_1$，$\boldsymbol{e}_2$，…，$\boldsymbol{e}_n$ 是两两正交的非零向量组.

事实上 $\boldsymbol{e}_1$ 是 $\boldsymbol{\beta}_1$ 的线性组合，并且 $\boldsymbol{e}_1 \neq \mathbf{0}$.

其次 $\boldsymbol{e}_2 = \boldsymbol{\beta}_2 - \dfrac{\boldsymbol{\beta}_2, \boldsymbol{e}_1}{(\boldsymbol{e}_1, \boldsymbol{e}_1)}\boldsymbol{e}_1$，则 $\boldsymbol{e}_2$ 是 $\boldsymbol{\beta}_1$，$\boldsymbol{\beta}_2$ 的线性组合，因为 $\boldsymbol{\beta}_1$，$\boldsymbol{\beta}_2$ 线性无关，所以 $\boldsymbol{e}_2 \neq$

0. 又因为

$$(\boldsymbol{e}_2,\boldsymbol{e}_1)=(\boldsymbol{\beta}_2,\boldsymbol{e}_1)-\frac{\boldsymbol{\beta}_2,\boldsymbol{e}_1}{(\boldsymbol{e}_1,\boldsymbol{e}_1)}(\boldsymbol{e}_1,\boldsymbol{e}_1)=0$$

所以 $\boldsymbol{e}_2$ 与 $\boldsymbol{e}_1$ 正交.

假设 $1<k\leqslant n$，$\boldsymbol{e}_1$，$\boldsymbol{e}_2$，…，$\boldsymbol{e}_{k-1}$ 是两两正交的非零向量组. 由于 $\boldsymbol{e}_k=\boldsymbol{\beta}_k-\sum_{i=1}^{k-1}\frac{(\boldsymbol{\beta}_k,\gamma_i)}{(\gamma_i,\gamma_i)}\gamma_i$，则 $\boldsymbol{e}_k$ 是 $\boldsymbol{\beta}_1$，$\boldsymbol{\beta}_2$，…，$\boldsymbol{\beta}_k$ 的线性组合. 由 $\boldsymbol{\beta}_1$，$\boldsymbol{\beta}_2$，…，$\boldsymbol{\beta}_{k-1}$，$\boldsymbol{\beta}_k$ 线性无关，可知 $\boldsymbol{e}_k\neq 0$，又因为 $\boldsymbol{e}_1$，$\boldsymbol{e}_2$，…，$\boldsymbol{e}_{k-1}$ 两两正交，所以

$$(\boldsymbol{e}_k,\boldsymbol{e}_i)=(\boldsymbol{\beta}_k,\boldsymbol{e}_i)-\frac{(\boldsymbol{\beta}_k,\boldsymbol{e}_i)}{(\boldsymbol{e}_i,\boldsymbol{e}_i)}(\boldsymbol{e}_i,\boldsymbol{e}_i)=0,\quad i=1,2,\cdots,k-1$$

因此 $\boldsymbol{e}_1$，$\boldsymbol{e}_2$，…，$\boldsymbol{e}_k$ 是两两正交的非零向量组.

再令

$$\boldsymbol{\alpha}_i=\frac{\boldsymbol{e}_i}{\|\boldsymbol{e}_i\|},\quad i=1,2,\cdots,n$$

则 $\{\boldsymbol{\alpha}_1,\boldsymbol{\alpha}_2,\cdots,\boldsymbol{\alpha}_n\}$ 就是空间 $\mathbf{V}^n$ 的一个标准正交基.

这一方法称为施米特（Schmidt）正交化方法.

【例 2.3.9】 在内积空间 $\mathbf{R}^3$ 中对于基 $\boldsymbol{\beta}_1=(1,1,1)$，$\boldsymbol{\beta}_2=(1,1,0)$，$\boldsymbol{\beta}_3=(1,0,0)$ 施行正交化方法，求出 $\mathbf{R}^3$ 的一个标准正交基.

解 取 $\boldsymbol{e}_1=\boldsymbol{\beta}_1=(1,1,1)$，由施米特正交化方法：

$$\boldsymbol{e}_2=\boldsymbol{\beta}_2-\frac{(\boldsymbol{\beta}_2,\boldsymbol{e}_1)}{(\boldsymbol{e}_1,\boldsymbol{e}_1)}\boldsymbol{\gamma}_1=\left(\frac{1}{3},\frac{1}{3},-\frac{2}{3}\right),$$

$$\boldsymbol{e}_3=\boldsymbol{\beta}_3-\frac{(\boldsymbol{\beta}_3,\boldsymbol{e}_1)}{(\boldsymbol{e}_1,\boldsymbol{e}_1)}\boldsymbol{e}_1-\frac{\boldsymbol{\beta}_3,\boldsymbol{e}_2}{(\boldsymbol{e}_2,\boldsymbol{e}_2)}\boldsymbol{e}_2=\left(\frac{1}{2},-\frac{1}{2},0\right),$$

所以 $\{\boldsymbol{e}_1,\boldsymbol{e}_2,\boldsymbol{e}_3\}$ 是 $\mathbf{R}^3$ 的一个正交基；

再令

$$\boldsymbol{\alpha}_1=\frac{\boldsymbol{e}_1}{\|\boldsymbol{e}_1\|}=\left(\frac{1}{\sqrt{3}},\frac{1}{\sqrt{3}},\frac{1}{\sqrt{3}}\right),$$

$$\boldsymbol{\alpha}_2=\frac{\boldsymbol{e}_2}{\|\boldsymbol{e}_2\|}=\left(\frac{1}{\sqrt{6}},\frac{1}{\sqrt{6}},-\frac{2}{\sqrt{6}}\right),$$

$$\boldsymbol{\alpha}_3=\frac{\boldsymbol{e}_3}{\|\boldsymbol{e}_3\|}=\left(\frac{1}{\sqrt{2}},-\frac{1}{\sqrt{2}},0\right)$$

则 $\boldsymbol{\alpha}_1$，$\boldsymbol{\alpha}_2$，$\boldsymbol{\alpha}_3$ 即为内积空间 $\mathbf{R}^3$ 的一个标准正交基.

【例 2.3.10】 在 $\boldsymbol{P}_3(t)$ 中定义如下内积

$$(f(t),g(t))=\int_{-1}^{1}f(t)g(t)\mathrm{d}t,f(t),g(t)\in\boldsymbol{P}_3(t)$$

使得 $\boldsymbol{P}_3(t)$ 成为内积空间. 求内积空间 $\boldsymbol{P}_3(t)$ 的一组标准正交基.

解 取 $\boldsymbol{P}_3(t)$ 的基 1，t，t^2，t^3，将其正交化得到：

$$g_0(t)=1$$

$$g_1(t)=t-\frac{(t,g_0)}{(g_0,g_0)}g_0=t-\frac{\int_{-1}^{1}t\mathrm{d}t\int_{-1}^{1}1\mathrm{d}t}{\int_{-1}^{1}1\mathrm{d}t}\times 1=t$$

$$g_2(t)=t^2-\frac{(t^2,g_0)}{(g_0,g_0)}g_0-\frac{(t^2,g_1)}{(g_1,g_1)}g_1=t^2-\frac{\int_{-1}^{1}t^2\mathrm{d}t}{\int_{-1}^{1}1\mathrm{d}t}\times 1-\frac{\int_{-1}^{1}t^2\times t\mathrm{d}t}{\int_{-1}^{1}t\times t\mathrm{d}t}\times t=t^2-\frac{1}{3}$$

$$g_3(t)=t^3-\frac{(t^3,g_0)}{(g_0,g_0)}g_0-\frac{(t^3,g_1)}{(g_1,g_1)}g_1-\frac{(t^3,g_2)}{(g_2,g_2)}g_2=t^3-\frac{3}{5}t$$

再单位化即可得到 $\boldsymbol{P}_3(t)$ 的一组标准正交基；

$$\varphi_0(t)\frac{g_0(t)}{\|g_0(t)\|}=\frac{1}{\sqrt{\int_{-1}^{1}1\mathrm{d}t}}=\frac{1}{\sqrt{2}}$$

$$\varphi_1(t)=\frac{g_1(t)}{\|g_1(t)\|}=\frac{1}{\sqrt{\int_{-1}^{1}t^2\mathrm{d}t}}t=\frac{\sqrt{6}}{2}t$$

$$\varphi_2(t)=\frac{g_2(t)}{\|g_2(t)\|}=\frac{1}{\sqrt{\int_{-1}^{1}\left(t^2-\frac{1}{3}\right)^2\mathrm{d}t}}\left(t^2-\frac{1}{3}\right)=\frac{\sqrt{10}}{4}(2t^2-1)$$

$$\varphi_3(t)=\frac{g_3(t)}{\|g_3(t)\|}=\frac{1}{\sqrt{\int_{-1}^{1}\left(t^3-\frac{3}{5}t\right)^2\mathrm{d}t}}\left(t^3-\frac{3}{5}t\right)=\frac{\sqrt{14}}{4}(5t^3-3t)$$

对于内积空间 $\boldsymbol{P}_n(t)$，可以利用 $\boldsymbol{P}_n(t)$ 中的自然基 1，t，t^2，…，t^n，利用施米特正交化方法，即利用式（2.3.2），求得正交基. 但式（2.3.2）比较复杂，不利于应用. 实际上，它可以简化.

定理 2.3.7　式（2.3.2）等价于如下三项递推公式：

$$\begin{cases}\varphi_0(t)=1,\quad \varphi_1(t)=t-a_0\\ \varphi_{k+1}(t)=(t-a_k)\varphi_k(t)-b_k\varphi_{k-1}(t),\quad k=1,2,\cdots,n-1\end{cases}\tag{2.3.3}$$

其中

$$\begin{cases}a_k=\dfrac{(x\varphi_k,\varphi_k)}{(\varphi_k,\varphi_k)},\quad k=0,1,\cdots,n-1\\ b_k=\dfrac{(\varphi_k,\varphi_k)}{(\varphi_{k-1},\varphi_{k-1})},\quad k=1,2,\cdots,n-1\end{cases}\tag{2.3.4}$$

证明　由式（2.3.2），得

$$\varphi_0(t)=1,\quad \varphi_1(t)=t-\frac{(t,1)}{(1,1)},\quad a_0=\frac{(t,1)}{(1,1)}=\frac{(t\varphi_0(t),\varphi_0(t))}{(\varphi_0(t),\varphi_0(t))}$$

$$\varphi_{k+1}(t)=t^{k+1}-\sum_{i=0}^{k}\frac{(t^{k+1},\varphi_i(t))}{(\varphi_i(t),\varphi_i(t))}\varphi_i(t)\tag{2.3.5}$$

因为 $\{\varphi_i(t)k\}_{i=0}^{k}$ 是首 1 多项式，所以 t^{k+1} 可表示为

$$t^{k+1}=t\varphi_k(t)+\sum_{i=0}^{k}c_i\varphi_i(t) \tag{2.3.6}$$

注意到

$$(t\varphi_k(t),\varphi_i(t))=(\varphi_k(t),t\varphi_i(t)),\quad t\varphi_i(t)=\varphi_{i+1}(t)+p_i(t)$$

其中 $p_i(t)$ 是次数不超过 i 的多项式. 利用 $\{\varphi_i(t)\}_{i=0}^{k}$ 的正交性，有

$$\begin{aligned}(t^{k+1},\varphi_j(t))&=(t\varphi_k(t)+\sum_{i=0}^{k}c_i\varphi_i(t),\varphi_j(t))\\&=(t\varphi_k(t),\varphi_j(t))+\Big(\sum_{i=0}^{k}c_i\varphi_i(t),\varphi_j(t)\Big)\\&=(t\varphi_k(t),\varphi_j(t))+(c_j\varphi_j(t),\varphi_j(t))\\&=(\varphi_k(t),t\varphi_j(t))+c_j(\varphi_j(t),\varphi_j(t))\\&=\begin{cases}c_j(\varphi_j(t),\varphi_j(t)), & j=0,1,\cdots,k-2\\(\varphi_k(t),\varphi_k(t))+c_{k-1}(\varphi_{k-1}(t),\varphi_{k-1}(t)), & j=k-1\\(x\varphi_k(t),\varphi_k(t))=c_k(\varphi_k(t),\varphi_k(t)), & j=k\end{cases}\end{aligned} \tag{2.3.7}$$

将式（2.3.6）、式（2.3.7）代入式（2.3.5）得到

$$\varphi_{k+1}(t)=\left(t-\frac{(x\varphi_k,\varphi_k)}{(\varphi_k,\varphi_k)}\right)\varphi_k(t)-\frac{(\varphi_k,\varphi_k)}{(\varphi_{k-1},\varphi_{k-1})}\varphi_{k-1}(t)=(t-a_k)\varphi_k(t)-b_k\varphi_{k-1}(t)$$

其中 a_k，b_k，$k=1$，2，…，$n-1$ 由式（2.3.4）确定.

下面的几类正交多项式在多项式拟合和数值积分中有重要用途.

在 $P_n(t)$ 中定义如下内积

$$(f(t),g(t))=\int_{-1}^{1}f(t)g(t)\frac{1}{\sqrt{1-t^2}}\mathrm{d}t$$

利用三项递推式（2.3.3）和式（2.3.4），可得到如下切比雪夫多项式（第一类 chebyshev 多项式）:

$$T_k(t)=\cos(k\arccos t),\quad k=0,1,2,\cdots,n$$

并有如下的三项递推公式为

$$\begin{cases}T_0(t)=1,T_1(t)=t\\T_{k+1}(t)=2tT_k(t)-T_{k-1}(t),\quad k=1,2,\cdots,n-1\end{cases}$$

前 6 项切比雪夫多项式为

$$\begin{aligned}&T_0(t)=1, && T_3(t)=4t^3-3t\\&T_1(t)=t, && T_4(t)=8t^4-8t^2+1\\&T_2(t)=2t^2-1, && T_5(t)=16t^5-20t^3+5t\end{aligned}$$

在 $P_n(t)$ 中定义如下内积

$$(f(t),g(t))=\int_{-1}^{1}f(t)g(t)\mathrm{d}t$$

利用三项递推式（2.3.3）和式（2.3.4），可得到如下勒让德（Legendre）多项式

$$\begin{cases}p_0(t)=1\\p_k(x)=\dfrac{1}{2^k k!}\dfrac{\mathrm{d}^k}{\mathrm{d}x^k}[(x^2-1)^n]\quad k=1,2,\cdots,n\end{cases}$$

并有如下的三项递推公式为

$$\begin{cases} L_0(t)=1, L_1(t)=t \\ (k+1)L_{k+1}(t)=(2k+1)tL_k(t)-kL_{k-1}(t), \quad k=1,2,\cdots,n-1 \end{cases}$$

且

$$(L_m, L_m)=\int_{-1}^{1}(L_m(t))^2\mathrm{d}t=\frac{2}{2m+1}, \quad m=0,1,2,\cdots,n$$

前6项勒让德多项式为

$$L_0(t)=1, \qquad L_3(t)=\frac{1}{2}(5t^3-3t),$$

$$L_1(t)=t, \qquad L_4(t)=\frac{1}{8}(35t^4-30t^2+3)$$

$$L_2(t)=\frac{1}{2}(3t^2-1), \quad L_5(t)=\frac{1}{8}(63t^5-70t^3+15t)$$

在 $P_n(t)$ 中定义如下内积

$$(f(t), g(t))=\int_{-\infty}^{\infty}f(t)g(t)\mathrm{e}^{-t^2}\mathrm{d}t$$

利用三项递推式（2.3.3）和式（2.3.4），则得到如下埃尔米特（Hermite）多项式：

$$\begin{cases} H_0(x)=1 \\ H_k(x)=(-1)^n e^{x^2}\dfrac{\mathrm{d}^k(e^{-x^2})}{\mathrm{d}x^k}, \quad k=1,2,\cdots,n \end{cases}$$

并有如下的三项递推公式为

$$\begin{cases} H_0(t)=1, H_1(t)=2t \\ H_{k+1}(t)=2tH_k(t)-2kH_{k-1}(t), \quad k=1,2,\cdots,n-1 \end{cases}$$

且

$$(H_m, H_m)=\int_{-\infty}^{\infty}(H_m(t))^2\mathrm{d}t=2^n n!\sqrt{\pi}, \quad m=0,1,2,\cdots,n.$$

前6项埃尔米特多项式为

$$H_0(t)=1, \qquad H_3(t)=8t^3-12t$$

$$H_1(t)=2t, \qquad H_4(t)=16t^4-48t^2+12$$

$$H_2(t)=4t^2-2, \quad H_5(t)=32t^5-160t^3+120$$

【例 2.3.11】 用多项式最小二乘拟合下表中的离散数据，求平方误差，并作拟合曲线的图形.

解 从散点图可知，用二次多项式拟合比较合适. 在 $\mathrm{P}_2(t)$ 中定义内积如下：

$$(f(x), g(x))=\sum_{i=0}^{4}f(x_i)g(x_i)$$

利用三项递推式（2.3.3）和式（2.3.4）计算正交多项式如下：$\varphi_0=1$，$(\varphi_0,\ \varphi_0)=\sum_{i=0}^{4}1^2=5$，$(x\varphi_0,\ \varphi_0)=\sum_{i=0}^{4}x_i\times 1^2=2.5$，$a_0=\dfrac{(x\varphi_0,\ \varphi_0)}{(\varphi_0,\ \varphi_0)}=0.5$，于是 $\varphi_1=x-a_0=x-0.5$.

$$(\varphi_1, \varphi_1)=\sum_{i=0}^{4}[\varphi_1(x_i)]^2=0.625, \quad (x\varphi_1, \varphi_1)=\sum_{i=0}^{4}x_i\times[\varphi_1(x_i)]^2=0.3125,$$

$$a_1=\frac{(x\varphi_1,\varphi_1)}{(\varphi_1,\varphi_1)}=0.5,\quad b_1=\frac{(\varphi_1,\varphi_1)}{(\varphi_0,\varphi_0)}=0.125$$

从而

$$\varphi_2(x)=(x-a_1)\varphi_1(x)-b_1\varphi_1(x)=(x-0.5)^2-0.125$$

设拟合函数 $y=a_0\varphi_0(t)+a_1\varphi_1(t)+a_2\varphi_2(t)$，则

$$(y,\varphi_0(x_i))=\sum_{i=0}^{4}y_i\varphi_0(x_i)=4.31,\qquad a_0=\frac{(y,\varphi_0)}{(\varphi_0,\varphi_0)}=0.862$$

$$(y,\varphi_1(x_i))=\sum_{i=0}^{4}y_i\varphi_1(x_i)=1.115,\qquad a_0=\frac{(y,\varphi_1)}{(\varphi_1,\varphi_1)}=1.784$$

$$(y,\varphi_2(x_i))=\sum_{i=0}^{4}y_i\varphi_2(x_i)=0.06625,\quad a_2=\frac{(y,\varphi_2)}{(\varphi_2,\varphi_2)}=1.211428571$$

因此拟合多项式为

$$\begin{aligned}y&=0.862\varphi_0(t)+1.784\varphi_1(t)+1.211428572\varphi_2(t)\\&=0.862+1.748(x-0.5)+1.2114[(x-0.5)^2-0.125]\\&=0.1214+0.5726x+1.2114x^2\end{aligned}$$

定理 2.3.8 设 $\boldsymbol{e}_1$，$\boldsymbol{e}_2$，…，$\boldsymbol{e}_n$ 是内积空间 $\mathbf{V}^n$ 中的标准正交基，对任意的向量 $\boldsymbol{\alpha}\in\mathbf{V}^n$，$\boldsymbol{\alpha}$ 在基 $\boldsymbol{e}_1$，$\boldsymbol{e}_2$，…，$\boldsymbol{e}_n$ 下的坐标为 $(x_1, x_2, \cdots, x_n)$，则

$$x_i=(\boldsymbol{\alpha},\boldsymbol{e}_i),\quad (i=1,2,\cdots,n).$$

证明 因为 $\boldsymbol{\alpha}=\sum\limits_{j=1}^{n}x_j\boldsymbol{e}_j$，所以

$$(\boldsymbol{\alpha},\boldsymbol{e}_i)=\left(\sum_{j=1}^{n}x_j\boldsymbol{e}_j,\boldsymbol{e}_i\right)=\sum_{j=1}^{n}x_j(\boldsymbol{e}_j,\boldsymbol{e}_i)=x_i(\boldsymbol{e}_i,\boldsymbol{e}_i)=x_i,(i=1,2,\cdots,n)$$

【例 2.3.12】 基因距离的度量问题

基因的“距离”，在 A，B，O 血型的人群中，对各种群体的基因频率进行了研究，若把四种等位基因 A_1，A_2，B，O 区别开，有人报告了如表 2.1 所示的相对频率：

表 2.1 四种人的四种等位基因的相对频率

等位基因	爱斯基摩人 f_{1k}	班图人 f_{2k}	英国人 f_{3k}	朝鲜人 f_{4k}
A_1	0.2914	0.1034	0.209	0.2208
A_2	0	0.0866	0.0696	0
B	0.0316	0.12	0.0612	0.2069
O	0.677	0.69	0.6602	0.5723

现在的问题是一个群体与另一个群体的接近程度如何？换句话说，就是要找到一个表示基因的距离的合适的度量.

解 解决这个问题可以用向量代数的方法. 首先，用单位向量表示每一个群体. 为此对各个群体向量单位化

$$\boldsymbol{\alpha}_i=\frac{1}{\sqrt{\sum\limits_{k=1}^{4}f_{ik}}}(f_{1k},f_{2k},f_{3k},f_{4k})^{\mathrm{T}}$$

所以有

$$\boldsymbol{\alpha}_1=\begin{pmatrix}0.3950\\0.0000\\0.0428\\0.9177\end{pmatrix},\boldsymbol{\alpha}_2=\begin{pmatrix}0.1450\\0.1214\\0.1682\\0.9674\end{pmatrix},\boldsymbol{\alpha}_3=\begin{pmatrix}0.2991\\0.0960\\0.0876\\0.9449\end{pmatrix},\boldsymbol{\alpha}_4=\begin{pmatrix}0.3411\\0.0000\\0.3196\\0.8840\end{pmatrix}$$

一种方法是利用欧氏空间的距离来度量各个向量之间的距离，距离小的，它们就接近. 经计算，得

$$\|\boldsymbol{\alpha}_1-\boldsymbol{\alpha}_2\|=0.3090,\quad \|\boldsymbol{\alpha}_1-\boldsymbol{\alpha}_3\|=0.1478,\quad \|\boldsymbol{\alpha}_1-\boldsymbol{\alpha}_4\|=0.2840$$
$$\|\boldsymbol{\alpha}_2-\boldsymbol{\alpha}_3\|=0.1768,\quad \|\boldsymbol{\alpha}_2-\boldsymbol{\alpha}_4\|=0.2882,\quad \|\boldsymbol{\alpha}_3-\boldsymbol{\alpha}_4\|=0.2631$$

由此可见，最小的基因“距离”是爱斯基摩人与英国人之间的基因“距离 $\|\boldsymbol{\alpha}_1-\boldsymbol{\alpha}_3\|=0.1478$”，最大的基因“距离”是爱斯基摩人与班图人之间的基因“距离 $\|\boldsymbol{\alpha}_1-\boldsymbol{\alpha}_2\|=0.3090$”.

另一种度量方法是考虑在四维向量空间中，这些向量都是单位向量，它们的终点都位于一个球心在原点半径为 1 的球面上，现在用两个向量的夹角来表示对应的群体间的“距离”的合理性. 如果把 $\boldsymbol{\alpha}_i$ 与 $\boldsymbol{\alpha}_j$ 之间的夹角记为 θ_{ij}，由于 $\|\boldsymbol{\alpha}_i\|=\|\boldsymbol{\alpha}_j\|=1$，再由夹角公式 $\dfrac{(\boldsymbol{\alpha}_i,\ \boldsymbol{\alpha}_j)}{\|\boldsymbol{\alpha}_i\|\cdot\|\boldsymbol{\alpha}_j\|}=(\boldsymbol{\alpha}_i,\ \boldsymbol{\alpha}_j)$，其数值为 $\theta_{ij}=\arccos(\boldsymbol{\alpha}_i,\ \boldsymbol{\alpha}_j)$. $(\boldsymbol{\alpha}_i,\ \boldsymbol{\alpha}_j)$ 越大，则 θ_{ij} 越小，$\boldsymbol{\alpha}_i$ 与 $\boldsymbol{\alpha}_j$ 的距离就越小；$(\boldsymbol{\alpha}_i,\ \boldsymbol{\alpha}_j)$ 越小，则 θ_{ij} 越大，$\boldsymbol{\alpha}_i$ 与 $\boldsymbol{\alpha}_j$ 的距离就越大. 因此，可以通过单位向量的内积来度量它们之间的“距离”，经计算，得

$$(\boldsymbol{\alpha}_1,\boldsymbol{\alpha}_2)=0.9523,(\boldsymbol{\alpha}_1,\boldsymbol{\alpha}_3)=0.9891,(\boldsymbol{\alpha}_1,\boldsymbol{\alpha}_4)=0.9597$$
$$(\boldsymbol{\alpha}_2,\boldsymbol{\alpha}_3)=0.9844,(\boldsymbol{\alpha}_2,\boldsymbol{\alpha}_4)=0.9585,(\boldsymbol{\alpha}_3,\boldsymbol{\alpha}_4)=0.9654$$

由于 $\boldsymbol{\alpha}_1$ 与 $\boldsymbol{\alpha}_3$ 的内积最大，$\boldsymbol{\alpha}_1$ 与 $\boldsymbol{\alpha}_2$ 的内积最小，因此，最小的基因“距离”是爱斯基摩人与英国人之间的基因“距离”；最大的基因“距离”是爱斯基摩人与班图人之间的基因“距离”.

以上两种度量方法的结果一致，这不是偶然的. 由于

$$\|\boldsymbol{\alpha}_i-\boldsymbol{\alpha}_j\|^2=\|\boldsymbol{\alpha}_1\|^2+\|\boldsymbol{\alpha}_2\|^2-2(\boldsymbol{\alpha}_i,\boldsymbol{\alpha}_j)=2-2(\boldsymbol{\alpha}_i,\boldsymbol{\alpha}_j)$$

因而 $(\boldsymbol{\alpha}_i,\ \boldsymbol{\alpha}_j)$ 越大，则 $\|\boldsymbol{\alpha}_i-\boldsymbol{\alpha}_j\|$ 越小，$(\boldsymbol{\alpha}_i,\ \boldsymbol{\alpha}_j)$ 越小：$\|\boldsymbol{\alpha}_i-\boldsymbol{\alpha}_j\|$ 越大. 所以，用欧氏空间的距离和用两个向量的内积来度量两个单位向量的“距离”，其结果是一致的.

2.4　矩阵分析初步

在线性代数中，主要讨论了矩阵的代数运算，没有涉及本节将要介绍的矩阵分析理论. 矩阵分析理论的建立，同数学分析一样，也是以极限理论为基础. 它也是研究数值方法和其他数学分支以及许多工程问题的重要工具. 本节首先讨论矩阵序列的极限运算，然后介绍矩阵级数的收敛定理、函数矩阵的微分和积分.

2.4.1　矩阵序列的极限

定义 2.4.1　设有矩阵序列 $\{\boldsymbol{A}^{(k)}\}$ 和矩阵 $\boldsymbol{A}=(a_{ij})$，其中 $\boldsymbol{A}^{(k)}=(a_{ij}^{(k)})\in\boldsymbol{C}^{n\times n}$. 如果 $\lim\limits_{k\to\infty}\|\boldsymbol{A}^{(k)}-\boldsymbol{A}\|=0$，则称 $\{\boldsymbol{A}^{(k)}\}$ 的极限存在，并称 $\boldsymbol{A}$ 为 $\{\boldsymbol{A}^{(k)}\}$ 的**极限**，或称 $\{\boldsymbol{A}^{(k)}\}$ **收敛于 $\boldsymbol{A}$**，记为

$$\lim_{k\to\infty}\boldsymbol{A}^{(k)}=\boldsymbol{A}，\text{或}\quad \boldsymbol{A}^{(k)}\to\boldsymbol{A}\quad (k\to\infty)$$

不收敛的矩阵序列称为发散的.

定理 2.4.1 $\lim\limits_{k\to\infty}\boldsymbol{A}^{(k)}=\boldsymbol{A}$ 的充分必要条件是对任意 i，$j\in\{1, 2, \cdots, n\}$，$\lim\limits_{k\to\infty}a_{ij}^{(k)}=a_{ij}$.

证明 由于 $\mathbf{C}^{n\times n}$ 中的范数是等价的. 因此只需对矩阵的 F-范数证明即可.

$$\begin{aligned}\lim_{k\to\infty}\boldsymbol{A}^{(k)}=\boldsymbol{A}&\Leftrightarrow\lim_{k\to\infty}\|\boldsymbol{A}^{(k)}-\boldsymbol{A}\|_F=0\\&\Leftrightarrow\lim_{k\to\infty}\Big(\sum_{i=1}^{n}\sum_{j=1}^{n}|a_{ij}^{(k)}-a_{ij}|^2\Big)^{\frac{1}{2}}=0\\&\Leftrightarrow\lim_{k\to\infty}a_{ij}^{(k)}=a_{ij}，(\text{对所有 } i,j=1,2,\cdots,n)\end{aligned}$$

【例 2.4.1】 设 $\boldsymbol{A}^{(n)}=\begin{pmatrix}\dfrac{\sin n}{n} & \mathrm{e}^{-n}\\ 1 & \cos(n^{-1})\end{pmatrix}$，求 $\lim\limits_{n\to+\infty}\boldsymbol{A}^{(n)}$.

解 $$\lim_{n\to+\infty}\boldsymbol{A}^{(n)}=\begin{pmatrix}\lim\limits_{n\to+\infty}\dfrac{\sin n}{n} & \lim\limits_{n\to+\infty}\mathrm{e}^{-n}\\ \lim\limits_{n\to+\infty}1 & \lim\limits_{n\to+\infty}\cos\ (n^{-1})\end{pmatrix}=\begin{pmatrix}0&0\\1&1\end{pmatrix}.$$

定义 2.4.2 设有矩阵序列 $\{\boldsymbol{A}^{(k)}\}$，其中 $\boldsymbol{A}^{(k)}=(a_{ij}^{(k)})\in\mathbf{C}^{n\times n}$. 若存在 $M>0$，使得对一切 k，都有 $|a_{ij}^{(k)}|<M$，$(i, j=1, 2, \cdots, n)$，则称矩阵序列 $\{\boldsymbol{A}^{(k)}\}$ 是**有界**的.

矩阵序列收敛的性质，与数列收敛的性质类似.

定理 2.4.2 收敛的矩阵序列 $\{\boldsymbol{A}^{(k)}\}$ 一定有界.

证明 设矩阵序列 $\{\boldsymbol{A}^{(k)}\}$ 是收敛的序列，不妨设 $\lim\limits_{n\to\infty}\boldsymbol{A}^{(k)}=\boldsymbol{A}$，对 $\varepsilon=1$，存在 $K>0$，使得对一切 $k>K$ 都有 $|a_{ij}^{(k)}-a_{\mathrm{ij}}|<1$（对所有 i，$j=1, 2, \cdots, n$）. 因此 $|a_{ij}^{(k)}|<\max\{|a_{\mathrm{ij}}|+1,i,j=1,2,\cdots,n\}$ 对所有 i，$j=1, 2, \cdots, n$ 成立. 从而矩阵序列 $\{\boldsymbol{A}^{(k)}\}$ 有界.

定理 2.4.3 设 $\lim\limits_{k\to\infty}\boldsymbol{A}^{(k)}=\boldsymbol{A}$，$\lim\limits_{k\to\infty}\boldsymbol{B}^{(k)}=\boldsymbol{B}$，则

(1) $\lim\limits_{k\to\infty}(a\boldsymbol{A}^{(k)}+b\boldsymbol{B}^{(k)})=a\boldsymbol{A}+b\boldsymbol{B}$;

(2) $\lim\limits_{k\to\infty}(\boldsymbol{A}^{(k)}\boldsymbol{B}^{(k)})=\boldsymbol{AB}$;

(3) 如果 $\boldsymbol{A}^{(k)}$，$\boldsymbol{A}$ 都是可逆矩阵，则 $\lim\limits_{k\to\infty}(\boldsymbol{A}^{(k)})^{-1}=\boldsymbol{A}^{-1}$.

定理 2.4.4 设 $\boldsymbol{A}\in\mathbf{C}^{n\times n}$，$\lim\limits_{k\to\infty}\boldsymbol{A}^k=\boldsymbol{0}$ 的充分必要条件是 $\rho(\boldsymbol{A})<1$.

证明 必要性的证明：设 $\rho(\boldsymbol{A})<1$，由定理 2.2.9 可知，对 $\varepsilon=\dfrac{1-\rho(\boldsymbol{A})}{2}$，存在某一矩阵范数，使得

$$\| A \| < \rho(\boldsymbol{A}) + \frac{1-\rho(\boldsymbol{A})}{2} = \frac{1+\rho(\boldsymbol{A})}{2}$$

$$\lim_{k\to\infty} \| \boldsymbol{A}^k \| \leqslant \lim_{k\to\infty} \| \boldsymbol{A} \|^k = \lim_{k\to\infty}\left(\frac{1+\rho(\boldsymbol{A})}{2}\right)^k = 0$$

因此$\lim\limits_{k\to\infty}\boldsymbol{A}^k=\boldsymbol{0}$.

充分性的证明：对$\boldsymbol{A}\in\mathbf{C}^{n\times n}$，存在可逆矩阵 P，使得

$$\boldsymbol{P}^{-1}\boldsymbol{AP} = J_A = \mathrm{diag}(J(\lambda_1, m_1), \boldsymbol{J}(\lambda_2, m_2), \cdots, J(\lambda_s, m_s))$$

其中 $\boldsymbol{J}_A$ 是矩阵$\boldsymbol{A}$ 的 Jordan 标准形（见 4.2），因此

$$\boldsymbol{A}^k = \boldsymbol{J}_A = \boldsymbol{P}\cdot \mathrm{diag}(\boldsymbol{J}(\lambda_1, m_1)^k, \boldsymbol{J}(\lambda_2, m_2)^k, \cdots, \boldsymbol{J}(\lambda_s, m_s)^k)\cdot \boldsymbol{P}^{-1}$$

其中

$$\boldsymbol{J}(\lambda_i, m_i)^k = \begin{pmatrix} \lambda_i^k & C_k^1\lambda_i^{k-1} & C_k^2\lambda_i^{k-2} & \cdots & C_k^{m-1}\lambda_i^{k-m+1} \\ 0 & \lambda_i^k & C_k^1\lambda_i^{k-1} & \cdots & C_k^{m-2}\lambda_i^{k-m+2} \\ 0 & 0 & \lambda_i^k & \cdots & \vdots \\ \vdots & \vdots & \vdots & \ddots & C_k^1\lambda_i^{k-1} \\ 0 & 0 & 0 & \cdots & \lambda_i^k \end{pmatrix}_{m_i\times m_i}$$

假设$\rho(\boldsymbol{A})\geqslant 1$，则存在$\boldsymbol{A}$ 的特征值λ_i，使得$|\lambda_i|\geqslant 1$，这时$\lim\limits_{k\to\infty}\lambda_i^k\neq 0$，从而$\lim\limits_{k\to\infty}[J(\lambda_i, m_i)]^k\neq \boldsymbol{0}$，$\lim\limits_{k\to\infty}\boldsymbol{A}^k\neq\boldsymbol{0}$。这与$\lim\limits_{k\to\infty}\boldsymbol{A}_k=\boldsymbol{0}$ 矛盾，从而假设$\rho(\boldsymbol{A})\geqslant 1$ 不成立.

推论 2.4.1　设$\boldsymbol{A}\in\mathbf{C}^{n\times n}$. 若对某一范数$\|\boldsymbol{A}\|<1$，则$\lim\limits_{k\to\infty}\boldsymbol{A}^k=\boldsymbol{0}$.

如$\boldsymbol{A}=\begin{pmatrix} 0.25 & 0.4 & -0.4 \\ -0.35 & 0.2 & 0.3 \\ 0.15 & 0.1 & 0 \end{pmatrix}$. 由于$\|\boldsymbol{A}\|_1=0.75<1$，因此$\lim\limits_{k\to\infty}\boldsymbol{A}^k=\boldsymbol{0}$.

2.4.2　矩阵级数

定义 2.4.3　设有矩阵序列 $\{\boldsymbol{A}^{(k)}\}$，其中 $\boldsymbol{A}^{(k)}=(a_{ij}^{(k)})\in\mathbf{C}^{n\times n}$. 称 $\boldsymbol{A}^{(1)}+\boldsymbol{A}^{(2)}+\cdots+\boldsymbol{A}^{(k)}+\cdots$为矩阵级数，记为$\sum\limits_{k=1}^{\infty}\boldsymbol{A}^{(k)}$.

定义 2.4.4　称 $\boldsymbol{S}^{(N)}=\sum\limits_{k=1}^{N}\boldsymbol{A}^{(k)}$为矩阵级数$\sum\limits_{k=1}^{\infty}\boldsymbol{A}^{(k)}$**的前 N 项部分和**. 若$\lim\limits_{N\to\infty}\boldsymbol{S}^{(N)}$存在，且$\lim\limits_{N\to\infty}\boldsymbol{S}^{(N)}=\boldsymbol{S}$，则称矩阵级数$\sum\limits_{k=1}^{\infty}\boldsymbol{A}^{(k)}$**收敛**，并称矩阵级数$\sum\limits_{k=1}^{\infty}\boldsymbol{A}^{(k)}$的和为$\boldsymbol{S}$，记为$\sum\limits_{k=1}^{\infty}\boldsymbol{A}^{(k)}=\boldsymbol{S}$. 若$\lim\limits_{N\to\infty}\boldsymbol{S}^{(N)}$不存在，则称矩阵级数$\sum\limits_{k=1}^{\infty}\boldsymbol{A}^{(k)}$**发散**.

由定义 2.4.2 知，设$\boldsymbol{A}^{(k)}=(a_{ij}^{(k)})_{n\times n}$，矩阵级数$\sum\limits_{k=1}^{\infty}\boldsymbol{A}^{(k)}$收敛的充分必要条件是 n^2 个数项级数$\sum\limits_{k=1}^{\infty}a_{ij}^{(k)}$收敛.

定义 2.4.5 设$A^{(k)}=(a_{ij}^{(k)})_{n\times n}$. 对矩阵级数$\sum_{k=1}^{\infty}A^{(k)}$，若$n^2$个数项级数$\sum_{k=1}^{\infty}a_{ij}^{(k)}$绝对收敛，则称矩阵级数$\sum_{k=1}^{\infty}A^{(k)}$**绝对收敛**.

由数项级数的性质、矩阵级数绝对收敛的定义，我们有：

定理 2.4.5 若矩阵级数$\sum_{k=1}^{\infty}A^{(k)}$绝对收敛，则它一定收敛，并且任意调换各项的次序所得的新级数仍收敛，其和不变.

定理 2.4.6 矩阵级数$\sum_{k=1}^{\infty}A^{(k)}$绝对收敛的充分必要条件是对于任意一种矩阵范数$\|\cdot\|$，$\sum_{k=1}^{\infty}\|A^{(k)}\|$收敛.

证明 设$A^{(k)}=(a_{ij}^{(k)})$.

(1) 必要性. 由于矩阵级数$\sum_{k=1}^{\infty}A^{(k)}$绝对收敛，因此$n^2$个数项级数$\sum_{k=1}^{\infty}a_{ij}^{(k)}$绝对收敛. 因此存在$M>0$，使得对一切$K$，都有

$$\sum_{k=1}^{K}|a_{ij}^{(k)}|<M,i,j=1,2,\cdots,n$$

故

$$\sum_{k=1}^{K}\|A^{(k)}\|_F=\sum_{k=1}^{K}\Big(\sum_{j=1}^{n}\sum_{i=1}^{n}|a_{ij}^{(k)}|^2\Big)^{\frac{1}{2}}\leqslant n^2M$$

因此$\sum_{k=1}^{\infty}\|A^{(k)}\|_F$收敛. 利用范数的等价性知，$\sum_{k=1}^{\infty}\|A^{(k)}\|$收敛.

(2) 充分性. 对于任意一种矩阵范数，$\sum_{k=1}^{\infty}\|A^{(k)}\|$收敛. 特别地，$\sum_{k=1}^{\infty}\|A^{(k)}\|_1$收敛. 因此

$$\sum_{k=1}^{\infty}|a_{ij}^{(k)}|\leqslant\sum_{k=1}^{\infty}\|A^{(k)}\|_1,(\text{对所有 } i,j=1,2,\cdots,n \text{ 成立})$$

故矩阵级数$\sum_{k=1}^{\infty}A^{(k)}$绝对收敛.

定理 2.4.7 若矩阵级数$\sum_{k=1}^{\infty}A^{(k)}$收敛（或绝对收敛），其和为$S$，则$\sum_{k=1}^{\infty}PA^{(k)}Q$收敛（或绝对收敛），其和为$PSQ$.

2.4.3 矩阵幂级数

下面我们来讨论一类重要的矩阵级数——方阵的幂级数，因为它是建立矩阵函数的依据.

定义 2.4.6　设 $\boldsymbol{A}\in\mathbf{C}^{n\times n}$，$\{c_k\}$ 是复数列，则称 $\sum\limits_{k=0}^{\infty} c_k\boldsymbol{A}^k$ 为方阵 A 的**幂级数**.

定理 2.4.8　设幂级数 $\sum\limits_{k=0}^{\infty} c_k z^k$ 的收敛半径是 r.

(1) 当 $\rho(\boldsymbol{A})<r$ 时，$\sum\limits_{k=0}^{\infty} c_k\boldsymbol{A}^k$ 绝对收敛；

(2) 当 $\rho(\boldsymbol{A})>r$ 时，$\sum\limits_{k=0}^{\infty} c_k\boldsymbol{A}^k$ 发散.

证明　(1) 若 $\rho(\boldsymbol{A})<r$，由定理 2.2.9 知，存在某一矩阵范数 $\|\cdot\|$，使得

$$\|\boldsymbol{A}\|\leqslant\frac{\rho(\boldsymbol{A})+r}{2}$$

因此

$$\|c_k\boldsymbol{A}^k\|\leqslant|c_k|\cdot\|\boldsymbol{A}\|^k\leqslant|c_k|\left(\frac{\rho(\boldsymbol{A})+r}{2}\right)^k$$

又因幂级数 $\sum\limits_{k=0}^{\infty} c_k z^k$ 的收敛半径是 r，因此 $\sum\limits_{k=0}^{\infty}|c_k|\left(\frac{\rho(\boldsymbol{A})+r}{2}\right)^k$ 收敛，从而 $\sum\limits_{k=0}^{\infty}\|c_k\boldsymbol{A}^k\|$ 收敛，故 $\sum\limits_{k=0}^{\infty} c_k\boldsymbol{A}^k$ 绝对收敛.

(2) 的证明需要用到第 4 章的 Jordan 标准形，证明见定理 4.4.1.

推论 2.4.2　若幂级数 $\sum\limits_{k=0}^{\infty} c_k z^k$ 在整个复平面上收敛，则对任意方阵 $\boldsymbol{A}$，$\sum\limits_{k=0}^{\infty} c_k\boldsymbol{A}^k$ 绝对收敛.

推论 2.4.3　$\boldsymbol{E}+\boldsymbol{A}+\boldsymbol{A}^2+\cdots+\boldsymbol{A}^k+\cdots$ 绝对收敛的充分必要条件是 $\rho(\boldsymbol{A})<1$，且其和是 $(\boldsymbol{E}-\boldsymbol{A})^{-1}$.

证明　由于幂级数 $\sum\limits_{k=0}^{\infty} z^k$ 的收敛半径是 1，因此当 $\rho(\boldsymbol{A})<1$ 时，$\boldsymbol{E}+\boldsymbol{A}+\boldsymbol{A}^2+\cdots+\boldsymbol{A}^k+\cdots$ 绝对收敛. 反之，若 $\boldsymbol{E}+\boldsymbol{A}+\boldsymbol{A}^2+\cdots+\boldsymbol{A}^k+\cdots$ 绝对收敛，则 $\sum\limits_{k=1}^{\infty}\|\boldsymbol{A}^k\|$ 绝对收敛，故 $\|\boldsymbol{A}^k\|\to 0$，由定理 2.4.4 知，$\rho(\boldsymbol{A})<1$.

因为

$$(\boldsymbol{E}+\boldsymbol{A}+\boldsymbol{A}^2+\cdots+\boldsymbol{A}^k+\cdots)(\boldsymbol{E}-\boldsymbol{A})=\boldsymbol{E}$$

故

$$(\boldsymbol{E}-\boldsymbol{A})^{-1}=\boldsymbol{E}+\boldsymbol{A}+\boldsymbol{A}^2+\cdots+\boldsymbol{A}^k+\cdots$$

定义 2.4.7　设 $\boldsymbol{A}=(a_{ij})_{n\times n}\in\mathbf{C}^{n\times n}$. 如果 $\sum\limits_{\substack{j=1\\ j\neq i}}^{n}|a_{ij}|<|a_{ii}|$，$i=1, 2, \cdots, n$，则称 $\boldsymbol{A}$ 是

行对角占优的. 如果 $\sum\limits_{\substack{j=1\\j\neq i}}^{n}|a_{ij}|<|a_{ii}|$，$i=1,2,\cdots,n$，则称 $\boldsymbol{A}$ 是列对角占优的.

定理 2.4.9 设 $\boldsymbol{A}=(a_{ij})_{n\times n}\in\mathbf{C}^{n\times n}$. 如果 $\boldsymbol{A}$ 是行（列）对角占优的，则 $\boldsymbol{A}$ 可逆.

证明 由于

$$\boldsymbol{A}=\begin{pmatrix}a_{11}&0&\cdots&0\\0&a_{22}&\cdots&0\\\vdots&\vdots&\ddots&\vdots\\0&0&\cdots&a_{nn}\end{pmatrix}\left(\begin{pmatrix}1&0&\cdots&0\\0&1&\cdots&0\\\vdots&\vdots&\ddots&\vdots\\0&0&\cdots&1\end{pmatrix}+\begin{pmatrix}0&\frac{a_{12}}{a_{11}}&\cdots&\frac{a_{1n}}{a_{11}}\\\frac{a_{21}}{a_{22}}&0&\cdots&\frac{a_{2n}}{a_{22}}\\\vdots&\vdots&\ddots&\vdots\\\frac{a_{21}}{a_{nn}}&\frac{a_{n2}}{a_{nn}}&\cdots&0\end{pmatrix}\right)$$

记

$$\boldsymbol{\Lambda}=\begin{pmatrix}a_{11}&0&\cdots&0\\0&a_{22}&\cdots&0\\\vdots&\vdots&\ddots&\vdots\\0&0&\cdots&a_{nn}\end{pmatrix},\quad\boldsymbol{B}=\begin{pmatrix}1&\frac{a_{12}}{a_{11}}&\cdots&\frac{a_{1n}}{a_{11}}\\\frac{a_{21}}{a_{22}}&0&\cdots&\frac{a_{2n}}{a_{22}}\\\vdots&\vdots&\ddots&\vdots\\\frac{a_{n1}}{a_{nn}}&\frac{a_{n2}}{a_{nn}}&\cdots&0\end{pmatrix}$$

则 $\boldsymbol{\Lambda}$ 可逆. 由于 $\boldsymbol{A}$ 是行对角占优，因此 $\|\boldsymbol{B}\|_\infty<1$，因此 $\rho(\boldsymbol{B})\leqslant\|\boldsymbol{B}\|_\infty<1$，故 $\boldsymbol{E}+\boldsymbol{B}$ 可逆，从而 $\boldsymbol{A}$ 可逆.

例如 $\boldsymbol{A}=\begin{pmatrix}10&-2&3&-4\\4&-8&1&-1\\-5&2&15&7\\5&-1&0&9\end{pmatrix}$，由于 $\boldsymbol{A}$ 是行对角占优，因此 $\boldsymbol{A}$ 可逆.

【例 2.4.2】 判别矩阵幂级数 $\sum\limits_{k=1}^{\infty}\begin{pmatrix}\frac{1}{6}&-\frac{1}{3}\\-\frac{4}{3}&\frac{1}{6}\end{pmatrix}^k$ 的敛散性.

解 记 $\boldsymbol{A}=\begin{pmatrix}\frac{1}{6}&-\frac{1}{3}\\-\frac{4}{3}&\frac{1}{6}\end{pmatrix}$，容易求的 $\boldsymbol{A}$ 的特征值为 $\lambda_1=-\frac{1}{2}$，$\lambda_2=\frac{5}{6}$故 $\rho(\boldsymbol{A})=\frac{5}{6}<1$.

由于幂级数 $\sum\limits_{k=0}^{+\infty}z^k$ 的收敛半径 $R=1$，因此矩阵幂级数 $\sum\limits_{k=0}^{\infty}\boldsymbol{A}^k$ 绝对收敛.

2.4.4 矩阵的微分和积分

在研究微分方程组时，为简化对问题的表达及求解过程，需要考虑以函数为元素的矩阵的微分和积分. 在研究优化等问题时，则要遇到数量函数对向量变量或矩阵变量的导数，以及向量值或矩阵值函数对向量变量或矩阵变量的导数. 本节简单介绍这些内容.

定义 2.4.8　以变量 t 的函数为元素的矩阵 $\boldsymbol{A}(t)=(a_{ij}(t))_{m\times n}$ 称为**函数矩阵**. 若 $t\in[a,b]$，则称 $\boldsymbol{A}(t)$ 是定义在 $[a,b]$ 上的函数矩阵；若每个 $a_{ij}(t)$ 在 $[a,b]$ 上连续（可微、可积），则称 $\boldsymbol{A}(t)$ 在 $[a,b]$ 上连续（可微、可积）. 当 $\boldsymbol{A}(t)$ 在 $[a,b]$ 上可微时，规定其导数为

$$A'(t)=(a'_{ij}(t))_{m\times n}, \text{或} \frac{\mathrm{d}}{\mathrm{d}t}A(t)=\left(\frac{\mathrm{d}}{\mathrm{d}t}a_{ij}(t)\right)_{m\times n}$$

而当 $\boldsymbol{A}(t)$ 在 $[a,b]$ 上可积时，规定 $\boldsymbol{A}(t)$ 在 $[a,b]$ 上可积为

$$\int_a^b \boldsymbol{A}(t)\mathrm{d}t=\left(\int_a^b a_{ij}(t)\mathrm{d}t\right)_{m\times n}$$

【例 2.4.3】　设 $\boldsymbol{A}(t)=\begin{pmatrix} t^2+1 & \sin t & t \\ 0 & 0 & \cos t \end{pmatrix}$，求 $\boldsymbol{A}(t)$ 的导数和 $\int_0^1 \boldsymbol{A}(t)\mathrm{d}t$.

解

$$\boldsymbol{A}'(t)=\begin{pmatrix} 2t & \cos t & 1 \\ 0 & 0 & -\sin t \end{pmatrix},$$

$$\int_0^1 \boldsymbol{A}(t)\mathrm{d}t=\begin{pmatrix} \int_0^1 (t^2+1)\mathrm{d}t & \int_0^1 \sin t\mathrm{d}t & \int_0^1 t\mathrm{d}t \\ 0 & \int_0^1 1\mathrm{d}t & \int_0^1 \cos t\mathrm{d}t \end{pmatrix}$$

$$=\begin{pmatrix} \frac{4}{3} & 1-\cos 1 & \frac{1}{2} \\ 0 & 1 & \sin 1 \end{pmatrix}$$

关于函数矩阵，类似于一元函数的求导法则，有如下求导法则.

定理 2.4.10　设 $\boldsymbol{A}(t)$、$\boldsymbol{B}(t)$ 是适当阶的可微矩阵，$u(t)$ 为可微函数，则

(1) $[a\boldsymbol{A}(t)+b\boldsymbol{B}(t)]'=a\boldsymbol{A}'(t)+b\boldsymbol{B}'(t),(a,b\in\boldsymbol{C})$；

(2) $[u(t)\boldsymbol{A}(t)]'=u'(t)\boldsymbol{A}(t)+u(t)\boldsymbol{A}'(t)$；

(3) $[\boldsymbol{A}(t)\boldsymbol{B}(t)]'=\boldsymbol{A}'(t)\boldsymbol{B}(t)+\boldsymbol{A}(t)\boldsymbol{B}'(t)$；

(4) $\frac{\mathrm{d}}{\mathrm{d}t}\boldsymbol{A}(u(t))=u'(t)\frac{\mathrm{d}}{\mathrm{d}u}\boldsymbol{A}(u)$；

(5) 当 $\boldsymbol{A}(t)$ 可逆时，$\frac{\mathrm{d}}{\mathrm{d}t}\boldsymbol{A}^{-1}(t)=-\boldsymbol{A}^{-1}(t)(\boldsymbol{A}'(t))\boldsymbol{A}^{-1}(t)$.

证明　只证（5），其他可利用函数的求导法则直接验证.

由于 $\boldsymbol{A}(t)$ 可逆，因此 $A(t)A^{-1}(t)=E$，两边对 t 求导，并利用（3）得

$$\boldsymbol{A}'(t)\boldsymbol{A}^{-1}(t)+\boldsymbol{A}(t)(\boldsymbol{A}^{-1}(t))'=\boldsymbol{0}$$

从而

$$\frac{\mathrm{d}}{\mathrm{d}t}\boldsymbol{A}^{-1}(t)=-\boldsymbol{A}^{-1}(t)(\boldsymbol{A}'(t))\boldsymbol{A}^{-1}(t)$$

利用定义和一元函数积分的有关定理、性质，可得：

定理 2.4.11　设 $\boldsymbol{A}(t)$、$\boldsymbol{B}(t)$ 是 $[a,\ b]$ 上的适当阶的可积矩阵，$\boldsymbol{P}$、$\boldsymbol{Q}$ 是适当阶的常值矩阵，则

(1) $\int_a^b[c_1\boldsymbol{A}(t)+c_2\boldsymbol{B}(t)]\mathrm{d}t=c_1\int_a^b\boldsymbol{A}(t)\mathrm{d}t+c_2\int_a^b a\boldsymbol{B}(t)\mathrm{d}t,(c_1,c_2\in\mathbf{C})$；

(2) $\int_a^b\boldsymbol{PA}(t)\mathrm{d}t=\boldsymbol{P}\left(\int_a^b\boldsymbol{A}(t)\mathrm{d}t\right),\int_a^b\boldsymbol{A}(t)\boldsymbol{Q}\mathrm{d}t=\left(\int_a^b\boldsymbol{A}(t)\mathrm{d}t\right)\boldsymbol{Q}$；

(3) 当 $\boldsymbol{A}(t)$ 在 $[a,\ b]$ 上连续时，对 $t\in(a,b)$，有 $\frac{\mathrm{d}}{\mathrm{d}t}\int_a^t\boldsymbol{A}(u)\mathrm{d}u=\boldsymbol{A}(t)$；

(4) 当 $\boldsymbol{A}(t)$ 在 $[a,\ b]$ 有连续导数时，$\int_a^b\boldsymbol{A}'(t)\mathrm{d}t=\boldsymbol{A}(b)-\boldsymbol{A}(a)$．

习　题　2

2.1　设 $V=\{(a_1,a_2,\cdots,a_n)^{\mathrm{T}}\in\mathbf{R}^n\,|\,a_i\in\mathbf{R},a_i\geqslant0\}$，证明 V 对 n 维向量的加法与数乘不能构成线性空间.

2.2　n 次多项式全体

$$Q_n(x)=\{a_nx^n+a_{n-1}x^{n-1}+\cdots+a_1x+a_0\mid a_n\neq0\}$$

在通常多项式的加法和数乘运算下是否构成线性空间？为什么？

2.3　设 $f_1(t)=1+2t+3t^2+t^3$，$f_2(t)=1+t+4t^2-t^3$，$f_3(t)=1+3t+t^2+4t^3$，$f_4(t)=1+3t-3t^2+8t^3$，$f_5(t)=1+4t+2t^2+4t^3$，$g(t)=3+14t-11t^2+31t^3$．求 $\mathrm{span}\{f_1,f_2,f_3,f_4,f_5\}$的基，并求 $g(t)$在所选基下的坐标.

2.4　在 $\mathbf{R}^3$ 中取下列两组基：

$$\boldsymbol{\alpha}_1=(-3,1,-2)^{\mathrm{T}},\boldsymbol{\alpha}_2=(1,-1,1)^{\mathrm{T}},\boldsymbol{\alpha}_3=(2,3,-1)^{\mathrm{T}}$$

$$\boldsymbol{\beta}_1=(1,1,1)^{\mathrm{T}},\boldsymbol{\beta}_2=(1,2,3)^{\mathrm{T}},\boldsymbol{\beta}_3=(2,0,1)^{\mathrm{T}}$$

(1) 求从基 $\boldsymbol{\alpha}_1$，$\boldsymbol{\alpha}_2$，$\boldsymbol{\alpha}_3$ 到基 $\boldsymbol{\beta}_1$，$\boldsymbol{\beta}_2$，$\boldsymbol{\beta}_3$ 的过渡矩阵.

(2) $V=\{x\in\mathbf{R}^3\,|\,x$ 在基 $\boldsymbol{\alpha}_1$，$\boldsymbol{\alpha}_2$，$\boldsymbol{\alpha}_3$ 的坐标与在基 $\boldsymbol{\beta}_1$，$\boldsymbol{\beta}_2$，$\boldsymbol{\beta}_3$ 的坐标相同$\}$．证明，V 是线性空间.

2.5　$\boldsymbol{\alpha}_1=\begin{pmatrix}1&2\\3&1\end{pmatrix}$，$\boldsymbol{\alpha}_2=\begin{pmatrix}1&1\\2&-1\end{pmatrix}$，$\boldsymbol{\alpha}_3=\begin{pmatrix}-2&-6\\a&-6\end{pmatrix}$，$\boldsymbol{\alpha}_4=\begin{pmatrix}3&4\\7&-1\end{pmatrix}$，$\boldsymbol{\beta}=\begin{pmatrix}0&-1\\-1&\mathrm{b}\end{pmatrix}$

(1) 求 $W=\mathrm{span}\{\boldsymbol{\alpha}_1,\boldsymbol{\alpha}_2,\boldsymbol{\alpha}_3,\boldsymbol{\alpha}_4\}$的基与维数 $\dim(W)$.

(2) 当 b 取何值时，$\boldsymbol{\beta}\in W$.

2.6　设 V_1 中的向量 $(x_1,\ x_2,\ x_3,\ x_4,\ x_5)^{\mathrm{T}}$ 满足方程

$$\begin{cases}x_1+x_2-2x_4-5x_5=0\\4x_1-x_2-x_3-x_4+x_5=0\\3x_1-x_2-x_3+3x_5=0\end{cases}$$

$\mathbf{V}_2$ 中的向量 $(x_1,\ x_2,\ x_3,\ x_4,\ x_5)^{\mathrm{T}}$ 满足方程

$$\begin{cases}x_1+mx_2-x_3-x_4-5x_5=0\\nx_2-x_3-2x_4-11x_5=0\\x_3-2x_4+(-t+1)x_5=0\end{cases}$$

当 m，n，t 满足什么条件时，$\mathbf{V}_1=\mathbf{V}_2$.

2.7　(1) 设 $A\in\mathbf{R}^{n\times n}$ 是一个固定矩阵，令

$$V=\{X\in\mathbf{R}^{n\times n}\mid \boldsymbol{AX}=\boldsymbol{XA}\}$$

证明 $\mathbf{V}$ 是数域 $\mathbf{R}$ 上的线性空间.

(2) 如果 $\boldsymbol{A}=\begin{pmatrix}1&1&-1\\-2&-2&1\\1&2&-1\end{pmatrix}$，求 $\mathbf{V}=\{\boldsymbol{X}\in\mathbf{R}^{3\times3}\mid\boldsymbol{AX}=\boldsymbol{XA}\}$ 的基与维数.

2.8　(1) 验证 $2-t^2+3t^3$，$3-2t+t^2-t^3$，$2-t^2+4t^3$，$1-2t+3t^2-5t^3$ 是 $P_3(t)$ 的基，并求 $2+8t-14t^2+30t^3$ 在这组基下的坐标.

(2) 验证 $\boldsymbol{\alpha}_1=\begin{pmatrix}2&2\\1&1\end{pmatrix}$，$\boldsymbol{\alpha}_2=\begin{pmatrix}1&-2\\1&-1\end{pmatrix}$，$\boldsymbol{\alpha}_3=\begin{pmatrix}2&1\\3&1\end{pmatrix}$，$\boldsymbol{\alpha}_4=\begin{pmatrix}1&-2\\-3&3\end{pmatrix}$ 是 $\mathbf{R}^{2\times2}$ 的基，并求 $\begin{pmatrix}4&13\\26&-12\end{pmatrix}$ 在这组基下的坐标.

2.9　设 $P_3(t)$ 中的多项式 $f(t)$ 在基 $f_1(t)=4+4t+3t^2+t^3$，$f_2(t)=7+7t+5t^2+2t^3$，$f_3(t)=2-5t-3t^2-3t^3$，$f_4(t)=-3+8t+5t^2+5t^3$ 下的坐标是 $\boldsymbol{x}=(x_1,\ x_2,\ x_3,\ x_4)^{\mathrm{T}}$，在基 $g_1(t)$，$g_2(t)$，$g_3(t)$，$g_4(t)$ 下的坐标是 $\boldsymbol{y}=(y_1,\ y_2,\ y_3,\ y_4)^{\mathrm{T}}$，它们满足：

$$y_1=3x_1+5x_2,y_2=x_1+2x_2,\quad y_3=2x_3-3x_4,y_4=-5x_3+8x_4$$

试求：(1) 由基 $g_1(t)$，$g_2(t)$，$g_3(t)$，$g_4(t)$ 到基 $f_1(t)$，$f_2(t)$，$f_3(t)$，$f_4(t)$ 的过渡矩阵.

(2) 求基 $g_1(t)$，$g_2(t)$，$g_3(t)$，$g_4(t)$.

(3) 求多项式 $g(t)=-1+t-t^2+t^3$ 在基 $g_1(t)$，$g_2(t)$，$g_3(t)$，$g_4(t)$ 下的坐标.

2.10　设 $\mathbf{V}_1$ 中的向量 $\boldsymbol{A}=\begin{bmatrix}x_1&x_2\\x_3&x_4\end{bmatrix}\in\mathbf{R}^{2\times2}$ 在自然基 $\boldsymbol{E}_{11}$，$\boldsymbol{E}_{12}$，$\boldsymbol{E}_{21}$，$\boldsymbol{E}_{22}$ 下的坐标 $(x_1,\ x_2,\ x_3,\ x_4)^{\mathrm{T}}$ 满足方程

$$\begin{cases}x_1+x_2-2x_4=0\\4x_1-x_2-x_3-x_4=0\\3x_1-x_2-x_3=0\end{cases}$$

设 $\mathbf{V}_2$ 中的向量 $\boldsymbol{B}=\begin{bmatrix}x_1&x_2\\x_3&x_4\end{bmatrix}\in\mathbf{R}^{2\times2}$ 在自然基 $\boldsymbol{E}_{11}$，$\boldsymbol{E}_{12}$，$\boldsymbol{E}_{21}$，$\boldsymbol{E}_{22}$ 下的坐标 $(x_1,x_2,x_3,x_4)^{\mathrm{T}}$ 满足方程

$$\begin{cases}x_1+x_2-x_3-x_4=0\\x_2-3x_3-2x_4=0\\x_3-2x_4=0\end{cases}$$

求子空间 $\mathbf{V}_1+\mathbf{V}_2$，$\mathbf{V}_1\cap\mathbf{V}_2$ 的基，以及它们维数.

2.11　已知 $\boldsymbol{A}_1=\begin{pmatrix}2&0\\-1&3\end{pmatrix}$，$\boldsymbol{A}_2=\begin{pmatrix}3&-2\\1&-1\end{pmatrix}$，$\boldsymbol{B}_1=\begin{pmatrix}-5&6\\-5&9\end{pmatrix}$，$\boldsymbol{B}_2=\begin{pmatrix}4&-4\\3&-5\end{pmatrix}$，而

$$\mathbf{V}_1=\mathrm{span}\{\boldsymbol{A}_1,\boldsymbol{A}_2\},V_2=\mathrm{span}\{\boldsymbol{B}_1,\boldsymbol{B}_2\}$$

求子空间 $\mathbf{V}_1+\mathbf{V}_2$，$\mathbf{V}_1\cap\mathbf{V}_2$ 的基，以及它们维数.

2.12　设 $f_1(x)=1+2x-x^2+x^3$，$f_2(x)=1+x+2x^2$，$f_3(x)=2-x^2+2x^3$，$f_4(x)=1-2x+x^2+x^3$.

(1) 证明 $f_1(x)$，$f_2(x)$，$f_3(x)$，$f_4(x)$是 $P_3(x)$的基，并求由基 $f_1(x)$，$f_2(x)$，$f_3(x)$，$f_4(x)$到基 1，x，x^2，x^3 的过渡矩阵.

(2) 求 $f(x)=-2+2x+7x^2-4x^3$ 在基 $f_1(x)$，$f_2(x)$，$f_3(x)$，$f_4(x)$下的坐标.

(3) 设 $\boldsymbol{V}$ 是由在基 1，x，x^2，x^3 和基 $f_1(x)$，$f_2(x)$，$f_3(x)$，$f_4(x)$下有相同坐标的多项式构成的集合. 证明：$\boldsymbol{V}$ 是 $P_3(x)$子空间，并求出 V 的基与维数.

2.13　设 $\boldsymbol{V}$ 是数域 P 上的 n 维线性空间，由（$\boldsymbol{\alpha}_1$，$\boldsymbol{\alpha}_2$，…，$\boldsymbol{\alpha}_n$）到基（$\boldsymbol{\beta}_1$，$\boldsymbol{\beta}_2$，…，$\boldsymbol{\beta}_n$）的过渡矩阵是 $\boldsymbol{A}$，证明：$\boldsymbol{V}$ 中存在非零向量 $\boldsymbol{\eta}$，$\boldsymbol{\eta}$ 在两组基下的坐标相同的充要条件是 $|\boldsymbol{E}-\boldsymbol{A}|=0$.

2.14　设

$$\boldsymbol{V}_1=\{(x_1,x_2,\cdots,x_n)\mid x_1+x_2+\cdots+x_n=0\}$$
$$\boldsymbol{V}_2=\{(x_1,x_2,\cdots,x_n)\mid x_1=x_2=\cdots=x_n\}$$

(1) 求 $\boldsymbol{V}_1$，$\boldsymbol{V}_2$ 的基.

(2) 证明：$\boldsymbol{V}_1\oplus\boldsymbol{V}_2=\mathbf{R}^n$.

2.15　设

$$\boldsymbol{V}_1=\{p(x)\mid p(x)\text{ 是奇函数},p(x)\in P_n(x)\}$$
$$\boldsymbol{V}_2=\{p(x)\mid p(x)\text{ 是偶函数},p(x)\in P_n(x)\}$$

(1) 证明：$\boldsymbol{V}_1$，$\boldsymbol{V}_2$ 是 $P_n(x)$的子空间，并求它们的基.

(2) 证明：$\boldsymbol{V}_1\oplus\boldsymbol{V}_2=P_n(x)$.

2.16　设 $\boldsymbol{V}_1$，$\boldsymbol{V}_2$ 是 $\boldsymbol{V}$ 的两个非平凡子空间，证明：存在 $\boldsymbol{\alpha}\in\boldsymbol{V}$，使得 $\boldsymbol{\alpha}\notin\boldsymbol{V}_1\cup\boldsymbol{V}_2$.

2.17　设 $\boldsymbol{A}$ 是 n 阶可逆实矩阵，任意将 A 分成两个子块 $\boldsymbol{A}=\begin{pmatrix}\boldsymbol{A}_1\\ \boldsymbol{A}_2\end{pmatrix}$，证明：$\mathbf{R}^n$ 是 $\boldsymbol{A}_1x=0$ 的解空间 $\boldsymbol{V}_1$ 与 $\boldsymbol{A}_2\boldsymbol{x}=\boldsymbol{0}$ 的解空间 $\boldsymbol{V}_2$ 的直和.

2.18　设 $\boldsymbol{A}\in\mathbf{R}^{n\times n}$，且 $\boldsymbol{A}^2=\boldsymbol{A}$，证明：$\mathbf{R}^n$ 是齐次线性方程组 $\boldsymbol{A}\boldsymbol{x}=\boldsymbol{0}$ 的解空间 $\boldsymbol{V}_1$ 与$(E-\boldsymbol{A})\boldsymbol{x}=0$ 的解空间 $\boldsymbol{V}_2$ 的直和.

2.19　设 $\|\boldsymbol{A}\|_a$ 是矩阵范数，$\boldsymbol{D}$ 是 n 阶可逆矩阵，对任何 $\boldsymbol{A}\in\mathbf{R}^{n\times n}$，定义

$$\|\boldsymbol{A}\|_b=\|\boldsymbol{D}^{-1}A\boldsymbol{D}\|_a$$

证明：$\|\boldsymbol{A}\|_b$ 是矩阵范数.

2.20　设 $\|\boldsymbol{A}\|_a$ 是矩阵范数，$\boldsymbol{B}$、$\boldsymbol{C}$ 是 n 阶可逆矩阵，且 $\|\boldsymbol{B}^{-1}\|_a\leqslant 1$，$\|\boldsymbol{C}^{-1}\|_a\leqslant 1$ 对任何 $\boldsymbol{A}\in\mathbf{R}^{n\times n}$，定义

$$\|\boldsymbol{A}\|_b=\|\boldsymbol{BAC}\|_a$$

证明：$\|\boldsymbol{A}\|_b$ 是矩阵范数.

2.21　设 $\boldsymbol{A}=\begin{pmatrix}1&4&2&-3\\2&1&0&-2\\-2&-3&1&3\\3&-1&5&1\end{pmatrix}$，求 $\|\boldsymbol{A}\|_1$，$\|\boldsymbol{A}\|_\infty$.

2.22　设 $\boldsymbol{A}=\begin{pmatrix}-2&4&0&0\\2&3&0&0\\0&0&2&1\\0&0&-3&6\end{pmatrix}$，求 $\|\boldsymbol{A}\|_1$，$\|\boldsymbol{A}\|_2$，$\|\boldsymbol{A}\|_\infty$.

2.23　设$A=\begin{pmatrix}-1 & 2 & 2\\ 2 & -1 & -2\\ 2 & -2 & -1\end{pmatrix}$，求$\|A\|_1$，$\|A\|_\infty$，$\|A\|_2$.

2.24　设$x\in\mathbf{R}^n$. 证明：

$$\|x\|_2\leqslant\|x\|_1\leqslant\sqrt{n}\|x\|_2$$
$$\|x\|_\infty\leqslant\|x\|_1\leqslant n\|x\|_\infty$$
$$\|x\|_\infty\leqslant\|x\|_2\leqslant\sqrt{n}\|x\|_\infty$$

2.25　设$A\in\mathbf{R}^{n\times n}$，证明：

(1) $\|A\|_2\leqslant\|A\|_F\leqslant\sqrt{\operatorname{rank}(A)}\|A\|_2$.

(2) $\frac{1}{n}\|A\|_\infty\leqslant\|A\|_1\leqslant n\|A\|_\infty$.

(3) $\frac{1}{\sqrt{n}}\|A\|_\infty\leqslant\|A\|_2\leqslant\sqrt{n}\|A\|_\infty$.

2.26　设$A\in\mathbf{C}^{m\times n}$. 证明：

(1) $\|A\|_2\leqslant\|A\|_F\leqslant\sqrt{\operatorname{rank}(A)}\|A\|_2$.

(2) $\frac{1}{n}\|A\|_\infty\leqslant\|A\|_1\leqslant m\|A\|_\infty$.

(3) $\frac{1}{\sqrt{n}}\|A\|_\infty\leqslant\|A\|_2\leqslant\sqrt{m}\|A\|_\infty$.

2.27　设线性空间$\mathbf{R}^2$按照某种内积运算构成欧氏空间，记为$\mathbf{V}$. 向量

$$\boldsymbol{\alpha}_1=(1,1)^T,\boldsymbol{\alpha}_2=(1,-1)^T,\boldsymbol{\beta}_1=(0,2)^T,\boldsymbol{\beta}_2=(6,12)^T$$

且$\boldsymbol{\alpha}_i$与$\boldsymbol{\beta}_j$的内积为

$$(\boldsymbol{\alpha}_1,\boldsymbol{\beta}_1)=1,(\boldsymbol{\alpha}_1,\boldsymbol{\beta}_2)=15,(\boldsymbol{\alpha}_2,\boldsymbol{\beta}_1)=-1,(\boldsymbol{\alpha}_2,\boldsymbol{\beta}_2)=3$$

(1) 求$\mathbf{V}$在基$\boldsymbol{\alpha}_1$，$\boldsymbol{\alpha}_2$下的度量矩阵A.

(2) 求$\mathbf{V}$的标准正交基.

2.28　设$\boldsymbol{\alpha}_1$，$\boldsymbol{\alpha}_2$，$\boldsymbol{\alpha}_3$是线性空间$\mathbf{V}$的一组基. 对任意$\boldsymbol{\alpha}=x_1\boldsymbol{\alpha}_1+x_2\boldsymbol{\alpha}_2+x_3\boldsymbol{\alpha}_3$，$\boldsymbol{\beta}=y_1\boldsymbol{\alpha}_1+y_2\boldsymbol{\alpha}_2+y_3\boldsymbol{\alpha}_3$，定义

$$(\boldsymbol{\alpha},\boldsymbol{\beta})=(x_1,x_2,x_3)\begin{pmatrix}6 & 2 & 4\\ 2 & 3 & 2\\ 4 & 2 & 6\end{pmatrix}\begin{pmatrix}y_1\\ y_2\\ y_3\end{pmatrix}$$

(1) 证明由上式定义的$(\boldsymbol{\alpha},\boldsymbol{\beta})$是$\mathbf{V}$上的内积.

(2) 求$\mathbf{V}$的标准正交基.

2.29　已知向量空间

$$\mathbf{V}=\{(x_1,x_2,x_3,x_4)\mid x_1+x_2+x_3+x_4=0,x_2+x_3+x_4=0\}$$

(1) 求$\mathbf{V}$的基与维数；

(2) 求V的一组标准正交基.

2.30　已知向量$\boldsymbol{\alpha}_1=(1,2,1,0)^T$，$\boldsymbol{\alpha}_2=(1,1,1,2)^T$，$\boldsymbol{\alpha}_3=(3,4,3,4)^T$，$\boldsymbol{\alpha}_4=(1,1,2,1)^T$，$\boldsymbol{\alpha}_5=(4,5,6,4)^T$，$\mathbf{V}=\operatorname{span}\{\boldsymbol{\alpha}_1,\boldsymbol{\alpha}_2,\boldsymbol{\alpha}_3,\boldsymbol{\alpha}_4,\boldsymbol{\alpha}_5\}$，求向量空间$\mathbf{V}$的维数，及其一组标准正交基.

2.31 设 $\mathbf{V}$ 是内积空间，$\mathbf{V}$ 在基 $\boldsymbol{\alpha}_1$，$\boldsymbol{\alpha}_2$，$\boldsymbol{\alpha}_3$，$\boldsymbol{\alpha}_4$ 下的度量矩阵是

$$\mathbf{A}=\begin{pmatrix}2&1&-1&2\\1&5&3&1\\-1&2&6&2\\2&1&2&10\end{pmatrix}$$

$\boldsymbol{\alpha}=2\boldsymbol{\alpha}_1-\boldsymbol{\alpha}_2+\boldsymbol{\alpha}_4$，$\boldsymbol{\beta}=\boldsymbol{\alpha}_1-\boldsymbol{\alpha}_2+\boldsymbol{\alpha}_3+2\boldsymbol{\alpha}_4$.

(1) 求 $\boldsymbol{\alpha}$ 的长度以及 $\boldsymbol{\alpha}$ 与 $\boldsymbol{\beta}$ 的夹角.

(2) 求 $W=\mathrm{span}\{\boldsymbol{\alpha},\boldsymbol{\beta}\}$ 的正交补.

2.32 如果内积空间在基 $\boldsymbol{\alpha}_1$，$\boldsymbol{\alpha}_2$，$\boldsymbol{\alpha}_3$ 下的度量矩阵是 $A=\begin{pmatrix}5&2&-4\\2&1&2\\-4&-2&5\end{pmatrix}$，向量 $\boldsymbol{\alpha}=\boldsymbol{\alpha}_1+\boldsymbol{\alpha}_2-\boldsymbol{\alpha}_3$，$\boldsymbol{\beta}=2\boldsymbol{\alpha}_1-\boldsymbol{\alpha}_2+3\boldsymbol{\alpha}_3$，求 $\boldsymbol{\alpha}$ 与 $\boldsymbol{\beta}$ 之间的夹角，并求 $\mathrm{span}\{\boldsymbol{\alpha},\boldsymbol{\beta}\}$ 的正交补.

2.33 设 $\mathbf{A}=(A_1,A_2,\cdots,A_n)\in\mathbf{R}^{m\times n}$，记 $R(\mathbf{A})=\mathrm{span}\{\mathbf{A}_1,\mathbf{A}_2,\cdots,\mathbf{A}_n\}$，$N(\mathbf{A})=\{\boldsymbol{x}:\mathbf{A}x=\mathbf{0},\ \boldsymbol{x}\in\mathbf{R}^n\}$.

证明：

(1) $R(\mathbf{A})^{\perp}=N(\mathbf{A}^{\mathrm{T}}),R(\mathbf{A})+N(\mathbf{A}^{\mathrm{T}})=\mathbf{R}^m$.

(2) $R(\mathbf{A}^{\mathrm{T}})^{\perp}=N(\mathbf{A}),R(\mathbf{A}^{\mathrm{T}})+N(\mathbf{A})=\mathbf{R}^n$.

(3) $R(\mathbf{A}\mathbf{A}^{\mathrm{T}})=R(\mathbf{A})$.

2.34 设

$$\mathbf{V}=\left\{\boldsymbol{X}=\begin{pmatrix}x_1&x_2\\x_3&x_4\end{pmatrix}\in\mathbf{R}^{2\times2}\mid x_1+x_2+2x_3-x_4=0\right\}$$

在 $\mathbf{V}$ 中定义内积如下

$$(X,Y)=x_1y_1+x_2y_2+x_3y_3+x_4y_4.$$

求 $\mathbf{V}$ 的一组标准正交基.

2.35 求 Householder 矩阵 H，将向量 $\boldsymbol{x}=(1,0,2,-2)^{\mathrm{T}}$ 的后三个分量变成 $\mathbf{0}$.

2.36 设 $\mathbf{A}=\begin{pmatrix}0&c&c\\c&0&c\\c&c&0\end{pmatrix}$，讨论实数 c 取何值时，$\lim\limits_{n\to\infty}\mathbf{A}^n$ 存在.

2.37 在 $P_2(t)$ 中定义运算

$$(f,g)=\sum_{k=0}^{4}f\left(\frac{k}{4}\right)g\left(\frac{k}{4}\right)$$

证明上式定义的运算是 $P_2(t)$ 上的内积，并求 $P_2(t)$ 的正交基.

2.38 求下列极限：

(1) $\lim\limits_{n\to\infty}\begin{pmatrix}(1+n^{-1})^n&0\\\dfrac{1+n}{1-n}&\sqrt[n]{n}\end{pmatrix}$；(2) $\lim\limits_{x\to0}\dfrac{1}{x}\begin{pmatrix}\sin x&\cos x-1\\x^2&\mathrm{e}^x-1\end{pmatrix}$；

(3) $\lim\limits_{x\to0}\begin{pmatrix}\dfrac{\sin2x}{\ln(1+x)}&\dfrac{1-\cos x}{\mathrm{e}^{2x}-1}\\\sin x&2x+3\end{pmatrix}$；(4) $\lim\limits_{n\to\infty}\begin{pmatrix}1/2&1&1\\0&1/3&1\\0&0&1/4\end{pmatrix}^n$；

(5) $\lim\limits_{n\to\infty}\begin{bmatrix}1 & 0 & 0\\ 0 & 0.3 & 0.5\\ 0 & 0.4 & -0.5\end{bmatrix}^n$；(6) $\lim\limits_{n\to\infty}\begin{bmatrix}1 & -1 & -2\\ 0 & 0.5 & 0.4\\ 0 & 0.2 & -0.3\end{bmatrix}^n$.

2.39　设 $\boldsymbol{A}_k=\begin{bmatrix}2^{-k} & \dfrac{(-1)^k}{k}\\ 0 & \dfrac{k+2}{k^3+2k+5}\end{bmatrix}$，讨论矩阵级数 $\sum\limits_{k=1}^{+\infty}\boldsymbol{A}_k$ 的敛散性.

2.40　求矩阵幂级数 $\sum\limits_{n=1}^{\infty}\begin{pmatrix}0.3 & -0.6\\ 0.4 & 0.5\end{pmatrix}^n$ 的和.

2.41　若函数矩阵 $\boldsymbol{A}(x)=\begin{pmatrix}3x^2 & 1\\ x-3 & 2x\end{pmatrix}$求 $\|A'(1)\|_2$.

2.42　设 $\boldsymbol{A}(t)=\begin{pmatrix}2t & \sin t\\ e^{-t} & 2\end{pmatrix}$，求 $\lim\limits_{t\to 0}A(t)$，$\|A'(t)\|_1$，$\int_0^1 A(t)\mathrm{d}t$.

2.43　设 $\boldsymbol{A}(x)=\begin{bmatrix}e^{3x} & \sin x & 0\\ x & 5x & x^2\\ \cos 5x & \ln(1+x^2) & 2x\end{bmatrix}$，求 $\|A'(0)\|_2$.

2.44　设 $\|\cdot\|$ 是 $\mathbf{C}^{n\times n}$ 中任意一种矩阵范数，证明：

(1) 在 $\mathbf{C}^n$ 中一定存在与它相容的向量范数.

(2) $\rho(\boldsymbol{A})=\lim\limits_{n\to\infty}\sqrt[n]{\|\boldsymbol{A}^n\|}$.

第3章 线 性 变 换

变换的概念是数学的一个基本概念，在解析几何与微积分学中曾多次学习和使用不同的变换. 现在我们主要研究线性空间到自身的变换，即所谓线性变换. 它实质上就是线性空间到自身的一个特殊的映射，因此线性变换表示了线性空间中的元素之间的关系. 如果所研究的线性空间是有限维线性空间的话，使用矩阵来研究线性变换是十分方便的，本章中我们将使用矩阵这一工具来研究线性变换. 如无特殊说明，以下仅讨论有限维线性空间.

3.1 线性变换及其运算

定义 3.1.1 设 T 是数域 $\boldsymbol{P}$ 上的线性空间 $\boldsymbol{V}$ 到自身的一个映射，如果下列条件被满足，则称 T 是线性空间 $\boldsymbol{V}$ 的线性变换：

(1) 对于任意的 $\boldsymbol{\alpha}$，$\boldsymbol{\beta}\in\boldsymbol{V}$，$T(\boldsymbol{\alpha}+\boldsymbol{\beta})=T(\boldsymbol{\alpha})+T(\boldsymbol{\beta})$.

(2) 对于任意的 $a\in P$，$\boldsymbol{\alpha}\in\boldsymbol{V}$，$T(k\boldsymbol{\alpha})=kT(\boldsymbol{\alpha})$.

【例 3.1.1】 平面直角坐标系绕坐标原点旋转 θ 角的变换就是实内积空间 $\mathbf{R}^2$ 的一个线性变换，对于 $\mathbf{R}^2$ 中的任意向量 $\boldsymbol{\alpha}=(x_1, x_2)^{\mathrm{T}}$，则这个线性变换的象就是

$$T(\boldsymbol{\alpha})=\begin{pmatrix}\cos\theta & \sin\theta\\ -\sin\theta & \cos\theta\end{pmatrix}\begin{pmatrix}x_1\\ x_2\end{pmatrix}$$

【例 3.1.2】 所有次数不超过 n 的实系数多项式全体 $\boldsymbol{P}_n(t)$ 是实数域 $\mathbf{R}$ 上一个线性空间，任意给定实数 t_0，在 $\boldsymbol{P}_n(t)$ 上定义变换

$$T(f(t))=\int_0^{t_0} f(x)\mathrm{d}x,\quad \forall f(t)\in \boldsymbol{P}_n(t)$$

则 T 是 $\boldsymbol{P}_n(t)$ 的一个线性变换.

以上两例可由定义 3.1.1 验证.

注意：在 $\boldsymbol{P}_n(t)$ 上定义映射

$$T(f(t))=\int_0^{t} f(x)\mathrm{d}x,\quad \forall f(t)\in \boldsymbol{P}_n(t)$$

则 T 是从 $\boldsymbol{P}_n(t)$ 到 $\boldsymbol{P}_{n+1}(t)$ 的一个线性映射. 但不是线性变换，因为 $\boldsymbol{P}_n(t)$、$\boldsymbol{P}_{n+1}(t)$ 是不同的线性空间.

【例 3.1.3】 判定下列变换是否为线性变换：

(1) 在 $\mathbf{R}^{n\times n}$ 中，$T(\boldsymbol{X})=\boldsymbol{AX}-\boldsymbol{XB}$，$\forall \boldsymbol{X}\in\mathbf{R}^{n\times n}$，而 $\boldsymbol{A}$，$\boldsymbol{B}\in\mathbf{R}^{n\times n}$取定.

(2) 在 $\mathbf{R}^{n\times n}$ 中，$T(\boldsymbol{X})=\boldsymbol{AXB}+\boldsymbol{C}$，$\forall \boldsymbol{X}\in\mathbf{R}^{n\times n}$，而 $\boldsymbol{A}$，$\boldsymbol{B}$，$\boldsymbol{C}\in\mathbf{R}^{n\times n}$取定.

解 (1) 是. 对任意 $\boldsymbol{X}$，$\boldsymbol{Y}\in\mathbf{R}^{n\times n}$，$k\in\mathbf{R}$ 有

$$T(\boldsymbol{X}+\boldsymbol{Y})=\boldsymbol{A}(\boldsymbol{X}+\boldsymbol{Y})-(\boldsymbol{X}+\boldsymbol{Y})\boldsymbol{B}=(\boldsymbol{AX}-\boldsymbol{XB})+(\boldsymbol{AY}-\boldsymbol{YB})=T(\boldsymbol{X})+T(\boldsymbol{Y})$$

$$T(k\boldsymbol{X})=\boldsymbol{A}(k\boldsymbol{X})-(k\boldsymbol{X})\boldsymbol{B}=kT(\boldsymbol{X})$$

(2) 当 $\boldsymbol{C}\neq\boldsymbol{0}$ 时，T 不是线性变换，因为 $T(\boldsymbol{0})=\boldsymbol{C}\neq\boldsymbol{0}$. 当 $\boldsymbol{C}=\boldsymbol{0}$ 时，T 是线性变换对任

意 $\boldsymbol{X}$，$\boldsymbol{Y}\in\mathbf{R}^{n\times n}$，有

$$T(\boldsymbol{X}+\boldsymbol{Y})=\boldsymbol{A}(\boldsymbol{X}+\boldsymbol{Y})\boldsymbol{B}=\boldsymbol{AXB}+\boldsymbol{AYB}=T(\boldsymbol{X})+T(\boldsymbol{Y})$$
$$T(k\boldsymbol{X})=\boldsymbol{A}(k\boldsymbol{X})\boldsymbol{B}=kT(\boldsymbol{X})$$

T 是数域 $\boldsymbol{R}$ 上的线性空间 $\mathbf{V}$ 的一个线性变换，$\forall\boldsymbol{\alpha}_i$，$\boldsymbol{\alpha}$，$\boldsymbol{\beta}\in\mathbf{V}$，$k_i\in\boldsymbol{R}$，$i=1，2，\cdots，r$，则 T 有如下的简单性质：

(1) $T(\mathbf{0})=\mathbf{0}$，$T(-\boldsymbol{\alpha})=-T(\boldsymbol{\alpha})$.

(2) 若 $\boldsymbol{\beta}=k_1\boldsymbol{\alpha}_1+k_2\boldsymbol{\alpha}_2+\cdots+k_r\boldsymbol{\alpha}_r$，则 $T(\boldsymbol{\beta})=k_1T(\boldsymbol{\alpha}_1)+k_2T(\boldsymbol{\alpha}_2)+\cdots+k_rT(\boldsymbol{\alpha}_r)$.

(3) 若 $\boldsymbol{\alpha}_1$，$\boldsymbol{\alpha}_2$，$\cdots$，$\boldsymbol{\alpha}_r$ 线性相关，则 $T(\boldsymbol{\alpha}_1)$，$T(\boldsymbol{\alpha}_2)$，$\cdots$，$T(\boldsymbol{\alpha}_r)$ 也线性相关. 但反之不然.

定义 3.1.2　如果对于任意的 $\boldsymbol{\alpha}\in\mathbf{V}$，恒有 $T(\boldsymbol{\alpha})=\mathbf{0}$，则 T 称为零变换，记作 $\mathbf{0}$；如果对于任意的 $\boldsymbol{\alpha}\in\mathbf{V}$，恒有 $T(\boldsymbol{\alpha})=\boldsymbol{\alpha}$，则 T 称为恒等变换，记作 I.

定义 3.1.3　设 T 是数域 P 上的线性空间 $\mathbf{V}$ 的一个线性变换，$\mathbf{V}$ 中所有向量在 T 下的象 $T(\boldsymbol{\alpha})$ 的集合称为 T 的**值域**，记作 $R(T)$，即 $R(T)=\{T(\boldsymbol{\alpha})\mid\boldsymbol{\alpha}\in\mathbf{V}\}$，$R(T)$ 也被称为 T 的**象子空间**.

在线性空间 $\mathbf{V}$ 中，所有被 T 变为零向量的元素所构成的集合称为 T 的**核**，记作 $\mathrm{Ker}(T)$ 或 $T^{-1}(\mathbf{0})$，$\mathrm{Ker}(T)$ 也被称作 T 的**零空间**或**核子空间**，因此 $\mathrm{Ker}(T)$ 也被记成 $N(T)$，即

$$N(T)=\mathrm{Ker}(T)=\{\boldsymbol{\alpha}\mid T(\boldsymbol{\alpha})=\mathbf{0},\boldsymbol{\alpha}\in\mathbf{V}\}$$

定理 3.1.1　线性空间 $\mathbf{V}$ 的线性变换 T 的值域与核都是 $\mathbf{V}$ 的线性子空间.

证明　因为 $\mathbf{V}$ 非空，所以 $R(T)$ 也非空. 又因为 $T(\boldsymbol{\alpha})+T(\boldsymbol{\beta})=T(\boldsymbol{\alpha}+\boldsymbol{\beta})$，$k(T(\boldsymbol{\alpha}))=T(k\boldsymbol{\alpha})$，即 $R(T)$ 对于线性运算封闭，所以 $R(T)$ 是 $\mathbf{V}$ 的线性子空间.

因为 $T(\mathbf{0})=\mathbf{0}$，所以 $\mathbf{0}\in N(T)$，即 $N(T)$ 非空，再由 $T(\boldsymbol{\alpha})=\mathbf{0}$，$T(\boldsymbol{\beta})=\mathbf{0}$ 可知 $T(\boldsymbol{\alpha}+\boldsymbol{\beta})=\mathbf{0}$，$T(k\boldsymbol{\alpha})=\mathbf{0}$，即 $N(T)$ 对于线性运算封闭，所以 $N(T)$ 是 $\mathbf{V}$ 的线性子空间.

定义 3.1.4　称值域 $R(T)$ 的维数 $\dim R(T)$ 为 T 的秩，记为 $\mathrm{rank}(T)$；称核子空间的维数 $\dim N(T)$ 为 T 的亏度或零度，记为 $\mathrm{null}(T)$.

定理 3.1.2　设 T 是线性空间 $\mathbf{V}$ 上的一个线性变换，$\boldsymbol{\alpha}_1$，$\boldsymbol{\alpha}_2$，$\cdots$，$\boldsymbol{\alpha}_n$ 是 $\mathbf{V}$ 的一组基，则

$$R(T)=\mathrm{span}\{T(\boldsymbol{\alpha}_1),T(\boldsymbol{\alpha}_2),\cdots,T(\boldsymbol{\alpha}_n)\}$$

证明　设 $\boldsymbol{\alpha}\in\mathbf{V}$，并且 $\boldsymbol{\alpha}=k_1\boldsymbol{\alpha}_1+k_2\boldsymbol{\alpha}_2+\cdots+k_n\boldsymbol{\alpha}_n$，则

$$T(\boldsymbol{\alpha})=k_1T(\boldsymbol{\alpha}_1)+k_2T(\boldsymbol{\alpha}_2)+\cdots+k_nT(\boldsymbol{\alpha}_n)$$

所以

$$T(\boldsymbol{\alpha})\in\mathrm{span}\{T(\boldsymbol{\alpha}_1),T(\boldsymbol{\alpha}_2),\cdots,T(\boldsymbol{\alpha}_n)\}$$
$$R(T)\subset\mathrm{span}\{T(\boldsymbol{\alpha}_1),T(\boldsymbol{\alpha}_2),\cdots,T(\boldsymbol{\alpha}_n)\}$$

由定义知

$$R(T) \supset \text{span}\{T(\boldsymbol{\alpha}_1), T(\boldsymbol{\alpha}_2), \cdots, T(\boldsymbol{\alpha}_n)\}$$

所以

$$R(T) = \text{span}\{T(\alpha_1), T(\alpha_2), \cdots, T(\alpha_n)\}$$

设 $\boldsymbol{\alpha}_1$，$\boldsymbol{\alpha}_2$，…，$\boldsymbol{\alpha}_n$ 是 $\mathbf{V}$ 的一组基，则

$$N(T) = \left\{ \sum_{k=1}^{n} k_i \boldsymbol{\alpha}_k \,\middle|\, \sum_{k=1}^{n} k_i T(\boldsymbol{\alpha}_k) = \mathbf{0} \right\} \tag{3-1}$$

【例 3.1.4】 已知 $T(f(x))=f''(x)+f(1)$，$f(x)\in P_4(x)$，求 T 的值域 $R(T)$ 和核空间 $N(T)$ 的基与维数.

解 取 $P_4(x)$ 的基 1，x，x^2，x^3，x^4

$$\begin{aligned} R(T) &= \text{span}\{T(1), T(x), T(x^2), T(x^3), T(x^4)\} \\ &= \text{span}\{1, 1, 3, 6x+1, 12x^2+1\} = \text{span}\{1, x, x^2\} = P_2(x) \\ N(T) &= \{a_0 + a_1 x + a_2 x^2 + a_3 x^3 + a_4 x^4 \mid a_0 + a_1 + 3a_2 + a_3(6x+1) + a_4(12x^2+1) = 0\} \\ &= \{-a_1 - 3a_2 + a_1 x + a_2 x^2 \mid a_1, a_2 \in \mathbf{R}\} = \text{span}\{x-1, x^2-3\} \end{aligned}$$

定理 3.1.3 设 T 是线性空间 $\mathbf{V}$ 上的一个线性变换，则 $\text{rank}(T)+\text{null}(T)=\dim\mathbf{V}$，亦即 $\dim(R(T))+\dim(N(T))=n$.

证明 设 $\dim N(T)=r$，在 $N(T)$ 中取一组基 $\boldsymbol{\alpha}_1$，$\boldsymbol{\alpha}_2$，…，$\boldsymbol{\alpha}_r$，将其扩充为 $\mathbf{V}$ 的一组基 $\boldsymbol{\alpha}_1$，$\boldsymbol{\alpha}_2$，…，$\boldsymbol{\alpha}_r$，$\boldsymbol{\alpha}_{r+1}$，…，$\boldsymbol{\alpha}_n$. 由定理 3.1.2 得

$$R(T) = \text{span}\{T(\boldsymbol{\alpha}_1), \quad T(\boldsymbol{\alpha}_2), \cdots, T(\boldsymbol{\alpha}_n)\}$$

但是当 $i=1$，2，…，r 时，$T(\boldsymbol{\alpha}_i)=\mathbf{0}$，所以

$$R(T) = \text{span}\{T(\boldsymbol{\alpha}_{r+1}), \quad T(\boldsymbol{\alpha}_{r+2}), \cdots, T(\boldsymbol{\alpha}_n)\}$$

以下证明$\{T(\boldsymbol{\alpha}_{r+1})$，$T(\boldsymbol{\alpha}_{r+2})$，…，$T(\boldsymbol{\alpha}_n)\}$是 $R(T)$ 的一组基。

设 $k_{r+1}T(\boldsymbol{\alpha}_{r+1})+k_{r+2}T(\boldsymbol{\alpha}_{r+2})+\cdots+k_nT(\boldsymbol{\alpha}_n)=\mathbf{0}$，则 $T(k_{r+1}\boldsymbol{\alpha}_{r+1}+k_{r+2}\boldsymbol{\alpha}_{r+2}+\cdots+k_n\boldsymbol{\alpha}_n)=\mathbf{0}$，所以 $k_{r+1}\boldsymbol{\alpha}_{r+1}+k_{r+2}\boldsymbol{\alpha}_{r+2}+\cdots+k_n\boldsymbol{\alpha}_n\in N(T)$，故 $k_{r+1}\boldsymbol{\alpha}_{r+1}+k_{r+2}\boldsymbol{\alpha}_{r+2}+\cdots+k_n\boldsymbol{\alpha}_n$ 可以用 $\boldsymbol{\alpha}_1$，$\boldsymbol{\alpha}_2$，…，$\boldsymbol{\alpha}_r$ 线性表示，即存在 k_1，k_2，…，k_r，使得 $k_{r+1}\boldsymbol{\alpha}_{r+1}+k_{r+2}\boldsymbol{\alpha}_{r+2}+\cdots+k_n\boldsymbol{\alpha}_n=k_1\boldsymbol{\alpha}_1+k_2\boldsymbol{\alpha}_2+\cdots+k_r\boldsymbol{\alpha}_r$，即

$$k_1\boldsymbol{\alpha}_1 + k_2\boldsymbol{\alpha}_2 + \cdots + k_r\boldsymbol{\alpha}_r - k_{r+1}\boldsymbol{\alpha}_{r+1} - k_{r+2}\boldsymbol{\alpha}_{r+2} - \cdots - k_n\boldsymbol{\alpha}_n = \mathbf{0}$$

又因为 $\boldsymbol{\alpha}_1$，$\boldsymbol{\alpha}_2$，…，$\boldsymbol{\alpha}_n$ 线性无关，所以 $k_i=0\,(i=1, 2, \cdots, n)$，因此 $T(\boldsymbol{\alpha}_{r+1})$，$T(\boldsymbol{\alpha}_{r+2})$，…，$T(\boldsymbol{\alpha}_n)$ 线性无关，所以 $\text{rank}(T)=n-r$，即

$$\text{rank}(T) + \text{null}(T) = \dim\mathbf{V}$$

需要注意的是：虽然 $\text{rank}(T)+\dim N(T)=\dim\mathbf{V}=n$，但是 $R(T)+N(T)$并不一定等于 $\mathbf{V}$. 例如：在 $P_n[x]$ 中，令 $T(p(x))=p'(x)$，则 $R(T)=P_{n-1}[x]$，$N(T)=\mathbf{R}$，显然 $R(T)+N(T)\neq P_n[x]$.

【例 3.1.5】 已知 $\mathbf{R}^{2\times2}$ 的线性变换 $T(\boldsymbol{X})=\boldsymbol{MX}-\boldsymbol{XM}$，$\forall \boldsymbol{X}\in\mathbf{R}^{2\times2}$，$\boldsymbol{M}=\begin{pmatrix}1 & 2\\ 0 & 3\end{pmatrix}$，求 $R(T)$，$N(T)$ 的基与维数.

解 取 $\mathbf{R}^{2\times2}$ 的基 $\boldsymbol{E}_{11}$，$\boldsymbol{E}_{12}$，$\boldsymbol{E}_{21}$，$\boldsymbol{E}_{22}$，则 $T(\boldsymbol{E}_{11})=\begin{pmatrix}0 & -2\\ 0 & 0\end{pmatrix}$，$T(\boldsymbol{E}_{12})=\begin{pmatrix}0 & -2\\ 0 & 0\end{pmatrix}$，

$T(\boldsymbol{E}_{21})=\begin{pmatrix}2 & 0\\2 & -2\end{pmatrix}$，$T(\boldsymbol{E}_{22})=\begin{pmatrix}0 & 2\\0 & 0\end{pmatrix}$该矩阵组的秩是 2，并且$\begin{pmatrix}0 & -2\\0 & 0\end{pmatrix}$，$\begin{pmatrix}2 & 0\\2 & -2\end{pmatrix}$是一个极大无关组，所以 $\dim(R(T))=2$，并且$\begin{pmatrix}0 & -2\\0 & 0\end{pmatrix}$，$\begin{pmatrix}2 & 0\\2 & -2\end{pmatrix}$是 $R(T)$ 的一组基.

设 $\boldsymbol{X}=\begin{bmatrix}x_1 & x_2\\x_3 & x_4\end{bmatrix}\in N(T)$，由

$$T(\boldsymbol{X})=\boldsymbol{MX}-\boldsymbol{XM}=\begin{bmatrix}2x_3 & -2x_1-2x_2+2x_4\\2x_3 & -2x_3\end{bmatrix}=\begin{pmatrix}0 & 0\\0 & 0\end{pmatrix}$$

由此可得，$x_1=-k_1+k_2$，$x_2=k_1$，$x_3=0$，$x_4=k_2$，其中 k_1，k_2 任意. 所以

$$N(T)=\left\{\begin{bmatrix}-k_1+k_2 & k_1\\0 & k_2\end{bmatrix}\middle| k_1,k_2\in\mathbf{R}\right\}$$

所以 $\dim(N(T))=2$，并且$\begin{pmatrix}-1 & 1\\0 & 0\end{pmatrix}$，$\begin{pmatrix}1 & 0\\0 & 1\end{pmatrix}$是 $N(T)$ 的一组基.

定义 3.1.5　设 T 是线性空间 $\boldsymbol{V}$ 上的线性变换，W 是 $\boldsymbol{V}$ 的子空间，如果对任意的向量 $\boldsymbol{\alpha}\in W$，有 $T(\boldsymbol{\alpha})\in W$，则称 W 是 T 的**不变子空间**，简称 **T 子空间**.

显然，线性空间 $\boldsymbol{V}$ 和零空间 $\{\boldsymbol{0}\}$ 是任何线性变换 T 的不变子空间，因此线性空间 $\boldsymbol{V}$ 和零空间 $\{\boldsymbol{0}\}$ 称为 T 的**平凡不变子空间**.

设 $\boldsymbol{T}$ 是线性空间 $\boldsymbol{V}$ 的一个线性子空间，由于 $\boldsymbol{R}(\boldsymbol{T})\subset\boldsymbol{V}$，因此 $\boldsymbol{T}[\boldsymbol{R}(\boldsymbol{T})]\subset\boldsymbol{T}(\boldsymbol{V})=\boldsymbol{R}(\boldsymbol{T})$，从而 $\boldsymbol{R}(\boldsymbol{T})$ 是 $\boldsymbol{T}$ 的不变子空间。由于 $\forall\boldsymbol{\alpha}\in\boldsymbol{N}(\boldsymbol{T})$，$\boldsymbol{\tau}(\boldsymbol{\alpha})=\boldsymbol{0}\in\boldsymbol{N}(\boldsymbol{T})$，因此 $\boldsymbol{T}[\boldsymbol{N}(\boldsymbol{T})]=\{\boldsymbol{0}\}\subset\boldsymbol{N}(\boldsymbol{T})$，从而 $\boldsymbol{N}(\boldsymbol{T})$ 是 $\boldsymbol{T}$ 的不变子空间.

定理 3.1.4　设 $\boldsymbol{V}_1$，$\boldsymbol{V}_2$ 是线性空间 $\boldsymbol{V}$ 上的线性变换 T 的不变子空间，则 $\boldsymbol{V}_1+\boldsymbol{V}_2$，$\boldsymbol{V}_1\cap\boldsymbol{V}_2$ 都是 T 的不变子空间.

证明　设 $\boldsymbol{\alpha}\in\boldsymbol{V}_1+\boldsymbol{V}_2$，则存在 $\boldsymbol{\alpha}_1\in\boldsymbol{V}_1$，$\boldsymbol{\alpha}_2\in\boldsymbol{V}_2$，使得 $\boldsymbol{\alpha}=\boldsymbol{\alpha}_1+\boldsymbol{\alpha}_2$. 因为 $\boldsymbol{V}_1$，$\boldsymbol{V}_2$ 是线性空间 $\boldsymbol{V}$ 上的一个线性变换 T 的不变子空间，所以 $T(\boldsymbol{\alpha}_1)\in\boldsymbol{V}_1$，$T(\boldsymbol{\alpha}_2)\in\boldsymbol{V}_2$，因此

$$T(\boldsymbol{\alpha}_1+\boldsymbol{\alpha}_2)=T(\boldsymbol{\alpha}_1)+T(\boldsymbol{\alpha}_2)\in\boldsymbol{V}_1+\boldsymbol{V}_2$$
$$T(k\boldsymbol{\alpha}_1)=kT(\boldsymbol{\alpha}_1)\in\boldsymbol{V}_1+\boldsymbol{V}_2$$

故 $\boldsymbol{V}_1+\boldsymbol{V}_2$ 是 T 的不变子空间.

设 $\boldsymbol{\beta}_1$，$\boldsymbol{\beta}_2\in\boldsymbol{V}_1\cap\boldsymbol{V}_2$，则 $\boldsymbol{\beta}_1$，$\boldsymbol{\beta}_2\in\boldsymbol{V}_1$，$\boldsymbol{\beta}_1$，$\boldsymbol{\beta}_2\in\boldsymbol{V}_2$. 因为 $\boldsymbol{V}_1$，$\boldsymbol{V}_2$ 是线性空间 $\boldsymbol{V}$ 上的线性变换 T 的不变子空间，所以

$$T(\boldsymbol{\beta}_1+\boldsymbol{\beta}_2)=T(\boldsymbol{\beta}_1)+T(\boldsymbol{\beta}_2)\in\boldsymbol{V}_1,T(\boldsymbol{\beta}_1+\boldsymbol{\beta}_2)=T(\boldsymbol{\beta}_1)+T(\boldsymbol{\beta}_2)\in\boldsymbol{V}_2$$
$$T(k\boldsymbol{\beta}_1)=kT(\boldsymbol{\beta}_1)\in\boldsymbol{V}_1,T(k\boldsymbol{\beta}_1)=kT(\boldsymbol{\beta}_1)\in\boldsymbol{V}_2$$

故 $\boldsymbol{V}_1\cap\boldsymbol{V}_2$ 是 T 的不变子空间.

用 $L(\boldsymbol{V})$ 表示线性空间 $\boldsymbol{V}$ 的所有线性变换所组成的集合.

定义 3.1.6　设 $k\in P$，T_1，$T_2\in L(\boldsymbol{V})$，则

(1) 如果对任意的 $\boldsymbol{\alpha}\in\boldsymbol{V}$，都有 $T_1(\boldsymbol{\alpha})=T_2(\boldsymbol{\alpha})$，则称 T_1 与 T_2 相等，记为 $T_1=T_2$.

(2) $\mathbf{V}$ 中的映射：$T(\boldsymbol{\alpha})=T_1(\boldsymbol{\alpha})+T_2(\boldsymbol{\alpha})$称为 T_1 与 T_2 的和，记作 T_1+T_2.

(3) $\mathbf{V}$ 中的映射：$T(\boldsymbol{\alpha})=kT_1(\boldsymbol{\alpha})$称为 k 与 T_1 的数乘，记作 kT_1.

(4) $\mathbf{V}$ 中的映射：$T(\boldsymbol{\alpha})=T_1(T_2(\boldsymbol{\alpha}))$称为 T_1 与 T_2 的积，记作 T_1T_2.

定理 3.1.5 (1) 如果 T_1，$T_2\in L(\mathbf{V})$，$k\in P$，则 T_1+T_2，kT_1，$T_1T_2\in L(\mathbf{V})$.

(2) $L(\mathbf{V})$ 是 P 上的线性空间.

3.2 线性变换的表示矩阵

设 T 是数域 P 上 n 维线性空间 $\mathbf{V}$ 上的线性变换，取 $\mathbf{V}$ 的一个基 $\boldsymbol{\alpha}_1$，$\boldsymbol{\alpha}_2$，…，$\boldsymbol{\alpha}_n$. 设 $\boldsymbol{\alpha}$ 是 $\mathbf{V}$ 中任意一个向量，$T(\boldsymbol{\alpha})$ 与 $\boldsymbol{\alpha}$ 在基 $\boldsymbol{\alpha}_1$，$\boldsymbol{\alpha}_2$，…，$\boldsymbol{\alpha}_n$ 下的坐标之间又有什么关系呢？我们先来看基向量 $\boldsymbol{\alpha}_1$，$\boldsymbol{\alpha}_2$，…，$\boldsymbol{\alpha}_n$ 在 T 下的表示，不妨设

$$T(\boldsymbol{\alpha}_1)=a_{11}\boldsymbol{\alpha}_1+a_{21}\boldsymbol{\alpha}_2+\cdots+a_{n1}\boldsymbol{\alpha}_n$$
$$T(\boldsymbol{\alpha}_2)=a_{12}\boldsymbol{\alpha}_1+a_{22}\boldsymbol{\alpha}_2+\cdots+a_{n2}\boldsymbol{\alpha}_n$$
$$\cdots$$
$$T(\boldsymbol{\alpha}_n)=a_{1n}\boldsymbol{\alpha}_1+a_{2n}\boldsymbol{\alpha}_2+\cdots+a_{nn}\boldsymbol{\alpha}_n$$

其中 a_{ij} 就是 $T(\boldsymbol{\alpha}_j)$ 在基 $\boldsymbol{\alpha}_1$，$\boldsymbol{\alpha}_2$，…，$\boldsymbol{\alpha}_n$ 下的坐标（i，$j=1$，2，…，n).

令

$$\mathbf{A}=\begin{pmatrix} a_{11} & a_{12} & \cdots & a_{1n} \\ a_{21} & a_{22} & \cdots & a_{2n} \\ \cdots & \cdots & \cdots & \cdots \\ a_{n1} & a_{n2} & \cdots & a_{nn} \end{pmatrix}$$

这个矩阵称为线性变换 T 关于基 $\boldsymbol{\alpha}_1$，$\boldsymbol{\alpha}_2$，…，$\boldsymbol{\alpha}_n$ 的（表示）矩阵，其中第 j 列元素就是 $T(\boldsymbol{\alpha}_j)$ 在基 $\boldsymbol{\alpha}_1$，$\boldsymbol{\alpha}_2$，…，$\boldsymbol{\alpha}_n$ 下的坐标.

【例 3.2.1】 已知 $P_3(t)$ 的线性变换

$$T(a_0+a_1t+a_2t^2+a_3t^3)=(a_0-a_2)+(a_1-a_3)t+(a_2-a_0)t^2+(a_3-a_1)t^3$$

求 T 在基 1，t，t^2，t^3 下的矩阵.

解 因为

$$T(1)=1-t^2,T(t)=t-t^3,T(t^2)=-1+t^2,T(t^3)=-t+t^3$$

所以 T 在基 1，t，t^2，t^3 下的矩阵 $\mathbf{A}=\begin{pmatrix} 1 & 0 & -1 & 0 \\ 0 & 1 & 0 & -1 \\ -1 & 0 & 1 & 0 \\ 0 & -1 & 0 & 1 \end{pmatrix}$.

定理 3.2.1 设 T 是 n 维线性空间 $\mathbf{V}$ 上的线性变换，T 关于基 $\boldsymbol{\alpha}_1$，$\boldsymbol{\alpha}_2$，…，$\boldsymbol{\alpha}_n$ 的矩阵为 $\mathbf{A}$，并且对任意的 $\boldsymbol{\alpha}$，$T(\boldsymbol{\alpha})\in\mathbf{V}$，有 $\boldsymbol{\alpha}=x_1\boldsymbol{\alpha}_1+x_2\boldsymbol{\alpha}_2+\cdots+x_n\boldsymbol{\alpha}_n$ 及 $T(\boldsymbol{\alpha})=y_1\boldsymbol{\alpha}_1+y_2\boldsymbol{\alpha}_2+\cdots+y_n\boldsymbol{\alpha}_n$，则

$$(y_1,y_2,\cdots,y_n)^{\mathrm{T}}=\mathbf{A}(x_1,x_2,\cdots,x_n)^{\mathrm{T}}$$

证明　因为 $T(\boldsymbol{\alpha})=T(\sum_{i=1}^{n}x_i\boldsymbol{\alpha}_i)=\sum_{i=1}^{n}x_iT(\boldsymbol{\alpha}_i)=\sum_{i=1}^{n}x_i\sum_{j=1}^{n}a_{ji}\boldsymbol{\alpha}_j=\sum_{j=1}^{n}(\sum_{k=1}^{n}a_{ji}x_i)\boldsymbol{\alpha}_j$，所以

$$y_i=\sum_{i=1}^{n}a_{ji}x_i,\quad (j=1,2,\cdots,n)$$

故 $(y_1, y_2, \cdots, y_n)^{\mathrm{T}}=\boldsymbol{A}(x_1, x_2, \cdots, x_n)^{\mathrm{T}}$，此式也叫作 T 的解析表示.

当取定数域 P 上的 n 维线性空间 $\mathbf{V}$ 的一个基后，对于 $\mathbf{V}$ 的每一个线性变换，数域 P 上都有一个唯一确定的矩阵与之对应，因此，我们在矩阵与线性变换之间建立了一一对应关系. 可以利用矩阵 $\mathbf{A}$ 来研究线性变换 T.

如果线性变换 T 关于基 $\boldsymbol{\alpha}_1, \boldsymbol{\alpha}_2, \cdots, \boldsymbol{\alpha}_n$ 的矩阵是 $\boldsymbol{A}$，则有：

(1) $R(T)$ 的基的坐标对应于 $\mathbf{A}$ 的列向量组的极大线性无关组.

(2) $N(T)$ 的基的坐标对应于 $\mathbf{A}x=\mathbf{0}$ 的基础解系.

(3) $\dim(R(T))=\mathrm{rank}(\mathbf{A})$，$\dim(N(T))=\dim(\mathbf{V})-\mathrm{rank}(\mathbf{A})$.

设 $\mathbf{V}$ 是数域 P 上的 n 维线性空间，则 $L(\mathbf{V})$ 是 n^2 维的线性空间. 如果 $\boldsymbol{\alpha}_1, \boldsymbol{\alpha}_2, \cdots, \boldsymbol{\alpha}_n$ 是 $\mathbf{V}$ 的基，则

$$\{T_{ij} \mid T_{ij}(\boldsymbol{\alpha}_i)=\boldsymbol{\alpha}_j,\quad i,j=1,2,\cdots,n\}$$

是 $L(\mathbf{V})$ 的基.

【例 3.2.2】　已知 $\mathbf{R}^{2\times2}$ 的线性变换 $T(\boldsymbol{X})=\boldsymbol{MX}-\boldsymbol{XM}$，$(\forall \boldsymbol{X}\in\mathbf{R}^{2\times2})$，$\boldsymbol{M}=\begin{pmatrix}1&2\\0&3\end{pmatrix}$

求 $R(T)$、$N(T)$ 的基与维数.

解　取 $\mathbf{R}^{2\times2}$ 的基 $\boldsymbol{E}_{11}, \boldsymbol{E}_{12}, \boldsymbol{E}_{21}, \boldsymbol{E}_{22}$，则

$$T(\boldsymbol{E}_{11})=\begin{pmatrix}0&-2\\0&0\end{pmatrix},T(\boldsymbol{E}_{12})=\begin{pmatrix}0&-2\\0&0\end{pmatrix},T(\boldsymbol{E}_{21})=\begin{pmatrix}2&0\\2&-2\end{pmatrix},T(\boldsymbol{E}_{22})=\begin{pmatrix}0&2\\0&0\end{pmatrix}$$

所以 T 在 $\boldsymbol{E}_{11}, \boldsymbol{E}_{12}, \boldsymbol{E}_{21}, \boldsymbol{E}_{22}$ 下的矩阵为

$$\boldsymbol{A}=\begin{bmatrix}0&0&2&0\\-2&-2&0&2\\0&0&2&0\\0&0&-2&0\end{bmatrix}\sim\begin{bmatrix}1&1&0&-1\\0&0&1&0\\0&0&0&0\\0&0&0&0\end{bmatrix}$$

可求得，$\mathrm{rank}(\mathbf{A})=2$，$(0, -2, 0, 0)^{\mathrm{T}}$，$(2, 0, 2, -2)^{\mathrm{T}}$ 是 $\mathbf{A}$ 的列向量组的一个极大线性无关组，故 $\dim(R(T))=2$，并且 $\begin{pmatrix}0&-2\\0&0\end{pmatrix}$，$\begin{pmatrix}2&0\\2&-2\end{pmatrix}$ 是 $R(T)$ 的一个基. $\mathbf{A}x=\mathbf{0}$ 的基础解系为 $(-1, 1, 0, 0)^{\mathrm{T}}$，$(1, 0, 0, 1)^{\mathrm{T}}$，所以 $\dim(N(T))=2$，并且 $\begin{pmatrix}-1&1\\0&0\end{pmatrix}$，$\begin{pmatrix}1&0\\0&1\end{pmatrix}$ 是 $N(T)$ 的一个基.

定理 3.2.2　设 $\boldsymbol{A}$，$\boldsymbol{B}$ 分别是线性变换 T_1，T_2 在基 $\boldsymbol{\alpha}_1, \boldsymbol{\alpha}_2, \cdots, \boldsymbol{\alpha}_n$ 下的矩阵，那么在此基下有：

1) T_1+T_2 在基 $\boldsymbol{\alpha}_1, \boldsymbol{\alpha}_2, \cdots, \boldsymbol{\alpha}_n$ 下的矩阵为 $\boldsymbol{A}+\boldsymbol{B}$.

2) kT_1 在基 $\boldsymbol{\alpha}_1, \boldsymbol{\alpha}_2, \cdots, \boldsymbol{\alpha}_n$ 下的矩阵为 $k\boldsymbol{A}$.

3) T_1T_2 在基 $\boldsymbol{\alpha}_1$，$\boldsymbol{\alpha}_2$，…，$\boldsymbol{\alpha}_n$ 下的矩阵为 $\boldsymbol{AB}$.

4) 若 T_1 可逆，那么 T_1^{-1} 在基 $\boldsymbol{\alpha}_1$，$\boldsymbol{\alpha}_2$，…，$\boldsymbol{\alpha}_n$ 下的矩阵为 $\boldsymbol{A}^{-1}$.

【例 3.2.3】 $W_2=\{a_0+a_1\cos x+b_1\sin x+a_2\cos 2x+b_2\sin 2x \mid a_0, a_1, a_2, b_1, b_2\}$

$$T:W_2\to W_2$$
$$T(f(x))=f''(x)+f(0)$$

证明 T 是 W_2 上的可逆线性变换.

解 由于

$$\begin{aligned}T(f(x)+g(x))&=(f+g)''(x)+f(0)+g(0)\\&=f''(x)+f(0)+g''(x)+g(0)=T(f(x))+T(g(x))\\T(kf(x))&=k(f''(x)+f(0))\end{aligned}$$

因此 T 是 W_2 上的线性变换.

取 W_2 的基 1，$\cos x$，$\sin x$，$\cos 2x$，$\sin 2x$，则

$$T(1)=1,T(\cos x)=-\cos x+1,T(\sin x)=-\sin x,$$
$$T(\cos 2x)=-4\cos 2x+1,T(\sin 2x)=-4\sin 2x$$

T 在基 1，$\cos x$，$\sin x$，$\cos 2x$，$\sin 2x$ 下的矩阵

$$\boldsymbol{A}=\begin{pmatrix}1&1&0&1&0\\0&-1&0&0&0\\0&0&-1&0&0\\0&0&0&-4&0\\0&0&0&0&-4\end{pmatrix}$$

由于 $|\boldsymbol{A}|=16\neq 0$，因此 $\boldsymbol{A}$ 是可逆矩阵，从而 T 是可逆变换.

【例 3.2.4】 已知 $\mathbf{R}^{2\times 2}$ 的两个线性变换

$$T(\boldsymbol{X})=\boldsymbol{XN},S(\boldsymbol{X})=\boldsymbol{MX},\forall \boldsymbol{X}\in\mathbf{R}^{2\times 2},\boldsymbol{M}=\begin{pmatrix}1&0\\-2&0\end{pmatrix},\boldsymbol{N}=\begin{pmatrix}1&1\\1&-1\end{pmatrix},$$

求 (1) $T+S$，TS 在基 $\boldsymbol{E}_{11}$，$\boldsymbol{E}_{12}$，$\boldsymbol{E}_{21}$，$\boldsymbol{E}_{22}$ 下的矩阵.

(2) T 与 S 是否可逆？若可逆，求其逆变换.

解 (1) 可求得 T 与 S 在基 $\boldsymbol{E}_{11}$，$\boldsymbol{E}_{12}$，$\boldsymbol{E}_{21}$，$\boldsymbol{E}_{22}$ 下的矩阵分别是

$$\boldsymbol{A}=\begin{pmatrix}1&1&0&0\\1&-1&0&0\\0&0&1&1\\0&0&1&-1\end{pmatrix},\quad \boldsymbol{B}=\begin{pmatrix}1&0&0&0\\0&1&0&0\\-2&0&0&0\\0&-2&0&0\end{pmatrix}$$

故 $T+S$，TS 在基 $\boldsymbol{E}_{11}$，$\boldsymbol{E}_{12}$，$\boldsymbol{E}_{21}$，$\boldsymbol{E}_{22}$ 下的矩阵为

$$\boldsymbol{A}+\boldsymbol{B}=\begin{pmatrix}2&1&0&0\\1&0&0&0\\-2&0&1&1\\0&-2&1&-1\end{pmatrix},\quad \boldsymbol{AB}=\begin{pmatrix}1&1&0&0\\1&-1&0&0\\-2&-2&0&0\\-2&2&0&0\end{pmatrix}$$

(2) 由于 $\det(\boldsymbol{A})=4$，$\det(\boldsymbol{B})=0$，所以 T 可逆，而 S 不可逆. T^{-1} 在基 $\boldsymbol{E}_{11}$，$\boldsymbol{E}_{12}$，$\boldsymbol{E}_{21}$，$\boldsymbol{E}_{22}$ 下的矩阵为

$$\boldsymbol{A}^{-1}=\begin{pmatrix}1/2 & 1/2 & 0 & 0\\ 1/2 & -1/2 & 0 & 0\\ 0 & 0 & 1/2 & 1/2\\ 0 & 0 & 1/2 & -1/2\end{pmatrix}$$

任取 $\boldsymbol{X}=\begin{pmatrix}x_1 & x_2\\ x_3 & x_4\end{pmatrix}\in\mathbf{R}^{2\times 2}$，则

$$\begin{aligned}T^{-1}(\boldsymbol{X})&=(\boldsymbol{E}_{11},\boldsymbol{E}_{12},\boldsymbol{E}_{21},\boldsymbol{E}_{22})\boldsymbol{A}^{-1}\begin{pmatrix}x_1\\ x_2\\ x_3\\ x_4\end{pmatrix}\\ &=\frac{x_1+x_2}{2}\boldsymbol{E}_{11}+\frac{x_1-x_2}{2}\boldsymbol{E}_{12}+\frac{x_3+x_4}{2}\boldsymbol{E}_{21}+\frac{x_3-x_4}{2}\boldsymbol{E}_{22}\\ &=\frac{1}{2}\begin{pmatrix}x_1+x_2 & x_1-x_2\\ x_3+x_4 & x_3-x_4\end{pmatrix}=\begin{pmatrix}x_1 & x_2\\ x_3 & x_4\end{pmatrix}\frac{1}{2}\begin{pmatrix}1 & 1\\ 1 & -1\end{pmatrix}\end{aligned}$$

线性空间可取不同的基. 线性变换在不同的基下的表示矩阵有什么关系呢？有如下结论.

定理 3.2.3　设在线性空间 $\boldsymbol{V}$ 中，由基 $\boldsymbol{\alpha}_1$，$\boldsymbol{\alpha}_2$，…，$\boldsymbol{\alpha}_n$ 到基 $\boldsymbol{\beta}_1$，$\boldsymbol{\beta}_2$，…，$\boldsymbol{\beta}_n$ 的过渡矩阵为 $\boldsymbol{P}$，$\boldsymbol{V}$ 中的线性变换 T 在这两个基下的矩阵分别为 $\boldsymbol{A}$、$\boldsymbol{B}$，则 $\boldsymbol{B}=\boldsymbol{P}^{-1}\boldsymbol{AP}$.

证明　因为 $(\boldsymbol{\beta}_1,\boldsymbol{\beta}_2,\cdots,\boldsymbol{\beta}_n)=(\boldsymbol{\alpha}_1,\boldsymbol{\alpha}_2,\cdots,\boldsymbol{\alpha}_n)\boldsymbol{P}$，并且

$$T(\boldsymbol{\alpha}_1,\boldsymbol{\alpha}_2,\cdots,\boldsymbol{\alpha}_n)=(\boldsymbol{\alpha}_1,\boldsymbol{\alpha}_2,\cdots,\boldsymbol{\alpha}_n)\boldsymbol{P},T(\boldsymbol{\beta}_1,\boldsymbol{\beta}_2,\cdots,\boldsymbol{\beta}_n)=(\boldsymbol{\beta}_1,\boldsymbol{\beta}_2,\cdots,\boldsymbol{\beta}_n)\boldsymbol{B},$$

又因为 $\boldsymbol{\beta}_1$，$\boldsymbol{\beta}_2$，…，$\boldsymbol{\beta}_n$ 线性无关，所以 $\boldsymbol{P}$ 可逆，因此 $(\boldsymbol{\alpha}_1,\boldsymbol{\alpha}_2,\cdots,\boldsymbol{\alpha}_n)=(\boldsymbol{\beta}_1,\boldsymbol{\beta}_2,\cdots,\boldsymbol{\beta}_n)\boldsymbol{P}^{-1}$，故

$$(\boldsymbol{\beta}_1,\boldsymbol{\beta}_2,\cdots,\boldsymbol{\beta}_n)\boldsymbol{B}=T(\boldsymbol{\beta}_1,\boldsymbol{\beta}_2,\cdots,\boldsymbol{\beta}_n)=T(\boldsymbol{\alpha}_1,\boldsymbol{\alpha}_2,\cdots,\boldsymbol{\alpha}_n)\boldsymbol{P}=(\boldsymbol{\beta}_1,\boldsymbol{\beta}_2,\cdots,\boldsymbol{\beta}_n)\boldsymbol{P}^{-1}\boldsymbol{AP}$$

因此 $\boldsymbol{B}=\boldsymbol{P}^{-1}\boldsymbol{AP}$.

由上述定理可知 $\boldsymbol{V}$ 中的线性变换 T 在不同的基下的矩阵相似.

【例 3.2.5】　在三维空间 $\mathbf{R}^3$ 中，$\boldsymbol{\varepsilon}_1=(1,0,0)$，$\boldsymbol{\varepsilon}_2=(0,1,0)$，$\boldsymbol{\varepsilon}_3=(0,0,1)$ 是 $\mathbf{R}^3$ 的自然基. 求下列各线性变换 T 在指定的基下的矩阵：

(1) 已知 $T(x_1,x_2,x_3)=(2x_1-x_2,x_2+x_3,x_1)$，求 T 在基 $\boldsymbol{\varepsilon}_1$，$\boldsymbol{\varepsilon}_2$，$\boldsymbol{\varepsilon}_3$ 下的矩阵.

(2) 已知线性变换 T 在基 $\boldsymbol{\eta}_1=(-1,1,1)$，$\boldsymbol{\eta}_2=(1,0,-1)$，$\boldsymbol{\eta}_3=(0,1,1)$ 下的矩阵是 $\begin{pmatrix}1 & 0 & 1\\ 1 & 1 & 0\\ -1 & 2 & 1\end{pmatrix}$，求 T 在基 $\boldsymbol{\varepsilon}_1$，$\boldsymbol{\varepsilon}_2$，$\boldsymbol{\varepsilon}_3$ 下的矩阵.

(3) 已知 $\boldsymbol{\alpha}_1=(-1,0,2)$，$\boldsymbol{\alpha}_2=(0,1,1)$，$\boldsymbol{\alpha}_3=(3,-1,0)$ 是一个基，$T(\boldsymbol{\alpha}_1)=(-5,0,3)$，$T(\boldsymbol{\alpha}_2)=(0,-1,6)$，$T(\boldsymbol{\alpha}_3)=(-5,-1,9)$，求 T 在 $\boldsymbol{\varepsilon}_1$，$\boldsymbol{\varepsilon}_2$，$\boldsymbol{\varepsilon}_3$ 的矩阵以及在基 $\boldsymbol{\alpha}_1$，$\boldsymbol{\alpha}_2$，$\boldsymbol{\alpha}_3$ 下的矩阵.

解　(1) 因为 $T(x_1,x_2,x_3)=(2x_1-x_2,x_2+x_3,x_1)$，所以 $T(\boldsymbol{\varepsilon}_1)=T(1,0,0)=(2,$

0,1), $T(\boldsymbol{\varepsilon}_2)=T(0,1,0)=(-1,1,0)$, $T(\boldsymbol{\varepsilon}_3)=T(0,0,1)=(0,1,0)$.

由于三维向量在基 $\boldsymbol{\varepsilon}_1$, $\boldsymbol{\varepsilon}_2$, $\boldsymbol{\varepsilon}_3$ 下的坐标就是其分量，所以

$$T(\boldsymbol{\varepsilon}_1,\boldsymbol{\varepsilon}_2,\boldsymbol{\varepsilon}_3)=(\boldsymbol{\varepsilon}_1,\boldsymbol{\varepsilon}_2,\boldsymbol{\varepsilon}_3)\begin{pmatrix}2&-1&0\\0&1&1\\1&0&0\end{pmatrix}$$

因此 T 在基 $\boldsymbol{\varepsilon}_1$, $\boldsymbol{\varepsilon}_2$, $\boldsymbol{\varepsilon}_3$ 下的矩阵为 $\begin{pmatrix}2&-1&0\\0&1&1\\1&0&0\end{pmatrix}$.

(2) $\because T(\boldsymbol{\eta}_1,\boldsymbol{\eta}_2,\boldsymbol{\eta}_3)=(\boldsymbol{\eta}_1,\boldsymbol{\eta}_2,\boldsymbol{\eta}_3)\begin{pmatrix}1&0&1\\1&1&0\\-1&2&1\end{pmatrix}$，又因 $(\boldsymbol{\eta}_1,\boldsymbol{\eta}_2,\boldsymbol{\eta}_3)=(\boldsymbol{\varepsilon}_1,\boldsymbol{\varepsilon}_2,$ $\boldsymbol{\varepsilon}_3)\begin{pmatrix}-1&1&0\\1&0&1\\1&-1&1\end{pmatrix}$,

$$\therefore (\boldsymbol{\varepsilon}_1,\boldsymbol{\varepsilon}_2,\boldsymbol{\varepsilon}_3)=(\boldsymbol{\eta}_1,\boldsymbol{\eta}_2,\boldsymbol{\eta}_3)\begin{pmatrix}-1&1&0\\1&0&1\\1&-1&1\end{pmatrix}^{-1}=(\boldsymbol{\eta}_1,\boldsymbol{\eta}_2,\boldsymbol{\eta}_3)\begin{pmatrix}-1&1&-1\\0&1&-1\\1&0&1\end{pmatrix}.$$

由此可得

$$\begin{aligned}T(\boldsymbol{\varepsilon}_1,\boldsymbol{\varepsilon}_2,\boldsymbol{\varepsilon}_3)&=(\boldsymbol{\varepsilon}_1,\boldsymbol{\varepsilon}_2,\boldsymbol{\varepsilon}_3)\begin{pmatrix}-1&1&0\\1&0&1\\1&-1&1\end{pmatrix}\begin{pmatrix}1&0&1\\1&1&0\\-1&2&1\end{pmatrix}\begin{pmatrix}-1&1&-1\\0&1&-1\\1&0&1\end{pmatrix}\\&=(\boldsymbol{\varepsilon}_1,\boldsymbol{\varepsilon}_2,\boldsymbol{\varepsilon}_3)\begin{pmatrix}-1&1&-2\\2&2&0\\3&0&2\end{pmatrix}\end{aligned}$$

因此 T 在基 $\boldsymbol{\varepsilon}_1$, $\boldsymbol{\varepsilon}_2$, $\boldsymbol{\varepsilon}_3$ 下的矩阵为 $\begin{pmatrix}-1&1&-2\\2&2&0\\3&0&2\end{pmatrix}$.

(3) 因为

$T(\boldsymbol{\alpha}_1,\boldsymbol{\alpha}_2,\boldsymbol{\alpha}_3)=(\boldsymbol{\varepsilon}_1,\boldsymbol{\varepsilon}_2,\boldsymbol{\varepsilon}_3)\begin{pmatrix}-5&0&-5\\0&-1&-1\\3&6&9\end{pmatrix}$，$(\boldsymbol{\alpha}_1,\boldsymbol{\alpha}_2,\boldsymbol{\alpha}_3)=(\boldsymbol{\varepsilon}_1,\boldsymbol{\varepsilon}_2,\boldsymbol{\varepsilon}_3)$ $\begin{pmatrix}-1&0&3\\0&1&-1\\2&1&0\end{pmatrix}$,

所以

$$T(\boldsymbol{\varepsilon}_1,\boldsymbol{\varepsilon}_2,\boldsymbol{\varepsilon}_3)=T(\boldsymbol{\alpha}_1,\boldsymbol{\alpha}_2,\boldsymbol{\alpha}_3)\begin{pmatrix}-1&0&3\\0&1&-1\\2&1&0\end{pmatrix}^{-1}$$

$$=(\boldsymbol{\varepsilon}_1,\boldsymbol{\varepsilon}_2,\boldsymbol{\varepsilon}_3)\begin{bmatrix}-5&0&-5\\0&-1&-1\\3&6&9\end{bmatrix}\begin{bmatrix}-1&0&3\\0&1&-1\\2&1&0\end{bmatrix}^{-1}$$

$$=(\boldsymbol{\varepsilon}_1,\boldsymbol{\varepsilon}_2,\boldsymbol{\varepsilon}_3)\begin{bmatrix}-5&0&-5\\0&-1&-1\\3&6&9\end{bmatrix}\begin{bmatrix}-1/7&-3/7&3/7\\2/7&6/7&1/7\\2/7&-1/7&1/7\end{bmatrix}$$

$$=\frac{1}{7}(\boldsymbol{\varepsilon}_1,\boldsymbol{\varepsilon}_2,\boldsymbol{\varepsilon}_3)\begin{bmatrix}-5&20&-20\\-4&-5&-2\\27&18&24\end{bmatrix}$$

因此 T 在基 $\boldsymbol{\varepsilon}_1$，$\boldsymbol{\varepsilon}_2$，$\boldsymbol{\varepsilon}_3$ 下的矩阵为

$$\frac{1}{7}\begin{bmatrix}-5&20&-20\\-4&-5&-2\\27&18&24\end{bmatrix}$$

又因为

$$T(\boldsymbol{\alpha}_1,\boldsymbol{\alpha}_2,\boldsymbol{\alpha}_3)=(\boldsymbol{\alpha}_1,\boldsymbol{\alpha}_2,\boldsymbol{\alpha}_3)\begin{bmatrix}-1&0&3\\0&1&-1\\2&1&0\end{bmatrix}^{-1}\begin{bmatrix}-5&0&-5\\0&-1&-1\\3&6&9\end{bmatrix}$$

$$=\frac{1}{7}(\boldsymbol{\alpha}_1,\boldsymbol{\alpha}_2,\boldsymbol{\alpha}_3)\begin{bmatrix}-1&-3&3\\2&6&1\\2&-1&1\end{bmatrix}\begin{bmatrix}-5&0&-5\\0&-1&-1\\3&6&9\end{bmatrix}$$

$$=(\boldsymbol{\alpha}_1,\boldsymbol{\alpha}_2,\boldsymbol{\alpha}_3)\begin{bmatrix}2&3&5\\-1&0&-1\\-1&1&0\end{bmatrix}$$

因此 T 在基 $\boldsymbol{\alpha}_1$，$\boldsymbol{\alpha}_2$，$\boldsymbol{\alpha}_3$ 下的矩阵为

$$\begin{bmatrix}2&3&5\\-1&0&-1\\-1&1&0\end{bmatrix}$$

【例 3.2.6】 设三维线性空间 $\mathbf{V}$ 的线性变换 T 在基 $\boldsymbol{\alpha}_1$，$\boldsymbol{\alpha}_2$，$\boldsymbol{\alpha}_3$ 下的矩阵为

$$\boldsymbol{A}=\begin{bmatrix}1&2&2\\2&1&2\\2&2&1\end{bmatrix}$$

试证明：$W=\mathrm{span}(-\boldsymbol{\alpha}_1+\boldsymbol{\alpha}_2,\ -\boldsymbol{\alpha}_1+\boldsymbol{\alpha}_3)$ 是 T 的不变子空间.

证明　由 $T(\boldsymbol{\alpha}_1,\ \boldsymbol{\alpha}_2,\ \boldsymbol{\alpha}_3)=(\boldsymbol{\alpha}_1,\ \boldsymbol{\alpha}_2,\ \boldsymbol{\alpha}_3)\boldsymbol{A}$ 得到：

$$T(\boldsymbol{\alpha}_1)=\boldsymbol{\alpha}_1+2\boldsymbol{\alpha}_2+2\boldsymbol{\alpha}_3,T(\boldsymbol{\alpha}_2)=2\boldsymbol{\alpha}_1+\boldsymbol{\alpha}_2+2\boldsymbol{\alpha}_3,T(\boldsymbol{\alpha}_3)=2\boldsymbol{\alpha}_1+2\boldsymbol{\alpha}_2+\boldsymbol{\alpha}_3$$

任取 $\boldsymbol{\beta}\in W$，则有

$$\boldsymbol{\beta}=k_1(-\boldsymbol{\alpha}_1+\boldsymbol{\alpha}_2)+k_2(-\boldsymbol{\alpha}_1+\boldsymbol{\alpha}_3)$$

而

$$\begin{aligned}T(\boldsymbol{\beta})&=k_1(-T(\boldsymbol{\alpha}_1)+T(\boldsymbol{\alpha}_2))+k_2(-T(\boldsymbol{\alpha}_1)+T(\boldsymbol{\alpha}_3))=k_1(\boldsymbol{\alpha}_1-\boldsymbol{\alpha}_2)+k_2(\boldsymbol{\alpha}_1-\boldsymbol{\alpha}_3)\\&=-k_1(-\boldsymbol{\alpha}_1+\boldsymbol{\alpha}_2)-k_2(-\boldsymbol{\alpha}_1+\boldsymbol{\alpha}_3)\in W\end{aligned}$$

所以 W 是 T 的不变子空间.

定理 3.2.4 设 T 数域 $\mathbf{R}$ 上 n 维线性空间 $\mathbf{V}$ 上的线性变换，$\mathbf{V}$ 能分解成若干个非平凡不变子空间的直和的充分必要条件是存在 $\mathbf{V}$ 的一组基，T 在该基下的表示矩阵为分块对角矩阵.

【例 3.2.7】 已知矩阵 $\boldsymbol{P}=\begin{pmatrix}1 & -4 & 2 & 5\\ -1 & 2 & 0 & -2\\ 0 & 0 & 1 & 1\\ 0 & 1 & 0 & 0\end{pmatrix}$，$\boldsymbol{A}=\begin{pmatrix}6 & 5 & -8 & 6\\ -2 & -1 & 4 & -2\\ 1 & 1 & 0 & 2\\ 0 & 0 & 0 & 2\end{pmatrix}$，$\boldsymbol{J}=\begin{pmatrix}1 & 0 & 0 & 0\\ 0 & 2 & 0 & 0\\ 0 & 0 & 2 & 1\\ 0 & 0 & 0 & 2\end{pmatrix}$. 满足 $\boldsymbol{P}^{-1}\boldsymbol{AP}=\boldsymbol{J}$. $\boldsymbol{\xi}_1$，$\boldsymbol{\xi}_2$，$\boldsymbol{\xi}_3$，$\boldsymbol{\xi}_4$ 是线性空间 $\mathbf{V}$ 的一组基，$\mathbf{V}$ 上的线性变换 T 在基 $\boldsymbol{\xi}_1$，$\boldsymbol{\xi}_2$，$\boldsymbol{\xi}_3$，$\boldsymbol{\xi}_4$ 下的矩阵是 $\boldsymbol{A}$，求线性变换 T 的所有不变子空间.

解 令 $\boldsymbol{e}_1=\boldsymbol{\xi}_1-\boldsymbol{\xi}_2$，$\boldsymbol{e}_2=-4\boldsymbol{\xi}_1+2\boldsymbol{\xi}_2+\boldsymbol{\xi}_4$，$\boldsymbol{e}_3=2\boldsymbol{\xi}_1+\boldsymbol{\xi}_3$，$\boldsymbol{e}_4=5\boldsymbol{\xi}_1-2\boldsymbol{\xi}_2+\boldsymbol{\xi}_3$

由于 $\boldsymbol{P}$，$\boldsymbol{A}$，$\boldsymbol{J}$ 满足 $\boldsymbol{P}^{-1}\boldsymbol{AP}=\boldsymbol{J}$，由定理 3.2.3 可知，线性变换 T 在基 $\boldsymbol{e}_1$，$\boldsymbol{e}_2$，$\boldsymbol{e}_3$，$\boldsymbol{e}_4$ 下的矩阵是 $\boldsymbol{J}$，即

$$T(\boldsymbol{e}_1)=\boldsymbol{e}_1,T(\boldsymbol{e}_2)=2\boldsymbol{e}_2,T(\boldsymbol{e}_3)=2\boldsymbol{e}_3,T(\boldsymbol{e}_4)=\boldsymbol{e}_3+2\boldsymbol{e}_4 \tag{3.2.1}$$

令 $\mathbf{V}_1=\mathrm{span}\{\boldsymbol{e}_1\}$，$\mathbf{V}_2=\mathrm{span}\{\boldsymbol{e}_2\}$，$\mathbf{V}_3=\mathrm{span}\{\boldsymbol{e}_3\}$，$\mathbf{V}_4=\mathrm{span}\{\boldsymbol{e}_3,\ \boldsymbol{e}_3+2\boldsymbol{e}_4\}$

式（3.2.1）表明，$\mathbf{V}_1$，$\mathbf{V}_2$，$\mathbf{V}_3$，$\mathbf{V}_3$ 都是线性变换 T 的不变子空间. 由于任意两个不变子空间和也是不变子空间，因此线性变换的不变子空间有

$$\begin{gathered}\mathbf{V}_0=\{\mathbf{0}\},\mathbf{V}_1,\mathbf{V}_2,\mathbf{V}_3,\mathbf{V}_4,\mathbf{V}_1\oplus\mathbf{V}_2,\mathbf{V}_1\oplus\mathbf{V}_3,\mathbf{V}_1\oplus\mathbf{V}_4,\mathbf{V}_2\oplus\mathbf{V}_3,\\ \mathbf{V}_2\oplus\mathbf{V}_4,\mathbf{V}_1\oplus\mathbf{V}_2\oplus\mathbf{V}_3,\mathbf{V}_1\oplus\mathbf{V}_2\oplus\mathbf{V}_4=\mathbf{V}\end{gathered}$$

3.3 线性变换的特征值与特征向量

定义 3.3.1 设 T 是数域 P 上 n 维线性空间 $\mathbf{V}$ 的线性变换. 如果对于数域 P 中的某一个数 λ_0，存在非零向量 $\boldsymbol{\alpha}\in\mathbf{V}$，使得 $T(\boldsymbol{\alpha})=\lambda_0\boldsymbol{\alpha}$ 成立，则称 λ_0 为线性变换 T 的特征值，$\boldsymbol{\alpha}$ 称为线性变换 T 的属于特征值 λ_0 的特征向量.

显然，如果 $\boldsymbol{\alpha}$ 是 T 的属于特征值 λ_0 的一个特征向量，则对于任意的数 $k\in P$，都有

$$T(k\boldsymbol{\alpha})=kT(\boldsymbol{\alpha})=k\lambda_0\boldsymbol{\alpha}=\lambda_0(k\boldsymbol{\alpha})$$

因此，如果 $\boldsymbol{\alpha}$ 是 T 的一个特征向量，则由 $\boldsymbol{\alpha}$ 所生成的一维子空间 $U=\{k\boldsymbol{\alpha}\mid k\in P\}=\mathrm{span}\{\boldsymbol{\alpha}\}$ 在 T 之下不变；反之如果 $\mathbf{V}$ 的一个一维子空间 U 在 T 之下不变，则 U 中每一个非零向量都是 T 的属于同一特征值的特征向量. 所以一维不变子空间与特征值之间有着密切的关系. 而且，如果 $\boldsymbol{\alpha}$ 是 T 的属于特征值 λ_0 的特征向量，$k\neq0$，那么 $k\boldsymbol{\alpha}$ 也是属于特征值 λ_0 的特征向量，即 $T(k\boldsymbol{\alpha})=\lambda_0(k\boldsymbol{\alpha})$，$k\in P$. 即特征向量 $\boldsymbol{\alpha}$ 并非由特征值 λ_0 唯一确定；但是特征值却被特征向量唯一确定.

现在我们来讨论线性变换 T 的特征值与其取定基下矩阵 $\boldsymbol{A}$ 的特征值之间的关系.

设 $\boldsymbol{V}$ 是数域 P 上 n 维线性空间，取定 $\boldsymbol{V}$ 一个基 $\boldsymbol{\alpha}_1$，$\boldsymbol{\alpha}_2$，…，$\boldsymbol{\alpha}_n$，$\boldsymbol{V}$ 上的线性变换 T 在该基的矩阵为 $\boldsymbol{A}=(a_{ij})$. 如果 $\boldsymbol{\alpha}=x_1\boldsymbol{\alpha}_1+x_2\boldsymbol{\alpha}_2+\cdots+x_n\boldsymbol{\alpha}_n$ 是 T 的属于特征值 λ 的一个特征向量，由定义 3.3.1，有

$$\boldsymbol{A}\begin{pmatrix}x_1\\x_2\\\vdots\\x_n\end{pmatrix}=\lambda\begin{pmatrix}x_1\\x_2\\\vdots\\x_n\end{pmatrix}$$

因此 λ 是 $\boldsymbol{A}$ 的一个特征值，$\boldsymbol{x}$ 是相应的特征向量.

反之，如果 λ 是 $\boldsymbol{A}$ 的一个特征值，$\boldsymbol{x}$ 是 $\boldsymbol{A}$ 的属于特征值 λ 的特征向量，则 λ 是 T 的一个特征值，$\boldsymbol{\alpha}=x_1\boldsymbol{\alpha}_1+x_2\boldsymbol{\alpha}_2+\cdots+x_n\boldsymbol{\alpha}_n$ 是 T 的属于特征值 λ 的特征向量.

【例 3.3.1】 已知 $P_3(t)$ 的线性变换

$$T(a_0+a_1t+a_2t^2+a_3t^3)=(a_0-a_2)+(a_1-a_3)t+(a_2-a_0)t^2+(a_3-a_1)t^3$$

试求 T 的特征值与特征向量.

解　由［例 3.2.1］知，T 在基 1，t，t^2，t^3 下的矩阵

$$\boldsymbol{A}=\begin{pmatrix}1&0&-1&0\\0&1&0&-1\\-1&0&1&0\\0&-1&0&1\end{pmatrix}$$

$$|\lambda\boldsymbol{E}-\boldsymbol{A}|=\lambda^2(\lambda-2)^2$$

因此 T 的特征值为 $\lambda_1=\lambda_2=0$，$\lambda_3=\lambda_4=2$.

由于 $\boldsymbol{Ax}=\boldsymbol{0}$ 的基础解系为 $\boldsymbol{\xi}_1=(1,0,1,0)^{\mathrm{T}}$，$\boldsymbol{\xi}_2=(0,1,0,1)^{\mathrm{T}}$，因此 T 的对应特征值 $\lambda_1=\lambda_2=0$ 的特征向量为 $k_1(1+t^2)+k_2(t+t^3)$，其中 k_1，k_2 不同时为 0.

$$\boldsymbol{A}-2\boldsymbol{E}=\begin{pmatrix}-1&0&-1&0\\0&-1&0&-1\\-1&0&-1&0\\0&-1&0&-1\end{pmatrix}$$

由于 $(\boldsymbol{A}-2\boldsymbol{E})\boldsymbol{x}=\boldsymbol{0}$ 的基础解系是 $\boldsymbol{\xi}_3=(1,0,-1,0)^{\mathrm{T}}$，$\boldsymbol{\xi}_4=(0,1,0,-1)^{\mathrm{T}}$，因此 T 的对应特征值 $\lambda_3=\lambda_4=2$ 的特征向量为 $k_3(1-t^2)+k_4(t-t^3)$，其中 k_3，k_4 不同时为 0.

定义 3.3.2　设 λ_0 是线性变换 T 的任意一个特征值，满足 $T(\boldsymbol{\alpha})=\lambda_0\boldsymbol{\alpha}$ 的向量组成的集合称为 T 的特征子空间，记作 $\boldsymbol{V}_{\lambda_0}=\{\boldsymbol{\alpha}\mid T(\boldsymbol{\alpha})=\lambda_0\boldsymbol{\alpha},\ \boldsymbol{\alpha}\in\boldsymbol{V}\}$.

注：$\boldsymbol{V}_{\lambda_0}$ 中的元素除 0 外都是 T 的属于 λ_0 的特征向量。

由线性变换 T 与其在取定基下矩阵 $\boldsymbol{A}$ 的关系可知，特征子空间 $\boldsymbol{V}_{\lambda_0}$ 的维数 $\dim(\boldsymbol{V}_{\lambda_0})$ 称为特征值 λ_0 的**几何重数**，它等于属于特征值 λ_0 的线性无关的特征向量的个数；而特征值 λ_0 在特征多项式 $|\lambda\boldsymbol{E}-\boldsymbol{A}|$ 中的零点重数称为特征值 λ_0 的**代数重数**.

在有限维线性空间中不同的基下，同一个线性变换具有不同的矩阵. 但是由于这些矩阵是相似的，因此特征值相同. 换言之，特征值与线性空间中基的选取无关，它仅由线性变换

T 决定.

易见，特征子空间 $\boldsymbol{V}_{\lambda_0}$ 是 T 的不变子空间.

【例 3.3.2】 设 T 是 R^n 上的线性变换. 证明：

(1) 如果 T 有实特征值，则一定存在一维的 T 的不变子空间.

(2) 如果 T 有复特征值，则一定存在二维的 T 的不变子空间.

证明

(1) 设 λ_0 是线性变换 T 的实特征值，$\boldsymbol{\alpha}$ 是线性变换 T 的属于特征值 λ_0 的特征向量，则 $\boldsymbol{\alpha}\neq\boldsymbol{0}$. span$\{\boldsymbol{\alpha}\}$ 是 T 的一维不变子空间.

(2) 设 $a+bi$，$b\neq0$ 是线性变换 T 的复特征值，$\boldsymbol{\alpha}+\boldsymbol{\beta}i$ 是线性变换 T 的属于特征值 $a+bi$ 的特征向量，则

$$T(\boldsymbol{\alpha}+\boldsymbol{\beta}i)=(a+bi)(\boldsymbol{\alpha}+\boldsymbol{\beta}i)=(a\boldsymbol{\alpha}-b\boldsymbol{\beta})+(a\boldsymbol{\beta}+b\boldsymbol{\alpha})i$$

且 $\boldsymbol{\alpha}\neq\boldsymbol{0}$，$\boldsymbol{\beta}\neq\boldsymbol{0}$ 因此

$$T(\boldsymbol{\alpha})=a\boldsymbol{\alpha}-b\boldsymbol{\beta},T(\boldsymbol{\beta})=(a\boldsymbol{\beta}+b\boldsymbol{\alpha})$$

故 span$\{\boldsymbol{\alpha}$，$\boldsymbol{\beta}\}$ 是 T 的不变子空间.

如果 $\boldsymbol{\alpha}$，$\boldsymbol{\beta}$ 线性相关，则存在非 0 常数 k，使得 $\boldsymbol{\alpha}=k\boldsymbol{\beta}$，因此

$$T(\boldsymbol{\alpha})=a\boldsymbol{\alpha}-b\boldsymbol{\beta}=(a-bk)\boldsymbol{\alpha},T(\boldsymbol{\beta})=(a\boldsymbol{\beta}+b\boldsymbol{\alpha})=(ak+b)\boldsymbol{\alpha}=kT(\boldsymbol{\alpha})$$

由此可得 $-k=1/k$，这就产生矛盾. 这就证明了 $\boldsymbol{\alpha}$，$\boldsymbol{\beta}$ 线性相关，因此 span$\{\boldsymbol{\alpha}$，$\boldsymbol{\beta}\}$ 是二维的线性空间.

3.4 内积空间中的两类特殊变换

1. 正交变换与正交矩阵

我们知道在平面直角坐标系中，经过旋转变换，向量的长度保持不变. 具备这种性质的线性变换有着广泛的应用. 本节将在实内积空间中讨论这类线性变换.

定义 3.4.1 设 $\boldsymbol{V}$ 是实内积空间，T 是 $\boldsymbol{V}$ 上的线性变换，如果对于任意的 $\boldsymbol{\alpha}\in\boldsymbol{V}$，有 $\|T(\boldsymbol{\alpha})\|=\|\boldsymbol{\alpha}\|$，或用内积的形式表示为 $(T(\boldsymbol{\alpha}),T(\boldsymbol{\alpha}))=(\boldsymbol{\alpha},\boldsymbol{\alpha})$，则 T 称作 $\boldsymbol{V}$ 的一个正交变换.

定理 3.4.1 实内积空间 $\boldsymbol{V}$ 的线性变换 T 是正交变换的充分且必要条件是：对于任意的向量 $\boldsymbol{\alpha}$，$\boldsymbol{\beta}\in\boldsymbol{V}$，有 $(T(\boldsymbol{\alpha}),T(\boldsymbol{\beta}))=(\boldsymbol{\alpha},\boldsymbol{\beta})$.

由于两个非零向量的夹角是由它们的内积决定的，因此正交变换保持夹角不变.

定理 3.4.2 设 $\boldsymbol{V}$ 是 n 维实内积空间，T 是 $\boldsymbol{V}$ 的线性变换. 如果 T 是正交变换，则 T 将 $\boldsymbol{V}$ 的任意一个标准正交基变为 $\boldsymbol{V}$ 的标准正交基；反之，如果 T 将 $\boldsymbol{V}$ 的任意标准正交基变为 $\boldsymbol{V}$ 的标准正交基，则 T 是 $\boldsymbol{V}$ 上的正交变换.

证明　设 T 是 $\mathbf{V}$ 的正交变换，令 $\{\boldsymbol{\gamma}_1, \boldsymbol{\gamma}_2, \cdots, \boldsymbol{\gamma}_n\}$ 是 $\mathbf{V}$ 的任意一个标准正交基，有

$$(T(\boldsymbol{\gamma}_i), T(\boldsymbol{\gamma}_j)) = (\boldsymbol{\gamma}_i, \boldsymbol{\gamma}_j) = \begin{cases} 1, & i = j \\ 0, & i \neq j \end{cases}$$

所以 $\{T(\boldsymbol{\gamma}_1), T(\boldsymbol{\gamma}_2), \cdots, T(\boldsymbol{\gamma}_n)\}$ 也是 $\mathbf{V}$ 的标准正交基.

反之，设 $\mathbf{V}$ 上的线性变换 T 将 $\mathbf{V}$ 的某标准正交基 $\{\boldsymbol{\gamma}_1, \boldsymbol{\gamma}_2, \cdots, \boldsymbol{\gamma}_n\}$ 变为标准正交基 $\{T(\boldsymbol{\gamma}_1), T(\boldsymbol{\gamma}_2), \cdots, T(\boldsymbol{\gamma}_n)\}$，令 $\boldsymbol{\alpha} = \sum_{i=1}^{n} x_i \boldsymbol{\gamma}_i \in \mathbf{V}$，有

$$\| T(\boldsymbol{\alpha}) \|^2 = (T(\boldsymbol{\alpha}), T(\boldsymbol{\alpha})) = \left(\sum_{i=1}^{n} x_i T(\boldsymbol{\gamma}_i), \sum_{j=1}^{n} x_i T(\boldsymbol{\gamma}_j)\right)$$

$$= \sum_{i=1}^{n} \sum_{j=1}^{n} x_i x_j (T(\boldsymbol{\gamma}_i), T(\boldsymbol{\gamma}_j)) = \sum_{i=1}^{n} x_i^2 = \| \boldsymbol{\alpha} \|^2$$

所以 T 是 $\mathbf{V}$ 上的正交变换.

定理 3.4.3　实内积空间上的线性变换是正交变换的充分必要条件是它在标准正交基下的表示矩阵是正交矩阵.

2. 对称变换与对称矩阵

实内积空间的另一个重要的线性变换是对称变换，本节中我们将讨论有限维实内积空间中对称变换的一些性质.

定义 3.4.2　设 T 是 n 维实内积空间 $\mathbf{V}$ 上的线性变换，如果对于任意的向量 $\boldsymbol{\alpha}$，$\boldsymbol{\beta} \in \mathbf{V}$，有 $(T(\boldsymbol{\alpha}), \boldsymbol{\beta}) = (\boldsymbol{\alpha}, T(\boldsymbol{\beta}))$ 成立，则称 T 是对称变换.

定理 3.4.4　如果 T 是 n 维实内积空间 $\mathbf{V}$ 上的对称变换，$\{\boldsymbol{\alpha}_1, \boldsymbol{\alpha}_2, \cdots, \boldsymbol{\alpha}_n\}$ 是 $\mathbf{V}$ 的任意一个标准正交基，$\mathbf{A} = (a_{ij})$ 是 T 在该基下的表示矩阵，那么 $\mathbf{A}^{\mathrm{T}} = \mathbf{A}$.

证明　由于 $T(\boldsymbol{\alpha}_j) = \sum_{k=1}^{n} a_{kj} \boldsymbol{\alpha}_k, 1 \leqslant j \leqslant n$. 又因为 T 是对称变换，$\{\boldsymbol{\alpha}_1, \boldsymbol{\alpha}_2, \cdots, \boldsymbol{\alpha}_n\}$ 是标准正交基，所以

$$a_{ji} = \left(\sum_{k=1}^{n} \boldsymbol{\alpha}_{ki} \boldsymbol{\alpha}_k, \boldsymbol{\alpha}_j\right) = (T(\boldsymbol{\alpha}_i), \boldsymbol{\alpha}_j) = (\boldsymbol{\alpha}_i, T(\boldsymbol{\alpha}_j)) = \left(\boldsymbol{\alpha}_i, \sum_{k=1}^{n} \boldsymbol{\alpha}_{kj} \boldsymbol{\alpha}_k\right) = \boldsymbol{\alpha}_{ij}$$

所以 $\mathbf{A}^{\mathrm{T}} = \mathbf{A}$.

而我们知道满足 $\mathbf{A}^{\mathrm{T}} = \mathbf{A}$ 的矩阵是对称矩阵，所以定理 3.1.1 等于是说 n 维实内积空间 $\mathbf{V}$ 的对称变换关于任意一个标准正交基的矩阵是一个对称矩阵。反之，有以下的定理.

定理 3.4.5　设 T 是 n 维实内积空间 $\mathbf{V}$ 上的线性变换，如果 T 关于 $\mathbf{V}$ 的标准正交基的矩阵是对称矩阵，则 T 是对称变换.

对称变换有下列几个基本性质.

定理 3.4.6 设 T 是 n 维实内积空间 $\mathbf{V}$ 上的对称变换，则有：

(1) T 的特征值是实数.

(2) T 的属于不同特征根的特征向量彼此正交.

定理 3.4.7 设 T 是 n 维实内积空间 $\mathbf{V}$ 上的对称变换，则存在 $\mathbf{V}$ 的标准正交基，T 在该基下的矩阵是对角矩阵.

【例 3.4.1】 给定实内积空间 $\mathbf{V}$ 的变换：$T(\boldsymbol{\alpha})=\boldsymbol{\alpha}-2(\boldsymbol{\alpha},\boldsymbol{\alpha}_0)\boldsymbol{\alpha}_0$，（$\forall\boldsymbol{\alpha}\in\mathbf{V}$，$\boldsymbol{\alpha}_0\in\mathbf{V}$ 是取定的单位元素）.

证明 (1) T 是线性变换.

(2) T 既是正交变换，又是对称变换.

证明 (1) $\forall\boldsymbol{\alpha}$，$\boldsymbol{\beta}\in\mathbf{V}$，$k$，$l\in\mathrm{R}$，有

$$\begin{aligned}T(k\boldsymbol{\alpha}+l\boldsymbol{\beta})&=(k\boldsymbol{\alpha}+l\boldsymbol{\beta})-2(k\boldsymbol{\alpha}+l\boldsymbol{\beta},\boldsymbol{\alpha}_0)\boldsymbol{\alpha}_0=k\boldsymbol{\alpha}+l\boldsymbol{\beta}-2k(\boldsymbol{\alpha},\boldsymbol{\alpha}_0)\boldsymbol{\alpha}_0-2l(\boldsymbol{\beta},\boldsymbol{\alpha}_0)\boldsymbol{\alpha}_0\\&-k(\boldsymbol{\alpha}-2(\boldsymbol{\alpha},\boldsymbol{\alpha}_0)\boldsymbol{\alpha}_0)+l(\boldsymbol{\beta}-2(\boldsymbol{\beta},\boldsymbol{\alpha}_0)\boldsymbol{\alpha}_0)=kT(\boldsymbol{\alpha})+lT(\boldsymbol{\beta})\end{aligned}$$

故 T 是线性变换.

(2) $\forall\boldsymbol{\alpha}$，$\boldsymbol{\beta}\in\mathbf{V}$，有

$$\begin{aligned}(T(\boldsymbol{\alpha}),T(\boldsymbol{\beta}))&=(\boldsymbol{\alpha}-2(\boldsymbol{\alpha},\boldsymbol{\alpha}_0)\boldsymbol{\alpha}_0,\boldsymbol{\beta}-2(\boldsymbol{\beta},\boldsymbol{\alpha}_0)\boldsymbol{\alpha}_0)\\&=(\boldsymbol{\alpha},\boldsymbol{\beta})-2(\boldsymbol{\beta},\boldsymbol{\alpha}_0)(\boldsymbol{\alpha},\boldsymbol{\alpha}_0)-2(\boldsymbol{\alpha},\boldsymbol{\alpha}_0)(\boldsymbol{\alpha}_0,\boldsymbol{\beta})+4(\boldsymbol{\alpha},\boldsymbol{\alpha}_0)(\boldsymbol{\beta},\boldsymbol{\alpha}_0)(\boldsymbol{\alpha}_0,\boldsymbol{\alpha}_0)\\&=(\boldsymbol{\alpha},\boldsymbol{\beta})-4(\boldsymbol{\beta},\boldsymbol{\alpha}_0)(\boldsymbol{\alpha},\boldsymbol{\alpha}_0)+4(\boldsymbol{\alpha},\boldsymbol{\alpha}_0)(\boldsymbol{\beta},\boldsymbol{\alpha}_0)=(\boldsymbol{\alpha},\boldsymbol{\beta})\end{aligned}$$

从而 T 是正交变换.

又$[T(\boldsymbol{\alpha}),\boldsymbol{\beta}]=[\boldsymbol{\alpha}-2(\boldsymbol{\alpha},\boldsymbol{\alpha}_0)\boldsymbol{\alpha}_0,\boldsymbol{\beta}]=(\boldsymbol{\alpha},\boldsymbol{\beta})-2(\boldsymbol{\alpha},\boldsymbol{\alpha}_0)(\boldsymbol{\alpha}_0,\boldsymbol{\beta})$而$[\boldsymbol{\alpha},T(\boldsymbol{\beta})]=[\boldsymbol{\alpha},\boldsymbol{\beta}-2(\boldsymbol{\beta},\boldsymbol{\alpha}_0)\boldsymbol{\alpha}_0]=(\boldsymbol{\alpha},\boldsymbol{\beta})-2(\boldsymbol{\beta},\boldsymbol{\alpha}_0)(\boldsymbol{\alpha},\boldsymbol{\alpha}_0)$所以$[T(\boldsymbol{\alpha}),\boldsymbol{\beta}]=[\boldsymbol{\alpha},T(\boldsymbol{\beta})]$，故 T 是对称变换.

【例 3.4.2】 已知 $\mathrm{R}^{2\times2}$ 的线性变换

$$T\begin{bmatrix}x_1 & x_2\\x_3 & x_4\end{bmatrix}=\begin{bmatrix}x_2+x_3-x_4 & x_1-x_3+x_4\\x_1-x_2+x_4 & -x_1+x_2+x_3\end{bmatrix},\forall\begin{bmatrix}x_1 & x_2\\x_3 & x_4\end{bmatrix}\in\mathrm{R}^{2\times2}$$

(1) 证明 T 是对称变换.

(2) 求 $\mathrm{R}^{2\times2}$ 的一组标准正交基，使 T 在该基下的矩阵为对角矩阵.

解 (1) 取 $\mathrm{R}^{2\times2}$ 的标准正交基 $\boldsymbol{E}_{11}$，$\boldsymbol{E}_{12}$，$\boldsymbol{E}_{21}$，$\boldsymbol{E}_{22}$，可求得 T 在该基下的矩阵为

$$\boldsymbol{A}=\begin{pmatrix}0 & 1 & 1 & -1\\1 & 0 & -1 & 1\\1 & -1 & 0 & 1\\-1 & 1 & 1 & 0\end{pmatrix}$$

由于 $\boldsymbol{A}$ 是实对称矩阵，所以 T 是对称变换.

(2) 因为 $\det(\lambda\boldsymbol{E}-\boldsymbol{A})=(\lambda-1)^3(\lambda+3)$，所以 $\boldsymbol{A}$ 的特征值为 $\lambda_1=\lambda_2=\lambda_3=1$，$\lambda_4=-3$，可求得对应于 $\lambda_1=\lambda_2=\lambda_3=1$ 的特征向量为

$$\boldsymbol{p}_1=(1,1,0,0)^{\mathrm{T}},\boldsymbol{p}_2=(1,0,1,0)^{\mathrm{T}},\boldsymbol{p}_3=(-1,0,0,1)^{\mathrm{T}}$$

将其正交化并单位化得

$$\boldsymbol{q}_1=\left(\frac{1}{\sqrt{2}},\frac{1}{\sqrt{2}},0,0\right)^{\mathrm{T}},\boldsymbol{q}_2=\left(\frac{1}{\sqrt{6}},\frac{-1}{\sqrt{6}},\frac{2}{\sqrt{6}},0\right)^{\mathrm{T}},\boldsymbol{q}_3=\left(\frac{-1}{2\sqrt{3}},\frac{1}{2\sqrt{3}},\frac{1}{2\sqrt{3}},\frac{3}{2\sqrt{3}}\right)^{\mathrm{T}}$$

又可求得对应于 $\lambda_4=-3$ 的特征向量为

$$\boldsymbol{p}_4=(1,-1,-1,1)^{\mathrm{T}}$$

将其正交化并单位化得

$$\boldsymbol{q}_2=\left(\frac{1}{2},\frac{-1}{2},\frac{-1}{2},\frac{1}{2}\right)^{\mathrm{T}}$$

故正交矩阵

$$\boldsymbol{Q}=\begin{bmatrix}\frac{1}{\sqrt{2}} & \frac{1}{\sqrt{6}} & \frac{-1}{2\sqrt{3}} & \frac{1}{2}\\ \frac{1}{\sqrt{2}} & \frac{-1}{\sqrt{6}} & \frac{1}{2\sqrt{3}} & \frac{-1}{2}\\ 0 & \frac{2}{\sqrt{6}} & \frac{1}{2\sqrt{3}} & \frac{-1}{2}\\ 0 & 0 & \frac{3}{2\sqrt{3}} & \frac{1}{2}\end{bmatrix}$$

使得

$$\boldsymbol{Q}^{-1}\boldsymbol{A}\boldsymbol{Q}=\boldsymbol{\Lambda}=\begin{bmatrix}1 & 0 & 0 & 0\\ 0 & 1 & 0 & 0\\ 0 & 0 & 1 & 0\\ 0 & 0 & 0 & -3\end{bmatrix}$$

由 $(\boldsymbol{X}_1,\boldsymbol{X}_2,\boldsymbol{X}_3,\boldsymbol{X}_4)=(\boldsymbol{E}_{11},\boldsymbol{E}_{12},\boldsymbol{E}_{13},\boldsymbol{E}_{14})\boldsymbol{Q}$ 求得 $\mathbf{R}^{2\times2}$ 的标准正交基：

$$\boldsymbol{X}_1=\begin{bmatrix}\frac{1}{\sqrt{2}} & \frac{1}{\sqrt{2}}\\ 0 & 0\end{bmatrix},\boldsymbol{X}_2=\begin{bmatrix}\frac{1}{\sqrt{6}} & -\frac{1}{\sqrt{6}}\\ \frac{2}{\sqrt{6}} & 0\end{bmatrix},\boldsymbol{X}_3=\begin{bmatrix}-\frac{1}{2\sqrt{3}} & \frac{1}{2\sqrt{3}}\\ \frac{1}{2\sqrt{3}} & \frac{3}{2\sqrt{3}}\end{bmatrix},\boldsymbol{X}_4=\begin{bmatrix}\frac{1}{2} & -\frac{1}{2}\\ -\frac{1}{2} & \frac{1}{2}\end{bmatrix}$$

T 在该基下的矩阵为 $\boldsymbol{\Lambda}$.

习　题　3

3.1　设 $P_n(x)$ 中的线性变换 T 定义如下：

$$T(f(x))=xf'(x)-f(x)$$

证明：$P_n(x)=R(T)\oplus N(T)$.

3.2　设 T 是 $\mathbf{R}^3$ 的线性变换，则

$$T(x_1,x_2,x_3)=(x_1+2x_2-x_3,x_2+x_3,x_1+x_2-2x_3)$$

(1) 求 $R(T)$ 的基和维数.

(2) 求 $N(T)$ 的基和维数.

3.3　设 $\mathbf{R}^{2\times2}$ 上的线性变换 T 定义如下：

$$T(\boldsymbol{X})=\begin{pmatrix}1 & 3\\ 2 & 6\end{pmatrix}\boldsymbol{X}$$

(1) 求 $R(T)$ 的一个基和维数.

(2) 求 $N(T)$ 的一个基和维数.

(3) 求 T 在基$\begin{pmatrix}1 & 1\\1 & 1\end{pmatrix}$，$\begin{pmatrix}1 & 0\\1 & 1\end{pmatrix}$，$\begin{pmatrix}1 & 1\\0 & 1\end{pmatrix}$，$\begin{pmatrix}0 & 1\\1 & 1\end{pmatrix}$下的矩阵.

3.4 设线性变换 T 在基 $\boldsymbol{e}_1$，$\boldsymbol{e}_2$，$\boldsymbol{e}_3$ 下的矩阵为

$$\boldsymbol{A}=\begin{bmatrix}a_{11} & a_{12} & a_{13}\\a_{21} & a_{22} & a_{23}\\a_{31} & a_{32} & a_{33}\end{bmatrix}$$

求 T 在基 $\boldsymbol{e}_1$，$2\boldsymbol{e}_2$，$\boldsymbol{e}_3+2\boldsymbol{e}_1$ 下的矩阵.

3.5 $\mathbf{R}^3$ 中，线性变换 T 关于基 $\boldsymbol{\alpha}_1=(-1,1,1)^{\mathrm{T}}$，$\boldsymbol{\alpha}_2=(1,0,1)^{\mathrm{T}}$，$\boldsymbol{\alpha}_3=(0,1,1)^{\mathrm{T}}$ 的矩阵是

$$\boldsymbol{A}=\begin{bmatrix}1 & 0 & 1\\1 & 1 & 0\\-1 & 2 & 1\end{bmatrix}$$

(1) 求 T 关于自然基 $\boldsymbol{e}_1$，$\boldsymbol{e}_2$，$\boldsymbol{e}_3$ 的矩阵.

(2) 设 $\boldsymbol{\alpha}=\boldsymbol{\alpha}_1+6\boldsymbol{\alpha}_2-\boldsymbol{\alpha}_3$，$\boldsymbol{\beta}=\boldsymbol{e}_1-\boldsymbol{e}_2+\boldsymbol{e}_3$，求 $T(\boldsymbol{\alpha})$，$T(\boldsymbol{\beta})$ 在基 $\boldsymbol{\alpha}_1$，$\boldsymbol{\alpha}_2$，$\boldsymbol{\alpha}_3$ 下的坐标.

3.6 设

$$\boldsymbol{P}=\begin{pmatrix}1 & 3\\2 & 6\end{pmatrix}$$

$\mathbf{R}^{2\times 2}$ 上的线性变换 T 定义如下：

$$T(\boldsymbol{X})=\boldsymbol{PX}-\boldsymbol{XP}$$

(1) 求 $R(T)$ 的一个基和维数.

(2) 求 $N(T)$ 的一个基和维数.

(3) 求 T 的特征值和特征向量.

(4) 求 T 的不变子空间.

3.7 设

$$\boldsymbol{P}=\begin{pmatrix}1 & 3\\2 & 6\end{pmatrix},\boldsymbol{W}=\left\{\begin{bmatrix}x_1 & x_2\\x_3 & x_4\end{bmatrix}\middle|\,3x_1-2x_2-3x_3-2x_4=0\right\}$$

$\boldsymbol{W}$ 上的变换 T 定义如下：

$$T(\boldsymbol{X})=\boldsymbol{PX}-\boldsymbol{XP}$$

(1) 证明：T 是 $\boldsymbol{W}$ 上的线性变换.

(2) 求 $\boldsymbol{W}$ 的一组基，并求 T 在所求基下的表示矩阵.

(3) 求 $R(T)$ 的基和维数.

(4) 求 $N(T)$ 的基和维数.

(5) 求 T 的特征值和特征向量.

3.8 设 T 是线性空间 $\mathbf{V}$ 上的线性变换，$\boldsymbol{\alpha}\in\mathbf{V}$ 如果 $T^m\boldsymbol{\alpha}\neq\mathbf{0}$，$T^{m+1}\boldsymbol{\alpha}=\mathbf{0}$，证明：$\boldsymbol{\alpha}$，$T\boldsymbol{\alpha}$，…，$T^m\boldsymbol{\alpha}$ 线性无关.

3.9 设 T 是线性空间 $\mathbf{V}$ 上的线性变换，$\boldsymbol{\alpha}\in\mathbf{V}$. $\boldsymbol{\alpha}$，$T\boldsymbol{\alpha}$，…，$T^{m-1}\boldsymbol{\alpha}$ 线性无关，而 $\boldsymbol{\alpha}$，$T\boldsymbol{\alpha}$，…，$T^m\boldsymbol{\alpha}$ 线性相关，证明 $\mathrm{span}\{\boldsymbol{\alpha},T\boldsymbol{\alpha},\cdots,T^{m-1}\boldsymbol{\alpha}\}$ 是包含 $\boldsymbol{\alpha}$ 的最小 T 子空间.

3.10　设$\boldsymbol{V}^3$是线性空间，$\boldsymbol{\alpha}_1$，$\boldsymbol{\alpha}_2$，$\boldsymbol{\alpha}_3$是$\boldsymbol{V}$的一组基，线性变换T在基$\boldsymbol{\alpha}_1$，$\boldsymbol{\alpha}_2$，$\boldsymbol{\alpha}_3$下的矩阵$\boldsymbol{A}=\begin{pmatrix}3&3&2\\-1&5&-2\\-1&3&0\end{pmatrix}$，求线性变换$T$的特征值与特征向量.

3.11　设$\boldsymbol{\alpha}_1$，$\boldsymbol{\alpha}_2$，$\boldsymbol{\alpha}_3$，$\boldsymbol{\alpha}_4$是四维线性空间$\boldsymbol{V}$的一组基，线性变换T在基$\boldsymbol{\alpha}_1$，$\boldsymbol{\alpha}_2$，$\boldsymbol{\alpha}_3$，$\boldsymbol{\alpha}_4$下的表示矩阵

$$\boldsymbol{A}=\begin{pmatrix}1&0&2&1\\-1&2&1&3\\1&2&5&5\\2&-2&1&-2\end{pmatrix}$$

（1）求T在基$\boldsymbol{\alpha}_1-2\boldsymbol{\alpha}_2+\boldsymbol{\alpha}_4$，$3\boldsymbol{\alpha}_2-\boldsymbol{\alpha}_3-\boldsymbol{\alpha}_4$，$\boldsymbol{\alpha}_3+\boldsymbol{\alpha}_4$，$2\boldsymbol{\alpha}_4$下的矩阵表示.

（2）求T的核与值域.

（3）在T的核中选一组基，把它扩充成$\boldsymbol{V}$的一组基，并求T在这组基下的表示矩阵.

（4）在T的值域中选一组基，把它扩充成$\boldsymbol{V}$的一组基，并求T在这组基下的表示矩阵.

3.12　设$\boldsymbol{A}$是n阶实方阵，$R(\boldsymbol{A})$，$R(\boldsymbol{E}_n-\boldsymbol{A})$分别是$\boldsymbol{A}$，$\boldsymbol{E}_n-\boldsymbol{A}$的值域，如果$\boldsymbol{A}^2=\boldsymbol{A}$，证明$\mathbf{R}^n=R(\boldsymbol{A})\oplus R(\boldsymbol{E}_n-\boldsymbol{A})$.

3.13　设T是欧氏空间$\boldsymbol{V}$的正交变换，$\boldsymbol{V}$的两个子空间$\boldsymbol{W}=\{\boldsymbol{\alpha}\in\boldsymbol{V}\mid T(\boldsymbol{\alpha})=\boldsymbol{\alpha}\}$，$\boldsymbol{S}=\{\boldsymbol{\alpha}-T(\boldsymbol{\alpha})\mid\boldsymbol{\alpha}\in\boldsymbol{V}\}$，求证：$\boldsymbol{W}=\boldsymbol{S}^{\perp}$.

3.14　设T是欧氏空间$\boldsymbol{V}$一个正交变换，$\boldsymbol{W}$是T的不变子空间. 证明$\boldsymbol{W}$的正交补$\boldsymbol{W}^{\perp}$也是T的不变子空间.

3.15　设$\boldsymbol{V}_1$为n维线性空间$\boldsymbol{V}$的r维子空间，又$\boldsymbol{V}=\boldsymbol{V}_1\oplus\boldsymbol{V}_2$. 于是对$\boldsymbol{\alpha}\in\boldsymbol{V}$存在唯一分解$\boldsymbol{\alpha}=\boldsymbol{\alpha}_1+\boldsymbol{\alpha}_2$，$\boldsymbol{\alpha}_1\in\boldsymbol{V}_1$，$\boldsymbol{\alpha}_2\in\boldsymbol{V}_2$. 定义$T(\boldsymbol{\alpha})=a\boldsymbol{\alpha}_1+b\boldsymbol{\alpha}_2$. 试证：$T$是线性变换且$T$的表示矩阵必相似于

$$\begin{pmatrix}\boldsymbol{\alpha}\boldsymbol{E}_r&\boldsymbol{0}\\\boldsymbol{0}&b\boldsymbol{E}_{n-r}\end{pmatrix}$$

3.16　已知$P_2(t)$的两组基

$$f_1(t)=1+2t^2,f_2(t)=t+2t^2,f_3(t)=1+2t+5t^2$$
$$g_1(t)=1-t,g_2(t)=1+t^2,g_3(t)=t+2t^2$$

又$P_2(t)$的线性变换T满足

$$T(f_1(t))=2+t^2,T(f_2(t))=t,T(f_3(t))=1+t+t^2$$

（1）求T在基$f_1(t)$，$f_2(t)$，$f_3(t)$下的矩阵$\boldsymbol{A}$，基$g_1(t)$，$g_2(t)$，$g_3(t)$下的矩阵B.

（2）求$T(1-2t+t^2)$.

3.17　设T数域$\mathbf{R}$上n维线性空间$\boldsymbol{V}$上的线性变换，证明：$\boldsymbol{V}$能分解成若干个非平凡不变子空间的直和的充分必要条件是存在$\boldsymbol{V}$的一组基，T在该基下的表示矩阵为分块对角矩阵.

第 4 章 矩阵的 Jordan 标准形与矩阵函数

4.1 λ 矩阵及其 Smith 标准形

定义 4.1.1 以 λ 的复系数多项式为元素的矩阵，称为 λ 矩阵.

例如$\begin{bmatrix} \lambda^2-3\lambda+4 & 4\lambda+5 \\ 2\lambda-1 & 6\lambda^3-7 \end{bmatrix}$是 λ 矩阵，而$\begin{pmatrix} \sin\lambda & 4\lambda+5 \\ 2\lambda-1 & 7 \end{pmatrix}$不是 λ 矩阵. 又如 $\lambda\boldsymbol{E}-\boldsymbol{A}$ 就是 λ 矩阵.

此外，一般的数字矩阵也可以视为 λ 矩阵，只不过它的每一个元素都是 λ 的零次多项式.

定义 4.1.2 如果 λ 矩阵 $\boldsymbol{A}(\lambda)$ 中存在不为 0 的 r 阶子式（$r\geqslant1$），而所有 $r+1$ 阶子式（如果有的话）全为 0，则称 $\boldsymbol{A}(\lambda)$ 的秩为 r. 规定：零矩阵的秩为 0.

定义 4.1.3 对 λ 矩阵 $\boldsymbol{A}(\lambda)$，如果存在 λ 矩阵 $\boldsymbol{B}(\lambda)$，使得

$$\boldsymbol{A}(\lambda)\boldsymbol{B}(\lambda)=\boldsymbol{B}(\lambda)\boldsymbol{A}(\lambda)=\boldsymbol{E} \tag{4.1.1}$$

则称 $\boldsymbol{A}(\lambda)$ 是可逆的，并称 $\boldsymbol{B}(\lambda)$ 是 $\boldsymbol{A}(\lambda)$ 的逆矩阵，记为 $\boldsymbol{A}^{-1}(\lambda)$.

注：在有些书中，将可逆的 λ 矩阵，称为单位模阵.

定理 4.1.1 n 阶 λ 矩阵 $\boldsymbol{A}(\lambda)$ 可逆的充分必要条件是 $|\boldsymbol{A}(\lambda)|=$非零常数 d.

证明 充分性，设$|\boldsymbol{A}(\lambda)|=d\neq0$，由于 $\boldsymbol{A}(\lambda)$ 的伴随矩阵 $(\boldsymbol{A}(\lambda))^*$ 也是一个 λ 矩阵，且

$$\boldsymbol{A}(\lambda)\cdot\frac{1}{d}(\boldsymbol{A}(\lambda))^*=\frac{1}{d}(\boldsymbol{A}(\lambda))^*\cdot\boldsymbol{A}(\lambda)=\boldsymbol{E}$$

因此，$\boldsymbol{A}(\lambda)$ 可逆，且 $(\boldsymbol{A}(\lambda))^{-1}=(\boldsymbol{A}(\lambda))^*/d$.

必要性，若 $\boldsymbol{A}(\lambda)$ 可逆，在式（4.1.1）的两边取行列式，则$|\boldsymbol{A}(\lambda)||\boldsymbol{B}(\lambda)|=|\boldsymbol{E}|=1$. 因为$|\boldsymbol{A}(\lambda)|$与$|\boldsymbol{B}(\lambda)|$都是 λ 的多项式，由它们的乘积是 1 可知，它们都是零次多项式，即$|\boldsymbol{A}(\lambda)|$为非零的数.

由定理 4.1.1 可知，可逆的 λ 矩阵一定是满秩的. 但满秩的 λ 矩阵不一定可逆.

定义 4.1.4 以下三类变换称为 λ 矩阵的初等变换：

(1) 互换两行（列）.

(2) 某行（列）乘非零常数.

(3) 某行（列）乘多项式后加到另一行（列）.

定义 4.1.5　如果 λ 矩阵 $\boldsymbol{A}(\lambda)$ 经过有限次初等变换后可变成 $\boldsymbol{B}(\lambda)$，则称 $\boldsymbol{B}(\lambda)$ 与 $\boldsymbol{A}(\lambda)$ 等价，记为 $\boldsymbol{B}(\lambda)\simeq\boldsymbol{A}(\lambda)$.

λ 矩阵的等价关系与一般的等价关系一样，满足自反律、对称律、传递律.

定义 4.1.6　单位阵经过一次初等变换后所得到的矩阵称为初等矩阵.

易见，初等矩阵是可逆矩阵.

利用初等变换与初等矩阵的关系，可得：

定理 4.1.2　设 $\boldsymbol{A}(\lambda)$，$\boldsymbol{B}(\lambda)$ 是 $m\times n$ 阶 λ 矩阵，则 $\boldsymbol{A}(\lambda)\simeq\boldsymbol{B}(\lambda)$ 的充分必要条件是存在 m 阶可逆矩阵 $\boldsymbol{P}(\lambda)$ 和 n 阶可逆矩阵 $\boldsymbol{Q}(\lambda)$，使得 $\boldsymbol{B}(\lambda)=\boldsymbol{P}(\lambda)\boldsymbol{A}(\lambda)\boldsymbol{Q}(\lambda)$.

我们现在来讨论如何将 λ 矩阵化为标准形.

定理 4.1.3　如果 $m\times n$ 阶 λ 矩阵 $\boldsymbol{A}(\lambda)$ 的秩 $\mathrm{rank}(\boldsymbol{A}(\lambda))=r$，那么 $\boldsymbol{A}(\lambda)$ 与矩阵

$$\boldsymbol{B}(\lambda)=\begin{pmatrix} d_1(\lambda) & 0 & \cdots & 0 & 0 & \cdots & 0 \\ 0 & d_2(\lambda) & \cdots & 0 & 0 & \cdots & 0 \\ \vdots & \vdots & \ddots & \vdots & \vdots & \vdots & \vdots \\ 0 & 0 & \cdots & d_r(\lambda) & 0 & \cdots & 0 \\ 0 & 0 & \cdots & 0 & 0 & \cdots & 0 \\ \vdots & \vdots & \vdots & \vdots & \vdots & \ddots & \vdots \\ 0 & 0 & \cdots & 0 & 0 & \cdots & 0 \end{pmatrix}$$

等价. 其中 $d_i(\lambda)$，$(i=1, 2, \cdots, r)$ 是最高次幂系数为 1 的多项式，并且 $d_i(\lambda)$ 能够整除 $d_{i+1}(\lambda)$，$(i=1, 2, \cdots, r-1)$，称矩阵 $\boldsymbol{B}(\lambda)$ 是 $\boldsymbol{A}(\lambda)$ 的 Smith 标准形.

证明　如果 $\mathrm{rank}(\boldsymbol{A}(\lambda))=0$，则 $\boldsymbol{A}(\lambda)$ 为零矩阵，取 $\boldsymbol{B}(\lambda)=\boldsymbol{0}$，结论成立；如果 $\mathrm{rank}(\boldsymbol{A}(\lambda))=r>0$，并且 $a_{11}(\lambda)\neq 0$（如若不然，可以将矩阵适当调换行或列，使得调换后的矩阵中左上角的元素不为零，并以此元素作为新的 $a_{11}(\lambda)$，如果矩阵 $\boldsymbol{A}(\lambda)$ 中的元素不是全部能被 $a_{11}(\lambda)$ 整除，则必然存在着一个矩阵 $\boldsymbol{B}^{(1)}(\lambda)$，使得 $\boldsymbol{B}^{(1)}(\lambda)\simeq\boldsymbol{A}(\lambda)$，并且多项式 $b_{11}(\lambda)$ 的次数小于 $a_{11}(\lambda)$ 的次数. 重复前面的过程，直至求得一个矩阵 $\boldsymbol{B}^{(i)}(\lambda)$ 使得 $\boldsymbol{B}^{(k)}(\lambda)\simeq\boldsymbol{A}(\lambda)$，且 $\boldsymbol{B}^{(k)}(\lambda)$ 中 (1, 1) 位置的元素 $b_{11}^{(k)}(\lambda)$ 能整除其他位置的元素位置.

然后将 $b_{11}^{(k)}(\lambda)$ 中的第一行元素乘以适当的多项式加到其他各行上，使得第一列的元素中除去 $b_{11}^{(k)}(\lambda)$ 外，其余的元素均为零；再将所得到的矩阵中的第一行的元素，除 $b_{11}^{(k)}(\lambda)$ 外，其余的元素消为零. 则得到一个与矩阵 $\boldsymbol{A}(\lambda)$ 等价的矩阵

$$\begin{pmatrix} d_1(\lambda) & 0 & 0 & \cdots & 0 \\ 0 & c_{22}(\lambda) & c_{23}(\lambda) & \cdots & c_{2n}(\lambda) \\ 0 & c_{32}(\lambda) & c_{33}(\lambda) & \cdots & c_{3n}(\lambda) \\ \cdots & \cdots & \cdots & \ddots & \cdots \\ 0 & c_{m2}(\lambda) & c_{m3}(\lambda) & \cdots & c_{mn}(\lambda) \end{pmatrix}$$

其中 $d_1(\lambda)=b_{11}^{(k)}(\lambda)$ 可以整除 $c_{ij}(\lambda)$，$(i=2, 3, \cdots, m; j=2, 3, \cdots, n)$.

同理，再对子矩阵

$$\begin{pmatrix} c_{22}(\lambda) & c_{23}(\lambda) & \cdots & c_{2n}(\lambda) \\ c_{32}(\lambda) & c_{33}(\lambda) & \cdots & c_{3n}(\lambda) \\ \cdots & \cdots & \ddots & \cdots \\ c_{m2}(\lambda) & c_{m3}(\lambda) & \cdots & c_{mn}(\lambda) \end{pmatrix}$$

做类似的变换，得到矩阵

$$\begin{pmatrix} d_1(\lambda) & 0 & 0 & \cdots & 0 \\ 0 & d_2(\lambda) & 0 & \cdots & 0 \\ 0 & 0 & f_{33}(\lambda) & \cdots & f_{3n}(\lambda) \\ \cdots & \cdots & \cdots & \ddots & \cdots \\ 0 & 0 & f_{m3}(\lambda) & \cdots & f_{mn}(\lambda) \end{pmatrix}$$

其中 $d_1(\lambda)$ 可以整除 $d_2(\lambda)$，$d_2(\lambda)$ 可以整除 $f_{ij}(\lambda)$，$(i=3, 4, \cdots, m; j=3, 4, \cdots, n)$.

以此类推，最后可以得到矩阵

$$\begin{pmatrix} d_1(\lambda) & & & & \\ & \ddots & & & \\ & & d_r(\lambda) & & \\ & & & 0 & \\ & & & & \ddots & \\ & & & & & 0 \end{pmatrix}$$

其中 $d_i(\lambda)$ 可以整除 $d_{i+1}(\lambda)$，$(i=1, 2, \cdots, r-1)$.

【例 4.1.1】 用初等变换化 λ 矩阵

$$\boldsymbol{A}(\lambda)=\begin{pmatrix} 1-\lambda & 2\lambda-1 & \lambda \\ \lambda & \lambda^2 & -\lambda \\ 1+\lambda^2 & \lambda^3+\lambda-1 & -\lambda^2 \end{pmatrix}$$

为 Smith 标准形.

解

$$\boldsymbol{A}(\lambda)\simeq\begin{pmatrix} 1 & 2\lambda-1 & 1-\lambda \\ 0 & \lambda^2 & \lambda \\ 1 & \lambda^3+\lambda-1 & 1+\lambda^2 \end{pmatrix}\simeq\begin{pmatrix} 1 & 2\lambda-1 & 1-\lambda \\ 0 & \lambda^2 & \lambda \\ 0 & \lambda^3-\lambda & \lambda^2+\lambda \end{pmatrix}\simeq\begin{pmatrix} 1 & 0 & 0 \\ 0 & \lambda^2 & \lambda \\ 0 & \lambda^3-\lambda & \lambda^2+\lambda \end{pmatrix}$$

$$\simeq\begin{pmatrix} 1 & 0 & 0 \\ 0 & \lambda & \lambda^2 \\ 0 & \lambda^2+\lambda & \lambda^3-\lambda \end{pmatrix}\simeq\begin{pmatrix} 1 & 0 & 0 \\ 0 & \lambda & 0 \\ 0 & \lambda^2+\lambda & -\lambda^2-\lambda \end{pmatrix}\simeq\begin{pmatrix} 1 & 0 & 0 \\ 0 & \lambda & 0 \\ 0 & 0 & \lambda^2+\lambda \end{pmatrix}=\boldsymbol{B}(\lambda)$$

用上述方法，求 λ 矩阵的 Smith 标准形是比较麻烦的. 是否有更简单的方法?

先引入一些概念.

定义 4.1.7 设 λ 矩阵 $\boldsymbol{A}(\lambda)$ 的秩为 $r>0$，对于 $1\leqslant k\leqslant r$，$\boldsymbol{A}(\lambda)$ 中必存在着非零的 k 阶子式. $\boldsymbol{A}(\lambda)$ 中全部 k 阶子式的最高次幂系数为 1 的最大公因式称为 $\boldsymbol{A}(\lambda)$ 的 k 阶行列式因

式，记为 $D_k(\lambda)$.

在 λ 矩阵 $\boldsymbol{A}(\lambda)$ $\begin{pmatrix} 1-\lambda & 2\lambda-1 & \lambda \\ \lambda & \lambda^2 & -\lambda \\ 1+\lambda^2 & \lambda^3+\lambda-1 & -\lambda^2 \end{pmatrix}$ 中，2 阶子式共有 $C_3^2 \cdot C_3^2=9$ 个，这 9 个 2 阶子式的最高次幂系数为 1 的最大公因式为 λ，因此，$\boldsymbol{A}(\lambda)$ 的 2 阶行列式因式 $\boldsymbol{D}_2(\lambda)=\lambda$.

定理 4.1.4　等价的 λ 矩阵具有相同的秩和相同的各阶行列式因式.

证明　要证明这一定理，只需证明 λ 矩阵 $\boldsymbol{A}(\lambda)$ 经过一次初等变换得到 $\boldsymbol{B}(\lambda)$，$\boldsymbol{A}(\lambda)$ 与 $\boldsymbol{B}(\lambda)$ 具有相同的秩和相同的各阶行列式因式.

设 $f(\lambda)$、$g(\lambda)$ 分别是 $\boldsymbol{A}(\lambda)$、$\boldsymbol{B}(\lambda)$ 的 k 阶行列式因子，现在证明 $f(\lambda)$ 可整除 $g(\lambda)$.

情形一：$\boldsymbol{A}(\lambda)$ 经过交换两行或两列的初等变换变成 $\boldsymbol{B}(\lambda)$，此时，$\boldsymbol{B}(\lambda)$ 的每个 k 阶子式或等于 $\boldsymbol{A}(\lambda)$ 的某个 k 阶子式，或与 $\boldsymbol{A}(\lambda)$ 的某一个 k 阶子式反号.

(1) 如果 $\boldsymbol{A}(\lambda)$ 的所有 k 阶子式全为 0，则 $\boldsymbol{B}(\lambda)$ 的所有 k 阶子式也全为 0.

(2) 如果 $\boldsymbol{A}(\lambda)$ 中至少有一个 k 阶子式不为 0，则 $f(\lambda)$ 整除 $\boldsymbol{B}(\lambda)$ 的每一个 k 阶子式，从而 $f(\lambda)$ 可整除 $g(\lambda)$.

情形二：$\boldsymbol{A}(\lambda)$ 经过以一个不为零的常数 c 乘某行或某列的初等变换得到 $\boldsymbol{B}(\lambda)$，此时，$\boldsymbol{A}(\lambda)$ 与 $\boldsymbol{B}(\lambda)$ 中取相同行，相同列的 k 阶子式或者相等，或者相差 c 倍，因此

(1) 如果 $\boldsymbol{A}(\lambda)$ 的所有 k 阶子式全为 0，则 $\boldsymbol{B}(\lambda)$ 的所有 k 阶子式也全为 0.

(2) 如果 $\boldsymbol{A}(\lambda)$ 中至少有一个 k 阶子式不为 0，则 $f(\lambda)$ 整除 $\boldsymbol{B}(\lambda)$ 的每一个 k 阶子式，从而 $f(\lambda)$ 可整除 $g(\lambda)$.

情形三：$\boldsymbol{A}(\lambda)$ 的第 j 行乘以多项式 $\varphi(\lambda)$ 后加到第 i 行，得到 $\boldsymbol{B}(\lambda)$，此时，$\boldsymbol{B}(\lambda)$ 与 $\boldsymbol{A}(\lambda)$ 除第 i 行外相同，因此：

(1) 从 $\boldsymbol{B}(\lambda)$ 选取的 k 阶子式不含第 i 行，则它与 $\boldsymbol{A}(\lambda)$ 中对应的 k 阶子式相等.

(2) 从 $\boldsymbol{B}(\lambda)$ 选取的 k 阶子式含第 i 行，也含第 j 行，由行列式的性质知，它与 $\boldsymbol{A}(\lambda)$ 中对应的 k 阶子式相等.

(3) 从 $\boldsymbol{B}(\lambda)$ 选取的 k 阶子式含第 i 行，但不含第 j 行，由行列式的性质知，$\boldsymbol{B}(\lambda)$ 的该 k 阶子式可表示成 $h_1(\lambda)\pm\varphi(\lambda)h_2(\lambda)$，其中 $h_1(\lambda)$ 是取自 $\boldsymbol{A}(\lambda)$ 的相应的 k 阶子式的值，$h_2(\lambda)$ 是 $\boldsymbol{B}(\lambda)$ 中的第 i 行用第 j 行代替后相应的 k 阶子式的值.

由此可得

(1) 如果 $\boldsymbol{A}(\lambda)$ 的所有 k 阶子式全为 0，则 $\boldsymbol{B}(\lambda)$ 的所有 k 阶子式也全为 0.

(2) 如果 $\boldsymbol{A}(\lambda)$ 中至少有一个 k 阶子式不为 0，则 $f(\lambda)$ 整除 $\boldsymbol{B}(\lambda)$ 的每一个 k 阶子式，从而 $f(\lambda)$ 可整除 $g(\lambda)$.

综上所证，可得：

(1) $\mathrm{rank}(\boldsymbol{B}(\lambda))=\mathrm{rank}(\boldsymbol{A}(\lambda))$.

(2) 如果 $k\leqslant\mathrm{rank}(\boldsymbol{A}(\lambda))$，则 $f(\lambda)$ 可整除 $g(\lambda)$.

由初等变换的可逆性，$\boldsymbol{B}(\lambda)$ 也可以经过一次初等行变换变成 $\boldsymbol{A}(\lambda)$，因此 $g(\lambda)$ 可整除 $f(\lambda)$. 由于 $f(\lambda)$ 与 $g(\lambda)$ 的最高次幂系数都是 1，因此 $f(\lambda)=g(\lambda)$.

必须注意的是，如果 $\mathrm{rank}(\boldsymbol{A}(\lambda))=\mathrm{rank}(\boldsymbol{B}(\lambda))$，$\boldsymbol{A}(\lambda)$ 与 $\boldsymbol{B}(\lambda)$ 不一定等价. 这与数值矩阵

的等价是不同的．对同阶的数值矩阵 $\boldsymbol{A}$、$\boldsymbol{B}$，$\boldsymbol{A}\simeq\boldsymbol{B}$ 的充分必要条件是 $\mathrm{rank}(\boldsymbol{A})=\mathrm{rank}(\boldsymbol{B})$.

例如：设 $\boldsymbol{A}(\lambda)=\begin{pmatrix}\lambda & 1\\ 0 & \lambda\end{pmatrix}$，$\boldsymbol{B}(\lambda)=\begin{pmatrix}1 & -\lambda\\ 1 & \lambda\end{pmatrix}$，因为 $\det(\boldsymbol{A}(\lambda))\neq 0$，$\det(\boldsymbol{B}(\lambda))\neq 0$；并且 $\mathrm{rank}(\boldsymbol{A}(\lambda))=\mathrm{rank}(\boldsymbol{B}(\lambda))=2$．由矩阵的初等变换可知，如果 $\boldsymbol{A}(\lambda)$ 与 $\boldsymbol{B}(\lambda)$ 等价，则 $\det\boldsymbol{A}((\lambda))$ 与 $\det(\boldsymbol{B}(\lambda))$ 之间只能相差一个不为零的常数因子，而 $\boldsymbol{A}(\lambda)$ 与 $\boldsymbol{B}(\lambda)$ 不满足这一条件，所以 $\boldsymbol{A}(\lambda)$ 与 $\boldsymbol{B}(\lambda)$ 不等价.

设 λ 矩阵 $\boldsymbol{A}(\lambda)$ 的 Smith 标准形为

$$\boldsymbol{B}(\lambda)=\begin{bmatrix}d_1(\lambda) & & & & & \\ & \ddots & & & & \\ & & d_r(\lambda) & & & \\ & & & 0 & & \\ & & & & \ddots & \\ & & & & & 0\end{bmatrix}$$

由定理知道，$\boldsymbol{A}(\lambda)$ 与 $\boldsymbol{B}(\lambda)$ 有相同的各阶行列式因式．由 $\boldsymbol{B}(\lambda)$ 的特殊结构可知，$\boldsymbol{B}(\lambda)$ 的非零 k 阶子式为 $d_{i_1}d_{i_2}\cdots d_{i_k}$．注意到 $d_i(\lambda)$，$(i=1,2,\cdots,r)$ 是首项系数为 1 的多项式，并且 $d_i(\lambda)$ 能够整除 $d_{i+1}(\lambda)$，$(i=1,2,\cdots,r-1)$，因此全部 k 阶子式的最高次幂系数为 1 的最大公因式为 $d_1(\lambda)\ d_2(\lambda)\ \cdots d_k(\lambda)$，即 $\boldsymbol{A}(\lambda)$ 的 k 阶行列式因式

$$D_k(\lambda)=d_1(\lambda)d_2(\lambda)\cdots d_k(\lambda). \tag{4.1.2}$$

定理 4.1.5　λ 矩阵 $\boldsymbol{A}(\lambda)$ 的 Smith 标准形是唯一的.

证明　由定理 4.1.4 知道，$\boldsymbol{A}(\lambda)$ 与它的 Smith 标准形 $\boldsymbol{B}(\lambda)$ 有相同的秩和相同的各阶行列式因式．而 $\boldsymbol{B}(\lambda)$ 有唯一的各阶行列式因式，且

$$D_k(\lambda)=d_1(\lambda)d_2(\lambda)\cdots d_k(\lambda),\quad (k=1,2,\cdots,r)$$

因此

$$d_1(\lambda)=D_1(\lambda),d_k(\lambda)=\frac{D_k(\lambda)}{D_{k-1}(\lambda)},\quad (k=2,3,\cdots,r)$$

即 $d_k(\lambda)$，$(k=1,2,\cdots,r)$ 由 $\boldsymbol{A}(\lambda)$ 的行列式因式 $D_k(\lambda)$，$(k=1,2,\cdots,r)$ 唯一确定，所以，$\boldsymbol{A}(\lambda)$ 的 Smith 标准形是唯一的.

定义 4.1.8　设 λ 矩阵 $\boldsymbol{A}(\lambda)$ 的秩为 r，对于 $1\leqslant k\leqslant r$，矩阵 $\boldsymbol{A}(\lambda)$ 的 Smith 标准形中的非零元素 $d_k(\lambda)$ 称为 $\boldsymbol{A}(\lambda)$ 的第 k 个不变因式.

定理 4.1.6　两个 λ 矩阵等价的充分必要条件为它们具有相同的行列式因式，有相同的不变因式.

由于 $d_k(\lambda)$ 整除 $d_{k+1}(\lambda)$，因此可假设它们有如下分解式：

$$\begin{cases}d_1(\lambda)=(\lambda-\lambda_1)^{e_{11}}(\lambda-\lambda_2)^{e_{12}}\cdots(\lambda-\lambda_s)^{e_{1s}}\\ d_2(\lambda)=(\lambda-\lambda_1)^{e_{21}}(\lambda-\lambda_2)^{e_{22}}\cdots(\lambda-\lambda_s)^{e_{2s}}\\ \qquad\vdots\qquad\qquad\qquad\vdots\\ d_r(\lambda)=(\lambda-\lambda_1)^{e_{r1}}(\lambda-\lambda_2)^{e_{r2}}\cdots(\lambda-\lambda_s)^{e_{rs}}\end{cases} \tag{4.1.3}$$

其中 λ_1，λ_2，…，λ_s 互不相同，

$$0 \leqslant e_{1j} \leqslant e_{2j} \leqslant \cdots \leqslant e_{rj} > 0, j = 1,2,\cdots,s$$

定义 4.1.9　式（4.1.3）中所有指数大于 0 的因式 $(\lambda-\lambda_j)^{e_{ij}}$ 称为 $\boldsymbol{A}(\lambda)$ 的初等因式.

例如 $\boldsymbol{A}(\lambda)$ 的不变因式为

$$d_1(\lambda) = \lambda, d_2(\lambda) = \lambda(\lambda-2)^3(\lambda-3), d_3(\lambda) = \lambda^2(\lambda-2)^3(\lambda-3)^2$$

则 $\boldsymbol{A}(\lambda)$ 的全部初等因式为

$$\lambda, \lambda, \lambda^2, (\lambda-2)^3, (\lambda-2)^3, \lambda-3, (\lambda-3)^2$$

定理 4.1.7　λ 矩阵 $\boldsymbol{A}(\lambda)$ 的秩是 r，$\boldsymbol{A}(\lambda)$ 的全部初等因式由 $d_1(\lambda)$，$d_2(\lambda)$，…，$d_r(\lambda)$唯一确定；反之，$\boldsymbol{A}(\lambda)$ 的全部初等因式确定唯一的一组不变因式 $d_1(\lambda)$，$d_2(\lambda)$，…，$d_r(\lambda)$.

【例 4.1.2】　设 $\boldsymbol{A}(\lambda)$ 为 5 阶方阵，其秩为 4，全体初等因式是

$$\lambda, \lambda^2, \lambda^2, \lambda-2, \lambda-2, \lambda+1, (\lambda+1)^2$$

试求 $\boldsymbol{A}(\lambda)$ 的不变因式和 Smith 标准形.

解　由于 $\boldsymbol{A}(\lambda)$ 为 5 阶方阵，其秩为 4，因此

$$d_4(\lambda) = \lambda^2(\lambda-2)(\lambda+1)^2,\quad d_3(\lambda) = \lambda^2(\lambda-2)(\lambda+1),\quad d_2(\lambda) = \lambda,\quad d_1(\lambda) = 1$$

$\boldsymbol{A}(\lambda)$ 的 Smith 标准形是

$$\begin{pmatrix} 1 & 0 & 0 & 0 & 0 \\ 0 & \lambda & 0 & 0 & 0 \\ 0 & 0 & \lambda^2(\lambda-1)(\lambda+1) & 0 & 0 \\ 0 & 0 & 0 & \lambda^2(\lambda-1)(\lambda+1)^2 & 0 \\ 0 & 0 & 0 & 0 & 0 \end{pmatrix}$$

定理 4.1.8　λ 矩阵 $\boldsymbol{A}(\lambda) = \begin{pmatrix} \boldsymbol{B}(\lambda) & 0 \\ 0 & \boldsymbol{C}(\lambda) \end{pmatrix}$，则 $\boldsymbol{A}(\lambda)$ 的全部初等因式是 $\boldsymbol{B}(\lambda)$ 的全部初等因式与 $\boldsymbol{C}(\lambda)$ 的全部初等因式的并集.

证明　设 $\boldsymbol{B}(\lambda)$ 与 $\boldsymbol{C}(\lambda)$ 的 Smith 标准形分别为

$$\begin{pmatrix} b_1(\lambda) & & & & \\ & \ddots & & & \\ & & b_{r1}(\lambda) & & \\ & & & 0 & \\ & & & & \ddots & \\ & & & & & 0 \end{pmatrix}, \begin{pmatrix} c_1(\lambda) & & & & \\ & \ddots & & & \\ & & c_{r2}(\lambda) & & \\ & & & 0 & \\ & & & & \ddots & \\ & & & & & 0 \end{pmatrix}$$

显然

$$\operatorname{rank}(\boldsymbol{A}(\lambda)) = r = \operatorname{rank}(\boldsymbol{B}(\lambda)) + \operatorname{rank}(\boldsymbol{C}(\lambda)) = r_1 + r_2$$

再将 $b_k(\lambda)$ 与 $c_l(\lambda)$ 分解为

$$b_k(\lambda)=(\lambda-\lambda_1)^{e_{k1}}(\lambda-\lambda_2)^{e_{k2}}\cdots(\lambda-\lambda_t)^{e_{kt}},\quad (k=1,2,\cdots,r_1)$$
$$c_l(\lambda)=(\lambda-\lambda_1)^{i_{l1}}(\lambda-\lambda_2)^{i_{l2}}\cdots(\lambda-\lambda_t)^{i_{lt}},\quad (l=1,2,\cdots,r_2)$$

其中 λ_1，λ_2，…，λ_t 两两互异.

不失一般性，考虑 $\boldsymbol{B}(\lambda)$ 与 $\boldsymbol{C}(\lambda)$ 中只含因式 $\lambda-\lambda_1$ 的那些初等因式，将

$$e_{11},e_{21},\cdots,e_{r_11},i_{11},i_{21},\cdots,i_{r_21}$$

从小到大排列成 j_1，j_2，…，j_r，即

$$j_1\leqslant j_2\leqslant\cdots\leqslant j_r$$

则 $\boldsymbol{A}(\lambda)$ 的 k 阶行列式因式 $D_k(\lambda)$ 中，$\lambda-\lambda_1$ 的幂指数是 $j_1+j_2+\cdots+j_k$，因此 $\boldsymbol{A}(\lambda)$ 的第 k 阶不变因式 $d_k(\lambda)$ 中 $\lambda-\lambda_1$ 的幂指数是 j_k，因此，$\boldsymbol{A}(\lambda)$ 的全部初等因式是 $\boldsymbol{B}(\lambda)$ 的全部初等因式与 $\boldsymbol{C}(\lambda)$ 的全部初等因式的并集.

一般的，如果 $\boldsymbol{A}(\lambda)=\begin{pmatrix}\boldsymbol{B}_1(\lambda)&&&&\\&\boldsymbol{B}_2(\lambda)&&&\\&&\ddots&&\\&&&\boldsymbol{B}_t(\lambda)&\\&&&&0\end{pmatrix}$，则 $\boldsymbol{B}_i(\lambda)$，$t=1$，2，…，$t$ 的全体初等因式的并集构成 $\boldsymbol{A}(\lambda)$ 的全体初等因式.

【例 4.1.3】 求 λ 矩阵 $\boldsymbol{A}(\lambda)=\begin{pmatrix}0&0&0&\lambda^2\\0&0&\lambda^2-\lambda&0\\1&(\lambda-1)^2&0&0\\\lambda^2-\lambda&0&0&0\end{pmatrix}$ 的 Smith 标准形.

解

$$\boldsymbol{A}(\lambda)=\begin{pmatrix}0&0&0&\lambda^2\\0&0&\lambda^2-\lambda&0\\1&(\lambda-1)^2&0&0\\\lambda^2-\lambda&0&0&0\end{pmatrix}\simeq\begin{pmatrix}\lambda^2&0&0&0\\0&\lambda^2-\lambda&0&0\\0&0&1&(\lambda-1)^2\\0&0&\lambda^2-\lambda&0\end{pmatrix}$$

对于 $\boldsymbol{A}_3(\lambda)=\begin{pmatrix}1&(\lambda-1)^2\\\lambda^2-\lambda&0\end{pmatrix}$ 的 $D_1(\lambda)=1$，$D_2(\lambda)=\lambda(\lambda-1)^3$，因此，$\boldsymbol{A}_3(\lambda)$ 的全部初等因式为 λ，$(\lambda-1)^3$，因此 $\boldsymbol{A}(\lambda)$ 的全部初等因式为 λ，λ，λ^2，$\lambda-1$，$(\lambda-1)^3$，由于 $\mathrm{rank}(\boldsymbol{A}(\lambda))=4$，因此 $\boldsymbol{A}(\lambda)$ 的不变因式是

$$d_4(\lambda)=\lambda^2(\lambda-1)^3,d_3(\lambda)=\lambda(\lambda-1),d_2(\lambda)=\lambda,d_1(\lambda)=1$$

从而 $\boldsymbol{A}(\lambda)$ 的 Smith 标准形为

$$\begin{pmatrix}1&0&0&0\\0&\lambda&0&0\\0&0&\lambda(\lambda-1)&0\\0&0&0&\lambda^2(\lambda-1)^3\end{pmatrix}$$

【例 4.1.4】 求 λ 矩阵 $\boldsymbol{A}(\lambda)=\begin{pmatrix}3\lambda+5&(\lambda+2)^2&4\lambda+5&(\lambda-1)^2\\\lambda+7&(\lambda+2)^2&\lambda+7&0\\\lambda-1&0&2\lambda-7&(\lambda-1)^2\\0&0&\lambda&0\end{pmatrix}$ 的 Smith 标准形.

解

$$A(\lambda)=\begin{pmatrix}3\lambda+5 & (\lambda+2)^2 & 4\lambda+5 & (\lambda-1)^2\\ \lambda+7 & (\lambda+2)^2 & \lambda+7 & 0\\ \lambda-1 & 0 & 2\lambda-1 & (\lambda-1)^2\\ 0 & 0 & \lambda & 0\end{pmatrix}\simeq\begin{pmatrix}2\lambda+6 & (\lambda+2)^2 & 2\lambda+6 & 0\\ \lambda+7 & (\lambda+2)^2 & \lambda+7 & 0\\ \lambda-1 & 0 & 2\lambda-1 & (\lambda-1)^2\\ 0 & 0 & \lambda & 0\end{pmatrix}$$

$$\simeq\begin{pmatrix}\lambda-1 & 0 & 0 & 0\\ \lambda+7 & (\lambda+2)^2 & 0 & 0\\ \lambda-1 & 0 & \lambda & (\lambda-1)^2\\ 0 & 0 & \lambda & 0\end{pmatrix}\simeq\begin{pmatrix}\lambda-1 & 0 & 0 & 0\\ 6 & (\lambda+2)^2 & 0 & 0\\ 0 & 0 & \lambda & (\lambda-1)^2\\ 0 & 0 & \lambda & 0\end{pmatrix}=\begin{pmatrix}A_1(\lambda) & 0\\ 0 & A_2(\lambda)\end{pmatrix}$$

$A_1(\lambda)=\begin{pmatrix}\lambda-1 & 0\\ 6 & (\lambda+2)^2\end{pmatrix}$的初等因式为 $\lambda-1$，$(\lambda+2)^2$，$A_2(\lambda)=\begin{pmatrix}\lambda & 0\\ \lambda & (\lambda-1)^2\end{pmatrix}$的初等因式为 λ，$(\lambda-1)^2$，因此 $A(\lambda)$ 的全体初等因式是

$$\lambda-1,(\lambda+2)^2,\lambda,(\lambda-1)^2$$

易见 $\mathrm{rank}(A(\lambda))=4$，因此，$A(\lambda)$ 的 Smith 标准形为

$$\begin{pmatrix}1 & 0 & 0 & 0\\ 0 & 1 & 0 & 0\\ 0 & 0 & \lambda-1 & 0\\ 0 & 0 & 0 & \lambda(\lambda-1)^2(\lambda+2)^2\end{pmatrix}$$

【例 4.1.5】 求 λ 矩阵 $A(\lambda)=\begin{pmatrix}\lambda-a & c_1 & & & \\ & \lambda-a & c_2 & & \\ & & \ddots & \ddots & \\ & & & \lambda-a & c_{n-1}\\ & & & & \lambda-a\end{pmatrix}$的不变因式与初等因式，其中 c_1，c_2，…，c_{n-1} 为非零常数.

解 由于 c_1，c_2，…，c_{n-1} 为非零常数，$A(\lambda)$ 的右上角的 $n-1$ 阶子式的值为 $c_1c_2\cdots c_{n-1}\neq0$，因此 $A(\lambda)$ 的 $D_{n-1}=1$，从而有

$$d_1(\lambda)=d_2(\lambda)=\cdots=d_{n-1}(\lambda)=1,d_n(\lambda)=|A(\lambda)|=(\lambda-a)^n$$

$A(\lambda)$ 的初等因式是 $(\lambda-a)^n$.

4.2 矩阵的 Jordan 标准形

定理 4.2.1 设 A，$B\in C^{n\times n}$，则下列条件等价：

(1) A 与 B 相似.

(2) $\lambda E-A\simeq\lambda E-B$.

(3) $\lambda E-A$ 与 $\lambda E-B$ 有相同的不变因式.

(4) $\lambda E-A$ 与 $\lambda E-B$ 有相同的初等因式.

证明 由于 $\lambda E-A$ 与 $\lambda E-B$ 都是满秩矩阵，由定理 4.1.8 可知，条件 (2)、(3)、(4) 等价.

如果 $\boldsymbol{A}$ 与 $\boldsymbol{B}$ 相似，则存在可逆矩阵 $\boldsymbol{P}$，使得 $\boldsymbol{P}^{-1}\boldsymbol{A}\boldsymbol{P}=\boldsymbol{B}$，因此 $\boldsymbol{P}^{-1}(\lambda\boldsymbol{E}-\boldsymbol{A})\boldsymbol{P}=\lambda\boldsymbol{E}-\boldsymbol{B}$，从而有 $\lambda\boldsymbol{E}-\boldsymbol{A}\simeq\lambda\boldsymbol{E}-\boldsymbol{B}$.

反之，如果 $\lambda\boldsymbol{E}-\boldsymbol{A}\simeq\lambda\boldsymbol{E}-\boldsymbol{B}$，则 $\boldsymbol{A}$ 与 $\boldsymbol{B}$ 相似. 这结论的证明比较复杂，这里不再证明.

【例 4.2.1】 在下列矩阵对中，哪组矩阵是相似的，哪组是不相似的？

(1) $\boldsymbol{A}_1=\begin{pmatrix}2&1&0&0\\0&2&1&0\\0&0&2&0\\0&0&0&3\end{pmatrix}$ 与 $\boldsymbol{A}_2=\begin{pmatrix}2&1&0&0\\0&2&0&0\\0&0&2&1\\0&0&0&3\end{pmatrix}$.

(2) $\boldsymbol{B}_1=\begin{pmatrix}2&0&0&0\\0&2&1&0\\0&0&2&0\\0&0&0&3\end{pmatrix}$ 与 $\boldsymbol{B}_2=\begin{pmatrix}2&1&0&0\\0&2&0&0\\0&0&2&1\\0&0&0&3\end{pmatrix}$.

解 (1) $\lambda\boldsymbol{E}-\boldsymbol{A}_1$ 的初等因式是 $(\lambda-2)^3$，$\lambda-3$ 而 $\lambda\boldsymbol{E}-\boldsymbol{A}_2$ 的初等因式是 $\lambda-2$，$(\lambda-2)^2$，$\lambda-3$，$\lambda\boldsymbol{E}-\boldsymbol{A}_1$ 的初等因式与 $\lambda\boldsymbol{E}-\boldsymbol{A}_2$ 的初等因式不相同，由定理可知，$\boldsymbol{A}_1$ 与 $\boldsymbol{A}_2$ 不相似.

(2) $\lambda\boldsymbol{E}-\boldsymbol{B}_1$ 与 $\lambda\boldsymbol{E}-\boldsymbol{A}_2$ 的初等因式都是 $\lambda-2$，$(\lambda-2)^2$，$\lambda-3$，由定理可知，$\boldsymbol{B}_1$ 与 $\boldsymbol{B}_2$ 相似.

n 阶矩阵 $\boldsymbol{A}$ 可以与不同的矩阵相似，希望在与 $\boldsymbol{A}$ 相似的全体矩阵中，找到一个比较简单的矩阵，作为这一类矩阵的代表，从而简化这一类矩阵的讨论. 当然对角形矩阵最为简单，但是并不是任意的 n 阶矩阵都能与对角矩阵相似，例如非单纯矩阵就不与任意对角矩阵相似.

定义 4.2.1 形如

$$J(\lambda_i,n_i)=\begin{pmatrix}\lambda_i&1&&&\\&\lambda_i&1&&\\&&\lambda_i&\ddots&\\&&&\ddots&1\\&&&&\lambda_i\end{pmatrix}_{n_i\times n_i}$$

的方阵称为以 λ_i 为特征值的 n_i 阶 Jordan 块.

注：以 λ_i 为特征值的 1 阶 Jordan 块为 $J(\lambda_i,1)=\lambda_i$.

显然，$\lambda\boldsymbol{E}-\boldsymbol{J}(\lambda_i,n_i)$ 的初等因式是 $(\lambda-\lambda_i)^{n_i}$.

定义 4.2.2 称由 Jordan 块组成的分块对角矩阵

$$\boldsymbol{J}=\operatorname{diag}(J(\lambda_1,n_1),J(\lambda_2,n_2),\cdots,J(\lambda_s,n_s))$$

为 Jordan 标准形.

由定理 4.1.8 可知，$\lambda\boldsymbol{E}-\boldsymbol{J}$ 的全部初等因式是由各个 Jordan 块的初等因式合在一起构成的，即

$$(\lambda-\lambda_1)^{n_1},(\lambda-\lambda_2)^{n_2},\cdots,(\lambda-\lambda_s)^{n_s}$$

如果不计 $\boldsymbol{J}$ 中的 Jordan 块的排列顺序，那么 Jordan 标准形就由它的全部初等因子所决定. 有如下结论.

定理 4.2.2　设 $\boldsymbol{A}\in \mathbf{C}^{n\times n}$，$\lambda\boldsymbol{E}-\boldsymbol{A}$ 的初等因式是

$$(\lambda-\lambda_1)^{n_1},(\lambda-\lambda_2)^{n_2},\cdots,(\lambda-\lambda_s)^{n_s}$$

则 $\boldsymbol{A}$ 与 $\boldsymbol{J}=\mathrm{diag}(\boldsymbol{J}(\lambda_1,n_1),\boldsymbol{J}(\lambda_2,n_2),\cdots,\boldsymbol{J}(\lambda_s,n_s))$ 相似. 若不计 $\boldsymbol{J}$ 中的 Jordan 块的排列顺序，则 $\boldsymbol{J}$ 唯一.

定理 4.2.3　设 $\boldsymbol{A}\in \mathbf{C}^{n\times n}$，$\boldsymbol{A}$ 可以对角化的充分必要条件是 $\boldsymbol{A}$ 的特征矩阵 $\lambda\boldsymbol{E}-\boldsymbol{A}$ 的初等因式全是一次的.

应该指出，对 n 阶方阵 $\boldsymbol{A}$，**它的特征矩阵 $\lambda\boldsymbol{E}-\boldsymbol{A}$ 是一个 λ 矩阵. 由于 $|\lambda\boldsymbol{E}-\boldsymbol{A}|$ 是关于 λ 的 n 次多项式，因此 $\lambda\boldsymbol{E}-\boldsymbol{A}$ 的秩一定是 n**，并且 $\lambda\boldsymbol{E}-\boldsymbol{A}$ 的初等因式的乘积就等于矩阵 A 的特征多项式 $|\lambda\boldsymbol{E}-\boldsymbol{A}|$.

【例 4.2.2】　设 $\lambda\boldsymbol{E}-\boldsymbol{A}$ 的初等因式是 λ^2，$(\lambda-3)^4$，$\lambda-3$，$(\lambda+4)^3$，写出 $\boldsymbol{A}$ 的 Jordan 标准形 $\boldsymbol{J}$.

解

$$\boldsymbol{J}=\mathrm{diag}(J(0,2),J(3,4),J(3,1),J(-4,3))$$

其中

$$\boldsymbol{J}(0,2)=\begin{pmatrix}0&1\\0&0\end{pmatrix},\boldsymbol{J}(3,1)=(3),$$

$$\boldsymbol{J}(3,4)=\begin{pmatrix}3&1&0&0\\0&3&1&0\\0&0&3&1\\0&0&0&3\end{pmatrix},\boldsymbol{J}(-4,3)=\begin{pmatrix}-4&1&0\\0&-4&1\\0&0&-4\end{pmatrix}$$

【例 4.2.3】　求矩阵 $\boldsymbol{A}=\begin{pmatrix}8&-3&6\\3&-2&0\\-4&2&-2\end{pmatrix}$ 的 Jordan 标准形.

解　因为 $\lambda\boldsymbol{E}-\boldsymbol{A}=\begin{pmatrix}\lambda-8&3&-6\\-3&\lambda+2&0\\4&-2&\lambda+2\end{pmatrix}$ 中如下 2 阶子式

$$\begin{vmatrix}3&-6\\\lambda+2&0\end{vmatrix}=6(\lambda+2),\quad\begin{vmatrix}-3&\lambda+2\\4&-2\end{vmatrix}=-4\lambda-2$$

的最大公因式是 1，因此 $\lambda\boldsymbol{E}-\boldsymbol{A}$ 的 $D_2(\lambda)=1$，而 $\lambda\boldsymbol{E}-\boldsymbol{A}$ 的

$$D_3(\lambda)=|\lambda\boldsymbol{E}-\boldsymbol{A}|=(\lambda-1)^2(\lambda-2)$$

因此 $\lambda\boldsymbol{E}-\boldsymbol{A}$ 的初等因式是 $(\lambda-1)^2$，$(\lambda-2)$，从而矩阵 $\boldsymbol{A}$ 的 Jordan 标准形

$$\boldsymbol{J}_A=\begin{pmatrix}1&1&0\\0&1&0\\0&0&2\end{pmatrix}$$

对一般的 n 阶方阵 $\boldsymbol{A}$，利用 $\lambda\boldsymbol{E}-\boldsymbol{A}$ 的初等因式来求 Jordan 标准形 $\boldsymbol{J}_A$ 是比较麻烦的. 注意到 $\lambda\boldsymbol{E}-\boldsymbol{A}$ 的初等因式的连乘积等于 $|\lambda\boldsymbol{E}-\boldsymbol{A}|$. 而 $\boldsymbol{A}$ 与它的 Jordan 标准形 J_A 相似，从而 $(\boldsymbol{A}-a\boldsymbol{E})^k$ 与 $(\boldsymbol{J}_A-a\boldsymbol{E})^k$ 也相似. 因此，可以利用下面两个例题之一的类似方法求 Jordan 标准形 $\boldsymbol{J}_A$.

【例 4.2.4】 求矩阵 $\boldsymbol{A}=\begin{pmatrix}-1 & 2 & 2 & 0\\ 3 & -1 & 1 & 0\\ 2 & 2 & -1 & 0\\ 1 & -4 & 3 & 3\end{pmatrix}$ 的 Jordan 标准形 $\boldsymbol{J}_A$.

解

$$|\boldsymbol{A}-\lambda\boldsymbol{E}|=\begin{vmatrix}-1-\lambda & 2 & 2 & 0\\ 3 & -1-\lambda & 1 & 0\\ 2 & 2 & -1-\lambda & 0\\ 1 & -4 & 3 & 3-\lambda\end{vmatrix}=(3-\lambda)\begin{vmatrix}-1-\lambda & 2 & 2\\ 3 & -1-\lambda & 1\\ 2 & 2 & -1-\lambda\end{vmatrix}$$
$$=(3-\lambda)^2(3+\lambda)^2$$

由于 $\lambda\boldsymbol{E}-\boldsymbol{A}$ 的初等因式的连乘积等于 $|\lambda\boldsymbol{E}-\boldsymbol{A}|$，因此，$\lambda\boldsymbol{E}-\boldsymbol{A}$ 的初等因式是如下之一：

(1) $\lambda-3$，$\lambda-3$，$\lambda+3$，$\lambda+3$　　(3) $\lambda-3$，$\lambda-3$，$(\lambda+3)^2$

(2) $(\lambda-3)^2$，$\lambda+3$，$\lambda+3$　　(4) $(\lambda-3)^2$，$(\lambda+3)^2$

因此 $\boldsymbol{A}$ 的 Jordan 标准形是如下之一：

$$\boldsymbol{J}_1=\begin{pmatrix}3 & 0 & 0 & 0\\ 0 & 3 & 0 & 0\\ 0 & 0 & -3 & 0\\ 0 & 0 & 0 & -3\end{pmatrix},\boldsymbol{J}_2=\begin{pmatrix}3 & 1 & 0 & 0\\ 0 & 3 & 0 & 0\\ 0 & 0 & -3 & 0\\ 0 & 0 & 0 & -3\end{pmatrix}$$

$$\boldsymbol{J}_3=\begin{pmatrix}3 & 0 & 0 & 0\\ 0 & 3 & 0 & 0\\ 0 & 0 & -3 & 1\\ 0 & 0 & 0 & -3\end{pmatrix},\boldsymbol{J}_4=\begin{pmatrix}3 & 1 & 0 & 0\\ 0 & 3 & 0 & 0\\ 0 & 0 & -3 & 0\\ 0 & 0 & 0 & -3\end{pmatrix}$$

由于

$$\boldsymbol{A}-3\boldsymbol{E}=\begin{pmatrix}-4 & 2 & 2 & 0\\ 3 & -4 & 1 & 0\\ 2 & 2 & -4 & 0\\ 1 & -4 & 3 & 0\end{pmatrix}\sim\begin{pmatrix}1 & -4 & 3 & 0\\ 3 & -4 & 1 & 0\\ 2 & 2 & -4 & 0\\ -4 & 2 & 2 & 0\end{pmatrix}\sim\begin{pmatrix}1 & -4 & 3 & 0\\ 0 & 8 & -8 & 0\\ 0 & 10 & -10 & 0\\ 0 & -14 & 14 & 0\end{pmatrix}$$

因此 $\mathrm{rank}(\boldsymbol{A}-3\boldsymbol{E})=2$，从而 $\mathrm{rank}(\boldsymbol{J}_A-3\boldsymbol{E})=2$.

$$\boldsymbol{J}_2-3\boldsymbol{E}=\begin{pmatrix}0 & 1 & 0 & 0\\ 0 & 0 & 0 & 0\\ 0 & 0 & -6 & 0\\ 0 & 0 & 0 & -6\end{pmatrix},\boldsymbol{J}_4-3\boldsymbol{E}=\begin{pmatrix}0 & 1 & 0 & 0\\ 0 & 0 & 0 & 0\\ 0 & 0 & -6 & 1\\ 0 & 0 & 0 & -6\end{pmatrix}$$

$\mathrm{rank}(\boldsymbol{J}_2-3\boldsymbol{E})=\mathrm{rank}(\boldsymbol{J}_4-3\boldsymbol{E})=3\neq2$，因此 $\boldsymbol{J}_A\neq\boldsymbol{J}_2$，$\boldsymbol{J}_A\neq\boldsymbol{J}_4$.

$$A+3E=\begin{pmatrix}2&2&2&0\\3&2&1&0\\2&2&2&0\\1&-4&3&6\end{pmatrix}\sim\begin{pmatrix}1&1&1&0\\3&2&1&0\\0&0&0&0\\1&-4&3&6\end{pmatrix}$$

因此 $\text{rank}(A+3E)=3$.

$$J_1+3E=\begin{pmatrix}6&0&0&0\\0&6&0&0\\0&0&0&0\\0&0&0&0\end{pmatrix},J_3+3E=\begin{pmatrix}6&0&0&0\\0&6&0&0\\0&0&0&1\\0&0&0&0\end{pmatrix}$$

$\text{rank}(J_1+3E)=2\neq3$，$\text{rank}(J_3+3E)=3$，因此 $J_A=J_3$，$J_A\neq J_1$.

【例 4.2.5】 求矩阵 $A=\begin{pmatrix}2&1&0&-1&-1&0\\1&2&0&0&-1&1\\-1&-1&4&1&0&-1\\0&-1&0&3&1&0\\0&0&0&0&4&0\\1&0&0&0&-1&3\end{pmatrix}$ 的 Jordan 标准形 J_A.

解

$$|\lambda E-A|=\begin{vmatrix}\lambda-2&-1&0&1&1&0\\-1&\lambda-2&0&0&-1&-1\\1&1&\lambda-4&-1&0&-1\\0&-1&0&\lambda-3&-1&0\\0&0&0&0&\lambda-4&0\\-1&0&0&0&-1&\lambda-3\end{vmatrix}=(\lambda-2)^3(\lambda-4)^3$$

因此 A 的特征值为

$$\lambda_1=\lambda_2=\lambda_3=2,\lambda_4=\lambda_5=\lambda_6=4$$

因此 A 的 Jordan 标准形有如下形式：

$$J_A=\begin{pmatrix}2&a_1&&&&\\&2&a_2&&&\\&&2&&&\\&&&4&b_1&\\&&&&4&b_2\\&&&&&4\end{pmatrix}$$

其中 a_1，a_2，b_1，b_2 是 0 或 1 中的一个数.

$$A-2E=\begin{pmatrix}0&1&0&-1&-1&0\\1&0&0&0&-1&1\\-1&-1&2&1&0&-1\\0&-1&0&1&1&0\\0&0&0&0&2&0\\1&0&0&0&-1&1\end{pmatrix}\sim\begin{pmatrix}1&0&0&0&-1&1\\0&-1&0&1&1&0\\0&0&2&0&-2&0\\0&0&0&0&2&0\\0&0&0&0&0&0\\0&0&0&0&0&0\end{pmatrix}$$

因此，rank（$\boldsymbol{A}-2\boldsymbol{E}$）=4，

$$\boldsymbol{J}_A-2\boldsymbol{E}=\begin{pmatrix}0 & a_1 & & & & \\ & 0 & a_2 & & & \\ & & 0 & & & \\ & & & 2 & b_1 & \\ & & & & 2 & b_2 \\ & & & & & 2\end{pmatrix}$$

由 $\operatorname{rank}(\boldsymbol{J}_A-2\boldsymbol{E})=\operatorname{rank}(\boldsymbol{A}-2\boldsymbol{E})=4$ 可知 a_1，a_2 中一个是 0，另外一个是 1，不妨令 $a_1=0$，$a_2=1$.

$$\operatorname{rank}(\boldsymbol{A}-4\boldsymbol{E})=\operatorname{rank}\begin{pmatrix}-2 & 1 & 0 & -1 & -1 & 0\\ 1 & -2 & 0 & 0 & -1 & 1\\ -1 & -1 & 0 & 1 & 0 & -1\\ 0 & -1 & 0 & -1 & 1 & 0\\ 0 & 0 & 0 & 0 & 0 & 0\\ 1 & 0 & 0 & 0 & -1 & -1\end{pmatrix}=5$$

$$\boldsymbol{J}_A-4\boldsymbol{E}=\begin{pmatrix}-2 & 0 & & & & \\ & -2 & 1 & & & \\ & & -2 & & & \\ & & & 0 & b_1 & \\ & & & & 0 & b_2 \\ & & & & & 0\end{pmatrix}$$

由 $\operatorname{rank}(\boldsymbol{J}_A-4\boldsymbol{E})=\operatorname{rank}(\boldsymbol{A}-4\boldsymbol{E})=5$，可得 $b_1=b_2=1$，因此

$$\boldsymbol{J}_A=\begin{pmatrix}2 & 0 & & & & \\ & 2 & 1 & & & \\ & & 2 & & & \\ & & & 4 & 1 & \\ & & & & 4 & 1 \\ & & & & & 4\end{pmatrix}$$

【例 4.2.6】 设 n 阶矩阵 $\boldsymbol{A}$ 满足 $\boldsymbol{A}^3=\boldsymbol{0}$，且 $\operatorname{rank}(\boldsymbol{A})=r_1$，$\operatorname{rank}(\boldsymbol{A}^2)=r_2$，求 $\boldsymbol{A}$ 的 Jordan 标准形 $\boldsymbol{J}_A$.

解 设 λ_0 是 $\boldsymbol{A}$ 的特征值，$\boldsymbol{x}$ 是 $\boldsymbol{A}$ 的对应于特征值 λ_0 的特征向量，则 $\boldsymbol{x}\neq\boldsymbol{0}$，$\boldsymbol{A}\boldsymbol{x}=\lambda_0\boldsymbol{x}$，从而有 $\boldsymbol{A}^3\boldsymbol{x}=\lambda_0^3\boldsymbol{x}$. 因为矩阵 $\boldsymbol{A}$ 满足 $\boldsymbol{A}^3=\boldsymbol{0}$，所以 $\lambda_0^3=0$，因此 $\lambda_0=0$，即 $\boldsymbol{A}$ 的特征值全是零.

因为 $\boldsymbol{A}^3=\boldsymbol{0}$，所以 $\boldsymbol{J}_A^3=\boldsymbol{0}$，注意到当 $k>3$ 时（$\boldsymbol{J}(0,k)$）$^3\neq\boldsymbol{0}$，因此 $\boldsymbol{J}_A$ 中只可能有以 0 为特征值的 1、2、3 阶块. 注意到

$$\operatorname{rank}(\boldsymbol{J}(0,1))=0,\operatorname{rank}(\boldsymbol{J}(0,2))=1,\operatorname{rank}(\boldsymbol{J}(0,3))=2$$

$$(\boldsymbol{J}(0,2))^2=\begin{pmatrix}0 & 1\\ 0 & 0\end{pmatrix}^2=\begin{pmatrix}0 & 0\\ 0 & 0\end{pmatrix}$$

$$(\boldsymbol{J}(0,3))^2=\begin{pmatrix}0 & 1 & 0\\ 0 & 0 & 1\\ 0 & 0 & 0\end{pmatrix}^2=\begin{pmatrix}0 & 0 & 1\\ 0 & 0 & 0\\ 0 & 0 & 0\end{pmatrix}$$

因此

$$\operatorname{rank}((\boldsymbol{J}(0,1))^2)=0,\operatorname{rank}((\boldsymbol{J}(0,2))^2)=0,\operatorname{rank}((\boldsymbol{J}(0,3))^2)=1$$

假设 $\boldsymbol{J}_A$ 中 $\boldsymbol{J}(0,\ 2)$ 有 k_2 个，$\boldsymbol{J}(0,\ 3)$ 有 k_3 个，则

$$k_2+2k_3=\operatorname{rank}(\boldsymbol{A})=r_1,\quad k_2=\operatorname{rank}(\boldsymbol{A}^2)=r_2$$

因此 $k_2=r_1-2r_2$，$k_3=r_2$，从而 $\boldsymbol{J}_A$ 中 $\boldsymbol{J}(0,\ 1)$ 有 $k_1=n-2k_2-3k_3=n-2r_1+r_2$ 个.

【例 4.2.7】 求矩阵 $\boldsymbol{A}=\begin{pmatrix}3&2&1&0&0&0\\1&4&1&0&0&0\\1&2&3&0&0&0\\0&1&0&5&3&-4\\0&2&1&-1&1&2\\0&-1&-3&1&1&1\end{pmatrix}$ 的 Jordan 标准形 $\boldsymbol{J}_A$.

解　由于 $|\lambda\boldsymbol{E}-6|=(\lambda-2)^4(\lambda-3)(\lambda-6)$，因此 $\boldsymbol{J}_A$ 有如下形式

$$\boldsymbol{J}_A=\begin{pmatrix}3&0&0&0&0&0\\0&6&0&0&0&0\\0&0&2&a_1&0&0\\0&0&0&2&a_2&0\\0&0&0&0&2&a_3\\0&0&0&0&0&2\end{pmatrix}$$

其中 a_1、a_2、a_3 取值是 0、1 之一.

$$\boldsymbol{A}-2\boldsymbol{E}=\begin{pmatrix}1&2&1&0&0&0\\1&2&1&0&0&0\\1&2&1&0&0&0\\0&1&0&3&3&-4\\0&2&1&-1&-1&2\\0&-1&-3&1&1&-1\end{pmatrix}\sim\begin{pmatrix}1&2&1&0&0&0\\0&0&0&0&0&0\\0&0&0&0&0&0\\0&1&0&3&3&-4\\0&2&1&-1&-1&2\\0&-1&-3&1&1&-1\end{pmatrix}$$

$$\sim\begin{pmatrix}1&2&1&0&0&0\\0&1&0&3&3&-4\\0&0&1&-7&-7&10\\0&0&-3&4&4&-5\\0&0&0&0&0&0\\0&0&0&0&0&0\end{pmatrix}\sim\begin{pmatrix}1&2&1&0&0&0\\0&1&0&3&3&-4\\0&0&1&-7&-7&10\\0&0&0&-17&-17&25\\0&0&0&0&0&0\\0&0&0&0&0&0\end{pmatrix}$$

因此 $\operatorname{rank}(\boldsymbol{A}-2\boldsymbol{E})=4$，从而有 a_1、a_2、a_3 中两个是 1，一个是 0. 故 $\boldsymbol{J}_A$ 是如下之一：

$$\boldsymbol{J}_1=\begin{pmatrix}3&0&0&0&0&0\\0&6&0&0&0&0\\0&0&2&1&0&0\\0&0&0&2&0&0\\0&0&0&0&2&1\\0&0&0&0&0&2\end{pmatrix},\quad \boldsymbol{J}_2=\begin{pmatrix}3&0&0&0&0&0\\0&6&0&0&0&0\\0&0&2&1&0&0\\0&0&0&2&1&0\\0&0&0&0&2&0\\0&0&0&0&0&2\end{pmatrix}$$

因为

$$(\boldsymbol{A}-2\boldsymbol{E})^2=\begin{pmatrix}4&8&4&0&0&0\\4&8&4&0&0&0\\4&8&4&0&0&0\\1&15&16&2&2&-2\\3&1&-4&0&0&0\\-4&-4&0&1&1&-1\end{pmatrix}\sim\begin{pmatrix}1&2&1&0&0&0\\0&0&0&0&0&0\\0&0&0&0&0&0\\0&13&15&2&2&-2\\0&-5&-7&0&0&0\\0&4&4&1&1&-1\end{pmatrix}$$

$$\sim\begin{pmatrix}1&2&1&0&0&0\\0&4&4&1&1&-1\\0&-5&-7&0&0&0\\0&5&7&0&0&0\\0&0&0&0&0&0\\0&0&0&0&0&0\end{pmatrix}\sim\begin{pmatrix}1&2&1&0&0&0\\0&4&4&1&1&-1\\0&-5&-7&0&0&0\\0&0&0&0&0&0\\0&0&0&0&0&0\\0&0&0&0&0&0\end{pmatrix}$$

所以 $\operatorname{rank}(\boldsymbol{A}-2\boldsymbol{E})=3$，因此 $\operatorname{rank}(\boldsymbol{J}_A-2\boldsymbol{E})=3$.

$$(\boldsymbol{J}_1-2\boldsymbol{E})^2=\begin{pmatrix}1&0&0&0&0&0\\0&16&0&0&0&0\\0&0&0&0&0&0\\0&0&0&0&0&0\\0&0&0&0&0&0\\0&0&0&0&0&0\end{pmatrix},\quad(\boldsymbol{J}_2-2\boldsymbol{E})^2=\begin{pmatrix}1&0&0&0&0&0\\0&16&0&0&0&0\\0&0&0&0&1&0\\0&0&0&0&0&0\\0&0&0&0&0&0\\0&0&0&0&0&0\end{pmatrix}$$

$\operatorname{rank}(\boldsymbol{J}_1-2\boldsymbol{E})=2$，$\operatorname{rank}(\boldsymbol{J}_2-2\boldsymbol{E})=3$，因此 $\boldsymbol{J}_A=\boldsymbol{J}_2$.

$$\boldsymbol{J}_i-a\boldsymbol{E}=\begin{pmatrix}\lambda_i-a&1&&&\\&\lambda_i-a&1&&\\&&\lambda_i-a&\ddots&\\&&&\ddots&1\\&&&&\lambda_i-a\end{pmatrix}_{m_i\times m_i}$$

$$\operatorname{rank}((\boldsymbol{J}_i-a\boldsymbol{E})^k)=\begin{cases}m_i-k, & a=\lambda_i,k\leqslant m_i\\0, & a=\lambda_i,k>m_i\\m_i, & a\neq\lambda_i\end{cases}$$

因此，对特征值 $\lambda=a$，以 a 为特征值的最高阶 Jordan 块的阶数是 s，以 a 为特征值的 i 阶 Jordan 块的个数是 k_i，$i=1$，2，…，s，则

$$r_1(a)=\operatorname{rank}(\boldsymbol{J}-a\boldsymbol{E})=n-k_1-k_2-k_3-\cdots-k_s$$
$$r_2(a)=\operatorname{rank}((\boldsymbol{J}-a\boldsymbol{E})^2)=n-k_1-2k_2-2k_3-\cdots-2k_s$$
$$r_3(a)=\operatorname{rank}((\boldsymbol{J}-a\boldsymbol{E})^3)=n-k_1-2k_2-3k_3-\cdots-3k_s$$
$$\vdots$$
$$r_s(a)=\operatorname{rank}((\boldsymbol{J}-a\boldsymbol{E})^s)=n-k_1-2k_2-\cdots-(s-1)k_{s-1}-sk_s$$
$$r_{s+m}(a)=\operatorname{rank}((\boldsymbol{J}-a\boldsymbol{E})^{s+m})=n-k_1-2k_2-\cdots-(s-1)k_{s-1}-sk_s,m=1,2\cdots$$

因为 $\boldsymbol{J}_A$ 与 $\boldsymbol{A}$ 相似，所以 $(\boldsymbol{J}_A-a\boldsymbol{E})^k$ 与 $(\boldsymbol{A}-a\boldsymbol{E})^k$ 相似，从而 $(\boldsymbol{J}_A-a\boldsymbol{E})^k$ 与 $(\boldsymbol{A}-a\boldsymbol{E})^k$ 有相同的秩。由此，可得求矩阵 $\boldsymbol{A}$ 的 Jordan 标准形的如下波尔曼（Bellman）算法.

(1) 求 $\boldsymbol{A}$ 的全部相异特征值.

(2) 对特征值 λ_k, $j=1, 2, \cdots$, 依次求 $r_j(\lambda k)=\operatorname{rank}((\boldsymbol{A}-\lambda_k\boldsymbol{E})^j)$. 当发现某个 j^*, 满足 $r_{j*}(\lambda_k)=r_{j*+1}(\lambda_i)$ 时，停止计算. $\boldsymbol{A}$ 的以 λ_k 为特征值的最高阶 Jordan 块的阶数是 j^*.

(3) 计算

$$b_1(\lambda_k)=n-2r_1(\lambda_k)+r_2(\lambda_k) \tag{4.2.1}$$

$$b_i(\lambda_k)=r_{i-1}(\lambda_k)-2r_i(\lambda_k)+r_{i+1}(\lambda_k), i=2,3,\cdots,j^* \tag{4.2.2}$$

(4) 写出与 $\boldsymbol{A}$ 相似的标准形，它是由 b_i 个以 λ_i 为特征值的 i 阶 Jordan 块组成.

【例 4.2.8】 用波尔曼算法解［例 4.2.4］.

求矩阵 $\boldsymbol{A}=\begin{pmatrix}-1&2&2&0\\3&-1&1&0\\2&2&-1&0\\1&-4&3&3\end{pmatrix}$ 的 Jordan 标准形 $\boldsymbol{J}_A$.

解

$$|\boldsymbol{A}-\lambda\boldsymbol{E}|=\begin{vmatrix}-1-\lambda&2&2&0\\3&-1-\lambda&1&0\\2&2&-1-\lambda&0\\1&-4&3&3-\lambda\end{vmatrix}=(3-\lambda)\begin{vmatrix}-1-\lambda&2&2\\3&-1-\lambda&1\\2&2&-1-\lambda\end{vmatrix}$$

$$=(3-\lambda)^2(3+\lambda)^2$$

由于

$$\boldsymbol{A}-3\boldsymbol{E}=\begin{pmatrix}-4&2&2&0\\3&-4&1&0\\2&2&-4&0\\1&-4&3&0\end{pmatrix}\sim\begin{pmatrix}1&-4&3&0\\3&-4&1&0\\2&2&-4&0\\-4&2&2&0\end{pmatrix}\sim\begin{pmatrix}1&-4&3&0\\0&8&-8&0\\0&10&-10&0\\0&-14&14&0\end{pmatrix}$$

因此 $r_1(3)=\operatorname{rank}(\boldsymbol{A}-3\boldsymbol{E})=2$，由于特征值 $\lambda=-3$ 的代数重数是 2，因此 $r_2(3)=\operatorname{rank}((\boldsymbol{A}-3\boldsymbol{E})^2)\geqslant 2$，而 $r_2(3)\leqslant r_1(3)=2$，因此 $r_2(3)=2$，$\boldsymbol{A}$ 的以 $\lambda=3$ 为特征值的最高阶 Jordan 块的阶数是 $j_1^*=1$，由式 (4.2.1)，以 $\lambda=3$ 为特征值的 1 阶 Jordan 块的个数

$$b_1(3)=4-2r_1(3)+r_2(3)=2.$$

$$\boldsymbol{A}+3\boldsymbol{E}=\begin{pmatrix}2&2&2&0\\3&2&1&0\\2&2&2&0\\1&-4&3&6\end{pmatrix}\sim\begin{pmatrix}1&1&1&0\\3&2&1&0\\0&0&0&0\\1&-4&3&6\end{pmatrix}$$

因此 $r_1(-3)=\operatorname{rank}(\boldsymbol{A}+3\boldsymbol{E})=3$.

$$(\boldsymbol{A}+3\boldsymbol{E})^2=\begin{pmatrix}2&2&2&0\\3&2&1&0\\2&2&2&0\\1&-4&3&6\end{pmatrix}=\begin{pmatrix}14&12&10&0\\14&12&10&0\\14&12&10&0\\2&-24&22&36\end{pmatrix}$$

因此 $r_2(-3)=\operatorname{rank}((\boldsymbol{A}+3\boldsymbol{E})^2)=2$，由于特征值 $\lambda=3$ 的代数重数是 2，因此 $r_3(-3)=\operatorname{rank}((\boldsymbol{A}+3\boldsymbol{E})^3)\geqslant 2$，而 $r_3(-3)\leqslant r_2(-3)=2$，因此 $r_3(-3)=2$，$\boldsymbol{A}$ 的以 $\lambda=-3$ 为特征值的最高阶 Jordan 块的阶数是 $j_2^*=2$. 由式 (4.2.1)，以 $\lambda=-3$ 为特征值的 1 阶 Jordan 块的

个数为

$$b_1(-3)=4-2r_1(-3)+r_2(-3)=4-2\times3+2=0$$

由式（4.2.2），以 $\lambda=-3$ 为特征值的 2 阶 Jordan 块的个数为

$$b_2(-3)=r_1(-3)-2r_2(-3)+r_3(-3)=3-2\times2+2=1$$

注：特征值 $\lambda=-3$ 的代数重数是 2，以 $\lambda=-3$ 为特征值的最高阶 Jordan 块的阶数是 $j_2^*=2$，由于 $b_1(-3)=0$，因此可不用公式（4.2.2），直接可得 $b_2(-3)=1$.

以上介绍了求矩阵 $\boldsymbol{A}$ 的 Jordan 标准形的方法. 注意到 n 阶矩阵 $\boldsymbol{A}$ 与它的 Jordan 标准形 $\boldsymbol{J}_A$ 相似，因此存在可逆矩阵 $\boldsymbol{P}$，使得 $\boldsymbol{P}^{-1}\boldsymbol{AP}=\boldsymbol{J}_A$. 下面来讨论如何求可逆矩阵 $\boldsymbol{P}$.

如果将 $\boldsymbol{P}$ 按列分块成 $\boldsymbol{P}=(\boldsymbol{p}_1,\ \boldsymbol{p}_2,\ \cdots,\ \boldsymbol{p}_n)$，则有

$$(\boldsymbol{A}\boldsymbol{p}_1,\boldsymbol{A}\boldsymbol{p}_2,\cdots,\boldsymbol{A}\boldsymbol{p}_n)=(\boldsymbol{p}_1,\boldsymbol{p}_2,\cdots,\boldsymbol{p}_n)J$$

由此可得如下形式的齐次或非齐次线性方程组：

$$\boldsymbol{A}\boldsymbol{p}_1=\lambda_1\boldsymbol{p}_1,\quad \boldsymbol{A}\boldsymbol{p}_i=a_i\boldsymbol{p}_{i-1}+\lambda_i\boldsymbol{p}_i,i=2,3,\cdots,n$$

式中：a_i 是 $\boldsymbol{J}_A$ 中位于（$i-1$，i）中的数，它只可能是 0 或 1.

由这些方程组可求得 $\boldsymbol{p}_i$，（$i=1$，2，⋯，n）.

如果 $a_i=0$，则 $\boldsymbol{A}\boldsymbol{p}_i=\lambda_i\boldsymbol{p}_i$，这表明 $\boldsymbol{p}_i$ 是 $\boldsymbol{A}$ 的对应于特征值 λ_i 的特征向量.

【例 4.2.9】 求矩阵 $\boldsymbol{A}=\begin{pmatrix}4&1&-1\\-2&1&2\\-1&-1&4\end{pmatrix}$ 的 Jordan 标准形 $\boldsymbol{J}_A$，并求出可逆矩阵 $\boldsymbol{P}$，使得 $\boldsymbol{P}^{-1}\boldsymbol{AP}=\boldsymbol{J}_A$.

解

$$|\lambda\boldsymbol{E}-\boldsymbol{A}|=\begin{vmatrix}\lambda-4&-1&1\\2&\lambda-1&-2\\1&1&\lambda-4\end{vmatrix}=(\lambda-3)^3$$

因此 $\boldsymbol{J}_A$ 有如下形式：

$$\boldsymbol{J}_A=\begin{pmatrix}3&a&0\\0&3&b\\0&0&3\end{pmatrix}$$

由于

$$\boldsymbol{A}-3\boldsymbol{E}=\begin{pmatrix}1&1&-1\\-2&-2&2\\-1&-1&1\end{pmatrix}\sim\begin{pmatrix}1&1&-1\\0&0&0\\0&0&0\end{pmatrix}$$

因此 $\operatorname{rank}(\boldsymbol{A}-3\boldsymbol{E})=1$. 由 $\operatorname{rank}(\boldsymbol{J}_A-3\boldsymbol{E})=\operatorname{rank}(\boldsymbol{A}-3\boldsymbol{E})=1$ 可得

$$\boldsymbol{J}_A=\begin{pmatrix}3&0&0\\0&3&1\\0&0&3\end{pmatrix}$$

$\boldsymbol{A}$ 的对应于特征值 $\lambda=3$ 的线性无关特征向量为 $\boldsymbol{\xi}_1=(1,\ -1,\ 0)^{\mathrm{T}}$，$\boldsymbol{\xi}_2=(1,\ 0,\ 1)^{\mathrm{T}}$. 设可逆矩阵 $\boldsymbol{P}=(\boldsymbol{p}_1,\ \boldsymbol{p}_2,\ \boldsymbol{p}_3)$，使得 $\boldsymbol{P}^{-1}\boldsymbol{AP}=J_A$，则

$$\boldsymbol{A}\boldsymbol{p}_1=3\boldsymbol{p}_1,\boldsymbol{A}\boldsymbol{p}_2=3\boldsymbol{p}_2,\boldsymbol{A}\boldsymbol{p}_3=\boldsymbol{p}_2+3\boldsymbol{p}_3$$

可见 $\boldsymbol{p}_1$、$\boldsymbol{p}_2$ 是 $\boldsymbol{A}$ 的对应于特征值 3 的线性无关特征向量. 如果直接取 $\boldsymbol{p}_1=\boldsymbol{\xi}_1$，$\boldsymbol{p}_2=\boldsymbol{\xi}_2$，则

$$(\boldsymbol{A}-3\boldsymbol{E},\boldsymbol{p}_2)=\begin{pmatrix}1 & 1 & -1 & 1\\ -2 & -2 & 2 & 0\\ -1 & -1 & 1 & 1\end{pmatrix}\sim\begin{pmatrix}1 & 1 & -1 & 1\\ 0 & 0 & 0 & 1\\ 0 & 0 & 0 & 0\end{pmatrix}$$

因此方程 $(\boldsymbol{A}-3\boldsymbol{E})\boldsymbol{x}=\boldsymbol{p}_2$ 无解．注意到对应于同一特征值的特征向量的非零组合仍然是特征向量，为使方程 $(\boldsymbol{A}-3\boldsymbol{E})\boldsymbol{x}=\boldsymbol{p}_2$ 有解，取 $\boldsymbol{p}_2=k_1\boldsymbol{\xi}_1+k_2\boldsymbol{\xi}_2$，得

$$(\boldsymbol{A}-3\boldsymbol{E},\boldsymbol{p}_2)=\begin{pmatrix}1 & 1 & -1 & k_1+k_2\\ -2 & -2 & 2 & -k_1\\ -1 & -1 & 1 & k_2\end{pmatrix}\sim\begin{pmatrix}1 & 1 & -1 & 1\\ 0 & 0 & 0 & k_1+2k_2\\ 0 & 0 & 0 & 0\end{pmatrix}$$

因此，方程 $(\boldsymbol{A}-3\boldsymbol{E})\boldsymbol{x}=\boldsymbol{p}_2$ 有解的充分必要条件是 $k_1+2k_2=0$．特别取 $k_1=-2$，$k_2=1$，此时

$$\boldsymbol{p}_2=-2\boldsymbol{\xi}_1+\boldsymbol{\xi}_2=(-1,2,1)^{\mathrm{T}},$$

可解得 $\boldsymbol{p}_3=(1,\ 0,\ 0)^{\mathrm{T}}$．取 $\boldsymbol{p}_1=\boldsymbol{\xi}_1$，因此

$$\boldsymbol{P}=\begin{pmatrix}1 & -1 & 1\\ -1 & 2 & 0\\ 0 & 1 & 0\end{pmatrix}$$

【例 4.2.10】 设 $\boldsymbol{V}$ 上的线性变换 T 在基 $\boldsymbol{e}_1$，$\boldsymbol{e}_2$，$\boldsymbol{e}_3$ 下的表示矩阵 $\boldsymbol{A}=\begin{pmatrix}4 & 1 & -1\\ -2 & 1 & 2\\ -1 & -1 & 4\end{pmatrix}$，求线性变换 T 的所有 T 不变子空间．

解　由［例 4.2.9］可知，矩阵 $\boldsymbol{P}=\begin{pmatrix}1 & -1 & 1\\ -1 & 2 & 0\\ 0 & 1 & 0\end{pmatrix}$ 使得

$$\boldsymbol{P}^{-1}\boldsymbol{A}\boldsymbol{P}=\begin{pmatrix}3 & 0 & 0\\ 0 & 3 & 1\\ 0 & 0 & 3\end{pmatrix}$$

令

$$(\boldsymbol{\alpha}_1,\boldsymbol{\alpha}_2,\boldsymbol{\alpha}_3)=(\boldsymbol{e}_1,\boldsymbol{e}_2,\boldsymbol{e}_3)\boldsymbol{P}$$

由定理 3.2.3 可知，线性变换 T 在基 $\boldsymbol{\alpha}_1$，$\boldsymbol{\alpha}_2$，$\boldsymbol{\alpha}_3$ 下的表示矩阵是 $\boldsymbol{J}$，因此

$$T(\boldsymbol{\alpha}_1)=3\boldsymbol{\alpha}_1,T(\boldsymbol{\alpha}_2)=3\boldsymbol{\alpha}_2,T(\boldsymbol{\alpha}_3)=\boldsymbol{\alpha}_2+3\boldsymbol{\alpha}_3$$

这表明

$$\boldsymbol{V}_1=\mathrm{span}\{\boldsymbol{\alpha}_1\},\boldsymbol{V}_2=\mathrm{span}\{\boldsymbol{\alpha}_2\},\boldsymbol{V}_3=\mathrm{span}\{\boldsymbol{\alpha}_2,\boldsymbol{\alpha}_3\}$$

是线性变换 T 的不变子空间．由定理 3.2.1 可知，T 的所有不变子空间如下

$$\{\boldsymbol{0}\},\boldsymbol{V}_1,\boldsymbol{V}_2,\boldsymbol{V}_3,\boldsymbol{V}_1+\boldsymbol{V}_2,\boldsymbol{V}_1+\boldsymbol{V}_3=\boldsymbol{V}$$

对多项式 $g(\lambda)=a_0\lambda^m+a_1\lambda^{m-1}+\cdots+a_{m-1}\lambda+a_m$，$\boldsymbol{A}\in\mathbf{C}^{n\times n}$，定义

$$g(\boldsymbol{A})=a_0\boldsymbol{A}^m+a_1\boldsymbol{A}^{m-1}+\cdots+a_{m-1}\boldsymbol{A}+a_m\boldsymbol{E}_n$$

如果

$$\boldsymbol{J}=\begin{pmatrix}a & 1 & & & \\ & a & 1 & & \\ & & a & \ddots & \\ & & & \ddots & 1\\ & & & & a\end{pmatrix}_{m\times m}$$

则

$$J^k=\begin{pmatrix} a^k & C_k^1a^{k-1} & C_k^2a^{k-2} & \cdots & C_k^{m-1}a^{k-m+1} \\ 0 & a^k & C_k^1a^{k-1} & \cdots & C_k^{m-2}a^{k-m+2} \\ 0 & 0 & a^k & \cdots & \vdots \\ \vdots & \vdots & \vdots & \ddots & C_k^1a^{k-1} \\ 0 & 0 & 0 & \cdots & a^k \end{pmatrix}_{m\times m} \tag{4.2.3}$$

其中 $C_k^r=\dfrac{k(k-1)\ \cdots\ (k-r+1)}{r!}$，且当 $r>k$ 时，$C_k^r=0$.

对多项式 $g(\lambda)=\sum\limits_{k=0}^{t}c_k\lambda^k$，因为 $\boldsymbol{A}$ 与 $\boldsymbol{A}$ 的 Jordan 标准形 $\boldsymbol{J}_A$ 相似，从而存在可逆矩阵 $\boldsymbol{P}$，使得 $\boldsymbol{P}^{-1}\boldsymbol{A}\boldsymbol{P}=J_A=\mathrm{diag}(\boldsymbol{J}_1, \boldsymbol{J}_2, \cdots, \boldsymbol{J}_s)$，因此

$$g(\boldsymbol{A})=\boldsymbol{P}g(\boldsymbol{J}_A)\boldsymbol{P}^{-1}=\boldsymbol{P}\mathrm{diag}(g(\boldsymbol{J}_1),g(\boldsymbol{J}_2),\cdots,g(\boldsymbol{J}_s))\boldsymbol{P}^{-1}$$

用这种方法计算 $g(\boldsymbol{A})$，计算量大，后面有更简单的方法，这里不再举例.

应用矩阵的 Jordan 标准形还用于求解线性微分方程组.

对于线性微分方程组，其矩阵形式为 $\dfrac{\mathrm{d}\boldsymbol{x}}{\mathrm{d}t}=\boldsymbol{A}\boldsymbol{x}$. 如果 $\boldsymbol{A}$ 的 Jordan 标准形是 $\boldsymbol{J}_A$，而可逆矩阵 $\boldsymbol{P}$，使得 $\boldsymbol{P}^{-1}\boldsymbol{A}\boldsymbol{P}=J_A$，则 $\dfrac{\mathrm{d}\boldsymbol{x}}{\mathrm{d}t}=\boldsymbol{P}\boldsymbol{J}_A\boldsymbol{P}^{-1}\boldsymbol{x}$. 令 $\boldsymbol{y}=\boldsymbol{P}^{-1}\boldsymbol{x}$，则有 $\dfrac{\mathrm{d}\boldsymbol{y}}{\mathrm{d}t}=\boldsymbol{J}_A\boldsymbol{y}$，它们是一系列容易求解的一阶线性齐次（非齐次）方程. 求出 $\boldsymbol{y}$ 后，则有 $\boldsymbol{x}=\boldsymbol{P}\boldsymbol{y}$，从而求得问题的解.

【例 4.2.11】 解如下线性微分方程组：

$$\begin{cases} \dfrac{\mathrm{d}x_1}{\mathrm{d}t}=4x_1+x_2-x_3 \\ \dfrac{\mathrm{d}x_2}{\mathrm{d}t}=-2x_1+x_2+2x_3 \\ \dfrac{\mathrm{d}x_3}{\mathrm{d}t}=-x_1-x_2+4x_3 \end{cases}$$

解 记 $\boldsymbol{x}=(x_1(t), x_2(t), x_3(t))^{\mathrm{T}}$，$\boldsymbol{A}=\begin{pmatrix} 4 & 1 & -1 \\ -2 & 1 & 2 \\ -1 & -1 & 4 \end{pmatrix}$，则线性微分方程组的矩阵形式为 $\dfrac{\mathrm{d}\boldsymbol{x}}{\mathrm{d}t}=\boldsymbol{A}\boldsymbol{x}$. 由［例 4.2.9］可知，矩阵 $\boldsymbol{P}=\begin{pmatrix} 1 & -1 & 1 \\ -1 & 2 & 0 \\ 0 & 1 & 0 \end{pmatrix}$ 使得

$$\boldsymbol{A}=\boldsymbol{P}\begin{pmatrix} 3 & 0 & 0 \\ 0 & 3 & 1 \\ 0 & 0 & 3 \end{pmatrix}\boldsymbol{P}^{-1}$$

令 $\boldsymbol{y}=\boldsymbol{P}^{-1}\boldsymbol{x}$，则

$$\begin{cases} \dfrac{\mathrm{d}y_1}{\mathrm{d}t}=3y_1 \\ \dfrac{\mathrm{d}y_2}{\mathrm{d}t}=3y_2+y_3 \\ \dfrac{\mathrm{d}y_3}{\mathrm{d}t}=3y_3 \end{cases}$$

因此 $y_1=c_1e^{3t}$，$y_2=(c_2+c_3t)e^{3t}$，$y_3=c_3e^{3t}$，从而原线性微分方程组的解为

$$\boldsymbol{x}=\begin{pmatrix}1 & -1 & 1\\ -1 & 2 & 0\\ 0 & 1 & 0\end{pmatrix}\begin{pmatrix}c_1e^{3t}\\ (c_2+c_3t)e^{3t}\\ c_3e^{3t}\end{pmatrix}=\begin{pmatrix}c_1-c_2-c_3t+c_3\\ -c_1+2c_2+2c_3t\\ c_2+c_3t\end{pmatrix}e^{3t}$$

其中 c_1、c_2、c_3 为任意常数.

在 Matlab 中，求 $\boldsymbol{A}$ 的 Jordan 标准形 $\boldsymbol{J}$ 的命令是 $\boldsymbol{J}$＝Jordan($\boldsymbol{A}$). 如果要求相应的变换阵 $\boldsymbol{P}$，则命令为［$\boldsymbol{P}$，$\boldsymbol{J}$］＝Jordan($\boldsymbol{A}$).

4.3 最小多项式

定理 4.3.1　(Cayley-Hamilton 定理) 设 $f(\lambda)=\det(\lambda\boldsymbol{E}-\boldsymbol{A})$ 为矩阵 $\boldsymbol{A}$ 的特征多项式，则 $f(\boldsymbol{A})=\boldsymbol{0}$.

证明　设 $\boldsymbol{J}_k=\boldsymbol{J}(\lambda_k,\ m_k)$，$k=1,2,\cdots,s$，$\boldsymbol{J}_A=\mathrm{diag}(J_1,J_2,\cdots,J_s)$ 是矩阵 $\boldsymbol{A}$ 的 Jordan 标准形，可逆矩阵 $\boldsymbol{P}$，使得 $\boldsymbol{P}^{-1}\boldsymbol{A}\boldsymbol{P}=\boldsymbol{J}_A$，则

$$f(\lambda)=\det(\lambda\boldsymbol{E}-\boldsymbol{A})=\prod_{k=1}^{s}(\lambda-\lambda_k)m_k$$

$$f(\boldsymbol{A})=\prod_{k=1}^{s}(\boldsymbol{A}-\lambda_k\boldsymbol{E})m_k=\boldsymbol{P}\prod_{k=1}^{s}(\boldsymbol{J}_A-\lambda_k\boldsymbol{E})^{m_k}\boldsymbol{P}^{-1}$$

$$(\boldsymbol{J}_A-\lambda_k\boldsymbol{E})^{m_k}=\begin{pmatrix}(\boldsymbol{J}_1-\lambda_k\boldsymbol{E})^{m_k} & & & \\ & (\boldsymbol{J}_2-\lambda_k\boldsymbol{E})^{m_k} & & \\ & & \ddots & \\ & & & (\boldsymbol{J}_s-\lambda_k\boldsymbol{E})^{m_k}\end{pmatrix}$$

注意到

$$(\boldsymbol{J}_k-\lambda_k\boldsymbol{E})^{m_k}=\begin{pmatrix}0 & 1 & 0 & \cdots & 0\\ 0 & 0 & 1 & \cdots & 0\\ 0 & 0 & 0 & \cdots & 0\\ \vdots & \vdots & \vdots & \ddots & \vdots\\ 0 & 0 & 0 & 0 & 0\end{pmatrix}^{m_k}_{m_k\times m_k}=\boldsymbol{0}$$

因此

$$f(\boldsymbol{A})=\boldsymbol{P}\begin{pmatrix}\boldsymbol{0} & & \\ & * & \\ & & \ddots \\ & & & *\end{pmatrix}\begin{pmatrix}* & & \\ & \boldsymbol{0} & \\ & & \ddots \\ & & & *\end{pmatrix}\begin{pmatrix}* & & \\ & * & \\ & & \ddots \\ & & & \boldsymbol{0}\end{pmatrix}\boldsymbol{P}^{-1}=\boldsymbol{0}$$

Cayley-Hamilton 定理表明，对于任意一个 n 阶矩阵，一定存在着多项式 $g(\lambda)$，使得 $g(\boldsymbol{A})=\boldsymbol{0}$.

定义 4.3.1　满足 $g(\boldsymbol{A})=\boldsymbol{0}$ 的多项式 $g(\lambda)$ 称为矩阵 $\boldsymbol{A}$ 的零化多项式.

如果多项式 $g(\lambda)$ 满足 $g(\boldsymbol{A})=\boldsymbol{0}$，则对任意的多项式 $h(\lambda)$，$g(\lambda)h(\lambda)$ 也是多项式，且

$g(\boldsymbol{A})h(\boldsymbol{A})=\boldsymbol{0}$. 因此，零化多项式不唯一.

定义 4.3.2 矩阵 $\boldsymbol{A}$ 的所有零化多项式中，次数最低，并且最高次幂系数是 **1** 的多项式，称为 $\boldsymbol{A}$ 的最小多项式，记作 $\mathrm{minp}(\lambda)$.

Cayley-Hamilton 定理说明，$\boldsymbol{A}$ 的最小多项式 $\mathrm{minp}(\lambda)$ 的次数不会超过 n.

定理 4.3.2 多项式 $g(\lambda)$ 是矩阵 $\boldsymbol{A}$ 的零化多项式的充分必要条件是 $\mathrm{minp}(\lambda)$ 整除 $g(\lambda)$.

证明 (1) 如果 $g(\lambda)$ 是矩阵 $\boldsymbol{A}$ 的零化多项式，由最小多项式的定义可知，$g(\lambda)$ 的次数必定大于或等于 $\mathrm{minp}(\lambda)$ 的次数，用 $\mathrm{minp}(\lambda)$ 除 $g(x)$，有

$$g(\lambda)=\mathrm{minp}(\lambda)\cdot q(\lambda)+r(\lambda)$$

其中余式 $r(\lambda)$ 的次数小于 $\mathrm{minp}(\lambda)$ 的次数. $g(\lambda)$、$\mathrm{minp}(\lambda)$ 都是矩阵 $\boldsymbol{A}$ 的零化多项式，因此 $g(\boldsymbol{A})=\mathrm{minp}(\boldsymbol{A})=\boldsymbol{0}$，因此 $r(\boldsymbol{A})=\boldsymbol{0}$. 这说明 $r(\lambda)$ 是 $\boldsymbol{A}$ 的零化多项式. 由于 $\mathrm{minp}(\lambda)$ 是矩阵 $\boldsymbol{A}$ 的所有零化多项式中次数最低的非零多项式，$r(\lambda)$ 的次数小于 $\mathrm{minp}(\lambda)$ 的次数，因此 $r(\lambda)\equiv 0$，即 $\mathrm{minp}(\lambda)$ 整除 $g(\lambda)$.

(2) 如果 $\mathrm{minp}(\lambda)$ 整除 $g(\lambda)$，则存在多项式 $q(\lambda)$，使得 $g(\lambda)=\mathrm{minp}(\lambda)\cdot q(\lambda)$. 由于 $\mathrm{minp}(\lambda)$ 是矩阵 $\boldsymbol{A}$ 的零化多项式，因此 $\mathrm{minp}(\boldsymbol{A})=\boldsymbol{0}$，$g(\boldsymbol{A})=\mathrm{minp}(\boldsymbol{A})\cdot q(\boldsymbol{A})=\boldsymbol{0}$.

根据 Cayley-Hamilton 定理和定理 4.3.2，有如下结论.

定理 4.3.3 λ_0 是 $\boldsymbol{A}$ 的最小多项式 $\mathrm{minp}(\lambda)$ 的零点充分必要条件是 λ_0 是 $\boldsymbol{A}$ 的特征值.

证明 (1) 设 λ_0 是 $\boldsymbol{A}$ 的最小多项式 $\mathrm{minp}(\lambda)$ 的零点，则 $\mathrm{minp}(\lambda_0)=0$. 由 Cayley-Hamilton 定理知，$\boldsymbol{A}$ 的特征多项式 $|\lambda\boldsymbol{E}-\boldsymbol{A}|$ 是 $\boldsymbol{A}$ 的零化多项式，由定理 4.3.2 知，$\mathrm{minp}(\lambda)$ 整除特征多项式，因此存在多项式 $q(\lambda)$，使得 $|\lambda\boldsymbol{E}-\boldsymbol{A}|=\mathrm{minp}(\lambda)\cdot q(\lambda)$，从而有

$$|\lambda_0\boldsymbol{E}-\boldsymbol{A}|=\mathrm{minp}(\lambda_0)\cdot q(\lambda_0)=0$$

即 λ_0 是 $\boldsymbol{A}$ 的特征值.

(2) 设 λ_1 是 $\boldsymbol{A}$ 的特征值，而不是 $\mathrm{minp}(\lambda)$ 的零点，则 $\mathrm{minp}(\lambda)$ 与 $\lambda-\lambda_1$ 的最大公因式是 1，因而存在多项式 $u(\lambda)$、$v(\lambda)$，使得

$$u(\lambda)\mathrm{minp}(\lambda)+v(\lambda)(\lambda-\lambda_1)=1$$

从而有

$$u(\boldsymbol{A})\mathrm{minp}(\boldsymbol{A})+v(\boldsymbol{A})(\boldsymbol{A}-\lambda_1\boldsymbol{E})=\boldsymbol{E}$$

由于 $\mathrm{minp}(\lambda)$ 是矩阵 $\boldsymbol{A}$ 的零化多项式，因此 $\mathrm{minp}(\boldsymbol{A})=0$，从而有 $v(\boldsymbol{A})(\boldsymbol{A}-\lambda_1\boldsymbol{E})=\boldsymbol{E}$，$|\boldsymbol{A}-\lambda_1\boldsymbol{E}|\neq 0$，这与 λ_1 是 $\boldsymbol{A}$ 的特征值矛盾. 因此 λ_1 是 $\mathrm{minp}(\lambda)$ 的零点.

由定理 4.3.3 可知，如果 $\boldsymbol{A}$ 的特征多项式

$$|\lambda\boldsymbol{E}-\boldsymbol{A}|=(\lambda-\lambda_1)^{m_1}(\lambda-\lambda_2)^{m_2}\cdots(\lambda-\lambda_s)^{m_s}$$

其中 $\sum_{i=1}^{s}m_i=n, m_i>0, \lambda_1, \lambda_2, \cdots, \lambda_s$ 两两互异，则 $\boldsymbol{A}$ 的最小多项式有如下形式

$$\mathrm{minp}(\lambda)=(\lambda-\lambda_1)^{l_1}(\lambda-\lambda_2)^{l_2}\cdots(\lambda-\lambda_s)^{l_s} \tag{4.3.1}$$

其中 $1\leqslant l_i\leqslant m_i$，$i=1,2,\cdots,s$.

如果知道了 $\boldsymbol{A}$ 的全部相异特征值 $\lambda_1,\lambda_2,\cdots,\lambda_s$，利用式（4.3.1），确定使得 $\mathrm{minp}(\boldsymbol{A})=\boldsymbol{0}$ 的最小正整数组（$l_1,l_2,\cdots,l_s$），就可求得 $\boldsymbol{A}$ 的最小多项式

$$\mathrm{minp}(\lambda)=(\lambda-\lambda_1)^{l_1}(\lambda-\lambda_2)^{l_2}\cdots(\lambda-\lambda_s)^{l_s}$$

定理 4.3.4　如果矩阵 $\boldsymbol{A}$ 的特征值互不相同，则 $\boldsymbol{A}$ 的最小多项式就是它的特征多项式.

【例 4.3.1】　求矩阵 $\boldsymbol{A}=\begin{pmatrix}8&-3&6\\3&-2&0\\-4&2&-2\end{pmatrix}$ 的最小多项式.

解　$|\lambda\boldsymbol{E}-\boldsymbol{A}|=(\lambda-1)^2(\lambda-2)$，由式（4.3.1）可知，$\boldsymbol{A}$ 的最小多项式是如下两个多项式之一：

$$m_1(\lambda)=(\lambda-1)(\lambda-2),\quad m_2(\lambda)=(\lambda-1)^2(\lambda-2)$$

因为

$$(\boldsymbol{A}-\boldsymbol{E})(\boldsymbol{A}-2\boldsymbol{E})=\begin{pmatrix}7&-3&6\\3&-3&0\\-4&2&-3\end{pmatrix}\begin{pmatrix}6&-3&6\\3&-4&0\\-4&2&-4\end{pmatrix}=\begin{pmatrix}9&3&18\\9&3&18\\-6&-2&-12\end{pmatrix}\neq 0$$

所以 $\boldsymbol{A}$ 的最小多项式是 $m_2(\lambda)=(\lambda-1)^2(\lambda-2)$.

定理 4.3.5　n 阶矩阵 $\boldsymbol{A}$ 的最小多项式唯一存在，且等于特征矩阵 $\lambda\boldsymbol{E}-\boldsymbol{A}$ 的第 n 个不变因式 $d_n(\lambda)$.

证明　先证唯一性：设 $m(\lambda)$、$\varphi(\lambda)$ 都是 $\boldsymbol{A}$ 的最小多项式，由定理 4.3.2 可知，

$$\varphi(\lambda)\mid m(\lambda),m(\lambda)\mid\varphi(\lambda)$$

从而 $m(\lambda)$、$\varphi(\lambda)$ 是同次多项式. 又由于 $m(\lambda)$，$\varphi(\lambda)$ 的最高次幂系数都是 1，因此 $m(\lambda)=\varphi(\lambda)$.

$\lambda_1,\lambda_2,\cdots,\lambda_s$ 是 $\boldsymbol{A}$ 的全部相异特征值，$\lambda\boldsymbol{E}-\boldsymbol{A}$ 的不变因式有如下分解形式

$$\begin{aligned}d_1(\lambda)&=(\lambda-\lambda_1)^{e_{11}}(\lambda-\lambda_2)^{e_{12}}\cdots(\lambda-\lambda_s)^{e_{1s}}\\d_2(\lambda)&=(\lambda-\lambda_1)^{e_{21}}(\lambda-\lambda_2)^{e_{22}}\cdots(\lambda-\lambda_s)^{e_{2s}}\\&\vdots\\d_n(\lambda)&=(\lambda-\lambda_1)^{e_{n1}}(\lambda-\lambda_2)^{e_{n2}}\cdots(\lambda-\lambda_s)^{e_{ns}}\end{aligned}$$

则有

$$e_{ij}\leqslant e_{tj},1\leqslant i<t\leqslant n;j=1,2,\cdots,s$$

由式（4.3.1）可知

$$\mathrm{minp}(\lambda)=(\lambda-\lambda_1)^{l_1}(\lambda-\lambda_2)^{l_2}\cdots(\lambda-\lambda_s)^{l_s}$$

下证：$l_j=e_{nj}$，$j=1,2,\cdots,s$. 由于 $\boldsymbol{A}$ 与 $\boldsymbol{A}$ 的 Jordan 标准形 $\boldsymbol{J}_A$ 相似，因此，$f(\boldsymbol{A})=\boldsymbol{0}$ 充分必要条件是 $f(\boldsymbol{J}_A)=\boldsymbol{0}$. 记

$$J_{ij}=J(\lambda_j,e_{ij})=\begin{pmatrix}\lambda_j & 1 & \cdots & 0 & 0\\ 0 & \lambda_j & \cdots & 0 & 0\\ \vdots & \vdots & \ddots & \vdots & \vdots\\ 0 & 0 & \cdots & \lambda_j & 1\\ 0 & 0 & \cdots & 0 & \lambda_j\end{pmatrix}_{e_{ij}\times e_{ij}},i=1,2,\cdots,n;j=1,2,\cdots,s$$

由 $\lambda\boldsymbol{E}-\boldsymbol{A}$ 的初等因式，$\boldsymbol{A}$ 的 Jordan 标准形为

$$J_A=\mathrm{diag}(J_{11},J_{21},\cdots,J_{n1},J_{12},J_{22},\cdots,J_{n2},\cdots,J_{1s},J_{2s},\cdots,J_{ns})$$

$$(J-\lambda_k E)^m=\mathrm{diag}((J_{11}-\lambda_k E)^m,\cdots,(J_{n1}-\lambda_k E)^m,\cdots,(J_{1s}-\lambda_k E)^m,\cdots,(J_{ns}-\lambda_k E)^m)$$

如果 $j=k$，则

(1) 如果 $m\geqslant e_{nk}$，$(J_{ik}-\lambda_k E)^m=\mathbf{0}$，$i=1, 2, \cdots, n$；

(2) 如果 $m<e_{nk}$，$(J_{nk}-\lambda_k E)^m\neq\mathbf{0}$.

当 $j\neq k$ 时，$(J_{ij}-\lambda_k E)^m$ 非奇异. 因此

$$(J_{ik}-\lambda_k E)^{e_{nk}}=\mathbf{0},i=1,2,\cdots,n$$
$$(J_{nk}-\lambda_k E)^{e_{nk}-1}\neq\mathbf{0}$$

因此

$$\mathrm{minp}(\lambda)=(\lambda-\lambda_1)^{l_1}(\lambda-\lambda_2)^{l_2}\cdots(\lambda-\lambda_s)^{l_s}$$

是 $\boldsymbol{A}$ 的最小多项式充分必要条件是 $l_j=e_{nj}$，$j=1, 2, \cdots, s$.

由定理 5.1.1 可知，如果已知矩阵 $\boldsymbol{A}$ 的 Jordan 标准形为 J_A，就可容易的写出 $\boldsymbol{A}$ 的最小多项式. 例如

由［例 4.2.4］知，矩阵 $A_1=\begin{pmatrix}-1 & 2 & 2 & 0\\ 3 & -1 & 1 & 0\\ 2 & 2 & -1 & 0\\ 1 & -4 & 3 & 3\end{pmatrix}$ 的 Jordan 标准形 $J_1=\begin{pmatrix}3 & 0 & 0 & 0\\ 0 & 3 & 0 & 0\\ 0 & 0 & -3 & 1\\ 0 & 0 & 0 & -3\end{pmatrix}$，因此 A_1 的最小多项式是 $(\lambda-3)(\lambda+3)^2$.

由［例 4.2.5］知

$$A_2=\begin{pmatrix}2 & 1 & 0 & -1 & -1 & 0\\ 1 & 2 & 0 & 0 & -1 & 1\\ -1 & -1 & 4 & 1 & 0 & -1\\ 0 & -1 & 0 & 3 & 1 & 0\\ 0 & 0 & 0 & 0 & 4 & 0\\ 1 & 0 & 0 & 0 & -1 & 3\end{pmatrix}$$

的 Jordan 标准形是 $\mathrm{diag}(J(2, 1), J(2, 2), J(4, 3))$，因而有 A_2 的最小多项式是 $(\lambda-2)^2\times(\lambda-4)^3$.

由于相似矩阵有相同的不变因式，因此，相似矩阵有相同的最小多项式. 但是如果矩阵 $\boldsymbol{A}$，$\boldsymbol{B}$ 有相同的最小多项式，它们不一定相似. 如 $A=\begin{pmatrix}-2 & 0 & 0\\ 0 & 5 & 0\\ 0 & 0 & 5\end{pmatrix}$，$B=\begin{pmatrix}-2 & 0 & 0\\ 0 & -2 & 0\\ 0 & 0 & 5\end{pmatrix}$，

它们的最小多项式都是（$\lambda+2$）（$\lambda-5$），但 $\lambda\boldsymbol{E}-\boldsymbol{A}$ 与 $\lambda\boldsymbol{E}-\boldsymbol{B}$ 的初等因式（特征值）不同，因此 $\boldsymbol{A}$ 与 $\boldsymbol{B}$ 不相似.

如果知道了 $\boldsymbol{A}$ 的全部相异特征值 λ_1，λ_2，…，λ_s，利用式（4.3.1），确定使得 $\mathrm{minp}(\boldsymbol{A})=\boldsymbol{0}$ 的最小正整数组（l_1，l_2，…，l_s），就可求得 $\boldsymbol{A}$ 的最小多项式

$$\mathrm{minp}(\lambda)=(\lambda-\lambda_1)^{l_1}(\lambda-\lambda_2)^{l_2}\cdots(\lambda-\lambda_s)^{l_s}$$

但是，求矩阵 $\boldsymbol{A}$ 的特征值不是件容易的事情. 下面介绍另外一个方法. 若 $\boldsymbol{A}$ 的最小多项式是 m 次多项式，将 $\boldsymbol{E}$，$\boldsymbol{A}$，$\boldsymbol{A}^2$，…，$\boldsymbol{A}^m$ 看成向量，由于 $\mathrm{minp}(\lambda)$ 是矩阵 $\boldsymbol{A}$ 的所有零化多项式中，次数最低，并且最高次幂系数是 **1** 的多项式，因此 $\boldsymbol{E}$，$\boldsymbol{A}$，$\boldsymbol{A}^2$，…，$\boldsymbol{A}^m$ 线性相关，而 $\boldsymbol{E}$，$\boldsymbol{A}$，$\boldsymbol{A}^2$，…，$\boldsymbol{A}^{m-1}$ 线性无关. 由此，可得求最小多项式的如下方法：

（1）试解 $\boldsymbol{A}=k\boldsymbol{E}$，若有解，则 $\mathrm{minp}(\lambda)=\lambda-k$；否则继续下一步.

（2）对 $i>1$，试解 $\boldsymbol{A}^i=k_0\boldsymbol{E}+k_1\boldsymbol{A}+\cdots+k_{i-1}\boldsymbol{A}^{i-1}$.

（3）若有解，则 $\mathrm{minp}(\lambda)=\lambda^i-k_0-k_1\lambda-\cdots-k_{i-1}\lambda^{i-1}$；算法结束. 否则置 $i:=i+1$，转上（2）.

【例 4.3.2】 求矩阵 $\boldsymbol{A}=\begin{pmatrix}2&2&1\\1&3&1\\1&2&2\end{pmatrix}$ 的最小多项式和 Jordan 标准形 $\boldsymbol{J}_A$.

解 显然 $\boldsymbol{A}=k\boldsymbol{E}$ 无解.

$$\boldsymbol{A}^2=\begin{pmatrix}2&2&1\\1&3&1\\1&2&2\end{pmatrix}\begin{pmatrix}2&2&1\\1&3&1\\1&2&2\end{pmatrix}=\begin{pmatrix}7&12&6\\6&13&6\\6&12&7\end{pmatrix}$$

$$\begin{pmatrix}7&12&6\\6&13&6\\6&12&7\end{pmatrix}=k_0\begin{pmatrix}1&0&0\\0&1&0\\0&0&1\end{pmatrix}+k_1\begin{pmatrix}2&2&1\\1&3&1\\1&2&2\end{pmatrix}$$

有解 $k_0=-5$，$k_1=6$，因此 $\boldsymbol{A}$ 的最小多项式是

$$(\lambda^2-6\lambda+5)=(\lambda-1)(\lambda-5)$$

由于

$$\begin{pmatrix}2&2&1\\1&3&1\\1&2&2\end{pmatrix}-\boldsymbol{E}=\begin{pmatrix}1&2&1\\1&2&1\\1&2&1\end{pmatrix}\sim\begin{pmatrix}1&2&1\\0&0&0\\0&0&0\end{pmatrix}$$

$\mathrm{rank}(\boldsymbol{A}-\boldsymbol{E})=1$，因此特征值 $\lambda_1=1$ 的几何重数是 2. 由定理 1.2.5 可知，特征值 $\lambda_1=1$ 的代数重数至少是 2，但 $\boldsymbol{A}$ 是三阶矩阵，$\lambda_3=5$ 是 $\boldsymbol{A}$ 的特征值，因此特征值 $\lambda_1=1$ 的代数重数至多是 2. 故 $|\lambda\boldsymbol{E}-\boldsymbol{A}|=(\lambda-1)^2(\lambda-5)$. 由定理 5.1.1 可知，$\lambda\boldsymbol{E}-\boldsymbol{A}$ 的第三个不变因式

$$d_3(\lambda)=(\lambda-1)(\lambda-5)$$

从而

$$D_2(\lambda)=\frac{|\lambda\boldsymbol{E}-\boldsymbol{A}|}{d_3(\lambda)}=\lambda-1$$

进而有

$$d_2(\lambda)=\lambda-1,d_1(\lambda)=1$$

故 $\lambda\boldsymbol{E}-\boldsymbol{A}$ 的初等因式是

$$\lambda-1,\lambda-1,\lambda-5$$

因此，$\boldsymbol{A}$ 的 Jordan 标准形

$$\boldsymbol{J}_A=\begin{pmatrix}1&0&0\\0&1&0\\0&0&5\end{pmatrix}$$

定理 4.3.6 *$\boldsymbol{A}$ 可以对角化的充分必要条件是 $\boldsymbol{A}$ 的最小多项式无重根.*

证明 必要性：设 $\boldsymbol{A}$ 的相异特征值是 λ_1，λ_2，…，λ_s，因为 $\boldsymbol{A}$ 可以对角化，所以 $\boldsymbol{A}$ 的 Jordan 标准形为

$$\boldsymbol{J}=\begin{pmatrix}\lambda_1\boldsymbol{E}_{k_1}&&&\\&\lambda_2\boldsymbol{E}_{k_2}&&\\&&\ddots&\\&&&\lambda_s\boldsymbol{E}_{k_s}\end{pmatrix}$$

因此 $\lambda\boldsymbol{E}-\boldsymbol{A}$ 的初等因式全是关于 λ 的一次因式，故 $\boldsymbol{A}$ 的最小多项式无重根.

充分性：由于 $\boldsymbol{A}$ 的最小多项式无重根，因此 $\lambda\boldsymbol{E}-\boldsymbol{A}$ 的初等因式全是关于 λ 的一次因式. 由此有 $\boldsymbol{A}$ 的 Jordan 块都是一阶块，即 $\boldsymbol{A}$ 可以对角化.

推论 4.3.1 *若 $\boldsymbol{A}$ 的零化多项式无重根，则 $\boldsymbol{A}$ 可以对角化.*

证明 由于 $\boldsymbol{A}$ 的零化多项式能被 $\boldsymbol{A}$ 的最小多项式整除，因此若 $\boldsymbol{A}$ 的零化多项式无重根，则它的最小多项式也无重根，由定理 4.3.6 知 $\boldsymbol{A}$ 可以对角化.

【例 4.3.3】 *[例 4.3.2] 求 Jordan 标准形 $\boldsymbol{J}_A$ 的另一方法?*

解 如同 [例 4.3.2] 的前半部分求解过程可得，$\boldsymbol{A}$ 的最小多项式是

$$(\lambda^2-6\lambda+5)=(\lambda-1)(\lambda-5)$$

因此 $\lambda_1=1$，$\lambda_2=5$ 是 $\boldsymbol{A}$ 的两个特征值. 设 $\boldsymbol{A}$ 的第三个特征值是 λ_3，由式 (1.2.5)，可得

$$1+5+\lambda_3=\mathrm{tr}(\boldsymbol{A})=7$$

因此 $\lambda_3=1$. 由于 $\boldsymbol{A}$ 的最小多项式无重根，由定理 4.3.6 可知，$\boldsymbol{A}$ 可以对角化，因此 $\boldsymbol{A}$ 的 Jordan 标准形

$$\boldsymbol{J}_A=\begin{pmatrix}1&0&0\\0&1&0\\0&0&5\end{pmatrix}$$

【例 4.3.4】 *设 n 阶矩阵 $\boldsymbol{A}$ 满足 $(\boldsymbol{A}-3\boldsymbol{E})(\boldsymbol{A}+5\boldsymbol{E})=\boldsymbol{0}$，且 $\mathrm{rank}(\boldsymbol{A}-3\boldsymbol{E})=r$，求 $\boldsymbol{A}$ 的 Jordan 标准形.*

解 因为矩阵 $\boldsymbol{A}$ 满足 $(\boldsymbol{A}-3\boldsymbol{E})(\boldsymbol{A}+5\boldsymbol{E})=\boldsymbol{0}$，所以 $(\lambda-3)(\lambda+5)$ 是的 $\boldsymbol{A}$ 的零化多项式，它无重根，因此 $\boldsymbol{A}$ 可以对角化，即 $\boldsymbol{A}$ 的 Jordan 标准形有如下形式：

$$J=\begin{pmatrix}3E_s & \\ & -5E_{n-s}\end{pmatrix}$$

由于 $\text{rank}(J-3E)=\text{rank}(A-3E)=r$，因此 $s=n-r$，故 A 的 Jordan 标准形为

$$J=\begin{pmatrix}3E_{n-r} & \\ & -5E_r\end{pmatrix}$$

【例 4.3.5】 设 n 阶矩阵 $A=\begin{pmatrix}1 & 1 & \cdots & 1\\ 1 & 1 & \cdots & 1\\ \vdots & \vdots & \ddots & \vdots\\ 1 & 1 & \cdots & 1\end{pmatrix}$，求 A 的 Jordan 标准形.

解　方法 1：因为矩阵 A 由于 A 是实对称阵，它能对角化. 因而它的最小多项式无重根. A 的最小多项式与 A 的特征多项式 $|\lambda E-A|=\lambda^{n-1}(\lambda-n)$ 有相同的零点，因此 A 的最小多项式是 $\lambda(\lambda-n)$，从而 $\lambda E-A$ 的初等因式是，λ，λ，…，λ，$\lambda-n$，A 的 Jordan 标准型是

$$J=\begin{pmatrix}n & \mathbf{0}\\ \mathbf{0} & \mathbf{0}_{(n-1)\times(n-1)}\end{pmatrix}$$

方法 2：由于 $\text{rank}(A)=1$，$\text{tr}(A)=n$，因此

(1) A 只有一个非 0 特征值 n.

(2) A 的以 0 为特征值的 Jordan 是一阶块.

从而 A 的以 0 为特征值的 Jordan 有 $n-1$ 个一阶块，故

$$J=\begin{pmatrix}n & \mathbf{0}\\ \mathbf{0} & \mathbf{0}_{(n-1)\times(n-1)}\end{pmatrix}$$

【例 4.3.6】 设 A 是一个 6 阶方阵，且 $|\lambda E-A|=(\lambda+2)^2(\lambda-1)^4$.

(1) 如果 A 的最小多项式 $\text{minp}(\lambda)=(\lambda+2)(\lambda-1)^3$，求 A 的 Jordan 标准形.

(2) 如果 A 的最小多项式 $\text{minp}(\lambda)=(\lambda+2)(\lambda-1)^2$，求 A 的 Jordan 标准形.

解　(1) 因为 $|\lambda E-A|=(\lambda+2)^2(\lambda-1)^4$，$A$ 的最小多项式 $\text{minp}(\lambda)=(\lambda+2)(\lambda-1)^3$，因此 $\lambda E-A$ 的 $d_6(\lambda)=(\lambda+2)(\lambda-1)^3$，从而 $\lambda E-A$ 的

$$D_5(\lambda)=\frac{|\lambda E-A|}{d_6(\lambda)}=(\lambda+2)(\lambda-1)$$

$\lambda E-A$ 的

$$d_5(\lambda)=(\lambda+2)(\lambda-1)$$

故 $\lambda E-A$ 的全部初等因式为

$$\lambda+2,(\lambda-1)^3,\lambda+2,\lambda-1$$

此时，A 的 Jordan 标准形为

$$\begin{pmatrix}-2 & 0 & 0 & 0 & 0 & 0\\ 0 & -2 & 0 & 0 & 0 & 0\\ 0 & 0 & 1 & 0 & 0 & 0\\ 0 & 0 & 0 & 1 & 1 & 0\\ 0 & 0 & 0 & 0 & 1 & 1\\ 0 & 0 & 0 & 0 & 0 & 1\end{pmatrix}$$

(2) 因为 $|\lambda \boldsymbol{E}-\boldsymbol{A}|=(\lambda+2)^2(\lambda-1)^4$，$\boldsymbol{A}$ 的最小多项式 $\operatorname{minp}(\lambda)=(\lambda+2)(\lambda-1)^2$，因此 $\lambda \boldsymbol{E}-\boldsymbol{A}$ 的 $d_6(\lambda)=(\lambda+2)(\lambda-1)^2$，从而 $\lambda \boldsymbol{E}-\boldsymbol{A}$ 的

$$D_5(\lambda)=\frac{|\lambda \boldsymbol{E}-\boldsymbol{A}|}{d_6(\lambda)}=(\lambda+2)(\lambda-1)^2$$

故 $\lambda \boldsymbol{E}-\boldsymbol{A}$ 的全部初等因式有如下两种可能：

(1) $\lambda+2$，$(\lambda-1)^2$，$\lambda+2$，$\lambda-1$，$\lambda-1$.

(2) $\lambda+2$，$(\lambda-1)^2$，$\lambda+2$，$\lambda-1^2$.

从而 $\boldsymbol{A}$ 的 Jordan 标准形有如下两种可能的形式：

$$\begin{pmatrix}-2&0&0&0&0&0\\0&-2&0&0&0&0\\0&0&1&0&0&0\\0&0&0&1&0&0\\0&0&0&0&1&1\\0&0&0&0&0&1\end{pmatrix},\begin{pmatrix}-2&0&0&0&0&0\\0&-2&0&0&0&0\\0&0&1&1&0&0\\0&0&0&1&0&0\\0&0&0&0&1&1\\0&0&0&0&0&1\end{pmatrix}$$

对多项式 $g(\lambda)=\sum\limits_{k=0}^{t}c_k\lambda^k$，存在 $h(\lambda)$ 使得

$$g(\lambda)=\operatorname{minp}(\lambda)h(\lambda)+a_0+a_1\lambda+\cdots+a_{m_1}\lambda^{m-1}$$

如果 $\boldsymbol{A}$ 的最小多项式 $\operatorname{minp}(\lambda)$ 是 m 次多项式，注意到 $\operatorname{minp}(\boldsymbol{A})=\boldsymbol{0}$，如果能求出 a_0，a_1，…，a_{m_1}，则

$$g(\boldsymbol{A})=a_0\boldsymbol{E}+a_1\boldsymbol{A}+\cdots+a_{m_1}\boldsymbol{A}^{m-1}$$

【例 4.3.7】 设矩阵 $\boldsymbol{A}=\begin{pmatrix}3&-3&2\\-1&5&-2\\-1&3&0\end{pmatrix}$，求 $\boldsymbol{A}^7+4\boldsymbol{A}^5-10\boldsymbol{A}^4-5\boldsymbol{A}-2\boldsymbol{E}$.

解

$$|\lambda \boldsymbol{E}-\boldsymbol{A}|=\begin{vmatrix}\lambda-3&3&-2\\1&\lambda-5&2\\1&-3&\lambda\end{vmatrix}=(\lambda-2)^2(\lambda-4)$$

因为

$$\operatorname{rank}(\boldsymbol{A}-2\boldsymbol{E})=\operatorname{rank}\begin{pmatrix}1&-3&2\\-1&3&-2\\-1&3&-2\end{pmatrix}=1$$

所以 $\boldsymbol{A}$ 的 Jordan 标准形为

$$\boldsymbol{J}=\begin{pmatrix}2&0&0\\0&2&0\\0&0&4\end{pmatrix}$$

从而 $\boldsymbol{A}$ 的最小多项式是 $(\lambda-2)(\lambda-4)$. 令

$$g(\lambda)=\lambda^7+4\lambda^5-10\lambda^4-5\lambda-2=(\lambda-2)(\lambda-4)h(\lambda)+a+b\lambda$$

则

$$\begin{cases}a+2b=g(2)=84\\a+4b=g(4)=17898\end{cases}$$

解得 $a=-17730$，$b=8907$，从而有

$$g(\boldsymbol{A})=m(\boldsymbol{A})h(\boldsymbol{A})-17730\boldsymbol{E}+8907\boldsymbol{A}=\begin{pmatrix}8991 & -26721 & 17814\\ -8907 & 26805 & -17814\\ -8907 & 26721 & -17730\end{pmatrix}$$

4.4 矩 阵 函 数

4.4.1 矩阵函数的幂级数定义

在矩阵幂级数一节中，给出了如下定理，即定理 2.4.8.

定理 4.4.1 若幂级数 $\sum_{k=0}^{\infty}c_kz^k$ 的收敛半径是 r，则

（1）当 $\rho(\boldsymbol{A})<r$ 时，$\sum_{k=0}^{\infty}c_kz^k$ 绝对收敛.

（2）当 $\rho(\boldsymbol{A})>r$ 时，$\sum_{k=0}^{\infty}c_kz^k$ 发散.

证明：

（1）的证明见定理 2.4.8.

（2）设 $\boldsymbol{A}$ 的特征值为 λ_1，λ_2，…，λ_n，且 $\rho(\boldsymbol{A})=|\lambda_1|$. 则存在非奇异阵 P，使得 $\boldsymbol{P}^{-1}\boldsymbol{AP}=\boldsymbol{J}=\mathrm{diag}(\boldsymbol{J}_1, \boldsymbol{J}_2, \cdots, \boldsymbol{J}_s)$，其中 $\boldsymbol{J}$ 是 $\boldsymbol{A}$ 的 Jordan 标准形. $\boldsymbol{J}_1$ 是 $\boldsymbol{A}$ 的以 λ_1 为特征值的 Jordan 块，由定理 2.4.7 知，$\sum_{k=0}^{\infty}c_k\boldsymbol{A}^k$ 收敛的充分必要条件是 $\sum_{k=0}^{\infty}c_k\boldsymbol{J}^k$ 收敛. 由于幂级数 $\sum_{k=0}^{\infty}c_kz^k$ 的收敛半径是 r，$|\lambda_1|>r$，因此 $\sum_{k=0}^{\infty}c_kz_1^k$ 发散，从而 $\sum_{k=0}^{\infty}c_k\boldsymbol{J}_1^k$ 发散，$\sum_{k=0}^{\infty}c_k\boldsymbol{J}^k$ 发散，这就证明了 $\sum_{k=0}^{\infty}c_k\boldsymbol{A}^k$ 发散.

下面给出矩阵函数的幂级数定义：

定义 4.4.1 设函数 $f(z)$ 的幂级数展开式是 $\sum_{k=0}^{\infty}c_kz^k$，该幂级数的收敛半径是 r，当矩阵 $\boldsymbol{A}$ 的谱半径 $\rho(\boldsymbol{A})<r$ 时，定义

$$f(\boldsymbol{A})=\sum_{k=0}^{\infty}c_k\boldsymbol{A}^k$$

例如

$$\mathrm{e}^{\boldsymbol{A}}=\sum_{k=0}^{\infty}\frac{1}{k!}\boldsymbol{A}^k=\boldsymbol{E}+\boldsymbol{A}+\frac{1}{2!}\boldsymbol{A}^2+\frac{1}{3!}\boldsymbol{A}^3+\cdots$$

$$\cos\boldsymbol{A}=\boldsymbol{E}-\frac{1}{2!}\boldsymbol{A}^2+\frac{1}{4!}\boldsymbol{A}^4-\frac{1}{6!}\boldsymbol{A}^6+\cdots$$

【例 4.4.1】 设 n 阶方阵 $\boldsymbol{A}$ 满足 $\boldsymbol{A}^2=\boldsymbol{E}$，求 $\mathrm{e}^{\boldsymbol{A}}$.

解

$$\begin{aligned}e^{A}&=\boldsymbol{E}+\boldsymbol{A}+\frac{1}{2!}\boldsymbol{A}^2+\frac{1}{3!}\boldsymbol{A}^3+\cdots\\&=\left(1+\frac{1}{2!}+\frac{1}{4!}+\cdots\right)\boldsymbol{E}+\left(1+\frac{1}{3!}+\frac{1}{5!}+\cdots\right)\boldsymbol{A}\\&=\frac{e+e^{-1}}{2}\boldsymbol{E}+\frac{e-e^{-1}}{2}\boldsymbol{A}\end{aligned}$$

设 $\boldsymbol{A}$ 的 Jordan 标准型为 $\boldsymbol{J}$，则存在非奇异矩阵 $\boldsymbol{P}$，使得

$$\boldsymbol{P}^{-1}\boldsymbol{AP}=\boldsymbol{J}=\mathrm{diag}(\boldsymbol{J}_1,\boldsymbol{J}_2,\cdots,\boldsymbol{J}_s)$$

其中

$$\boldsymbol{J}_i=\boldsymbol{J}(\lambda_i,m_i)=\begin{pmatrix}\lambda_i & 1 & & \\ & \lambda_i & \ddots & \\ & & \ddots & 1\\ & & & \lambda_i\end{pmatrix}_{m_i\times m_i}$$

因此

$$f(\boldsymbol{A})=\boldsymbol{P}f(\boldsymbol{J})\boldsymbol{P}^{-1}=\boldsymbol{P}\mathrm{diag}(f(\boldsymbol{J}_1),f(\boldsymbol{J}_2),\cdots,f(\boldsymbol{J}_s))\boldsymbol{P}^{-1}.$$

设

$$H_i=\begin{pmatrix}0 & 1 & & \\ & 0 & \ddots & \\ & & \ddots & 1\\ & & & 0\end{pmatrix}_{m_i\times m_i}$$

则

$$\boldsymbol{J}_i=\lambda_i\boldsymbol{E}+\boldsymbol{H}_i$$

$$H_i^2=\begin{pmatrix}0 & 0 & 1 & & \\ & \ddots & \ddots & \ddots & \\ & & \ddots & \ddots & 1\\ & & & \ddots & 0\\ & & & & 0\end{pmatrix}$$

$$\boldsymbol{H}_i^m=0,\quad m\geqslant m_i$$

函数 $f(z)$ 在 $z=\lambda_i$ 处的 Taylor 展开式为

$$f(z)=\sum_{k=0}^{+\infty}\frac{f^{(k)}(\lambda_i)}{k!}(z-\lambda_i)^k$$

则有

$$f(\boldsymbol{J}_i)=\sum_{k=0}^{+\infty}\frac{f^{(k)}(\lambda_i)}{k!}(\boldsymbol{J}_i-\lambda_i\boldsymbol{E})^k=f(\lambda_i)\boldsymbol{E}+\sum_{k=1}^{m_i-1}\frac{f^{(k)}(\lambda_i)}{k!}\boldsymbol{H}_i^k$$

因此

$$f(\boldsymbol{J}_i)=\begin{pmatrix}f(\lambda_i) & \dfrac{f'(\lambda_i)}{1!} & \cdots & \dfrac{f^{(m_i-1)}(\lambda_i)}{(m_i-1)!}\\ & f(\lambda_i) & \ddots & \vdots\\ & & \ddots & \dfrac{f'(\lambda_i)}{1!}\\ & & & f(\lambda_i)\end{pmatrix}_{m_i\times m_i}\tag{4.4.1}$$

利用Jordan标准型求矩阵函数的计算步骤.

(1) 求A的Jordan标准型J_A及相应的相似变换阵P.

(2) 求$f(J)=\text{diag}(f(J_1), f(J_2),\cdots,f(J_s))$，其中$f(J_i)$由式(4.4.1)计算，($i=1,2,\cdots$).

(3) 计算$f(A)=Pf(J)P^{-1}$.

【例4.4.2】 设$A=\begin{pmatrix}-4&2&10\\-4&3&7\\-3&1&7\end{pmatrix}$，求$\cos A$.

解 $\lambda E-A=\begin{pmatrix}\lambda+4&-2&-10\\4&\lambda-3&-7\\3&-1&\lambda-7\end{pmatrix}$中的左上角和右下角的二阶子式分别是

$$\begin{vmatrix}4&\lambda-3\\3&-1\end{vmatrix}=13-3\lambda,\begin{vmatrix}-2&-10\\\lambda-3&-7\end{vmatrix}=10\lambda-16$$

它们的最大公因式是1，而$|\lambda E-A|=(\lambda-2)^3$，因此

$$\lambda E-A\sim\begin{pmatrix}1&0&0\\0&1&0\\0&0&(\lambda-2)^3\end{pmatrix}$$

A的Jordan标准形$J_A=\begin{pmatrix}2&1&0\\0&2&1\\0&0&2\end{pmatrix}$.

设可逆矩阵$P=(p_1, p_2, p_3)$，使得$P^{-1}AP=J_A$，则

$$(Ap_1,Ap_2,\cdots,Ap_n)=(2p_1,p_1+2p_2,p_2+2p_3)$$

由

$$A-2E=\begin{pmatrix}-6&2&10\\-4&1&7\\-3&1&5\end{pmatrix}\sim\begin{pmatrix}1&0&-2\\0&1&-1\\0&0&0\end{pmatrix}$$

可得$p_1=(2, 1, 1)^T$.

由$Ap_2=p_1+2p_2$可得$p_2=(0, 1, 0)^T$. 由$Ap_3=p_2+2p_3$可得$p_3=(-1, -3, 0)^T$. 因此

$$P=(p_1,p_2,p_3)=\begin{pmatrix}2&0&-1\\1&1&-3\\1&0&0\end{pmatrix}$$

利用式(4.4.1)，可得

$$\cos J_A=\begin{pmatrix}\cos2&-\sin2&-\dfrac{\cos2}{2}\\0&\cos2&-\sin2\\0&0&\cos2\end{pmatrix}$$

因此$\cos A=P(\cos J_A)P^{-1}$

$$
=\begin{pmatrix}2 & 0 & -1\\ 1 & 1 & -3\\ 1 & 0 & 0\end{pmatrix}\begin{pmatrix}\cos 2 & -\sin 2 & -\dfrac{\cos 2}{2}\\ 0 & \cos 2 & -\sin 2\\ 0 & 0 & \cos 2\end{pmatrix}\begin{pmatrix}1 & 0 & -1\\ -3 & 1 & 5\\ -1 & 0 & 2\end{pmatrix}
$$

$$
=\begin{pmatrix}2\cos 2+6\sin 2 & -2\sin 2 & -2\cos 2-10\sin 2\\ 0.5\cos 2+4\sin 2 & \cos 2-\sin 2 & -\cos 2-7\sin 2\\ 0.5\cos 2+3\sin 2 & -\sin 2 & -5\sin 2\end{pmatrix}
$$

如果要计算 $f(\boldsymbol{A})$ 的 Jordan 标准形，可利用前面的方法来计算．但会比较麻烦．注意到 $f(\boldsymbol{A})$ 与 $f(\boldsymbol{J}_A)$ 相似，而相似矩阵有相同的 Jordan 标准形，$f(\boldsymbol{J}_A)$ 是一个分块对角阵，求 $f(\boldsymbol{J}_A)$ 的 Jordan 标准形容易．因此可利用 $f(\boldsymbol{J}_A)$ 来求 $f(\boldsymbol{A})$ 的 Jordan 标准形．

例如，如果 $\boldsymbol{A}$ 的 Jordan 标准形

$$
\boldsymbol{J}_A=\begin{pmatrix}3 & 0 & 0 & 0\\ 0 & 2 & 1 & 0\\ 0 & 0 & 2 & 1\\ 0 & 0 & 0 & 2\end{pmatrix}
$$

则

$$
e^{J_A}=\begin{pmatrix}e^3 & 0 & 0 & 0\\ 0 & e^2 & e^2 & e^2/2\\ 0 & 0 & e^2 & e^2\\ 0 & 0 & 0 & e^2\end{pmatrix}
$$

e^{J_A} 的 Jordan 标准形是

$$
\boldsymbol{J}=\begin{pmatrix}e^3 & 0 & 0 & 0\\ 0 & e^2 & 1 & 0\\ 0 & 0 & e^2 & 1\\ 0 & 0 & 0 & e^2\end{pmatrix}
$$

因此 $e^{\boldsymbol{A}}$ 的 Jordan 标准形也是 $\boldsymbol{J}$．

定理 4.4.2　对任意 $\boldsymbol{A}\in\mathbf{C}^{n\times n}$，$\det(e^{\boldsymbol{A}})=e^{\operatorname{tr}(\boldsymbol{A})}$．

证明　设 $\boldsymbol{J}$ 是 $\boldsymbol{A}$ 的 Jordan 标准形，非奇异矩阵 $\boldsymbol{P}$，使得 $\boldsymbol{P}^{-1}\boldsymbol{A}\boldsymbol{P}=\boldsymbol{J}$．因此

$$
e^{\boldsymbol{A}}=\boldsymbol{P}e^{\boldsymbol{J}}\boldsymbol{P}^{-1}
$$

$$
\det(e^{\boldsymbol{A}})=\det(e^{\boldsymbol{J}})=e^{\lambda_1+\lambda_2+\cdots+\lambda_n}=e^{\operatorname{tr}(\boldsymbol{A})}
$$

4.4.2　矩阵函数的一般定义与计算

利用定义 4.4.1 定义的矩阵函数，其实质就是先将数量函数 $f(z)$ 展开成收敛的幂级数，然后以矩阵 $\boldsymbol{A}$ 代替 z，得到 $f(\boldsymbol{A})$．但是，对于任意给定的函数，$f(z)$ 要求能展开成收敛的幂级数条件太强，一般不易满足．在计算 $f(\boldsymbol{A})$ 时，需要计算 $\boldsymbol{A}$ 的 Jordan 标准形以及相似变换阵 $\boldsymbol{P}$．这一过程也是麻烦的．

从利用 Jordan 标准形求矩阵函数的方法可知，如果 $\boldsymbol{A}$ 的最小多项式是 $(\lambda-\lambda_1)^{m_1}\cdots(\lambda-\lambda_s)^{m_s}$，矩阵函数 $f(\boldsymbol{A})$ 只与 $\{f^{(k_i)}(\lambda_i)\mid k_i=0,1,\cdots,m_{i-1};\ i=1,2,\cdots,s\}$ 有关．

因此可以给出矩阵函数的一种较为广泛的定义. 先给出一些概念.

定义 4.4.2　设 $\boldsymbol{A}$ 的最小多项式是 $\mathrm{minp}(z)=(z-\lambda_1)^{m_1}\cdots(z-\lambda_s)^{m_s}$，则

(1) 称集合 $\sigma_A=\{(\lambda_i,m_i)\mid i=1,2,\cdots,s\}$ 为 $\boldsymbol{A}$ 的谱.

(2) 称集合 $\{f^{(k_i)}(\lambda_i)\mid k_i=0,1,\cdots,m_i-1;\ i=1,2,\cdots,s\}$ 为函数 $f(z)$ 在 $\boldsymbol{A}$ 上的谱值. 记为 $f(\sigma_A)$。

例如，如果 $\boldsymbol{A}$ 的最小多项式为 $(\lambda-3)^2(\lambda-5)^3$，则 $\boldsymbol{A}$ 的谱是 $\{(3,2),(5,3)\}$，函数 $\sin z$ 在 $\boldsymbol{A}$ 上的谱值是 $\{\sin3,\cos3,\sin5,\cos5,-\sin5\}$.

定义 4.4.3　对于函数 $f(z)$，若函数 $f(z)$ 在 $\boldsymbol{A}$ 上的谱值存在，复系数多项式 $g(z)$，使得 $g(\sigma_A)=f(\sigma_A)$，则定义 $f(\boldsymbol{A})=g(\boldsymbol{A})$.

设 $\boldsymbol{A}$ 的最小多项式是 $\mathrm{minp}(z)=(z-\lambda_1)^{m_1}\cdots(z-\lambda_s)^{m_s}$，对于函数 $f(z)$，复系数多项式 $g(z)$，满足 $g(\sigma_A)=f(\sigma_A)$. 对于多项式 $g(z)$，存在复系数多项式 $h(z)$、$r(z)$，使得

$$g(z)=\mathrm{minp}(z)h(z)+r(z)$$

其中 $r(z)=a_0+a_1z+\cdots+a_{m-1}z^{m-1}$，$m=m_1+m_2+\cdots+m_s$，因此

$$g(\boldsymbol{A})=\mathrm{minp}(\boldsymbol{A})h(\boldsymbol{A})+r(\boldsymbol{A})=r(\boldsymbol{A})$$

另一方面，利用 $g(\sigma_A)=f(\sigma_A)$ 可得 m 个方程，因此可唯一确定 m 个系数. 这样一来，可设 $g(z)=r(z)=a_0+a_1\lambda+\cdots+a_{m-1}\lambda^{m-1}$，由此，可得求矩阵函数的待定系数法.

求矩阵函数的待定系数法：

(1) 求 $\boldsymbol{A}$ 的最小多项式

$$\mathrm{minp}(z)=(z-\lambda_1)^{m_1}(\lambda-\lambda_2)^{m_2}\cdots(z-\lambda_s)^{m_s}$$

(2) 设

$$r(z)=a_0+a_1z+\cdots+a_{m-1}z^{m-1},$$

其中 $m=m_1+m_2+\cdots+m_s$.

(3) 利用 $r(\sigma_A)=f(\sigma_A)$ 可得 m 个方程，利用这些方程求出 a_0，a_1，…，a_{m-1}.

(4) $f(\boldsymbol{A})=r(\boldsymbol{A})$.

【例 4.4.3】　设 $\boldsymbol{A}=\begin{pmatrix}-4&2&10\\-4&3&7\\-3&1&7\end{pmatrix}$，求 $\cos\boldsymbol{A}$.

解　由［例 4.4.2］可知，$\boldsymbol{A}$ 的最小多项式是 $(\lambda-2)^3$. 令

$$r(z)=a_0+a_1z+a_2z^2$$

由 $r(\sigma_A)=\cos(\sigma_A)$ 可得

$$\begin{cases}a_0+2a_1+4a_2=\cos2\\ a_1+4a_2=-\sin2\\ 2a_2=-\cos2\end{cases}$$

解得

$$a_0=-\cos2+2\sin2,a_1=-\sin2+2\cos2,a_2=-\frac{\cos2}{2}$$

因此

$$\begin{aligned}\cos\boldsymbol{A}&=(-\cos2+2\sin2)\boldsymbol{E}+(-\sin2+2\cos2)\boldsymbol{A}-\frac{\cos2}{2}\boldsymbol{A}^2\\&=\begin{pmatrix}2\cos2+6\sin2 & -2\sin2 & -2\cos2-10\sin2\\0.5\cos2+4\sin2 & \cos2-\sin2 & -\cos2-7\sin2\\0.5\cos2+3\sin2 & -\sin2 & -5\sin2\end{pmatrix}\end{aligned}$$

【例 4.4.4】 设 $\boldsymbol{A}=\begin{pmatrix}3 & -3 & 2\\-1 & 5 & -2\\-1 & 3 & 0\end{pmatrix}$，求 $\ln\boldsymbol{A}$.

解 因为 $\boldsymbol{A}$ 的特征多项式为 $(\lambda-2)^2(\lambda-4)$. 由于 $(\boldsymbol{A}-2\boldsymbol{E})(\boldsymbol{A}-4\boldsymbol{E})=\boldsymbol{0}$，因此 $\boldsymbol{A}$ 的最小多项式是 $(\lambda-2)(\lambda-4)$. 令

$$r(z)=a_0+a_1z$$

由 $r(\sigma_A)=\ln(\sigma_A)$ 可得

$$\begin{cases}a_0+2a_1=\ln2\\a_0+4a_1=\ln4=2\ln2\end{cases}$$

解得

$$a_0=0,a_1=\frac{1}{2}\ln2$$

因此

$$\ln\boldsymbol{A}=\frac{\ln2}{2}.\begin{pmatrix}3 & -3 & 2\\-1 & 5 & -2\\-1 & 3 & 0\end{pmatrix}$$

对由 $\gamma(\sigma_A)=f(\sigma_A)$ 得到的线性方程组，由克莱姆法则可知，

$$a_i=\sum_{i=1}^{s}\sum_{j=0}^{m_i-1}c_{ij}f^{(j)}(\lambda_i),\quad i=0,1,2,\cdots,m-1 \tag{4.4.2}$$

其中 c_{ij} 仅与 $\boldsymbol{A}$ 有关，而与函数 f 无关. 将 a_0，a_1，…，a_{m-1} 代入 $r(\boldsymbol{A})$ 可知，$f(\boldsymbol{A})$ 可表示为

$$f(\boldsymbol{A})=\sum_{i=1}^{s}\sum_{j=0}^{m_i-1}f^{(j)}(\lambda_i)\boldsymbol{A}_{ij} \tag{4.4.3}$$

其中 $\boldsymbol{A}_{ij}$ 仅与 $\boldsymbol{A}$ 有关，而与函数 f 无关. 这样，如果利用一些特殊的 $g(z)$，利用式（4.4.3）将 $\boldsymbol{A}_{ij}$ 求出，然后再利用式（4.4.3）就可求出 $f(\boldsymbol{A})$. 从而得到如下求矩阵函数的待定矩阵法.

求矩阵函数的待定矩阵法：

（1）求 $\boldsymbol{A}$ 的最小多项式

$$\text{minp}(z)=(\lambda-\lambda_1)^{m_1}(\lambda-\lambda_2)^{m_2}\cdots(\lambda-\lambda_s)^{m_s}$$

（2）取一些特殊的 $f(z)$，利用式（4.4.3）将 $\boldsymbol{A}_{ij}$ 求出.

（3）利用式（4.4.3）求出 $f(\boldsymbol{A})$，进而求出要计算的矩阵函数.

【例 4.4.5】 设 $\boldsymbol{A}=\begin{pmatrix}-4 & 2 & 10\\ -4 & 3 & 7\\ -3 & 1 & 7\end{pmatrix}$，求 $\cos\boldsymbol{A}$.

解　由［例 4.4.3］可知，$\boldsymbol{A}$ 的最小多项式是 $(\lambda-2)^3$，因此可设

$$f(\boldsymbol{A})=f(2)\boldsymbol{A}_1+f'(2)\boldsymbol{A}_2+f''(2)\boldsymbol{A}_3 \tag{4.4.4}$$

其中 $\boldsymbol{A}_1$、$\boldsymbol{A}_2$、$\boldsymbol{A}_3$ 仅与 $\boldsymbol{A}$ 有关，而与函数 f 无关.

取 $f_1(z)=1$，利用式（4.4.4）可得 $\boldsymbol{A}_1=\boldsymbol{E}$.

取 $f_2(z)=z-2$，利用式（4.4.4）可得 $\boldsymbol{A}_2=\boldsymbol{A}-2\boldsymbol{E}$.

取 $f_3(z)=(z-2)^2$，利用式（4.4.4）可得 $\boldsymbol{A}_3=\dfrac{1}{2}(\boldsymbol{A}-2\boldsymbol{E})^2$.

因此

$$f(\boldsymbol{A})=f(2)\boldsymbol{E}+f'(2)(\boldsymbol{A}-2\boldsymbol{E})+\frac{f''(2)}{2}(\boldsymbol{A}-2\boldsymbol{E})^2 \tag{4.4.5}$$

$$\begin{aligned}\cos\boldsymbol{A}&=\cos2\boldsymbol{E}-\sin2(\boldsymbol{A}-2\boldsymbol{E})-\frac{\cos2}{2}(\boldsymbol{A}-2\boldsymbol{E})^2\\&=\begin{pmatrix}2\cos2+6\sin2 & -2\sin2 & -2\cos2-10\sin2\\ 0.5\cos2+4\sin2 & \cos2-\sin2 & -\cos2-7\sin2\\ 0.5\cos2+3\sin2 & -\sin2 & -5\sin2\end{pmatrix}\end{aligned}$$

【例 4.4.6】 设 $\boldsymbol{A}=\begin{pmatrix}3 & -3 & 2\\ -1 & 5 & -2\\ -1 & 3 & 0\end{pmatrix}$，求 $\ln\boldsymbol{A}$ 和 $e^{\boldsymbol{A}^2}$.

解　由［例 4.4.4］可知，$\boldsymbol{A}$ 的最小多项式是 $(\lambda-2)(\lambda-4)$，因此，可设

$$f(\boldsymbol{A})=f(2)\boldsymbol{A}_1+f(4)\boldsymbol{A}_2 \tag{4.4.6}$$

其中 $\boldsymbol{A}_1$、$\boldsymbol{A}_2$ 仅与 $\boldsymbol{A}$ 有关，而与函数 f 无关.

取 $f_1(z)=z-4$，利用式（4.4.6）可得 $\boldsymbol{A}_1=-\dfrac{1}{2}(\boldsymbol{A}-4\boldsymbol{E})$.

取 $f_2(z)=z-2$，利用式（4.4.6）可得 $\boldsymbol{A}_2=\dfrac{1}{2}(\boldsymbol{A}-2\boldsymbol{E})$.

$$\begin{aligned}f(\boldsymbol{A})&=-\frac{f(2)}{2}(\boldsymbol{A}-4\boldsymbol{E})+\frac{f(4)}{2}(\boldsymbol{A}-2\boldsymbol{E})\\&=\frac{4f(2)-2f(4)}{2}\boldsymbol{E}+\frac{f(4)-f(2)}{2}\boldsymbol{A}\end{aligned} \tag{4.4.7}$$

利用式（4.4.7）可得

$$\ln\boldsymbol{A}=\frac{\ln2}{2}\cdot\begin{pmatrix}3 & -3 & 2\\ -1 & 5 & -2\\ -1 & 3 & 0\end{pmatrix}$$

$$e^{\boldsymbol{A}^2}=\frac{4e^4-2e^{16}}{2}\boldsymbol{E}+\frac{e^{16}-e^4}{2}\boldsymbol{A}$$

定理 4.4.3　设 $\boldsymbol{A}\in\mathbf{C}^{n\times n}$，矩阵函数 $f(\boldsymbol{A})$ 存在. 如果 λ_0 是矩阵 $\boldsymbol{A}$ 的特征值，α 是 $\boldsymbol{A}$ 的对应于 λ_0 的特征向量，则 $f(\lambda_0)$ 是 $f(\boldsymbol{A})$ 的特征值，α 是 $f(\boldsymbol{A})$ 对应于 $f(\lambda_0)$ 的特征向量.

矩阵函数可以用来求解如下一阶常系数线性微分方程的初值问题.

设一阶常系数线性微分方程组

$$\begin{cases}\dfrac{\mathrm{d}x_1(t)}{\mathrm{d}t}=a_{11}x_1(t)+a_{12}x_2(t)+\cdots+a_{1n}x_n(t)+f_1(t)\\ \dfrac{\mathrm{d}x_2(t)}{\mathrm{d}t}=a_{21}x_1(t)+a_{22}x_2(t)+\cdots+a_{2n}x_n(t)+f_2(t)\\ \vdots\\ \dfrac{\mathrm{d}x_n(t)}{\mathrm{d}t}=a_{n1}x_1(t)+a_{n2}x_2(t)+\cdots+a_{nn}x_n(t)+f_n(t)\end{cases}\tag{4.4.8}$$

满足初始条件

$$x_i(t_0)=c_i,\quad i=1,2,\cdots,n\tag{4.4.9}$$

如果记 $\boldsymbol{A}=(a_{ij})_{n\times n}$，$\boldsymbol{c}=(c_1, c_2, \cdots, c_n)^{\mathrm{T}}$

$$\boldsymbol{x}(t)=(x_1(t),x_2(t),\cdots,x_n(t))^{\mathrm{T}},f(t)=(f_1(t),f_2(t),\cdots,f_n(t))^{\mathrm{T}}$$

则上述问题可写成

$$\begin{cases}\dfrac{\mathrm{d}\boldsymbol{x}(t)}{\mathrm{d}t}=\boldsymbol{A}\cdot\boldsymbol{x}(t)+f(t)\\ \boldsymbol{x}(t_0)=\boldsymbol{c}\end{cases}\tag{4.4.10}$$

它的解为

$$\boldsymbol{x}(t)=\mathrm{e}^{\boldsymbol{A}(t-t_0)}\boldsymbol{c}+\mathrm{e}^{\boldsymbol{A}t}\int_{t_0}^{t}\mathrm{e}^{-\boldsymbol{A}t}f(t)\mathrm{d}t\tag{4.4.11}$$

详细的讨论见第 6 章应用案例.

习 题 4

4.1 下列的 λ 矩阵中哪些是满秩的？哪些是可逆的？如果是可逆时求其逆方阵来.

(1) $\begin{pmatrix}\lambda & 2\lambda+1 & 1\\ 1 & \lambda+1 & \lambda^2+1\\ \lambda-1 & \lambda & -\lambda^2\end{pmatrix}$；(2) $\begin{pmatrix}1 & 0 & 1\\ 0 & \lambda-1 & \lambda\\ \lambda & 1 & \lambda^2\end{pmatrix}$；(3) $\begin{pmatrix}1 & \lambda & 0\\ 2 & \lambda & 1\\ \lambda^2+1 & 2 & \lambda^2+1\end{pmatrix}$

4.2 化下列 λ 矩阵为 Smith 标准形，并求出它们的不变因子和初等因子：

(1) $\begin{pmatrix}\lambda^2-4 & 0 & 0 & 0\\ 0 & \lambda^2-5\lambda+6 & 0 & 0\\ 0 & 0 & 0 & \lambda+2\\ 0 & 0 & \lambda-2 & 0\end{pmatrix}$；(2) $\begin{pmatrix}0 & 0 & 2 & \lambda+3\\ 0 & -1 & \lambda-3 & 0\\ 1 & \lambda+3 & \lambda+3 & 3\\ \lambda-3 & \lambda-5 & 0 & \lambda^3+2\lambda-6\end{pmatrix}$；

(3) $\begin{pmatrix}2\lambda & 3 & 0 & 1 & \lambda\\ 4\lambda & 3\lambda+6 & 0 & \lambda+2 & 2\lambda\\ 0 & 6\lambda & \lambda & 2\lambda & 0\\ \lambda-1 & 0 & \lambda-1 & 0 & 0\\ 3\lambda-3 & 1-\lambda & 2\lambda-2 & 0 & 0\end{pmatrix}$

4.3 设 $\boldsymbol{A}(\lambda)$ 是一个 6×7 阶的 λ 矩阵，初等因子为

$$\lambda,\lambda,\lambda^2,\lambda^2,\lambda-1,\lambda-1,(\lambda-1)^2,(\lambda+2)^2$$

（1）如果 $\text{rank}(\boldsymbol{A}(\lambda))=4$，试求 $\boldsymbol{A}(\lambda)$ 的 Smith 标准形.

（2）如果 $\text{rank}(\boldsymbol{A}(\lambda))=5$，试求 $\boldsymbol{A}(\lambda)$ 的 Smith 标准形.

（3）$\boldsymbol{A}(\lambda)$ 的秩可能小于 4 吗？给出你的结论，并说明理由.

4.4　求下列矩阵的 Jordan 标准形：

（1）$\begin{pmatrix} 3 & 1 & -3 \\ -7 & -2 & 9 \\ -2 & -1 & 4 \end{pmatrix}$；（2）$\begin{pmatrix} 2 & 2 & -2 \\ 2 & 5 & -4 \\ -2 & -4 & 5 \end{pmatrix}$；（3）$\begin{pmatrix} 1 & 9 & 4 \\ 4 & -24 & 11 \\ 10 & -66 & 30 \end{pmatrix}$；

（4）$\begin{pmatrix} 3 & 7 & -3 \\ -2 & -5 & 2 \\ -4 & -10 & 3 \end{pmatrix}$；（5）$\begin{pmatrix} 1 & -3 & 3 \\ 3 & -5 & 3 \\ 6 & -6 & 4 \end{pmatrix}$；　　（6）$\begin{pmatrix} 3 & 2 & -1 \\ -2 & -2 & 2 \\ 3 & 6 & -1 \end{pmatrix}$

4.5　求下列矩阵的最小多项式.

（1）$\begin{pmatrix} 2 & 6 & -15 \\ 1 & 1 & -5 \\ 1 & 2 & -6 \end{pmatrix}$；（2）$\begin{pmatrix} 5 & -3 & 2 \\ 6 & -4 & 4 \\ 4 & -4 & 5 \end{pmatrix}$；　（3）$\begin{pmatrix} 2 & -2 & 2 \\ -2 & -1 & 4 \\ 2 & 4 & -1 \end{pmatrix}$；

（4）$\begin{pmatrix} 4 & -5 & 2 \\ 5 & -7 & 3 \\ 6 & -9 & 4 \end{pmatrix}$；（5）$\begin{pmatrix} 5 & 6 & -1 \\ -1 & 0 & 1 \\ 1 & 2 & -1 \end{pmatrix}$；（6）$\begin{pmatrix} 3 & 5 & 5 \\ 3 & 3 & 5 \\ -5 & -5 & 7 \end{pmatrix}$

4.6　求下列矩阵 $\boldsymbol{J}$ 的 Jordan 标准形 $\boldsymbol{J}$，并求相应的相似变换矩阵 $\boldsymbol{P}$，使得 $\boldsymbol{P}^{-1}\boldsymbol{A}\boldsymbol{P}=\boldsymbol{J}$.

（1）$\begin{pmatrix} -13 & -8 & -4 \\ 12 & 7 & 4 \\ 24 & 16 & 7 \end{pmatrix}$　（2）$\begin{pmatrix} -1 & -2 & 6 \\ -1 & 0 & 3 \\ -1 & -1 & 4 \end{pmatrix}$

4.7　设线性变换 T 在三维线性空间 $\boldsymbol{V}$ 的基 $\boldsymbol{\alpha}_1$、$\boldsymbol{\alpha}_2$、$\boldsymbol{\alpha}_3$ 下的矩阵为

$$\boldsymbol{A}=\begin{pmatrix} 6 & 5 & -2 \\ -2 & 0 & 1 \\ -1 & -1 & 3 \end{pmatrix}$$

求 $\boldsymbol{V}$ 的另一组基 $\boldsymbol{\beta}_1$、$\boldsymbol{\beta}_2$、$\boldsymbol{\beta}_3$，使 T 在该基下的矩阵为 Jordan 标准形.

4.8　设线性变换 T 在三维线性空间 $\boldsymbol{V}$ 的基 $\boldsymbol{\alpha}_1$、$\boldsymbol{\alpha}_2$、$\boldsymbol{\alpha}_3$ 下的矩阵为 $\begin{pmatrix} 2 & 6 & -15 \\ 1 & 1 & -5 \\ 1 & 2 & -6 \end{pmatrix}$，求 T 的所有不变子空间.

4.9　设 5 阶实对称矩阵 $\boldsymbol{A}$ 满足 $\boldsymbol{A}^3(\boldsymbol{A}-2\boldsymbol{E})=\boldsymbol{0}$，$\text{rank}(\boldsymbol{A})=3$，求 $\boldsymbol{A}$ 的 Jordan 标准形，并计算 $|\boldsymbol{A}-3\boldsymbol{E}|$，$\|\boldsymbol{A}\|_2$，$\|\boldsymbol{A}\|_F$.

4.10　设 $\boldsymbol{A}$ 是一个 6 阶方阵，它的特征多项式是 $\Delta(\lambda)=(\lambda-2)^4(\lambda-3)^2$.

（1）如果 $\boldsymbol{A}$ 的最小多项式分别为 $m(\lambda)=(\lambda-2)^2(\lambda-3)^2$，试写出矩阵可能的 Jordan 标准形.

（2）如果 $\boldsymbol{A}$ 的最小多项式分别为 $m(\lambda)=(\lambda-2)(\lambda-3)^2$，试写出矩阵可能的 Jordan 标准形.

4.11　已知 $\boldsymbol{A}=\begin{pmatrix} 2 & 0 & 0 \\ a & 2 & 0 \\ b & c & -1 \end{pmatrix}$.

（1）求出 $\boldsymbol{A}$ 的 Jordan 标准形.

(2) 给出 $\boldsymbol{A}$ 对角化的一个充要条件.

4.12 设 $\boldsymbol{A}$ 是 n 阶方阵，$\boldsymbol{A}^3=\boldsymbol{0}$，$\mathrm{rank}(\boldsymbol{A}^2)=r_1$，$\mathrm{rank}(\boldsymbol{A})=r_2$，求 $\boldsymbol{A}$ 的 Jordan 标准形和最小多项式.

4.13 设 T 是 $\mathbf{R}^n$ 中的线性变换，而 T 在基 $\mathbf{e}_1$，$\mathbf{e}_2$，…，$\mathbf{e}_n$ 下的矩阵是一个若当块

$$\begin{pmatrix} a & 1 & 0 & \cdots & 0 & 0 \\ 0 & a & 1 & \cdots & 0 & 0 \\ 0 & 0 & a & \cdots & 0 & 0 \\ \vdots & \vdots & \vdots & \ddots & \vdots & \vdots \\ 0 & 0 & 0 & \cdots & a & 1 \\ 0 & 0 & 0 & \cdots & 0 & a \end{pmatrix}$$

证明：

(1) 包含 $\mathbf{e}_n$ 的不变子空间就是 $\mathbf{R}^n$ 自身.

(2) 任一非零不变子空间都包含 $\mathbf{e}_1$.

(3) $\mathbf{R}^n$ 不能分解成两个非平凡的不变子空间的直和.

4.14 (1) $\boldsymbol{A}=\begin{pmatrix} 3 & 1 & -3 \\ -7 & -2 & 9 \\ -2 & -1 & 4 \end{pmatrix}$，求 $\sin\boldsymbol{A}^2$.

(2) $\boldsymbol{A}=\begin{pmatrix} 2 & 2 & -2 \\ 2 & 5 & -4 \\ -2 & -4 & 5 \end{pmatrix}$ 求 $\mathrm{e}^{3\boldsymbol{A}}$.

(3) $\boldsymbol{A}=\begin{pmatrix} 1 & 9 & 4 \\ 4 & -24 & 11 \\ 10 & -66 & 30 \end{pmatrix}$，求 $\cos\boldsymbol{A}$ 的若当标准形.

4.15 设 $\boldsymbol{A}=\begin{pmatrix} 8 & -3 & 6 \\ 3 & -2 & 0 \\ -4 & 2 & -2 \end{pmatrix}$，求解如下线性微分方程组 $\dfrac{\mathrm{d}\boldsymbol{x}}{\mathrm{d}t}=\boldsymbol{A}\boldsymbol{x}$ 的通解.

4.16 设 n 阶实对称矩阵 $\boldsymbol{A}$ 满足 $(\boldsymbol{A}-2\boldsymbol{E})^2(\boldsymbol{A}+3\boldsymbol{E})=0$，$\mathrm{rank}(\boldsymbol{A}-2\boldsymbol{E})=r$，求 $\|\sin\boldsymbol{A}\|_2$，$\|\cos\boldsymbol{A}\|_F$.

4.17 设 $\boldsymbol{A}=\begin{pmatrix} 3 & 5 & 5 \\ 3 & 3 & 5 \\ -5 & -5 & 7 \end{pmatrix}$，求初值问题 $\begin{cases} \dfrac{\mathrm{d}\boldsymbol{x}}{\mathrm{d}t}=\boldsymbol{A}\boldsymbol{x} \\ \boldsymbol{x}(0)=(1,\ 1,\ 1)^{\mathrm{T}} \end{cases}$ 的解.

4.18 设 5 阶复矩阵 $\boldsymbol{A}$ 的特征多项式为 $(\lambda-1)^2\left(\lambda-\dfrac{1}{2}\right)^2\left(\lambda-\dfrac{1}{4}\right)$，证明：$\lim\limits_{n\to\infty}\boldsymbol{A}^n$ 收敛的充分必要条件是 $\mathrm{rank}(\boldsymbol{A}-\boldsymbol{E})=3$.

4.19 试讨论下列幂级数的收敛性.

(1) $\sum\limits_{n=1}^{\infty}\dfrac{n}{6^n}\begin{pmatrix} 1 & -4 \\ -2 & 1 \end{pmatrix}^n$ (2) $\sum\limits_{n=1}^{\infty}\dfrac{1}{n^2}\begin{pmatrix} 1 & 7 \\ -1 & -3 \end{pmatrix}^n$

4.20 求矩阵幂级数 $\sum\limits_{n=1}^{\infty}\dfrac{n}{10^n}\begin{pmatrix} -1 & 1 \\ -4 & 3 \end{pmatrix}^n$ 的和.

第 5 章　线性方程组与矩阵方程

5.1　求解线性方程组的矩阵分解方法

一、利用矩阵的三角分解求线性方程组的解

对于线性方程组 $\boldsymbol{A}x=\boldsymbol{b}$，如果其系数矩阵 $\boldsymbol{A}$ 为非奇异矩阵，并且它的所有顺序主子式 $D_k\neq 0$，$k=1, 2, \cdots, n$，则存在三角分解 $\boldsymbol{LU}$. 利用 $\boldsymbol{A}$ 的三角分解 $\boldsymbol{LU}$，线性方程组 $\boldsymbol{Ax}=\boldsymbol{b}$ 与方程组 $\begin{cases}\boldsymbol{Ly}=\boldsymbol{b}\\ \boldsymbol{Ux}=\boldsymbol{y}\end{cases}$ 等价，而方程组 $\begin{cases}\boldsymbol{Ly}=\boldsymbol{b}\\ \boldsymbol{Ux}=\boldsymbol{y}\end{cases}$ 中的两个子方程组很容易求解，如果

$$
\boldsymbol{L}=\begin{pmatrix} c_{1,1} & 0 & 0 & \cdots & 0 & 0 \\ c_{2,1} & c_{2,2} & 0 & \cdots & 0 & 0 \\ c_{31} & c_{32} & c_{3,3} & \cdots & 0 & 0 \\ \vdots & \vdots & \vdots & \ddots & \vdots & \vdots \\ c_{n-1,1} & c_{n-1,2} & c_{n-1,3} & \cdots & c_{n-1,n-1} & 0 \\ c_{n1} & c_{n2} & c_{n3} & \cdots & c_{n,n-1} & c_{n,n} \end{pmatrix}
$$

则方程 $\boldsymbol{Ly}=\boldsymbol{b}$ 的解 $\boldsymbol{y}=(y_1, y_2, \cdots, y_n)^{\mathrm{T}}$ 可由下公式得到

$$
\begin{cases} y_1=\dfrac{b_1}{c_{1,1}} \\ y_k=b_k-\dfrac{1}{c_{k,k}}\displaystyle\sum_{i=1}^{k-1} c_{k,i}y_i, k=2,3,\cdots,n \end{cases} \tag{5.1.1}
$$

如果

$$
\boldsymbol{U}=\begin{pmatrix} u_{1,1} & u_{1,2} & u_{1,3} & \cdots & u_{1,n-1} & u_{1,n} \\ 0 & u_{2,2} & u_{2,3} & \cdots & u_{2,n-1} & u_{2,n} \\ 0 & 0 & u_{3,3} & \cdots & u_{3,n-1} & u_{3,n} \\ \vdots & \vdots & \vdots & \ddots & \vdots & \vdots \\ 0 & 0 & 0 & \cdots & u_{n-1,n-1} & u_{n-1,n} \\ 0 & 0 & 0 & \cdots & 0 & u_{n,n} \end{pmatrix}
$$

则方程 $\boldsymbol{Ux}=\boldsymbol{y}$ 的解 $\boldsymbol{x}=(x_1, x_2, \cdots, x_n)^{\mathrm{T}}$ 可由式（5.1.2）得到

$$
\begin{cases} x_n=\dfrac{y_n}{u_{n,n}} \\ x_k=y_k-\dfrac{1}{u_{k,k}}\displaystyle\sum_{i=n}^{k+1} u_{k,i}y_i, k=n-1,n-2,\cdots,1 \end{cases} \tag{5.1.2}
$$

这就是解线性方程组的三角分解法.

【例 5.1.1】 求解线性方程组 $\boldsymbol{Ax}=\boldsymbol{b}$，其中

$$\boldsymbol{A}=\begin{pmatrix}2 & 1 & -1 & 3\\ 4 & 3 & -2 & 11\\ -4 & 1 & 5 & 8\\ 6 & 2 & 12 & 3\end{pmatrix},\boldsymbol{b}=\begin{pmatrix}8\\29\\23\\23\end{pmatrix}$$

解 由［例 1.3.1］知，$\boldsymbol{A}$ 的三角分解为

$$\boldsymbol{A}=\begin{pmatrix}1 & 0 & 0 & 0\\ 2 & 1 & 0 & 0\\ -2 & 3 & 1 & 0\\ 3 & -1 & 5 & 1\end{pmatrix}\begin{pmatrix}2 & 1 & -1 & 3\\ 0 & 1 & 0 & 5\\ 0 & 0 & 3 & -1\\ 0 & 0 & 0 & 4\end{pmatrix}$$

由方程组

$$\begin{pmatrix}1 & 0 & 0 & 0\\ 2 & 1 & 0 & 0\\ -2 & 3 & 1 & 0\\ 3 & -1 & 5 & 1\end{pmatrix}\begin{pmatrix}y_1\\y_2\\y_3\\y_4\end{pmatrix}=\begin{pmatrix}8\\29\\23\\23\end{pmatrix}$$

利用式（5.1.1）可得 $\boldsymbol{y}=(8,13,0,12)^{\mathrm{T}}$. 再由

$$\begin{pmatrix}2 & 1 & -1 & 3\\ 0 & 1 & 0 & 5\\ 0 & 0 & 3 & -1\\ 0 & 0 & 0 & 4\end{pmatrix}\begin{pmatrix}x_1\\x_2\\x_3\\x_4\end{pmatrix}=\begin{pmatrix}8\\13\\0\\12\end{pmatrix}$$

利用式（5.1.2）可得方程组的解 $\boldsymbol{x}=(1,-2,1,3)^{\mathrm{T}}$.

利用对称正定矩阵的柯列斯基分解求解对称正定方程组的方法，称为平方根法. 应用有限元法解结构力学问题时，最后归结为求解线性方程组，而且系数矩阵大多具有对称正定性，即使平方根法不选主元也是一个数值稳定的方法，目前在计算机上广泛应用平方根法解此类方程组.

二、矛盾方程的最小二乘解

设 $\boldsymbol{Ax}=\boldsymbol{b}$ 是矛盾方程（不相容方程），它在通常意义下无解.

定义 5.1.1 对于线性方程组 $\boldsymbol{Ax}=\boldsymbol{b}$，如果存在 $\boldsymbol{x}_0\in\mathbf{R}^n$，使得

$$\|\boldsymbol{Ax}_0-\boldsymbol{b}\|_2=\min_{x\in R^n}\{\|\boldsymbol{Ax}-\boldsymbol{b}\|_2\}$$

则称 $\boldsymbol{x}_0$ 是 $\boldsymbol{Ax}=\boldsymbol{b}$ 的最小二乘解.

定理 5.1.1 （1）$\boldsymbol{A}x=\boldsymbol{b}$ 的最小二乘解 x^* 一定存在.

（2）$\boldsymbol{A}x=\boldsymbol{b}$ 的最小二乘解 x^* 唯一的充分必要条件是 $N(\mathbf{A})=\{\mathbf{0}\}$.

证明 由练习 2.33 可知，$\mathbf{R}^n=R(\mathbf{A})\oplus(R(\mathbf{A}))^{\perp}$，因此对于任意 $\boldsymbol{b}\in\mathbf{R}^m$，有

$$\boldsymbol{b}=\boldsymbol{b}_1+\boldsymbol{b}_2$$

其中 $\boldsymbol{b}_1\in R(\mathbf{A})$，$\boldsymbol{b}_2\in(R(\mathbf{A}))^{\perp}$，故

$$\boldsymbol{b}-\boldsymbol{A}x=\boldsymbol{b}_1-\boldsymbol{A}x+\boldsymbol{b}_2$$

由于 $\boldsymbol{b}_1-\boldsymbol{A}x\in R(\mathbf{A})$，$\boldsymbol{b}_2\in(R(\mathbf{A}))^{\perp}$，因此

$$\|\boldsymbol{b}-\boldsymbol{Ax}\|_2^2=\|\boldsymbol{b}_1-\boldsymbol{Ax}\|_2^2+\|\boldsymbol{b}_2\|_2^2$$

上式表明，当且仅当 $\boldsymbol{Ax}=\boldsymbol{b}_1$ 时 $\|\boldsymbol{b}-\boldsymbol{Ax}\|_2$ 达到极小，由于 $\boldsymbol{b}_1\in R(\boldsymbol{A})$，因此 $\boldsymbol{Ax}=\boldsymbol{b}_1$ 一定有解，从而方程组 $\boldsymbol{Ax}=\boldsymbol{b}$ 的最小二乘解 $\boldsymbol{x}^*$ 一定存在.

现设 $\boldsymbol{x}^*$，$\hat{\boldsymbol{x}}$ 是 $\boldsymbol{Ax}=\boldsymbol{b}$ 的最小二乘解，则 $A(\boldsymbol{x}^*-\hat{\boldsymbol{x}})=\boldsymbol{0}$，因此 $\boldsymbol{Ax}=\boldsymbol{b}$ 的最小二乘解唯一的充要条件是 $N(\boldsymbol{A})=\{\boldsymbol{0}\}$.

推论 5.1.1 如果 $\boldsymbol{x}$，$\tilde{\boldsymbol{x}}$ 都是方程 $\boldsymbol{Ax}=\boldsymbol{b}$ 最小二乘解，则 $\boldsymbol{Ax}=\boldsymbol{A}\tilde{\boldsymbol{x}}$.

定义 5.1.2 线性方程组为 $\boldsymbol{Ax}=\boldsymbol{b}$，称

$$\boldsymbol{A}^{\mathrm{T}}\boldsymbol{Ax}=\boldsymbol{A}^{\mathrm{T}}\boldsymbol{b} \tag{5.1.3}$$

为方程 $\boldsymbol{Ax}=\boldsymbol{b}$ 的正规方程（或正则方程）.

以下定理给出最小二乘解与正规方程的解之间的联系：

定理 5.1.2 $\boldsymbol{x}^*$ 是线性方程组 $\boldsymbol{Ax}=\boldsymbol{b}$ 的最小二乘解的充分必要条件是 $\boldsymbol{x}^*$ 为正规方程 $\boldsymbol{A}^{\mathrm{T}}\boldsymbol{Ax}=\boldsymbol{A}^{\mathrm{T}}\boldsymbol{b}$ 的解.

证明 对任意的 $\boldsymbol{x}$ 和 $\boldsymbol{x}^*$，有

$$\begin{aligned}\|\boldsymbol{b}-\boldsymbol{Ax}\|_2^2 &= \|\boldsymbol{b}-\boldsymbol{Ax}^*+\boldsymbol{Ax}^*-\boldsymbol{Ax}\|_2^2 \\ &= \|\boldsymbol{b}-\boldsymbol{Ax}^*\|_2^2+\|\boldsymbol{A}(\boldsymbol{x}^*-\boldsymbol{x})\|_2^2+2(\boldsymbol{x}^*-\boldsymbol{x})^{\mathrm{T}}(\boldsymbol{A}^{\mathrm{T}}b-\boldsymbol{A}^{\mathrm{T}}\boldsymbol{Ax}^*)\end{aligned} \tag{5.1.4}$$

设 $\boldsymbol{x}^*$ 是正规方程的解，即 $\boldsymbol{A}^{\mathrm{T}}\boldsymbol{Ax}^*=\boldsymbol{A}^{\mathrm{T}}\boldsymbol{b}$，对任意 $\boldsymbol{x}\in R^n$，由式（5.1.4）得

$$\|\boldsymbol{b}-\boldsymbol{Ax}\|_2^2=\|\boldsymbol{b}-\boldsymbol{Ax}^*\|_2^2+\|\boldsymbol{A}(\boldsymbol{x}^*-\boldsymbol{x})\|_2^2\geqslant\|\boldsymbol{b}-\boldsymbol{Ax}^*\|_2^2$$

因此 $\boldsymbol{x}^*$ 是 $\boldsymbol{Ax}=\boldsymbol{b}$ 的最小二乘解.

反之，若 $\boldsymbol{x}^*$ 是 $\boldsymbol{Ax}=\boldsymbol{b}$ 的任一最小二乘解，$\boldsymbol{b}=\boldsymbol{b}_1+\boldsymbol{b}_2$，其中 $\boldsymbol{b}_1\in R(\boldsymbol{A})$，$\boldsymbol{b}_2\in(R(\boldsymbol{A}))^{\perp}$，则 $\boldsymbol{Ax}^*=\boldsymbol{b}_1$.

$$\boldsymbol{A}^{\mathrm{T}}(\boldsymbol{b}-\boldsymbol{Ax}^*)=\boldsymbol{A}^{\mathrm{T}}(\boldsymbol{b}_1+\boldsymbol{b}_2-\boldsymbol{Ax}^*)=\boldsymbol{A}^{\mathrm{T}}\boldsymbol{b}_2=\boldsymbol{0}$$

因此

$$\boldsymbol{A}^{\mathrm{T}}\boldsymbol{Ax}^*=\boldsymbol{A}^{\mathrm{T}}\boldsymbol{b}$$

即 $\boldsymbol{x}^*$ 为正规方程 $\boldsymbol{A}^{\mathrm{T}}\boldsymbol{Ax}=\boldsymbol{A}^{\mathrm{T}}\boldsymbol{b}$ 的解.

推论 5.1.2 （1）线性方程组 $\boldsymbol{Ax}=\boldsymbol{b}$ 的正规方程 $\boldsymbol{A}^{\mathrm{T}}\boldsymbol{Ax}=\boldsymbol{A}^{\mathrm{T}}\boldsymbol{b}$ 必有解.

（2）若 $\boldsymbol{A}$ 列满秩，则 $\boldsymbol{Ax}=\boldsymbol{b}$ 的最小二乘解 $\boldsymbol{x}$ 唯一存在，且 $\boldsymbol{x}=(\boldsymbol{A}^{\mathrm{T}}\boldsymbol{A})^{-1}\boldsymbol{A}^{\mathrm{T}}\boldsymbol{b}$.

【例 5.1.2】 设

$$\boldsymbol{A}=\begin{pmatrix}3&1&0&-1&1\\0&1&1&0&2\\1&-1&-1&2&-1\\7&2&0&0&3\end{pmatrix},\boldsymbol{b}=\begin{pmatrix}2\\3\\-1\\4\end{pmatrix}$$

求 $\boldsymbol{Ax}=\boldsymbol{b}$ 的最小二乘解.

解

$$\boldsymbol{A}^{\mathrm{T}}\boldsymbol{A}=\begin{pmatrix}59 & 16 & -1 & -1 & 23\\16 & 7 & 2 & -3 & 10\\-1 & 2 & 2 & -2 & 3\\-1 & -3 & -2 & 5 & -3\\23 & 10 & 3 & -3 & 15\end{pmatrix},\boldsymbol{A}^{\mathrm{T}}\boldsymbol{b}=\begin{pmatrix}33\\14\\4\\-4\\21\end{pmatrix}$$

$$(\boldsymbol{A}^{\mathrm{T}}\boldsymbol{A},\boldsymbol{A}^{\mathrm{T}}\boldsymbol{b})\sim\begin{pmatrix}1 & 0 & 0 & 2 & 1 & 1.4286\\0 & 1 & 0 & -7 & 2 & -2.8571\\0 & 0 & 1 & 7 & 4 & 5.5714\\0 & 0 & 0 & 0 & 0 & 0\\0 & 0 & 0 & 0 & 0 & 0\end{pmatrix}$$

因此 $\boldsymbol{Ax}=\boldsymbol{b}$ 的最小二乘解是

$$\boldsymbol{x}=\begin{pmatrix}1.4286\\-2.8571\\5.714\\0\\0\end{pmatrix}+k_1\begin{pmatrix}-2\\7\\-7\\1\\0\end{pmatrix}+k_2\begin{pmatrix}-1\\2\\-4\\0\\1\end{pmatrix},(k_1,k_2\in\mathbf{R})$$

三、利用矩阵的正交三角分解求矛盾方程的最小二乘解

如果 $\boldsymbol{P}$ 是正交矩阵，$\boldsymbol{x}\in\mathbf{R}^n$，则 $\|\boldsymbol{Px}\|_2=\|\boldsymbol{x}\|_2$. 由此可得，如果 $\boldsymbol{QR}$ 是矩阵 $\boldsymbol{A}$ 的 $\boldsymbol{QR}$ 分解，则 $\min\{\|\boldsymbol{Ax}-\boldsymbol{b}\|_2\}$ 与 $\min\limits_{x\in\mathbf{R}^n}\{\|R\boldsymbol{x}-\boldsymbol{Q}^{\mathrm{T}}\boldsymbol{b}\|_2\}$ 同解.

设 $\boldsymbol{A}\in\mathbf{R}^{m\times n}$，且 $\boldsymbol{A}$ 的前 s 列线性无关，则存在正交矩阵 $\boldsymbol{Q}$，使得

$$\boldsymbol{A}=\boldsymbol{QR}=\boldsymbol{Q}\begin{pmatrix}r_{1,1} & \cdots & r_{1,r} & \cdots & r_{1,n-1} & r_{1,n}\\\vdots & \vdots & \vdots & \ddots & \vdots & \vdots\\0 & \cdots & r_{s,s} & \cdots & r_{s,n-1} & r_{s,n}\\\vdots & \vdots & \vdots & \ddots & \vdots & \vdots\\0 & 0 & 0 & \cdots & 0 & 0\end{pmatrix}=\boldsymbol{Q}\begin{pmatrix}\boldsymbol{R}_1\\\boldsymbol{0}\end{pmatrix}$$

此时，$\boldsymbol{Ax}=\boldsymbol{b}$ 的最小二乘解与 $\boldsymbol{Rx}=\boldsymbol{Q}^{\mathrm{T}}\boldsymbol{b}=\begin{pmatrix}\tilde{\boldsymbol{b}}^1\\\tilde{\boldsymbol{b}}_2\end{pmatrix}$ 的最小二乘解相同，其中 $\tilde{\boldsymbol{b}}_1$ 是 $\boldsymbol{Q}^{\mathrm{T}}\boldsymbol{b}$ 的前 s 行，其中 $\tilde{\boldsymbol{b}}_2$ 是 $\boldsymbol{Q}^{\mathrm{T}}\boldsymbol{b}$ 的后 $m-s$ 行.

由于

$$\|\boldsymbol{Rx}-\boldsymbol{Q}^{\mathrm{T}}\boldsymbol{b}\|_2^2=\|\mathbf{R}_1x-\tilde{\boldsymbol{b}}_1\|_2^2+\|\tilde{\boldsymbol{b}}_2\|_2^2$$

因此 $\boldsymbol{R}x=\boldsymbol{Q}^{\mathrm{T}}\boldsymbol{b}$ 的最小二乘解与如下线性方程组的解相同：

$$\boldsymbol{R}_1\boldsymbol{x}=\begin{pmatrix}r_{1,1} & \ddots & r_{1,r} & \cdots & r_{1,n-1} & r_{1,n}\\\vdots & \vdots & \vdots & \ddots & \vdots & \vdots\\0 & \cdots & r_{s,s} & \cdots & r_{s,n-1} & r_{s,n}\end{pmatrix}\boldsymbol{x}=\tilde{\boldsymbol{b}}_1$$

由此可得：

(1) 当 $\boldsymbol{A}$ 的秩 $s=n$ 时，$\boldsymbol{Ax}=\boldsymbol{b}$ 的最小二乘解唯一存在.

(2) 当 $\boldsymbol{A}$ 的秩 $s<n$ 时，$\boldsymbol{Ax}=\boldsymbol{b}$ 的最小二乘解有无穷多.

【例 5.1.3】（利用 $\boldsymbol{QR}$ 分解求解［例 5.1.2］）设

$$\boldsymbol{A}=\begin{pmatrix}3&1&0&-1&1\\0&1&1&0&2\\1&-1&-1&2&-1\\7&2&0&0&3\end{pmatrix},\boldsymbol{b}=\begin{pmatrix}2\\3\\-1\\4\end{pmatrix}$$

求 $\boldsymbol{Ax}=\boldsymbol{b}$ 的最小二乘解.

解　利用 Matlab 软件，可求得矩阵 $\boldsymbol{A}$ 的 $\boldsymbol{QR}$ 分解是

$$\begin{pmatrix}-0.3906&-0.1143&0.5128&-0.7559\\0&-0.6130&-0.6938&-0.3780\\-0.1302&0.7793&-0.4826&-0.3780\\-0.9113&-0.0623&-0.1508&0.3780\end{pmatrix}$$

$$\begin{pmatrix}-7.6811&-2.0830&0.1302&0.1302&-2.9943\\0&-1.6313&-1.3923&1.6728&-2.3066\\0&0&-0.2112&-1.4781&-0.8446\\0&0&0&0.0000&0.0000\end{pmatrix}$$

$$\boldsymbol{Q}^{\mathrm{T}}\boldsymbol{b}=\begin{pmatrix}-0.3906&0&-0.1302&-0.9113\\-0.1143&-0.6130&0.7793&-0.0623\\0.5128&-0.6938&-0.4828&-0.1508\\-0.7559&-0.3780&-0.3780&0.3780\end{pmatrix}\begin{pmatrix}2\\3\\-1\\4\end{pmatrix}=\begin{pmatrix}-4.2962\\-3.0963\\-1.1764\\-0.7559\end{pmatrix}$$

因此 $\boldsymbol{Ax}=\boldsymbol{b}$ 的最小二乘解与如下线性方程组的解相同，即

$$\begin{pmatrix}-7.6811&-2.0830&0.1302&0.1302&-2.9943\\0&-1.6313&-1.3923&1.6728&-2.3066\\0&0&-0.2112&-1.4781&-0.8446\end{pmatrix}\boldsymbol{x}=\begin{pmatrix}-4.2962\\-3.0963\\-1.1764\end{pmatrix}$$

由于

$$\begin{pmatrix}-7.6811&-2.0830&0.1302&0.1302&-2.9943&-4.2962\\0&-1.6313&-1.3923&1.6728&-2.3066&3.0963\\0&0&-0.2112&-1.4781&-0.8446&-1.1764\end{pmatrix}$$

$$\sim\begin{pmatrix}1&0&0&2&1&1.4286\\0&1&0&-7&-2&-2.8571\\0&0&1&7&4&5.5714\end{pmatrix}$$

因此 $\boldsymbol{Ax}=\boldsymbol{b}$ 的最小二乘解是

$$\boldsymbol{x}=\begin{pmatrix}1.4286\\-2.8571\\5.5714\\0\\0\end{pmatrix}+k_1\begin{pmatrix}-2\\7\\-7\\1\\0\end{pmatrix}+k_2\begin{pmatrix}-1\\2\\-4\\0\\1\end{pmatrix},(k_1,k_2\in\mathbf{R})$$

当 $\boldsymbol{A}\in\mathbf{R}_s^{m\times n}$，且 $\boldsymbol{A}$ 的前 s 列线性相关时，可用带列交换的 $\boldsymbol{QR}$ 分解来求 $\boldsymbol{Ax}=\boldsymbol{b}$ 的最小二乘解，

这里只举下例说明，不再做详细讨论，感兴趣的读者可阅读有关文献，如文献［9］.

【例 5.1.4】 设 $\boldsymbol{A}=\begin{pmatrix}1&0&1\\0&1&1\\1&-1&0\\1&1&2\end{pmatrix}$，$\boldsymbol{b}=\begin{pmatrix}1\\2\\3\\4\end{pmatrix}$，求矛盾方程 $\boldsymbol{Ax}=\boldsymbol{b}$ 的最小二乘解.

解 利用 Matlab 软件中的函数 $[\boldsymbol{Q},\boldsymbol{R},\boldsymbol{P}]=\mathrm{qr}(\boldsymbol{A},0)$ 可求得矩阵 $\boldsymbol{A}$ 的 $\boldsymbol{QR}$ 分解中的 $\boldsymbol{Q}$、$\boldsymbol{R}$、$\boldsymbol{P}$ 分别为

$$\boldsymbol{Q}=\begin{pmatrix}-4.40825&0.408248&0.816268\\-0.40825&-0.40825&-0.01933\\0&0.816497&-0.4178\\-0.8165&0&-0.39847\end{pmatrix}$$

$$\mathbf{R}=\begin{pmatrix}-2.44949&-1.22474&-1.22474\\0&-1.22474&1.224745\\0&0&0\end{pmatrix}$$

$$\boldsymbol{P}=[3,2,1]$$

因此

$$\boldsymbol{Q}^{\mathrm{T}}\boldsymbol{b}=\begin{pmatrix}-0.40825&-0.40825&0&-0.8165\\0.408248&-0.40825&0.816497&0\\0.816268&-0.01933&-0.4178&-0.39847\end{pmatrix}\begin{pmatrix}1\\2\\3\\4\end{pmatrix}=\begin{pmatrix}-4.49073\\2.041241\\-2.06966\end{pmatrix}$$

故 $\boldsymbol{A}x=\boldsymbol{b}$ 的最小二乘解与如下线性方程组的解相同

$$\begin{pmatrix}-2.44949&-1.22474&-1.22474\\0&-1.22474&1.224745\end{pmatrix}\begin{pmatrix}x_3\\x_2\\x_1\end{pmatrix}=\begin{pmatrix}-4.49073\\2.041241\end{pmatrix}$$

由于

$$\begin{pmatrix}-2.44949&-1.22474&-1.22474&-4.49073\\0&-1.22474&1.224745&2.041241\end{pmatrix}\sim\begin{pmatrix}0&0&1&8/3\\0&1&-1&-5/3\end{pmatrix}$$

因此 $\boldsymbol{A}x=\boldsymbol{b}$ 的最小二乘解是

$$\begin{pmatrix}x_1\\x_2\\x_3\end{pmatrix}=\begin{pmatrix}0\\-5/3\\8/3\end{pmatrix}+k\begin{pmatrix}1\\1\\-1\end{pmatrix}\text{ 其中 }k\in\mathbf{R}.$$

5.2 求解线性方程组的迭代法*

5.2.1 线性方程组的迭代法

在上一节中我们讨论了求解线性方程组列主元消去法和 LU 分解算法，它们主要适用于系数矩阵 $\boldsymbol{A}$ 为低阶稠密（非零元素多）矩阵时的方程组求解问题. 而在工程技术和科学研究中所遇到的方程组一般是大型方程组（未知量个数成千上万，甚至更多），且系数矩阵是稀疏的（零元素较多）. 对大型稀疏方程组用直接法求解时，分解后得到的可能都要变为稠密阵，计

算量和储存量都很大．这时则适宜采用迭代法解方程组．迭代法是从一个初始近似值出发，产生一个近似解的序列 $\{\boldsymbol{x}^{(k)}\}_{k=0}^{\infty}$，利用它来逼近精确解．迭代法的计算过程简便，只反复使用相同的计算公式，不改变系数矩阵 $\boldsymbol{A}$ 的稀疏性，需要的存储量也小．求解大型稀疏方程组时，迭代法是优先选用的方法．对一个迭代法的评价主要是考查它的收敛性和收敛速度．

解方程组 $\boldsymbol{Ax}=\boldsymbol{b}$，可将方程组改写为同解的方程组 $\boldsymbol{x}=\boldsymbol{Bx}+\boldsymbol{f}$，并由此构造迭代法

$$\boldsymbol{x}^{(k+1)} = \boldsymbol{Bx}^{(k)} + \boldsymbol{f} \tag{5.2.1}$$

其中 $\boldsymbol{B}$ 称为迭代矩阵．对任意给定的初始向量 $\boldsymbol{x}^{(0)}$，由式（5.2.1）可求得向量序列 $\{\boldsymbol{x}^{(k)}\}_{k=0}^{\infty}$．若 $\lim\limits_{k\to\infty}\boldsymbol{x}^{(k)}=\boldsymbol{x}^*$，则 $\boldsymbol{x}^*$ 就是方程 $\boldsymbol{Ax}=\boldsymbol{b}$ 的解．

定义 5.2.1　对任意给定的初始向量 $\boldsymbol{x}^{(0)}\in\boldsymbol{R}^n$，由式（5.2.1）生成的向量序列 $\{\boldsymbol{x}^{(k)}\}_{k=0}^{\infty}$ 满足

$$\lim_{k\to\infty}\boldsymbol{x}^{(k)} = \boldsymbol{x}^*$$

则称迭代法（5.2.1）是收敛的．

由于对方程组 $\boldsymbol{Ax}=\boldsymbol{b}$ 可以构造出收敛的迭代格式或不收敛的迭代格式，并且迭代总是只能进行有限步，因此，用迭代法求解线性方程组时面临两个问题：

（1）如何构造一个收敛的迭代格式．

（2）何时终止迭代得到满意的近似解．

对于方程组 $\boldsymbol{Ax}=\boldsymbol{b}$，构造迭代法的一般原则是将 $\boldsymbol{A}$ 分解为

$$\boldsymbol{A} = \boldsymbol{M} - \boldsymbol{N} \tag{5.2.2}$$

其中 $\boldsymbol{M}$ 非奇异且容易求 $\boldsymbol{M}^{-1}$，则由 $\boldsymbol{Ax}=\boldsymbol{b}$ 可得

$$\boldsymbol{x} = \boldsymbol{M}^{-1}\boldsymbol{Nx} + \boldsymbol{M}^{-1}\boldsymbol{b} = \boldsymbol{Bx} + \boldsymbol{f} \tag{5.2.3}$$

其中

$$\boldsymbol{B} = \boldsymbol{M}^{-1}\boldsymbol{Nx} = \boldsymbol{E} - \boldsymbol{M}^{-1}\boldsymbol{A}, \boldsymbol{f} = \boldsymbol{M}^{-1}\boldsymbol{b} \tag{5.2.4}$$

这样就得到与 $\boldsymbol{Ax}=\boldsymbol{b}$ 等价的方程组（5.2.3），从而可构造式（5.2.1）的迭代法，将 $\boldsymbol{A}$ 按不同方式分解为式（5.2.2），就可得到不同的迭代矩阵 $\boldsymbol{B}$，从而得到不同的迭代法．通常为使 $\boldsymbol{M}^{-1}$ 容易计算，可取 $\boldsymbol{M}$ 为对角矩阵或上（下）三角矩阵．

下面讨论迭代法式（5.2.1）的收敛性，令 $\boldsymbol{e}^{(k)}=\boldsymbol{x}^{(k)}-\boldsymbol{x}^*$，则有

$$\boldsymbol{e}^{(k)} = \boldsymbol{x}^{(k)} - \boldsymbol{x}^* = (\boldsymbol{Bx}^{(k-1)} + \boldsymbol{f}) - (\boldsymbol{Bx}^* + \boldsymbol{f}) = \boldsymbol{B}(\boldsymbol{x}^{(k-1)} - \boldsymbol{x}^*) = \boldsymbol{Be}^{(k-1)}$$

由此递推得

$$\boldsymbol{e}^{(k)} = \boldsymbol{Be}^{(k-1)} = \cdots = \boldsymbol{B}^k\boldsymbol{e}^{(0)} \tag{5.2.5}$$

其中 $\boldsymbol{e}^{(0)}=\boldsymbol{x}^{(0)}-x^*$ 与 k 无关，所以 $\lim\limits_{k\to\infty}\boldsymbol{x}^{(k)}=\boldsymbol{x}^*$ 等价于

$$\lim_{k\to\infty}\boldsymbol{e}^{(k+1)} = \lim_{k\to\infty}\boldsymbol{B}^k\boldsymbol{e}^{(0)} = \boldsymbol{0}, \forall\, \boldsymbol{e}^{(0)} \in R^n$$

即 $\lim\limits_{k\to\infty}\boldsymbol{B}^k=\boldsymbol{0}$．由定理 2.4.4，$\lim\limits_{k\to\infty}\boldsymbol{B}^k=\boldsymbol{0}$ 等价于 $\boldsymbol{B}$ 的谱半径 $\rho(\boldsymbol{B})<1$．于是有如下定理：

定理 5.2.1　迭代法式（5.2.1）收敛的充分必要条件是 $\boldsymbol{B}$ 的谱半径 $\rho(\boldsymbol{B})<1$．

定理 5.2.2　若迭代矩阵 $\boldsymbol{B}$ 的某种范数 $\|\boldsymbol{B}\|<1$，则迭代法式（5.2.1）对任意初值 $\boldsymbol{x}^{(0)}$

都收敛到方程的解 $\boldsymbol{x}^*$，且

$$\|\boldsymbol{x}^{(k)}-\boldsymbol{x}^*\|\leqslant\frac{q}{1-q}\|\boldsymbol{x}^{(k)}-\boldsymbol{x}^{(k-1)}\| \tag{5.2.6}$$

$$\|\boldsymbol{x}^{(k)}-\boldsymbol{x}^*\|\leqslant\frac{q^k}{1-q}\|\boldsymbol{x}^{(1)}-\boldsymbol{x}^{(0)}\| \tag{5.2.7}$$

证明 因为 $\rho(\boldsymbol{B})\leqslant\|\boldsymbol{B}\|<1$，由定理 5.2.1 知，迭代法式（5.2.1）对任意初值 $\boldsymbol{x}^{(0)}$ 都收敛到 $\boldsymbol{x}^*$.

因为

$$\boldsymbol{x}^{(k)}-\boldsymbol{x}^*=(\boldsymbol{B}\boldsymbol{x}^{(k-1)}+\boldsymbol{f})-(\boldsymbol{B}\boldsymbol{x}^*+\boldsymbol{f})=\boldsymbol{B}(\boldsymbol{x}^{(k-1)}-\boldsymbol{x}^*)$$

所以

$$\begin{aligned}\|\boldsymbol{x}^{(k)}-\boldsymbol{x}^*\|&=\|\boldsymbol{B}(\boldsymbol{x}^{(k-1)}-\boldsymbol{x}^*)\|\leqslant\|\boldsymbol{B}\|\|\boldsymbol{x}^{(k-1)}-\boldsymbol{x}^*\|=q\|(\boldsymbol{x}^{(k-1)}-\boldsymbol{x}^*)\|\\&=q\|(-(\boldsymbol{x}^{(k)}-\boldsymbol{x}^{(k-1)})+(\boldsymbol{x}^{(k)}-\boldsymbol{x}^*)\|\leqslant q\|\boldsymbol{x}^{(k)}-\boldsymbol{x}^{(k-1)}\|+q\|(\boldsymbol{x}^{(k)}-\boldsymbol{x}^*)\|\end{aligned}$$

因此

$$\|\boldsymbol{x}^{(k)}-\boldsymbol{x}^*\|\leqslant\frac{q}{1-q}\|\boldsymbol{x}^{(k)}-\boldsymbol{x}^{(k-1)}\|$$

由于

$$\boldsymbol{x}^{(k)}-\boldsymbol{x}^{(k-1)}=\boldsymbol{B}(\boldsymbol{x}^{(k)}-\boldsymbol{x}^{(k-1)})=\boldsymbol{B}^{k-1}(\boldsymbol{x}^{(1)}-\boldsymbol{x}^{(0)})$$

因此

$$\|\boldsymbol{x}^{(k)}-\boldsymbol{x}^{(k-1)}\|=\|\boldsymbol{B}^{k-1}(\boldsymbol{x}^{(1)}-\boldsymbol{x}^{(0)})\|\leqslant\|\boldsymbol{B}^{k-1}\|\|\boldsymbol{x}^{(1)}-\boldsymbol{x}^{(0)}\|\leqslant q^{k-1}\|(\boldsymbol{x}^{(1)}-\boldsymbol{x}^{(0)})\|$$

由式（5.2.6），可得

$$\|\boldsymbol{x}^{(k)}-\boldsymbol{x}^*\|\leqslant\frac{q^k}{1-q}\|\boldsymbol{x}^{(1)}-\boldsymbol{x}^{(0)}\|$$

若迭代法式（5.2.1）收敛，则当允许误差为 ε 时，由式（5.2.6）可知：只需

$$\|\boldsymbol{x}^{(k)}-\boldsymbol{x}^{(k-1)}\|<\frac{1-q}{q}\varepsilon \tag{5.2.8}$$

就有 $\|\boldsymbol{x}^{(k)}-\boldsymbol{x}^*\|<\varepsilon$，此时迭代就可以停止；否则继续迭代，并称这种估计为**事后估计**.

由式（5.2.6）可知，如果 $\frac{q^k}{1-q}\|\boldsymbol{x}^{(1)}-\boldsymbol{x}^{(0)}\|<\varepsilon$，就有 $\|\boldsymbol{x}^{(k)}-\boldsymbol{x}^*\|<\varepsilon$，因此，当

$$k>\ln\frac{\varepsilon(1-q)}{\|\boldsymbol{x}^{(1)}-\boldsymbol{x}^{(0)}\|}\Big/\ln q \tag{5.2.9}$$

时，$\boldsymbol{x}^{(k)}$ 是满足误差条件的近似解．取

$$k^*=\left[\ln\frac{\varepsilon(1-q)}{\|\boldsymbol{x}^{(1)}-\boldsymbol{x}^{(0)}\|}\Big/\ln q\right]+1 \tag{5.2.10}$$

则 $\boldsymbol{x}^{(k^*)}$ 是满足误差条件的近似解，并称这种估计为**事前估计**.

设线性方程组 $\boldsymbol{A}\boldsymbol{x}=\boldsymbol{b}$，其中

$$\boldsymbol{A}=\begin{pmatrix} a_{11} & a_{12} & \cdots & a_{1n} \\ a_{21} & a_{22} & \cdots & a_{2n} \\ \vdots & \vdots & \ddots & \vdots \\ a_{n1} & a_{n2} & \cdots & a_{nn} \end{pmatrix},\boldsymbol{x}=\begin{pmatrix} x_1 \\ x_2 \\ \vdots \\ x_n \end{pmatrix},\boldsymbol{b}=\begin{pmatrix} b_1 \\ b_2 \\ \vdots \\ b_n \end{pmatrix}$$

将 $\boldsymbol{A}$ 分解为

$$\boldsymbol{A}=\begin{pmatrix} 0 & & & & \\ a_{21} & 0 & & & \\ a_{31} & a_{32} & 0 & & \\ \vdots & \vdots & \ddots & \ddots & \\ a_{n1} & a_{n2} & \cdots & a_{n,n-1} & 0 \end{pmatrix}+\begin{pmatrix} a_{11} & & & \\ & a_{22} & & \\ & & \ddots & \\ & & & a_{nn} \end{pmatrix}+\begin{pmatrix} 0 & a_{12} & a_{13} & \cdots & a_{1n} \\ & 0 & a_{23} & \cdots & a_{2n} \\ & & 0 & \ddots & \vdots \\ & & & \ddots & a_{n-1,n} \\ & & & & 0 \end{pmatrix}$$

$$=\boldsymbol{L}+\boldsymbol{D}+\boldsymbol{U}$$

如果 $\boldsymbol{A}$ 的对角线元素全不为 $\boldsymbol{0}$，则有如下雅可比（Jacobi）迭代公式，即

$$\boldsymbol{x}^{(k+1)}=(\boldsymbol{E}-\boldsymbol{D}^{-1}\boldsymbol{A})\boldsymbol{x}^{(k)}+\boldsymbol{D}^{-1}\boldsymbol{b} \tag{5.2.11}$$

和高斯-赛德尔迭代公式，即

$$\boldsymbol{x}^{(k+1)}=-(\boldsymbol{D}+\boldsymbol{L})^{-1}\boldsymbol{U}\boldsymbol{x}^{(k)}+(\boldsymbol{D}+\boldsymbol{L})^{-1}\boldsymbol{b} \tag{5.2.12}$$

【例 5.2.1】 用雅可比迭代法及高斯-赛德尔迭代法解下列方程组

$$\begin{cases} 5x_1+2x_2+x_3=-12 \\ -x_1+4x_2+2x_3=20 \\ 2x_1-3x_2+10x_3=3 \end{cases} \tag{5.2.13}$$

取 $\boldsymbol{x}^{(0)}=(0,0,0)^{\mathrm{T}}$，问两种迭代法是否收敛？若收敛，迭代多少次，可保证 $\|\boldsymbol{x}^{(k)}-\boldsymbol{x}^*\|_\infty<10^{-4}=\varepsilon$.

解

方程组的系数矩阵为 $\boldsymbol{A}=\begin{pmatrix} 5 & 2 & 1 \\ -1 & 4 & 2 \\ 2 & -3 & 10 \end{pmatrix}$，雅可比迭代矩阵为

$$\boldsymbol{B}_J=\boldsymbol{E}-\boldsymbol{D}^{-1}\boldsymbol{A}=-\begin{pmatrix} 5 & 0 & 0 \\ 0 & 4 & 0 \\ 0 & 0 & 10 \end{pmatrix}^{-1}\begin{pmatrix} 0 & 2 & 1 \\ -1 & 0 & 2 \\ 2 & -3 & 0 \end{pmatrix}=\begin{pmatrix} 0 & -2/5 & -1/5 \\ 1/4 & 0 & -1/2 \\ -1/5 & 3/10 & 0 \end{pmatrix}$$

因为 $\|\boldsymbol{B}_J\|_\infty=\left|\frac{1}{4}\right|+|0|+\left|-\frac{1}{2}\right|=\frac{3}{4}=q_J<1$，所以由定理 5.2.2 知：用雅可比迭代法解方程组（5.2.13）收敛.

用雅可比迭代法迭代一次得：$\boldsymbol{x}^{(1)}=\left(-\frac{12}{5},5,\frac{3}{10}\right)$.

$$\|\boldsymbol{x}^{(1)}-\boldsymbol{x}^{(0)}\|_\infty=\max\left\{\left|-\frac{12}{5}-0\right|,|5-0|,\left|\frac{3}{10}-0\right|\right\}=5$$

$$\ln\frac{\varepsilon(1-q_J)}{\|\boldsymbol{x}^{(1)}-\boldsymbol{x}^{(0)}\|}\bigg/\ln q=\ln\frac{10^{-4}(1-3/4)}{5}\bigg/\ln\frac{3}{4}\approx 42.43$$

故迭代 43 次后，一定有

$$\|\boldsymbol{x}^{(43)}-\boldsymbol{x}^*\|_\infty<10^{-4}=\varepsilon$$

高斯-赛德尔迭代矩阵为

$$B_{GS}=-(D+L)^{-1}U=\begin{pmatrix}5&0&0\\-1&4&0\\2&-3&10\end{pmatrix}^{-1}\begin{pmatrix}0&2&1\\0&0&2\\0&0&0\end{pmatrix}=\begin{pmatrix}0&-2/5&-1/5\\0&-1/10&-11/20\\0&1/20&-1/8\end{pmatrix}$$

由于 $\|B_{GS}\|_\infty=|0|+\left|-\frac{1}{10}\right|+\left|-\frac{11}{20}\right|=\frac{13}{20}=q_{GS}<1$，由定理 5.2.2 知：用高斯-赛德尔迭代法解方程组（5.2.13）收敛.

用高斯-赛德尔迭代法迭代一次得：$x^{(1)}=(-2.4,\ 4.4,\ 2.13)^T$.

$$\|x^{(1)}-x^{(0)}\|_\infty=\max\{|-2.4-0|,|4.4-0|,|2.13-0|\}=4.4$$

$$\ln\frac{\varepsilon(1-q_{GS})}{\|x^{(1)}-x^{(0)}\|}\bigg/\ln q=\ln\frac{10^{-4}(1-13/20)}{5}\bigg/\ln\frac{13}{20}\approx 27.26$$

故迭代 28 次后，一定有

$$\|x^{(28)}-x^*\|_\infty<10^{-4}=\varepsilon$$

利用事后估计，估计雅可比迭代法解方程组（4.1.34）所需的迭代次数：经计算

$$\|x^{(19)}-x^{(18)}\|_\infty=0.27\times10^{-4}<\frac{1-q_J}{q_J}\varepsilon=\frac{1-3/4}{3/4}\times10^{-4}=0.333\times10^{-4}$$

或

$$\|x^{(19)}-x^*\|_\infty\leqslant\frac{q_J}{1-q_J}\|x^{(19)}-x^{(18)}\|_\infty=\frac{3/4}{1-3/4}\times0.27\times10^{-4}$$
$$=0.81\times10^{-4}<10^{-4}=\varepsilon$$

即用雅可比迭代法解方程组（5.2.13），只要迭代 19 次就达到要求了.

利用事后估计，估计高斯-赛德尔迭代法解方程组（5.2.13）所需的迭代次数：经计算

$$\|x^{(9)}-x^{(8)}\|_\infty=0.401\times10^{-4}<\frac{1-q_{GS}}{q_{GS}}\varepsilon=\frac{1-13/20}{13/20}\times10^{-4}=0.538\times10^{-4}$$

或

$$\|x^{(9)}-x^*\|_\infty\leqslant\frac{q_{GS}}{1-q_{GS}}\|x^{(9)}-x^{(8)}\|_\infty=\frac{13/20}{1-13/20}\times0.401\times10^{-4}$$
$$=0.745\times10^{-4}<10^{-4}=\varepsilon$$

即用高斯-赛德尔迭代法解方程组（5.2.13），只要迭代 9 次就达到要求了.

这说明：

（1）用事前估计得到的迭代次数往往大于实际需要的次数，而用事后估计则比较准确.

（2）若某两种迭代法都收敛，则其中迭代矩阵 B 的谱半径 $\rho(B)$ 较小的收敛较快.

定理 5.2.3 设有线性方程组 $Ax=b$，若 A 为严格对角占优矩阵，则解方程组 $Ax=b$ 的雅可比迭代法与高斯-赛德尔迭代法都收敛.

实现雅可比迭代法的 Matlab 函数如下所示：

function s=ykbdd（A，b，x0，eps）

雅可比迭代法解线性方程组

A 为系数矩阵，b 为方程组 $Ax=b$ 中的右边的矩阵 b，x0 为迭代初值，eps 为计算精度

```
if nargin = = 3
    eps = 1.0e-6;
elseif nargin<3
    error;return;
end
n = size(A,1);B = zeros(n,n);f = zeros(n,1);
for k = 1:n
    B(k,:) = -A(k,:)/A(k,k);B(k,k) = 0;f(k) = b(k)/A(k,k);
end
s = B * x0 + f;
while norm(s-x0)>eps
    x0 = s;s = B * x0 + f;
end
end
```

高斯-赛德尔迭代法的 Matlab 函数如下：

```
GSdd.m
function s = GSbdd(A,b,x0,eps)
```

高斯-赛德尔迭代法解线性方程组

$\boldsymbol{A}$ 为系数矩阵，$\boldsymbol{b}$ 为方程组 $\boldsymbol{Ax}=\boldsymbol{b}$ 中的右边的矩阵 $\boldsymbol{b}$，x0 为迭代初值，eps 为计算精度

```
if nargin = = 3
    eps = 1.0e-6;
elseif nargin<3
    error;return;
end
D = diag(diag(A));L = tril(A,-1);U = triu(A,1);
DL = inv(D + L);B = -DL * U;f = DL * b;s = B * x0 + f;
while norm(s-x0)>eps
    x0 = s;s = B * x0 + f;
end
end
```

5.2.2　求解对称正定线性方程组的共轭梯度法

一、共轭方向法

考虑线性方程组 $\boldsymbol{Ax}=\boldsymbol{b}$ 的求解问题，其中 $\boldsymbol{A}$ 是给定的 n 阶对称正定矩阵，$\boldsymbol{b}\in\mathbf{R}^n$. 为此，定义二次泛函为

$$\varphi(\boldsymbol{x}) = \frac{1}{2}\boldsymbol{x}^{\mathrm{T}}\boldsymbol{Ax} - \boldsymbol{b}^{\mathrm{T}}\boldsymbol{x} \tag{5.2.14}$$

定理 5.2.4　设 $\boldsymbol{A}$ 是 n 阶对称正定矩阵，求方程组 $\boldsymbol{Ax}=\boldsymbol{b}$ 的解 $\boldsymbol{x}^*$ 等价于求二次泛函 $\varphi(\boldsymbol{x})$ 的极小点.

证明 令 $\boldsymbol{r}=\boldsymbol{b}-\boldsymbol{A}\boldsymbol{x}$，直接计算可得 $\nabla\varphi(\boldsymbol{x})=\boldsymbol{A}\boldsymbol{x}-\boldsymbol{b}=-\boldsymbol{r}$. 若 $\varphi(\boldsymbol{x})$ 在点 $\boldsymbol{x}^*$ 处达到极小，则必有 $\nabla\varphi(\boldsymbol{x}^*)=\boldsymbol{A}\boldsymbol{x}^*-\boldsymbol{b}=\boldsymbol{0}$，从而有 $\boldsymbol{A}\boldsymbol{x}^*=\boldsymbol{b}$，即 $\boldsymbol{x}^*$ 是方程组的解.

反之，若 $\boldsymbol{x}^*$ 是方程组 $\boldsymbol{A}\boldsymbol{x}=\boldsymbol{b}$ 的解，即 $\boldsymbol{A}\boldsymbol{x}^*=\boldsymbol{b}$. 于是对任一向量 $\boldsymbol{y}\in\mathbf{R}^n$ 有

$$2\varphi(\boldsymbol{x}^*+\boldsymbol{y})=(\boldsymbol{x}^*+\boldsymbol{y})^{\mathrm{T}}\boldsymbol{A}(\boldsymbol{x}^*+\boldsymbol{y})-2\boldsymbol{b}^{\mathrm{T}}(\boldsymbol{x}^*+\boldsymbol{y})=2\varphi(\boldsymbol{x}^*)+\boldsymbol{y}^{\mathrm{T}}\boldsymbol{A}\boldsymbol{y}$$

由于 $\boldsymbol{A}$ 的正定矩阵，因此 $\boldsymbol{y}^{\mathrm{T}}\boldsymbol{A}\boldsymbol{y}\geqslant0$，从而有 $\varphi(\boldsymbol{x}^*+\boldsymbol{y})\geqslant2\varphi(\boldsymbol{x}^*)$，即 $\boldsymbol{x}^*$ 是二次泛函 $\varphi(\boldsymbol{x})$的极小点.

由定理 5.3.25，求解线性方程组的问题转化为求二次泛函 $\varphi(\boldsymbol{x})$ 的极小点的问题.

定义 5.2.2 设 $\boldsymbol{A}$ 是 n 阶对称正定矩阵，$\boldsymbol{p}_1$，$\boldsymbol{p}_2\in\mathbf{R}^n$，如果 $\boldsymbol{p}_1^{\mathrm{T}}\boldsymbol{A}\boldsymbol{p}_2=0$，则称 $\boldsymbol{p}_1$，$\boldsymbol{p}_2$ 是 $\boldsymbol{A}$-共轭的.

比较定义 5.2.2 和内积空间中正交的定义可知，在 $\mathbf{R}^n$ 中定义如下内积，即

$$(\boldsymbol{p}_1,\boldsymbol{p}_2)_A=p^{\mathrm{T}}\boldsymbol{A}p_2 \tag{5.2.15}$$

则 $\boldsymbol{p}_1$、$\boldsymbol{p}_2$ 是 $\boldsymbol{A}$-共轭的，就是指 $\boldsymbol{p}_1$、$\boldsymbol{p}_2$ 在由式（5.2.15）定义的内积下是正交的.

定理 5.2.5 设 $\boldsymbol{p}_0$，$\boldsymbol{p}_1$，$\boldsymbol{p}_2$，…，$\boldsymbol{p}_m$ 是两两 $\boldsymbol{A}$-共轭的 $\boldsymbol{x}^{(0)}$ 是任意指定的向量，从 $\boldsymbol{x}^{(0)}$ 出发，逐次沿方向 $\boldsymbol{p}_0$，$\boldsymbol{p}_1$，$\boldsymbol{p}_2$，…，$\boldsymbol{p}_{n-1}$ 搜索求 $\varphi(\boldsymbol{x})$ 的极小值，得到的序列 $\{\boldsymbol{x}^{(k)}\}_{k=0}^m$ 满足：

$$\boldsymbol{x}^{(k)}=\boldsymbol{x}^{(0)}+\sum_{i=0}^{k-1}\alpha_i\boldsymbol{p}_i \tag{5.2.16}$$

其中

$$\boldsymbol{r}_i=\boldsymbol{b}-\boldsymbol{A}\boldsymbol{x}^{(i)},\alpha_i=\frac{\boldsymbol{r}_i^{\mathrm{T}}\boldsymbol{p}_i}{\boldsymbol{p}_i^{\mathrm{T}}\boldsymbol{A}\boldsymbol{p}_i} \tag{5.2.17}$$

定理 5.2.6 设 $\boldsymbol{p}_0$，$\boldsymbol{p}_1$，$\boldsymbol{p}_2$，…，$\boldsymbol{p}_{n-1}$ 是两两 $\boldsymbol{A}$-共轭的 $\boldsymbol{x}^{(0)}$ 是任意指定的向量，从 $\boldsymbol{x}^{(0)}$ 出发，逐次沿方向 $\boldsymbol{p}_0$，$\boldsymbol{p}_1$，$\boldsymbol{p}_2$，…，$\boldsymbol{p}_{n-1}$ 搜索求 $\varphi(\boldsymbol{x})$ 的极小值，得到的序列 $\{\boldsymbol{x}^{(k)}\}_{k=0}^n$ 满足 $\boldsymbol{x}^{(n)}=\boldsymbol{x}^*$.

由定理 5.2.6 可知，无论采用何种方法，只要能构造两两 $\boldsymbol{A}$-共轭的向量组 $\boldsymbol{p}_0$，$\boldsymbol{p}_1$，$\boldsymbol{p}_2$，…，$\boldsymbol{p}_{n-1}$ 作为搜索方向，从任一初始向量出发，依次沿 $\boldsymbol{p}_0$，$\boldsymbol{p}_1$，$\boldsymbol{p}_2$，…，$\boldsymbol{p}_{n-1}$ 进行搜索，经 n 步迭代后，便可得到方程组 $\boldsymbol{A}x=\boldsymbol{b}$ 的解. 任取 n 个线性无关的向量，通过 Smith 正交化方法得到 $\boldsymbol{A}$-共轭方向. 但是选取不同的共轭方向，求得解 x^* 所需的迭代次数是不同的. 作为一种算法，自然希望共轭方向能在迭代过程中自动生成，且能使迭代次数尽可能少. 下面介绍一种生成共轭方向的方法，它是利用每次一维最优化所得的点 $x^{(k)}$ 处的梯度来生成共轭方向，因此这种方法称为共轭梯度法.

二、共轭梯度法

任意给定初始点 $\boldsymbol{x}^{(0)}$，令

$$\boldsymbol{p}_0=-\nabla\varphi(\boldsymbol{x}^{(0)})=\boldsymbol{b}-\boldsymbol{A}\boldsymbol{x}^{(0)}=\boldsymbol{r}_0 \tag{5.2.18}$$

由 $\varphi(\boldsymbol{x}^{(0)}+\alpha_0\boldsymbol{d}_0)=\min\limits_{\alpha\geqslant0}\varphi(\boldsymbol{x}^{(0)}+\alpha\boldsymbol{d}_0)$ 可求得 $\alpha_0=\dfrac{\boldsymbol{r}_0^{\mathrm{T}}\boldsymbol{r}_0}{\boldsymbol{p}_0^{\mathrm{T}}\boldsymbol{A}\boldsymbol{p}_0}$. 令

$$\boldsymbol{x}^{(1)} = \boldsymbol{x}^{(0)} + \alpha_0 \boldsymbol{p}_0, \boldsymbol{r}_1 = \boldsymbol{b} - \boldsymbol{A}\boldsymbol{x}^{(1)}$$
$$\boldsymbol{p}_1 = \boldsymbol{r}_1 + \beta_{01} \boldsymbol{p}_0$$

选择 β_{01}，使得 $\boldsymbol{p}_0$、$\boldsymbol{p}_1$ 是 $\boldsymbol{A}$-共轭的，即 $(\boldsymbol{r}_1+\beta_{01}\boldsymbol{p}_0)^{\mathrm{T}}\boldsymbol{A}\boldsymbol{p}_0=0$，因此

$$\beta_{01} = -\frac{\boldsymbol{r}_1^{\mathrm{T}}\boldsymbol{A}\boldsymbol{p}_0}{\boldsymbol{p}_0^{\mathrm{T}}\boldsymbol{A}\boldsymbol{p}_0} \tag{5.2.19}$$

因此

$$\boldsymbol{p}_1 = \boldsymbol{r}_1 - \frac{\boldsymbol{r}_1^{\mathrm{T}}\boldsymbol{A}\boldsymbol{p}_0}{\boldsymbol{p}_0^{\mathrm{T}}\boldsymbol{A}\boldsymbol{p}_0}\boldsymbol{p}_0 \tag{5.2.20}$$

求解 $f(\boldsymbol{x}^{(1)}+\alpha_1\boldsymbol{p}_1)=\min\limits_{\alpha\geqslant 0} f(\boldsymbol{x}^{(1)}+\alpha\boldsymbol{p}_1)$ 得到 $\alpha_1=\dfrac{\boldsymbol{r}_1^{\mathrm{T}}\boldsymbol{r}_1}{\boldsymbol{p}_1^{\mathrm{T}}\boldsymbol{A}\boldsymbol{p}_1}$. 记

$$\boldsymbol{x}^{(2)} = \boldsymbol{x}^{(1)} + \alpha_1 \boldsymbol{p}_1, \boldsymbol{r}_2 = \boldsymbol{b} - \boldsymbol{A}x^{(2)}$$

令

$$\boldsymbol{p}_2 = \boldsymbol{r}_2 + \beta_{02}\boldsymbol{p}_0 + \beta_{12}\boldsymbol{p}_1$$

选择 β_{02}、β_{12}，使得 $\boldsymbol{p}_2^{\mathrm{T}}\boldsymbol{A}\boldsymbol{p}_i=0$，$i=0$，1，则有

$$\beta_{02} = -\frac{\boldsymbol{r}_2^{\mathrm{T}}\boldsymbol{A}\boldsymbol{p}_0}{\boldsymbol{p}_0^{\mathrm{T}}\boldsymbol{A}\boldsymbol{p}_0}, \beta_{12} = -\frac{\boldsymbol{r}_2^{\mathrm{T}}\boldsymbol{A}\boldsymbol{p}_1}{\boldsymbol{p}_1^{\mathrm{T}}\boldsymbol{A}\boldsymbol{p}_1} \tag{5.2.21}$$

因此

$$\boldsymbol{p}_2 = \boldsymbol{r}_2 - \frac{\boldsymbol{r}_2^{\mathrm{T}}\boldsymbol{A}\boldsymbol{p}_0}{\boldsymbol{p}_0^{\mathrm{T}}\boldsymbol{A}\boldsymbol{p}_0}\boldsymbol{p}_0 - \frac{\boldsymbol{r}_2^{\mathrm{T}}\boldsymbol{A}\boldsymbol{p}_1}{\boldsymbol{p}_1^{\mathrm{T}}\boldsymbol{A}\boldsymbol{p}_1}p_1 \tag{5.2.22}$$

求解 $\varphi(\boldsymbol{x}^{(2)}+\alpha_2\boldsymbol{p}_2)=\min\limits_{\alpha\geqslant 0}\varphi(\boldsymbol{x}^{(2)}+\alpha\boldsymbol{p}_2)$ 得到 $\alpha_2=\dfrac{\boldsymbol{r}_2^{\mathrm{T}}\boldsymbol{r}_2}{\boldsymbol{p}_2^{\mathrm{T}}\boldsymbol{A}\boldsymbol{p}_2}$.

一般地，在第 k 次迭代，令

$$\boldsymbol{x}^{(k)} = \boldsymbol{x}^{(k-1)} + \alpha_{k-1}\boldsymbol{p}_{k-1}, r_k = \boldsymbol{b} - \boldsymbol{A}\boldsymbol{x}^{(k)} \tag{5.2.23}$$

只要 $r_k\neq\boldsymbol{0}$（否则 $\boldsymbol{x}^{(k)}$ 就是方程的解），令

$$\boldsymbol{p}_k = r_k + \sum_{i=0}^{k-1}\beta_{ik}\boldsymbol{p}_i \tag{5.2.24}$$

选择 $\{\beta_{ik}\}_{i=0}^{k-1}$，使得

$$\boldsymbol{p}_k^{\mathrm{T}}\boldsymbol{A}\boldsymbol{p}_i = 0, i = 0,1,\cdots,k-1 \tag{5.2.25}$$

由式（5.2.25）可求得

$$\beta_{ik} = -\frac{\boldsymbol{r}_k^{\mathrm{T}}\boldsymbol{A}\boldsymbol{p}_i}{\boldsymbol{p}_i^{\mathrm{T}}\boldsymbol{A}\boldsymbol{p}_i}, i = 0,1,\cdots,k-1 \tag{5.2.26}$$

应用上述方法就可生成 n 个关于 $\boldsymbol{A}$-共轭方向，并求得方程组的解 x^*.

综上分析，可得共轭梯度法的计算公式

$$\begin{cases} \boldsymbol{p}_0 = \boldsymbol{r}_0 = \boldsymbol{b} - \boldsymbol{A}\boldsymbol{x}^{(0)} \\ \alpha_k = \dfrac{\boldsymbol{r}_k^{\mathrm{T}}\boldsymbol{q}_k}{\boldsymbol{p}_k^{\mathrm{T}}\boldsymbol{A}\boldsymbol{p}_k} \\ \boldsymbol{x}^{(k+1)} = \boldsymbol{x}^{(k)} + \alpha_k\boldsymbol{p}_k \\ \boldsymbol{r}_{k+1} = \boldsymbol{b} - \boldsymbol{A}\boldsymbol{x}^{(k+1)} = \boldsymbol{r}_k - \alpha_k\boldsymbol{A}\boldsymbol{p}_k \\ \beta_k = -\dfrac{\boldsymbol{r}_{k+1}^{\mathrm{T}}\boldsymbol{A}\boldsymbol{p}_k}{\boldsymbol{p}_k^{\mathrm{T}}\boldsymbol{A}\boldsymbol{p}_k} \\ \boldsymbol{p}_{k+1} = \boldsymbol{r}_{k+1} + \beta_k\boldsymbol{p}_k, k = 0,1,2,\cdots \end{cases} \tag{5.2.27}$$

【例 5.2.2】 求共轭梯度法求解线性方程组.

$$\begin{pmatrix} 5 & -2 & 0 \\ -2 & 3 & -1 \\ 0 & -1 & 1 \end{pmatrix} \boldsymbol{x} = \begin{pmatrix} 14 \\ -15 \\ 7 \end{pmatrix}$$

解 选取初值 $\boldsymbol{x}^{(0)}=(1,\ 1,\ 1)^{\mathrm{T}}$，计算结果见表 5.1.

表 5.1 **计算结果表**

k	0	1	2	3
$x_1^{(k)}$	1	2.975898	1.630066	2
$x_2^{(k)}$	1	−1.69441	−2.82072	−2
$x_3^{(k)}$	1	2.25739	3.668682	5
$\Vert r_k \Vert_2$	19.87461	5.515962	0.675967	1.29×10^{-14}

实现共轭梯度法 Matlab 程序如下.

```
function x = CG(A,b,x0,eps)
r0 = b-A * x0;
p0 = r0;
x = x0;
for k = 1:size(A,2)
    if norm(r0,2)<eps
        break;
    else
        alpha = r0' * p0/(p0' * A * p0);
        x = x + alpha * p0;
        r0 = b-A * x;
        Ap = A * p0;
        beta = -(r0' * Ap)/(Ap' * p0);
        p0 = r0 + beta * p0;
    end
end
end
```

5.3 求解线性方程组的广义逆法

5.3.1 矩阵的减号逆与相容线性方程组的解

在线性代数中，学习了逆矩阵的概念. 我们知道，对于方阵 $\boldsymbol{A}$，若 $|\boldsymbol{A}|\neq0$，则存在唯一的方阵 $\boldsymbol{B}$ 使得 $\boldsymbol{AB}=\boldsymbol{BA}=\boldsymbol{E}$，并称 $\boldsymbol{B}$ 是 $\boldsymbol{A}$ 的逆矩阵，记为 $\boldsymbol{A}^{-1}$. 当 $\boldsymbol{A}$ 不是方阵或 $\boldsymbol{A}$ 是方阵但 $|\boldsymbol{A}|=0$ 时，上述逆矩阵不存在. 但是在实际问题中，遇到的矩阵不一定是方阵，即使是方阵也不一定是非奇异的，因此需要将逆矩阵的概念进一步推广.

广义逆矩阵 $\boldsymbol{A}^{-}$ 起源于线性方程组 $\boldsymbol{Ax}=\boldsymbol{b}$（其中 A 是 $m\times n$ 矩阵）的求解问题. 如果方程组 $\boldsymbol{Ax}=\boldsymbol{b}$ 中 $\boldsymbol{A}$ 是一个可逆矩阵，那么它的解 $\boldsymbol{x}=\boldsymbol{A}^{-1}\boldsymbol{b}$，而且解是唯一的.

由此自然会想到：如果 $\boldsymbol{A}$ 不可逆，是否也能找到矩阵 $\boldsymbol{G}$，使得相容方程组 $\boldsymbol{Ax}=\boldsymbol{b}$ 的解 $\boldsymbol{x}$ 可以表示为 $\boldsymbol{x}=\boldsymbol{Gb}$. 如果它的解能表示为 $\boldsymbol{x}=\boldsymbol{Gb}$，那么矩阵 $\boldsymbol{G}$ 如何求，以及 $\boldsymbol{G}$ 具有什么性质？下面就来回答这两个问题.

定理 5.3.1　设 $\boldsymbol{A}\in\mathbf{R}^{m\times n}$，对任意的 $\boldsymbol{b}\in R(\boldsymbol{A})$，矩阵 $\boldsymbol{G}\in\mathbf{R}^{n\times m}$ 使得 $\boldsymbol{x}=\boldsymbol{Gb}$ 都是方程 $\boldsymbol{Ax}=\boldsymbol{b}$ 的解的充分必要条件是 $\boldsymbol{G}$ 满足 $\boldsymbol{AGA}=\boldsymbol{A}$.

证明　先证必要性. 设对任意的 $\boldsymbol{b}\in R(\boldsymbol{A})$，矩阵 $\boldsymbol{G}$ 使得 $\boldsymbol{x}=\boldsymbol{Gb}$ 都是方程 $\boldsymbol{Ax}=\boldsymbol{b}$ 的解，则对 $\boldsymbol{b}_i=\boldsymbol{Ae}_i$，有

$$\boldsymbol{e}_i=(0,\cdots,0,\underset{(i)}{1},0,\cdots,0)^{\mathrm{T}}$$

$\boldsymbol{x}=\boldsymbol{Gb}_i=\boldsymbol{GA}_e i$ 是 $\boldsymbol{Ax}=\boldsymbol{b}_i$ 的解，因此

$$\boldsymbol{AGAe}_i=\boldsymbol{A}\boldsymbol{e}_i,i=1,2,\cdots,n$$

$$\begin{aligned}\boldsymbol{AGA}&=\boldsymbol{AGAE}=\boldsymbol{AGA}(\boldsymbol{e}_1,\boldsymbol{e}_2,\cdots,\boldsymbol{e}_n)=(\boldsymbol{AGAe}_1,\boldsymbol{AGAe}_2,\cdots,\boldsymbol{AGAe}_n)\\&=(\boldsymbol{Ae}_1,\boldsymbol{Ae}_2,\cdots,\boldsymbol{Ae}_n)=\boldsymbol{AE}=\boldsymbol{A}\end{aligned}$$

再证充分性. 设 $\boldsymbol{G}$ 满足 $\boldsymbol{AGA}=\boldsymbol{A}$，则对任意的 $\boldsymbol{b}\in\mathbf{R}(\boldsymbol{A})$，存在 $\boldsymbol{z}\in\mathbf{R}^n$，使得 $\boldsymbol{b}=\boldsymbol{Az}$，因此 $\boldsymbol{AGAz}=\boldsymbol{Az}=\boldsymbol{b}$，即 $\boldsymbol{x}=\boldsymbol{Gb}$ 是方程 $\boldsymbol{Ax}=\boldsymbol{b}$ 的解.

定义 5.3.1　设 $\boldsymbol{A}\in\mathbf{R}^{m\times n}$，如果矩阵 $\boldsymbol{G}\in\mathbf{R}^{n\times m}$ 满足 $\boldsymbol{AGA}=\boldsymbol{A}$，则称 $\boldsymbol{G}$ 是 $\boldsymbol{A}$ 的减号逆，记作 $\boldsymbol{A}^-$.

由线性代数知识知道，如果 $\boldsymbol{A}\in\mathbf{R}_r^{m\times n}$，则存在非奇异矩阵 $\boldsymbol{P}\in\mathbf{R}^{m\times m}$，$\boldsymbol{Q}\in\mathbf{R}^{n\times n}$ 使得

$$\boldsymbol{PAQ}=\begin{pmatrix}\boldsymbol{E}_r&\boldsymbol{0}\\\boldsymbol{0}&\boldsymbol{0}\end{pmatrix}$$

定理 5.3.2　设 $\boldsymbol{A}\in\mathbf{R}_r^{m\times n}$，非奇异矩阵 $\boldsymbol{P}\in\mathbf{R}^{m\times m}$，$\boldsymbol{Q}\in\mathbf{R}^{n\times n}$ 使得

$$\boldsymbol{PAQ}=\begin{pmatrix}\boldsymbol{E}_r&\boldsymbol{0}\\\boldsymbol{0}&\boldsymbol{0}\end{pmatrix}\tag{5.3.1}$$

则矩阵 $\boldsymbol{G}\in\mathbf{R}^{n\times m}$ 是 $\boldsymbol{A}$ 的减号逆充分必要条件是 $\boldsymbol{G}$ 可以表示成

$$\boldsymbol{G}=\boldsymbol{Q}\begin{bmatrix}\boldsymbol{E}_r&\boldsymbol{G}_{12}\\\boldsymbol{G}_{21}&\boldsymbol{G}_{22}\end{bmatrix}\boldsymbol{P}\tag{5.3.2}$$

其中 $\boldsymbol{G}_{12}\in\mathbf{R}^{r\times(m-r)}$，$\boldsymbol{G}_{21}\in\mathbf{R}^{(n-r)\times r}$，$\boldsymbol{G}_{22}\in\mathbf{R}^{(n-r)\times(m-r)}$.

证明　先证必要性. 由式（5.3.1），有

$$\boldsymbol{A}=\boldsymbol{P}^{-1}\begin{pmatrix}\boldsymbol{E}_r&\boldsymbol{0}\\\boldsymbol{0}&\boldsymbol{0}\end{pmatrix}\boldsymbol{Q}^{-1}$$

如果 $\boldsymbol{G}$ 是 $\boldsymbol{A}$ 的减号逆，则 $\boldsymbol{G}$ 满足 $\boldsymbol{AGA}=\boldsymbol{A}$，因此

$$\boldsymbol{P}^{-1}\begin{pmatrix}\boldsymbol{E}_r&\boldsymbol{0}\\\boldsymbol{0}&\boldsymbol{0}\end{pmatrix}\boldsymbol{Q}^{-1}\boldsymbol{GP}^{-1}\begin{pmatrix}\boldsymbol{E}_r&\boldsymbol{0}\\\boldsymbol{0}&\boldsymbol{0}\end{pmatrix}\boldsymbol{Q}^{-1}=\boldsymbol{P}^{-1}\begin{pmatrix}\boldsymbol{E}_r&\boldsymbol{0}\\\boldsymbol{0}&\boldsymbol{0}\end{pmatrix}\boldsymbol{Q}^{-1}$$

即

$$\begin{pmatrix} E_r & 0 \\ 0 & 0 \end{pmatrix} Q^{-1} G P^{-1} \begin{pmatrix} E_r & 0 \\ 0 & 0 \end{pmatrix} = \begin{pmatrix} E_r & 0 \\ 0 & 0 \end{pmatrix} \tag{5.3.3}$$

令

$$Q^{-1} G P^{-1} = \begin{bmatrix} G_{11} & G_{12} \\ G_{21} & G_{22} \end{bmatrix} \begin{matrix} r \\ n-r \end{matrix} \quad (\text{列分块 } r,\ m-r)$$

将它代入式（5.3.3），可得 $G_{11}=E_r$，因此

$$G = Q \begin{bmatrix} E_r & G_{12} \\ G_{21} & G_{22} \end{bmatrix} P$$

再证充分性．设

$$G = Q \begin{bmatrix} E_r & G_{12} \\ G_{21} & G_{22} \end{bmatrix} P$$

则

$$AGA = P^{-1} \begin{pmatrix} E_r & 0 \\ 0 & 0 \end{pmatrix} Q^{-1} Q \begin{bmatrix} E_r & G_{12} \\ G_{21} & G_{22} \end{bmatrix} P P^{-1} \begin{pmatrix} E_r & 0 \\ 0 & 0 \end{pmatrix} Q^{-1} = P^{-1} \begin{pmatrix} E_r & 0 \\ 0 & 0 \end{pmatrix} Q^{-1} = A$$

因此 G 是 A 的减号逆．

由定理 5.3.2 可知：

（1）它的减号逆 A^{-} 总存在．

（2）一般情况下，A 的减号逆 A^{-} 不唯一．

由定理 5.3.2 可知求 A^{-} 的方法．

求 A^{-} 的步骤如下：

（1）求使得 $PAQ=\begin{pmatrix} E_r & 0 \\ 0 & 0 \end{pmatrix}$ 的非奇异矩阵 P、Q．

（2）写出 A 的减号逆 $G=Q\begin{bmatrix} E_r & G_{12} \\ G_{21} & G_{22} \end{bmatrix}P$．

由于

$$\begin{pmatrix} P & 0 \\ 0 & E \end{pmatrix} \begin{pmatrix} A & E \\ E & * \end{pmatrix} \begin{pmatrix} Q & 0 \\ 0 & E \end{pmatrix} = \begin{pmatrix} PA & P \\ E & * \end{pmatrix} \begin{pmatrix} Q & 0 \\ 0 & E \end{pmatrix} = \begin{pmatrix} PAQ & E \\ Q & * \end{pmatrix}$$

以 A 为基准，对矩阵 $\begin{pmatrix} A & E \\ E & * \end{pmatrix}$ 进行初等变换，E 的位置记录了对 A 进行变换的过程，进而求得 P、Q．

【例 5.3.1】 求 $A=\begin{bmatrix} 3 & 6 & 1 & 1 \\ 2 & 4 & -1 & 1 \\ 5 & 10 & 0 & 2 \end{bmatrix}$ 的减号逆 A^{-}．

解

$$
\begin{pmatrix}
3 & 6 & 1 & 1 & 1 & 0 & 0\\
2 & 4 & -1 & 1 & 0 & 1 & 0\\
5 & 10 & 0 & 2 & 0 & 0 & 1\\
1 & 0 & 0 & 0 & & & \\
0 & 1 & 0 & 0 & & & \\
0 & 0 & 1 & 0 & & & \\
0 & 0 & 0 & 1 & & &
\end{pmatrix}
\sim
\begin{pmatrix}
1 & 2 & 2 & 0 & 1 & -1 & 0\\
2 & 4 & -1 & 1 & 0 & 1 & 0\\
5 & 10 & 0 & 2 & 0 & 0 & 1\\
1 & 0 & 0 & 0 & & & \\
0 & 1 & 0 & 0 & & & \\
0 & 0 & 1 & 0 & & & \\
0 & 0 & 0 & 1 & & &
\end{pmatrix}
$$

$$
\sim
\begin{pmatrix}
1 & 2 & 2 & 0 & 1 & -1 & 0\\
0 & 0 & -5 & 1 & -2 & 3 & 0\\
0 & 0 & -10 & 2 & -5 & 5 & 1\\
1 & 0 & 0 & 0 & & & \\
0 & 1 & 0 & 0 & & & \\
0 & 0 & 1 & 0 & & & \\
0 & 0 & 0 & 1 & & &
\end{pmatrix}
\sim
\begin{pmatrix}
1 & 2 & 2 & 0 & 1 & -1 & 0\\
0 & 0 & -5 & 1 & -2 & 3 & 0\\
0 & 0 & 0 & 0 & -1 & -1 & 1\\
1 & 0 & 0 & 0 & & & \\
0 & 1 & 0 & 0 & & & \\
0 & 0 & 1 & 0 & & & \\
0 & 0 & 0 & 1 & & &
\end{pmatrix}
$$

$$
\sim
\begin{pmatrix}
1 & 0 & 0 & 0 & 1 & -1 & 0\\
0 & 0 & -5 & 1 & -2 & 3 & 0\\
0 & 0 & 0 & 0 & -1 & -1 & 1\\
1 & -2 & -2 & 0 & & & \\
0 & 1 & 0 & 0 & & & \\
0 & 0 & 1 & 0 & & & \\
0 & 0 & 0 & 1 & & &
\end{pmatrix}
\sim
\begin{pmatrix}
1 & 0 & 0 & 0 & 1 & -1 & 0\\
0 & 1 & -5 & 0 & -2 & 3 & 0\\
0 & 0 & 0 & 0 & -1 & -1 & 1\\
1 & 0 & -2 & -2 & & & \\
0 & 0 & 0 & 1 & & & \\
0 & 0 & 1 & 0 & & & \\
0 & 1 & 0 & 0 & & &
\end{pmatrix}
$$

$$
\sim
\begin{pmatrix}
1 & 0 & 0 & 0 & 1 & -1 & 0\\
0 & 1 & 0 & 0 & -2 & 3 & 0\\
0 & 0 & 0 & 0 & -1 & -1 & 1\\
1 & 0 & -2 & -2 & & & \\
0 & 0 & 0 & 1 & & & \\
0 & 0 & 1 & 0 & & & \\
0 & 1 & 5 & 0 & & &
\end{pmatrix}
$$

因此

$$
\boldsymbol{G}=\begin{pmatrix}
1 & 0 & -2 & -2\\
0 & 0 & 0 & 1\\
0 & 0 & 1 & 0\\
0 & 1 & 5 & 0
\end{pmatrix}
\begin{pmatrix}
1 & 0 & g_{13}\\
0 & 1 & g_{23}\\
g_{31} & g_{32} & g_{33}\\
g_{41} & g_{42} & g_{43}
\end{pmatrix}
\begin{pmatrix}
1 & -1 & 0\\
-2 & 3 & 0\\
-1 & -1 & 1
\end{pmatrix}
$$

特别地，取

$$
g_{13}=g_{23}=g_{31}=g_{32}=g_{33}=g_{41}=g_{42}=g_{43}=0
$$

则

$$
\boldsymbol{G}_1=\begin{pmatrix}
1 & 0 & -2 & -2\\
0 & 0 & 0 & 1\\
0 & 0 & 1 & 0\\
0 & 1 & 5 & 0
\end{pmatrix}
\begin{pmatrix}
1 & 0 & 0\\
0 & 1 & 0\\
0 & 0 & 0\\
0 & 0 & 0
\end{pmatrix}
\begin{pmatrix}
1 & -1 & 0\\
-2 & 3 & 0\\
-1 & -1 & 1
\end{pmatrix}
=\begin{pmatrix}
1 & -1 & 0\\
0 & 0 & 0\\
0 & 0 & 0\\
-2 & 3 & 0
\end{pmatrix}
$$

是 $\boldsymbol{A}$ 的一个减号逆.

由上例就可发现，要求 $\boldsymbol{A}$ 的全部减号逆，计算是繁琐的. 如果只需求 $\boldsymbol{A}$ 的一个减号逆，则可取

$$\boldsymbol{G}_{12}=\boldsymbol{0},\boldsymbol{G}_{21}=\boldsymbol{0},\boldsymbol{G}_{22}=\boldsymbol{0}$$

记

$$\boldsymbol{Q}=(\boldsymbol{Q}_1,\boldsymbol{Q}_2),\boldsymbol{P}=\begin{pmatrix}\boldsymbol{P}_1\\ \boldsymbol{P}_2\end{pmatrix}$$

其中 $\boldsymbol{Q}_1$ 是 $\boldsymbol{Q}$ 的前 r 列，$\boldsymbol{Q}_2$ 是 $\boldsymbol{Q}$ 的后 $n-r$ 列，$\boldsymbol{P}_1$ 是 $\boldsymbol{P}$ 的前 r 行，$\boldsymbol{P}_2$ 是 $\boldsymbol{P}$ 的后 $m-r$ 行，则

$$\boldsymbol{G}_1=(\boldsymbol{Q}_1,\boldsymbol{Q}_2)\begin{pmatrix}\boldsymbol{E}_r & \boldsymbol{0}\\ \boldsymbol{0} & \boldsymbol{0}\end{pmatrix}\begin{pmatrix}\boldsymbol{P}_1\\ \boldsymbol{P}_2\end{pmatrix}=(\boldsymbol{Q}_1,\boldsymbol{0})\begin{pmatrix}\boldsymbol{P}_1\\ \boldsymbol{P}_2\end{pmatrix}=\boldsymbol{Q}_1\boldsymbol{P}_1 \tag{5.3.4}$$

下面给出一些减号逆的性质：

定理 5.3.3 (1) rank $(\boldsymbol{A}^-)\geqslant\text{rank}(\boldsymbol{A})$.

(2) $\boldsymbol{A}^-\boldsymbol{A}$、$\boldsymbol{A}\boldsymbol{A}^-$ 是幂等阵，且 $\text{rank}(\boldsymbol{A}\boldsymbol{A}^-)=\text{rank}(\boldsymbol{A}^-\boldsymbol{A})=\text{rank}(\boldsymbol{A})$.

(3) 如果 $\boldsymbol{A}$ 可逆，则 $\boldsymbol{A}^-=\boldsymbol{A}^{-1}$.

(4) 如果 $\boldsymbol{B}$、$\boldsymbol{C}$ 是非奇异矩阵，则 $(\boldsymbol{BAC})^-=\boldsymbol{C}^{-1}\boldsymbol{A}^-\boldsymbol{B}^{-1}$.

(5)

$$\begin{bmatrix}\boldsymbol{A}_{11} & \boldsymbol{0}\\ \boldsymbol{0} & \boldsymbol{A}_{22}\end{bmatrix}^-=\begin{bmatrix}\boldsymbol{A}_{11}^- & \boldsymbol{G}_{12}\\ \boldsymbol{G}_{21} & \boldsymbol{A}_{22}^-\end{bmatrix} \tag{5.3.5}$$

其中 $\boldsymbol{G}_{12}$，$\boldsymbol{G}_{21}$ 满足方程

$$\begin{cases}\boldsymbol{A}_{11}\boldsymbol{G}_{12}\boldsymbol{A}_{22}=\boldsymbol{0}\\ \boldsymbol{A}_{22}\boldsymbol{G}_{21}\boldsymbol{A}_{11}=\boldsymbol{0}\end{cases} \tag{5.3.6}$$

下面讨论方程组的求解问题：

定理 5.3.4 设 $\boldsymbol{G}$ 是 $\boldsymbol{A}$ 的一个减号逆，则线性齐次方程组 $\boldsymbol{Ax}=\boldsymbol{0}$ 的通解是

$$\boldsymbol{x}=(\boldsymbol{E}_n-\boldsymbol{GA})\boldsymbol{y},\boldsymbol{y}\in\mathbf{R}^n \tag{5.3.7}$$

证明 实际上，只需证明

$$N(\boldsymbol{A})=R(\boldsymbol{E}_n-\boldsymbol{GA})$$

对任意 $\boldsymbol{x}\in R(\boldsymbol{E}_n-\boldsymbol{GA})$，存在 $\boldsymbol{y}\in\mathbf{R}^n$，使得 $\boldsymbol{x}=(\boldsymbol{E}_n-\boldsymbol{A}^-\boldsymbol{A})\boldsymbol{y}$，因此

$$\boldsymbol{Ax}=\boldsymbol{A}(\boldsymbol{E}_n-\boldsymbol{GA})\boldsymbol{y}=\boldsymbol{Ay}-\boldsymbol{AGAy}=\boldsymbol{Ay}-\boldsymbol{Ay}=\boldsymbol{0}$$

从而 $R(\boldsymbol{E}_n-\boldsymbol{GA})\subset N(\boldsymbol{A})$. 由定理 5.3.3 知，$\boldsymbol{GA}$ 是幂等阵，且 $\text{rank}(\boldsymbol{GA})=\text{rank}(\boldsymbol{A})$，因此，存在可逆矩阵 $\boldsymbol{P}$，使得

$$\boldsymbol{P}^{-1}\boldsymbol{GAP}=\begin{pmatrix}\boldsymbol{E}_r & \boldsymbol{0}\\ \boldsymbol{0} & \boldsymbol{0}\end{pmatrix}$$

因此

$$\boldsymbol{P}^{-1}(\boldsymbol{E}_n-\boldsymbol{GA})\boldsymbol{P}=\begin{pmatrix}\boldsymbol{0} & \boldsymbol{0}\\ \boldsymbol{0} & \boldsymbol{E}_{n-r}\end{pmatrix}$$

因此 $\text{rank}(\boldsymbol{E}_n-\boldsymbol{GA})=n-r$，从而

$$\dim(R(\boldsymbol{E}_n-\boldsymbol{GA}))=\text{rank}(\boldsymbol{E}_n-\boldsymbol{GA})=n-\text{rank}(\boldsymbol{A})$$

注意到 $\dim(N(\boldsymbol{A}))=n-\text{rank}(\boldsymbol{A})$，因此 $\dim(N(\boldsymbol{A}))=\dim(R(\boldsymbol{E}_n-\boldsymbol{GA}))$，故

$$N(\boldsymbol{A}) = R(\boldsymbol{E}_n - \boldsymbol{A}^- \boldsymbol{A})$$

定理 5.3.5　设 $\boldsymbol{A} \in \mathbf{R}^{m \times n}$，$\boldsymbol{G}$ 是 $\boldsymbol{A}$ 的一个减号逆，则相容方程 $\boldsymbol{A}x = \boldsymbol{b}$ 的任意一个解都可表示为

$$\boldsymbol{x} = \boldsymbol{G}\boldsymbol{b} + (\boldsymbol{E}_n - \boldsymbol{G}\boldsymbol{A})\boldsymbol{y}, \boldsymbol{y} \in \mathbf{R}^n \tag{5.3.8}$$

证明　设 $\boldsymbol{G}$ 是 $\boldsymbol{A}$ 的一个减号逆，由于 $\boldsymbol{A}x = \boldsymbol{b}$ 是相容方程，因此 $\boldsymbol{z} \in R^n$，使得 $\boldsymbol{b} = \boldsymbol{A}\boldsymbol{z}$. 因此

$$\boldsymbol{A}\boldsymbol{G}\boldsymbol{b} = \boldsymbol{A}\boldsymbol{G}\boldsymbol{A}\boldsymbol{z} = \boldsymbol{A}\boldsymbol{z} = \boldsymbol{b}$$

这表明 $\boldsymbol{x}_0 = \boldsymbol{G}\boldsymbol{b}$ 是相容方程 $\boldsymbol{A}\boldsymbol{x} = \boldsymbol{b}$ 的一个特解. 由定理 5.3.4 和线性代数中方程组解的结构理论知，相容方程 $\boldsymbol{A}\boldsymbol{x} = \boldsymbol{b}$ 的任意一个解都可表示为

$$\boldsymbol{x} = \boldsymbol{G}\boldsymbol{b} + (\boldsymbol{E}_n - \boldsymbol{G}\boldsymbol{A})\boldsymbol{y}, \boldsymbol{y} \in \mathbf{R}^n$$

【例 5.3.2】　求线性方程组 $\begin{cases} x_1 + x_2 + 2x_3 = 4 \\ 2x_1 + 2x_2 + x_3 = 5 \\ 3x_1 + 3x_2 + 3x_3 = 9 \end{cases}$ 的通解.

解

$$\begin{pmatrix} 1 & 1 & 2 & 1 & 0 & 0 \\ 2 & 2 & 1 & 0 & 1 & 0 \\ 3 & 3 & 3 & 0 & 0 & 1 \\ 1 & 0 & 0 & & & \\ 0 & 1 & 0 & & * & \\ 0 & 0 & 1 & & & \end{pmatrix} \sim \begin{pmatrix} 1 & 1 & 2 & 1 & 0 & 0 \\ 0 & 0 & -3 & -2 & 1 & 0 \\ 0 & 0 & -3 & -3 & 0 & 1 \\ 1 & 0 & 0 & & & \\ 0 & 1 & 0 & & * & \\ 0 & 0 & 1 & & & \end{pmatrix} \sim \begin{pmatrix} 1 & 1 & 2 & 1 & 0 & 0 \\ 0 & 0 & 1 & \frac{2}{3} & -\frac{1}{3} & 0 \\ 0 & 0 & 0 & -1 & -1 & 1 \\ 1 & 0 & 0 & & & \\ 0 & 1 & 0 & & * & \\ 0 & 0 & 1 & & & \end{pmatrix}$$

$$\sim \begin{pmatrix} 1 & 0 & 0 & 1 & 0 & 0 \\ 0 & 0 & 1 & \frac{2}{3} & -\frac{1}{3} & 0 \\ 0 & 0 & 0 & -1 & -1 & 1 \\ 1 & -1 & -2 & & & \\ 0 & 1 & 0 & & * & \\ 0 & 0 & 1 & & & \end{pmatrix} \sim \begin{pmatrix} 1 & 0 & 0 & 1 & 0 & 0 \\ 0 & 1 & 0 & \frac{2}{3} & -\frac{1}{3} & 0 \\ 0 & 0 & 0 & -1 & -1 & 1 \\ 1 & -2 & -1 & & & \\ 0 & 0 & 1 & & * & \\ 0 & 1 & 0 & & & \end{pmatrix}$$

因此

$$\boldsymbol{A}^- = \begin{pmatrix} 1 & -2 & -1 \\ 0 & 0 & 1 \\ 0 & 1 & 0 \end{pmatrix} \begin{pmatrix} 1 & 0 & g_{13} \\ 0 & 1 & g_{23} \\ g_{31} & g_{32} & g_{33} \end{pmatrix} \begin{pmatrix} 1 & 0 & 0 \\ \frac{2}{3} & -\frac{1}{3} & 0 \\ -1 & -1 & 1 \end{pmatrix}$$

$$= \begin{pmatrix} -\frac{1}{3} - g_{31} + g_{32} & \frac{2}{3} + \frac{1}{3}g_{32} - g_{13} + 2g_{23} + g_{33} & g_{13} - 2g_{23} - g_{33} \\ g_{31} + \frac{2}{3}g_{32} - g_{33} & -\frac{1}{3}g_{32} - g_{33} & g_{33} \\ \frac{2}{3} - g_{23} & -\frac{1}{3} - g_{23} & g_{23} \end{pmatrix}$$

其中 g_{31}、g_{32}、g_{13}、g_{23}、g_{33} 是任意常数.

特别地 $G=\begin{pmatrix} -\frac{1}{3} & \frac{2}{3} & 0 \\ 0 & 0 & 0 \\ \frac{2}{3} & -\frac{1}{3} & 0 \end{pmatrix}$ 是 A 的一个减号逆.

$$E_3-GA=\begin{pmatrix} 1 & 0 & 0 \\ 0 & 1 & 0 \\ 0 & 0 & 1 \end{pmatrix}-\begin{pmatrix} -\frac{1}{3} & \frac{2}{3} & 0 \\ 0 & 0 & 0 \\ \frac{2}{3} & -\frac{1}{3} & 0 \end{pmatrix}\begin{pmatrix} 1 & 1 & 2 \\ 2 & 2 & 1 \\ 3 & 3 & 3 \end{pmatrix}=\begin{pmatrix} 0 & -1 & 0 \\ 0 & 1 & 0 \\ 0 & 0 & 0 \end{pmatrix}$$

该方程组的通解为

$$\begin{aligned} x &= Gb-(E_3-GA)y \\ &= \begin{pmatrix} -\frac{1}{3} & \frac{2}{3} & 0 \\ 0 & 0 & 0 \\ \frac{2}{3} & -\frac{1}{3} & 0 \end{pmatrix}\begin{pmatrix} 4 \\ 5 \\ 9 \end{pmatrix}+\begin{pmatrix} 0 & -1 & 0 \\ 0 & 1 & 0 \\ 0 & 0 & 0 \end{pmatrix}\begin{pmatrix} y_1 \\ y_2 \\ y_3 \end{pmatrix} \\ &= \begin{pmatrix} 2 \\ 0 \\ 1 \end{pmatrix}+\begin{pmatrix} 0 & -1 & 0 \\ 0 & 1 & 0 \\ 0 & 0 & 0 \end{pmatrix}\begin{pmatrix} y_1 \\ y_2 \\ y_3 \end{pmatrix}=\begin{pmatrix} 2 \\ 0 \\ 1 \end{pmatrix}+\begin{pmatrix} -y_2 \\ y_2 \\ 0 \end{pmatrix} \end{aligned}$$

其中 y_2 是任意常数.

5.3.2 相容方程组的极小范数解

对于相容方程 $Ax=b$，若求得了 A 的一个减号逆 G，则它的通解可表示成

$$x=A^{-}b+(E_n-A^{-}A)y, y\in\mathbf{R}^n$$

只要 $A^{-}A\neq E_n$，则解不唯一.

定义 5.3.2 对相容线性方程组 $Ax=b$，如果 $x_0\in\mathbf{R}^n$，使得

$$\|x_0\|_2=\min_{Ax=b}\{\|x\|_2\}$$

则称 x_0 是 $Ax=b$ 的极小范数解.

【例 5.3.3】 求线性方程组 $\begin{cases} x_1+x_2+2x_3=4 \\ 2x_1+2x_2+x_3=5 \\ 3x_1+3x_2+3x_3=9 \end{cases}$ 极小范数解.

解

由［例 5.3.2］可知，该方程组 $Ax=b$ 的通解为

$$x=\begin{pmatrix} 2 \\ 0 \\ 1 \end{pmatrix}+\begin{pmatrix} -y_2 \\ y_2 \\ 0 \end{pmatrix}$$

其中 y_2 是任意常数.

$$\|\boldsymbol{x}\|_2^2=(2-y_2)^2+y_2^2+1=2y_2^2-4y_2+5=2(y_2-1)^2+3$$

该方程组 $\boldsymbol{Ax}=\boldsymbol{b}$ 的极小范数解为

$$\boldsymbol{x}_0=\begin{pmatrix}2\\0\\1\end{pmatrix}+\begin{pmatrix}-1\\1\\0\end{pmatrix}=\begin{pmatrix}1\\1\\1\end{pmatrix}$$

［例 5.3.3］表明，求 $\boldsymbol{Ax}=\boldsymbol{b}$ 的极小范数解可通过先求 $\boldsymbol{Ax}=\boldsymbol{b}$ 的通解，然后在从中求解范数最小的解求得. 但当 $\boldsymbol{Ax}=\boldsymbol{b}$ 的通解中自由变量大于 1 时，求极值问题的解是件麻烦的事情. 现在，考虑的问题是，是否存在矩阵 $\boldsymbol{G}$，使得对任意的 $\boldsymbol{b}\in R(\boldsymbol{A})$，$\boldsymbol{x}=\boldsymbol{Gb}$ 都是方程 $\boldsymbol{Ax}=\boldsymbol{b}$ 的极小范数解？如果 $\boldsymbol{G}$ 存在，$\boldsymbol{G}$ 应有什么特征？

定理 5.3.6　设 $\boldsymbol{A}\in\mathbf{R}^{m\times n}$，$\boldsymbol{G}\in\mathbf{R}^{n\times m}$，则对任意的 $\boldsymbol{b}\in\mathbf{R}(\boldsymbol{A})$，$x=\boldsymbol{Gb}$ 都是方程 $\boldsymbol{A}x=\boldsymbol{b}$ 的极小范数解的充分必要条件是 $\boldsymbol{G}$ 满足

$$\boldsymbol{AGA}=\boldsymbol{A},(\boldsymbol{GA})^{\mathrm{T}}=\boldsymbol{GA}$$

证明　对任意的 $\boldsymbol{b}\in R(\boldsymbol{A})$，$\boldsymbol{x}=\boldsymbol{Gb}$ 都是方程 $\boldsymbol{Ax}=\boldsymbol{b}$ 的解的充分必要条件是 $\boldsymbol{G}$ 满足 $\boldsymbol{AGA}=\boldsymbol{A}$. 因此要证明定理成立，只需证明若 $\boldsymbol{G}\in\boldsymbol{A}^{\{1\}}$，对任意的 $\boldsymbol{b}\in R(A)$，$\boldsymbol{x}=\boldsymbol{Gb}$ 都是方程 $\boldsymbol{Ax}=\boldsymbol{b}$ 的极小范数解的充分必要条件是 $\boldsymbol{G}$ 满足 $(\boldsymbol{GA})^{\mathrm{T}}=\boldsymbol{GA}$ 由于相容方程 $\boldsymbol{Ax}=\boldsymbol{b}$ 的通解为

$$\boldsymbol{x}=\boldsymbol{A}^{-}\boldsymbol{b}+(\boldsymbol{E}_n-\boldsymbol{A}^{-}\boldsymbol{A})\boldsymbol{y},\boldsymbol{y}\in\mathbf{R}^n$$

因此任意的 $\boldsymbol{b}\in R(A)$，$\boldsymbol{x}=\boldsymbol{Gb}$ 都是方程 $\boldsymbol{A}x=\boldsymbol{b}$ 的极小范数解充分必要条件是

$$\|\boldsymbol{Gb}\|_2\leqslant\|\boldsymbol{Gb}+(\boldsymbol{E}_n-\boldsymbol{GA})\boldsymbol{y}\|_2$$

充分必要条件是

$$\|\boldsymbol{GAu}\|_2\leqslant\|\boldsymbol{GA}u+(\boldsymbol{E}_n-\boldsymbol{GA})\boldsymbol{y}\|_2^2\text{ 对任意的 }\boldsymbol{u},\boldsymbol{y}\in\mathbf{R}^n\text{ 成立}$$

充分必要条件是

$$2\boldsymbol{u}^{\mathrm{T}}(\boldsymbol{GA})^{\mathrm{T}}(\boldsymbol{E}_n-\boldsymbol{GA})\boldsymbol{y}+\|(\boldsymbol{E}_n-\boldsymbol{GA})\boldsymbol{y}\|_2\geqslant 0,\text{对任意的 }\boldsymbol{u},\boldsymbol{y}\in\mathbf{R}^n\text{ 成立}$$

充分必要条件是

$$(\boldsymbol{GA})^{\mathrm{T}}(\boldsymbol{E}_n-\boldsymbol{GA})=\boldsymbol{0}$$

充分必要条件是

$$(\boldsymbol{GA})^{\mathrm{T}}=(\boldsymbol{GA})^{\mathrm{T}}(\boldsymbol{GA})$$

充分必要条件是

$$\boldsymbol{GA}=(\boldsymbol{GA})^{\mathrm{T}}(\boldsymbol{GA})$$

因此

$$(\boldsymbol{GA})^{\mathrm{T}}=\boldsymbol{GA}$$

定义 5.3.3　设 $\boldsymbol{A}\in\mathbf{R}^{m\times n}$，如果矩阵 $\boldsymbol{G}\in\mathbf{R}^{n\times m}$ 满足 $\boldsymbol{AGA}=\boldsymbol{A}$，$(\boldsymbol{GA})^{\mathrm{T}}=\boldsymbol{GA}$，则称 $\boldsymbol{G}$ 是 $\boldsymbol{A}$ 的极小范数广义逆，记为 $\boldsymbol{A}_m^-$. $\boldsymbol{A}$ 的全体极小范数广义逆的集合记为 $\boldsymbol{A}^{\{1,4\}}$.

$\boldsymbol{A}$ 的极小范数广义逆 $\boldsymbol{A}_m^-$ 也称为 $\boldsymbol{A}$ 的 {1, 4} 广义逆.

定理 5.3.7　设 $\boldsymbol{A}\in\mathbf{R}^{m\times n}$，则 $\boldsymbol{A}^{\mathrm{T}}(\boldsymbol{AA}^{\mathrm{T}})^{-}$ 是 $\boldsymbol{A}$ 的极小范数广义逆.

证明 记$G=A^{T}(AA^{T})^{-}$，则

$$(GA)^{T}=(A^{T}(AA^{T})^{-}A)^{T}=A^{T}[(AA^{T})^{-}]^{T}A=A^{T}[(AA^{T})^{T}]^{-}A=A^{T}(AA^{T})^{-}A=GA$$

$$\begin{aligned}(AGA-A)(AGA-A)^{T}&=[AA^{T}(AA^{T})^{-}A-A][AA^{T}(AA^{T})^{-}A-A]^{T}\\&=[AA^{T}(AA^{T})^{-}A-A][A^{T}(AA^{T})^{-}AA^{T}-A^{T}]\\&=[AA^{T}(AA^{T})^{-}AA^{T}-AA^{T}][(AA^{T})-AA^{T}-E]\\&=[AA^{T}-AA^{T}][(AA^{T})^{-}AA^{T}-E]=0\end{aligned}$$

因此$AGA=A$，故$A^{T}(AA^{T})^{-}$是A的极小范数广义逆.

定理 5.3.8 设$A\in\mathbf{R}^{m\times n}$，$A_m^{-}$是$A$的一个极小范数广义逆，则$G$是$A$的一个极小范数广义逆充分必要条件是$G$满足$GA=A_m^{-}A$.

证明 如果G满足$GA=A_m^{-}A$，则

$$AGA=AA_m^{-}A=A,(GA)^{T}=(A_m^{-}A)^{T}=A_m^{-}A=GA$$

因此，$G\in A^{\{1,4\}}$.

如果$G\in A^{\{1,4\}}$，则

$$GA=(GA)^{T}=A^{T}G^{T}=A^{T}(A_m^{-})^{T}A^{T}G^{T}=(A_m^{-}A)^{T}(GA)^{T}=A_m^{-}AGA=A_m^{-}A$$

定理 5.3.9 设$A\in\mathbf{R}^{m\times n}$，$A_m^{-}$是$A$的一个极小范数广义逆，则$G$是$A$的极小范数广义逆充分必要条件是$G$可以表示成

$$G=A_m^{-}+Z(E_m-AA_m^{-})\tag{5.3.9}$$

其中$Z\in\mathbf{R}^{n\times m}$.

证明

$$GA=A_m^{-}A+Z(E_n-AA_m^{-})A=A_m^{-}A+Z(A-AA_m^{-}A)=A_m^{-}A$$

由定理5.3.8知，$G\in A^{\{1,4\}}$.

如果$G\in A^{\{1,4\}}$，由定理5.3.3知$GA=A_m^{-}A$，因此

$$(G-A_m^{-})A=0$$

$$\begin{aligned}G&=A_m^{-}+(G-A_m^{-})-(G-A_m^{-})A\\&=A_m^{-}+(G-A_m^{-})-(G-A_m^{-})AA_m^{-}\\&=A_m^{-}+(G-A_m^{-})(E_m-AA_m^{-})\end{aligned}$$

取$Z=G-A_m^{-}$，则

$$G=A_m^{-}+Z(E_n-A_m^{-}A)$$

定理 5.3.10 设$A\in\mathbf{R}^{m\times n}$，$G$是$A$的一个极小范数广义逆，则相容方程$Ax=b$的极小范数解$x_0$唯一存在，且$x_0=Gb$.

证明 设G是A的任意一个极小范数广义逆，则$x_0=Gb$是$Ax=b$的极小范数解. 若y是相容方程$Ax=b$的极小范数解，则存在$z\in\mathbf{R}^{n}$，使得$y=Gb+(E_n-GA)z$，且

$$\|\boldsymbol{Gb}\|_2=\|\boldsymbol{y}\|_2=\|\boldsymbol{Gb}+(\boldsymbol{E}_n-\boldsymbol{GA})\boldsymbol{z}\|_2$$

$$\begin{aligned}\|\boldsymbol{Gb}+(\boldsymbol{E}_n-\boldsymbol{GA})\boldsymbol{z}\|_2^2&\\ &=\|\boldsymbol{Gb}\|_2^2+2[\boldsymbol{u}^{\mathrm{T}}\boldsymbol{A}^{\mathrm{T}}\boldsymbol{G}^{\mathrm{T}}(\boldsymbol{E}_n-\boldsymbol{GA})\boldsymbol{z}]+\|(\boldsymbol{E}_n-\boldsymbol{GA})\boldsymbol{z}\|_2^2\\ &=\|\boldsymbol{Gb}\|_2^2+\|(\boldsymbol{E}_n-\boldsymbol{GA})\boldsymbol{z}\|_2^2\end{aligned}$$

因此

$$\|(\boldsymbol{E}_n-\boldsymbol{GA})\boldsymbol{z}\|_2^2=0$$

即

$$(\boldsymbol{E}_n-\boldsymbol{GA})\boldsymbol{z}=\boldsymbol{0}$$

因此 $\boldsymbol{y}=\boldsymbol{Gb}$.

定理 5.3.10 表明，虽然 $\boldsymbol{A}$ 的极小范数广义逆不唯一，但相容方程 $\boldsymbol{Ax}=\boldsymbol{b}$ 的极小范数解 $\boldsymbol{x}_0$ 唯一存在，且只要求出得一个 $\boldsymbol{A}$ 的极小范数广义逆 $\boldsymbol{G}$，$\boldsymbol{Gb}$ 就是 $\boldsymbol{Ax}=\boldsymbol{b}$ 的极小范数解.

【例 5.3.4】 设 $\boldsymbol{A}=\begin{pmatrix}1&2&-1&1\\0&-1&2&1\\1&1&1&2\end{pmatrix}$，$\boldsymbol{b}=\begin{pmatrix}3\\2\\5\end{pmatrix}$，求 $\boldsymbol{A}x=\boldsymbol{b}$ 的极小范数的解.

解

$$\boldsymbol{AA}^{\mathrm{T}}=\begin{pmatrix}7&-3&4\\-3&6&3\\4&3&7\end{pmatrix}$$

$$\begin{pmatrix}7&-3&4&1&0&0\\-3&6&3&0&1&0\\4&3&7&0&0&1\\1&0&0&&&\\0&1&0&&*&\\0&0&1&&&\end{pmatrix}\sim\begin{pmatrix}1&9&10&1&2&0\\-1&2&1&0&1/3&0\\0&11&11&0&4/3&1\\1&0&0&&&\\0&1&0&&*&\\0&0&1&&&\end{pmatrix}\sim\begin{pmatrix}1&9&10&1&2&0\\0&11&11&1&7/3&0\\0&0&0&-1&-1&1\\1&0&0&&&\\0&1&0&&*&\\0&0&1&&&\end{pmatrix}$$

$$\sim\begin{pmatrix}1&0&0&1&2&0\\0&1&1&1/11&7/33&0\\0&0&0&-1&-1&1\\1&-9&-10&&&\\0&1&0&&*&\\0&0&1&&&\end{pmatrix}\sim\begin{pmatrix}1&0&0&1&2&0\\0&1&0&1/11&7/33&0\\0&0&0&-1&-1&1\\1&-9&-1&&&\\0&1&-1&&*&\\0&0&1&&&\end{pmatrix}$$

因此

$$\begin{pmatrix}1&-9&-1\\0&1&-1\\0&0&1\end{pmatrix}\begin{pmatrix}1&0&0\\0&1&0\\0&0&0\end{pmatrix}\begin{pmatrix}1&2&0\\1/11&7/33&0\\-1&-1&1\end{pmatrix}=\begin{pmatrix}2/11&1/11&0\\1/11&7/33&0\\0&0&0\end{pmatrix}$$

是 $\boldsymbol{AA}^{\mathrm{T}}$ 的一个减号逆. 由定理 5.3.7 知，

$$\boldsymbol{G}=\begin{pmatrix}1&2&-1&1\\0&-1&2&1\\1&1&1&2\end{pmatrix}^{\mathrm{T}}\begin{pmatrix}2/11&1/11&0\\1/11&7/33&0\\0&0&0\end{pmatrix}=\begin{pmatrix}2/11&1/11&0\\3/11&-1/33&0\\0&1/3&0\\3/11&10/33&0\end{pmatrix}$$

是 $\boldsymbol{A}$ 的一个极小范数广义逆. 方程 $\boldsymbol{A}x=\boldsymbol{b}$ 的极小范数解是

$$x = Gb = \frac{1}{33}\begin{pmatrix} 6 & 3 & 0 \\ 9 & -1 & 0 \\ 0 & 11 & 0 \\ 9 & 10 & 0 \end{pmatrix}\begin{pmatrix} 3 \\ 2 \\ 5 \end{pmatrix} = \frac{1}{33}\begin{pmatrix} 24 \\ 25 \\ 22 \\ 47 \end{pmatrix}$$

5.3.3　线性方程组的最小二乘解

对 $\boldsymbol{A}x=\boldsymbol{b}$，考虑的问题是，是否存在矩阵 $\boldsymbol{G}$，使得对任意的 $\boldsymbol{b}\in\mathbf{R}^m$，$\boldsymbol{x}=\boldsymbol{G}\boldsymbol{b}$ 都是方程 $\boldsymbol{A}\boldsymbol{x}=\boldsymbol{b}$ 的最小二乘解？如果 $\boldsymbol{G}$ 存在，它应有什么特征？

定理 5.3.11　设 $\boldsymbol{A}\in\mathbf{R}^{m\times n}$，$\boldsymbol{G}\in\mathbf{R}^{n\times m}$，则对任意的 $\boldsymbol{b}\in\mathbf{R}^m$，$\boldsymbol{x}=\boldsymbol{G}\boldsymbol{b}$ 都是方程 $\boldsymbol{A}\boldsymbol{x}=\boldsymbol{b}$ 的最小二乘解的充分必要条件是 $\boldsymbol{G}$ 满足 $\boldsymbol{AGA}=\boldsymbol{A}$，$(\boldsymbol{AG})^{\mathrm{T}}=\boldsymbol{AG}$.

证明

$$\begin{aligned}\|\boldsymbol{A}x-\boldsymbol{b}\|_2^2 &= \|\boldsymbol{AGb}-\boldsymbol{b}+\boldsymbol{A}x-\boldsymbol{AGb}\|_2^2 \\ &= \|\boldsymbol{AGb}-\boldsymbol{b}\|_2^2+\|\boldsymbol{A}x-\boldsymbol{AGb}\|_2^2+2(\boldsymbol{AGb}-\boldsymbol{b})^{\mathrm{T}}(\boldsymbol{Ax}-\boldsymbol{AGb})\end{aligned}$$

因此

$$\|\boldsymbol{A}x-\boldsymbol{b}\|_2^2-\|\boldsymbol{AGb}-\boldsymbol{b}\|_2^2=\|\boldsymbol{A}(\boldsymbol{x}-\boldsymbol{Gb})\|_2^2+2\boldsymbol{b}^{\mathrm{T}}(\boldsymbol{AG}-\boldsymbol{E})^{\mathrm{T}}\boldsymbol{A}(\boldsymbol{x}-\boldsymbol{Gb})$$

因此，对任意的 $\boldsymbol{b}\in\mathbf{R}^m$，$\boldsymbol{y}\in\mathbf{R}^n$，$\boldsymbol{x}_0=\boldsymbol{Gb}$ 都是方程 $\boldsymbol{Ax}=\boldsymbol{b}$ 的最小二乘解的充分必要条件是

$$\|\boldsymbol{A}(x-\boldsymbol{Gb})\|_2^2+2\boldsymbol{b}^{\mathrm{T}}(\boldsymbol{AG}-\boldsymbol{E})^{\mathrm{T}}\boldsymbol{A}(x-\boldsymbol{Gb})\geqslant 0$$

充分必要条件是

$$\|\boldsymbol{A}(\boldsymbol{x}-\boldsymbol{Gb})\|_2^2+2\boldsymbol{b}^{\mathrm{T}}(\boldsymbol{AG}-\boldsymbol{E})^{\mathrm{T}}\boldsymbol{A}(\boldsymbol{x}-\boldsymbol{Gb}),\text{对任意的 }\boldsymbol{b}\in\mathbf{R}^m,\boldsymbol{y}\in\mathbf{R}^n\text{ 成立}$$

充分必要条件是

$$(\boldsymbol{AG}-E)^{\mathrm{T}}\boldsymbol{A}=\boldsymbol{0}$$

充分必要条件是

$$(\boldsymbol{AG})^{\mathrm{T}}\boldsymbol{A}=\boldsymbol{A}$$

如果 $(\boldsymbol{AG})^{\mathrm{T}}\boldsymbol{A}=\boldsymbol{A}$，则 $(\boldsymbol{AG})^{\mathrm{T}}\boldsymbol{AG}=\boldsymbol{AG}$，

$$(\boldsymbol{AG})^{\mathrm{T}}=[(\boldsymbol{AG})^{\mathrm{T}}\boldsymbol{AG}]^{\mathrm{T}}=(\boldsymbol{AG})^{\mathrm{T}}(\boldsymbol{AG})=\boldsymbol{AG}$$

$$\boldsymbol{AGA}=(\boldsymbol{AG})^{\mathrm{T}}\boldsymbol{A}=\boldsymbol{A}$$

如果 $\boldsymbol{AGA}=\boldsymbol{A}$，$(\boldsymbol{AG})^{\mathrm{T}}=\boldsymbol{AG}$，则

$$(\boldsymbol{AG})^{\mathrm{T}}\boldsymbol{A}=\boldsymbol{AGA}=\boldsymbol{A}$$

综上所证，有对任意的 $\boldsymbol{b}\in\mathbf{R}^m$，$y\in\mathbf{R}^n$，$\boldsymbol{x}_0=\boldsymbol{Gb}$ 都是方程 $\boldsymbol{Ax}=\boldsymbol{b}$ 的最小二乘解的充分必要条件是 $\boldsymbol{G}$ 满足 $\boldsymbol{AGA}=\boldsymbol{A}$，$(\boldsymbol{AG})^{\mathrm{T}}=\boldsymbol{AG}$.

定义 5.3.4　设 $\boldsymbol{A}\in\mathbf{R}^{m\times n}$. 如果矩阵 $\boldsymbol{G}\in\mathbf{R}^{n\times m}$ 满足 $\boldsymbol{AGA}=\boldsymbol{A}$，$(\boldsymbol{AG})^{\mathrm{T}}=\boldsymbol{AG}$，则称 $\boldsymbol{G}$ 是 $\boldsymbol{A}$ 的最小二乘广义逆，记为 $\boldsymbol{A}_l^-$.

$\boldsymbol{A}$ 的全体最小二乘广义的集合记为 $\boldsymbol{A}^{\{1,3\}}$，$\boldsymbol{A}$ 的最小二乘广义逆也称为 $\boldsymbol{A}$ 的 $\{1，3\}$ 逆.

定理 5.3.12　设 $\boldsymbol{A}\in\mathbf{R}^{m\times n}$，则 $(\boldsymbol{A}^{\mathrm{T}}\boldsymbol{A})^-\boldsymbol{A}^{\mathrm{T}}$ 是 $\boldsymbol{A}$ 的最小二乘广义逆.

证明　记 $\boldsymbol{G}=(\boldsymbol{A}^{\mathrm{T}}\boldsymbol{A})^-\boldsymbol{A}^{\mathrm{T}}$，则

$$(AG)^{\mathrm{T}}=[A(A^{\mathrm{T}}A)^{-}A^{\mathrm{T}}]^{\mathrm{T}}=A[(A^{\mathrm{T}}A)^{-}]^{\mathrm{T}}A^{\mathrm{T}}=A(A^{\mathrm{T}}A)^{-}A^{\mathrm{T}}=AG$$

$$\begin{aligned}(AGA-A)^{\mathrm{T}}(AGA-A)&=[A(A^{\mathrm{T}}A)^{-}A^{\mathrm{T}}A-A]^{\mathrm{T}}\\&=[A^{\mathrm{T}}A(A^{\mathrm{T}}A)-A^{\mathrm{T}}-A^{\mathrm{T}}][A(A^{\mathrm{T}}A)^{-}A^{\mathrm{T}}A-A]\\&=[A^{\mathrm{T}}A(A^{\mathrm{T}}A)^{-}-E_m][A^{\mathrm{T}}A(A^{\mathrm{T}}A)^{-}A^{\mathrm{T}}A-A^{\mathrm{T}}A]\\&=[A^{\mathrm{T}}A(A^{\mathrm{T}}A)^{-}-E_m][A^{\mathrm{T}}A-A^{\mathrm{T}}A]=0\end{aligned}$$

因此 $AGA=A$. 故 $(A^{\mathrm{T}}A)^{-}A^{\mathrm{T}}$ 是 A 的最小二乘广义逆.

定理 5.3.13　设 $A\in\mathbf{R}^{m\times n}$，$A_l^{-1}$ 是 A 的一个最小二乘广义逆，则 G 是 A 的最小二乘广义逆充分必要条件是 G 满足 $AG=AA_l^{-}$.

证明　如果 G 满足 $AG=AA_l^{-}$，则

$$AGA=AA_l^{-}A=A,(AG)^{\mathrm{T}}=(AA_l^{-})^{\mathrm{T}}=AA_l^{*}=AG$$

因此，$G\in A^{\{1,3\}}$.

如果 $G\in A^{\{1,3\}}$，则

$$AG=(AG)^{\mathrm{T}}=G^{\mathrm{T}}A^{\mathrm{T}}=G^{\mathrm{T}}A^{\mathrm{T}}(A_l^{-})^{\mathrm{T}}A^{\mathrm{T}}=(AG)^{\mathrm{T}}(AA_m^{-})^{\mathrm{T}}=AGAA_l^{-}=AA_l^{-}$$

定理 5.3.14　设 $A\in\mathbf{R}^{m\times n}$，$A_l^{-}$ 是 A 的一个最小二乘广义逆，则 G 是 A 的最小二乘广义逆充分必要条件是 G 可以表示成

$$G=A_l^{-}+(E_n-A_l^{-})Z \tag{5.3.10}$$

其中 $Z\in\mathbf{R}^{n\times m}$.

证明　如果 $A_l^{-}\in A^{\{1,3\}}$，$G=A_l^{-}+(E_n-A_l^{-})Z$，则

$$AG=AA_l^{-}+A(E_n-A_l^{-}A)Z=AA_l^{-}+(A-AA_l^{-}A)Z=AA_l^{-}$$

由定理 5.3.13 知，$G\in A\{1,3\}$.

如果 $G\in A^{\{1,3\}}$，由定理 5.3.13 知 $AG=AA_l^{-}$，因此

$$A(G-A_l^{-})=0$$

$$\begin{aligned}G&=A_l^{-}+(G-A_l^{-})-A(G-A_l^{-})\\&=A_l^{-}+(G-A_l^{-})-A_l^{-}A(G-A_l^{-})\\&=A_l^{-}+(E_n-A_l^{-}A)(G-A_l^{-})\end{aligned}$$

取 $Z=G-A_l^{-}$，则 $G=A_l^{-}+(E_n-A_l^{-}A)Z$.

定理 5.3.15　设 $A\in\mathbf{R}^{m\times n}$，$G$ 是 A 的一个最小二乘广义逆，则矛盾方程 $Ax=b$ 的任意一个最小二乘解都可表示为

$$x=Gb+(E_n-GA)y,y\in\mathbf{R}^n \tag{5.3.11}$$

证明　由于 $Ax=b$ 是矛盾方程，因此 $b\neq0$. 由定理 5.3.14 知，矛盾方程 $Ax=b$ 的最小二乘解是

$$x=Gb+(E_n-GA)Zb$$

由 Z 的任意性知，矛盾方程 $Ax=b$ 的最小二乘解是

$$x=Gb+(E_n-GA)y,y\in\mathbf{R}^n$$

【例 5.3.5】（[例 5.1.4] 的广义逆求解法）

设 $\boldsymbol{A}=\begin{pmatrix}1&0&1\\0&1&1\\1&-1&0\\1&1&2\end{pmatrix}$，$\boldsymbol{b}=\begin{pmatrix}1\\2\\3\\4\end{pmatrix}$，求矛盾方程 $\boldsymbol{A}x=\boldsymbol{b}$ 的最小二乘解.

解

$$\boldsymbol{A}^{\mathrm{T}}\boldsymbol{A}=\begin{pmatrix}3&0&3\\0&3&3\\3&3&6\end{pmatrix}$$

$$\begin{pmatrix}3&0&3&1&0&0\\0&3&3&0&1&0\\3&3&6&0&0&1\\1&0&0&&&\\0&1&0&&*&\\0&0&1&&&\end{pmatrix}\sim\begin{pmatrix}3&0&3&1&0&0\\0&3&3&0&1&0\\0&3&3&-1&0&1\\1&0&0&&&\\0&1&0&&*&\\0&0&1&&&\end{pmatrix}\sim\begin{pmatrix}3&0&3&1&0&0\\0&3&3&0&1&0\\0&0&0&-1&-1&1\\1&0&0&&&\\0&1&0&&*&\\0&0&1&&&\end{pmatrix}$$

$$\sim\begin{pmatrix}3&0&0&1&0&0\\0&3&0&0&1&0\\0&0&0&-1&-1&1\\1&0&-1&&&\\0&1&-1&&*&\\0&0&1&&&\end{pmatrix}\sim\begin{pmatrix}1&0&0&1/3&0&0\\0&1&0&0&1/3&0\\0&0&0&-1&-1&1\\1&0&-1&&&\\0&1&-1&&*&\\0&0&1&&&\end{pmatrix}$$

因此

$$\begin{pmatrix}1&0&-1\\0&1&-1\\0&0&1\end{pmatrix}\begin{pmatrix}1&0&0\\0&1&0\\0&0&0\end{pmatrix}\begin{pmatrix}1/3&0&0\\0&1/3&0\\-1&-1&1\end{pmatrix}=\frac{1}{3}\begin{pmatrix}1&0&0\\0&1&0\\0&0&0\end{pmatrix}$$

是 $\boldsymbol{A}^{\mathrm{T}}\boldsymbol{A}$ 的一个减号逆. 由定理 5.3.12 知

$$\boldsymbol{G}=\frac{1}{3}\begin{pmatrix}1&0&0\\0&1&0\\0&0&0\end{pmatrix}\begin{pmatrix}1&0&1\\0&1&1\\1&-1&0\\1&1&2\end{pmatrix}^{\mathrm{T}}=\frac{1}{3}\begin{pmatrix}1&0&1&1\\0&1&-1&1\\0&0&0&0\end{pmatrix}$$

是 $\boldsymbol{A}$ 的一个最小二乘广义逆. 矛盾方程 $\boldsymbol{A}x=\boldsymbol{b}$ 的最小二乘解是

$$\boldsymbol{x}=\frac{1}{3}\begin{bmatrix}1&0&1&1\\0&1&-1&1\\0&0&0&0\end{bmatrix}\begin{bmatrix}1\\2\\3\\4\end{bmatrix}+\left[\begin{pmatrix}1&0&0\\0&1&0\\0&0&1\end{pmatrix}-\frac{1}{3}\begin{bmatrix}1&0&1&1\\0&1&-1&1\\0&0&0&0\end{bmatrix}\begin{pmatrix}1&0&1\\0&1&1\\1&-1&0\\1&1&2\end{pmatrix}\right]\boldsymbol{y}$$

$$=\frac{1}{3}\begin{bmatrix}1&0&1&1\\0&1&-1&1\\0&0&0&0\end{bmatrix}\begin{bmatrix}1\\2\\3\\4\end{bmatrix}+\begin{pmatrix}0&0&-1\\0&0&-1\\0&0&1\end{pmatrix}\begin{pmatrix}y_1\\y_2\\y_3\end{pmatrix}=\frac{1}{3}\begin{pmatrix}8\\3\\0\end{pmatrix}+y_3\begin{pmatrix}-1\\-1\\1\end{pmatrix}$$

其中 y_3 是任意常数.

定理 5.3.16　*如果 $\boldsymbol{x}$、$\tilde{\boldsymbol{x}}$ 都是方程 $\boldsymbol{Ax}=\boldsymbol{b}$ 最小二乘解，则 $\boldsymbol{Ax}=\boldsymbol{A}\tilde{\boldsymbol{x}}$.*

证明　如果 $\boldsymbol{x}$、$\tilde{\boldsymbol{x}}$ 都是方程 $\boldsymbol{Ax}=\boldsymbol{b}$ 最小二乘解，任取矩阵 $\boldsymbol{A}$ 的一个最小二乘广义逆 $\boldsymbol{G}$，由定理 5.3.15 可得，存在 $\boldsymbol{y}$，$\tilde{\boldsymbol{y}}\in\mathbf{R}^n$，使得

$$\boldsymbol{x}=\boldsymbol{Gb}+(\boldsymbol{E}_n-\boldsymbol{GA})\boldsymbol{y},\tilde{\boldsymbol{x}}=\boldsymbol{Gb}+(\boldsymbol{E}_n-\boldsymbol{GA})\tilde{\boldsymbol{y}}$$

因此

$$\boldsymbol{A}x=\boldsymbol{AGb}+\boldsymbol{A}(\boldsymbol{E}_n-\boldsymbol{GA})\boldsymbol{y}=\boldsymbol{AGb}+(\boldsymbol{A}-\boldsymbol{AG}A)\tilde{\boldsymbol{y}}=\boldsymbol{AGb}$$
$$\boldsymbol{A}\tilde{x}=\boldsymbol{AGb}+\boldsymbol{A}(\boldsymbol{E}_n-\boldsymbol{GA})\tilde{\boldsymbol{y}}=\boldsymbol{AGb}+(\boldsymbol{A}-\boldsymbol{AGA})\tilde{\boldsymbol{y}}=\boldsymbol{AGb}$$

因此 $\boldsymbol{Ax}=\boldsymbol{A}\tilde{\boldsymbol{x}}$.

在回归分析中，$A\beta=Y$ 的最小二乘解 $\hat{\beta}$ 可以不唯一，但由定理知 $\hat{\boldsymbol{Y}}=A\hat{\beta}$ 是唯一的，即因变量 Y 的预测值 $\hat{\boldsymbol{Y}}$ 是唯一的. 这在实际应用中是非常重要的结论.

定理 5.3.17　*若 $\boldsymbol{A}$ 列满秩，则 $\boldsymbol{A}$ 的最小二乘广义逆 $\boldsymbol{A}_l^-$ 唯一存在，且 $\boldsymbol{A}_l^-=(\boldsymbol{A}^{\mathrm{T}}\boldsymbol{A})^{-1}\boldsymbol{A}^{\mathrm{T}}$.*

证明　先证 $\boldsymbol{G}=(\boldsymbol{A}^{\mathrm{T}}\boldsymbol{A})^{-1}\boldsymbol{A}^{\mathrm{T}}$ 是 $\boldsymbol{A}$ 的最小二乘广义逆. 由于 $\boldsymbol{A}$ 列满秩，因此 $(\boldsymbol{A}^{\mathrm{T}}\boldsymbol{A})^{-1}$ 存在. 由于

$$\boldsymbol{GA}=(\boldsymbol{A}^{\mathrm{T}}\boldsymbol{A})^{-1}\boldsymbol{A}^{\mathrm{T}}\boldsymbol{A}=\boldsymbol{E}_n$$

因此 $(\boldsymbol{GA})^{\mathrm{T}}=\boldsymbol{E}_n^{\mathrm{T}}=\boldsymbol{E}_n=\boldsymbol{GA}$，$\boldsymbol{AGA}=\boldsymbol{AE}_n=\boldsymbol{A}$. 故 $\boldsymbol{G}=(\boldsymbol{A}^{\mathrm{T}}\boldsymbol{A})^{-1}\boldsymbol{A}^{\mathrm{T}}$ 是 $\boldsymbol{A}$ 的最小二乘广义逆. 再证唯一性. 对 A 的任一最小二乘广义逆 $\boldsymbol{A}_l^-$，由定理 5.3.13 知 $\boldsymbol{AG}=\boldsymbol{AA}_l^-$，因此

$$\boldsymbol{G}-\boldsymbol{A}_l^-=\boldsymbol{E}_n(\boldsymbol{G}-\boldsymbol{A}_l^-)=\boldsymbol{GA}(\boldsymbol{G}-\boldsymbol{A}_l^-)=\boldsymbol{G}(\boldsymbol{AG}-\boldsymbol{AA}_l^-)=\boldsymbol{0}$$

故 $\boldsymbol{A}_l^-=\boldsymbol{G}$，即 A 的最小二乘广义逆唯一存在，且是 $(\boldsymbol{A}^{\mathrm{T}}\boldsymbol{A})^{-1}\boldsymbol{A}^{\mathrm{T}}$.

定理 5.3.18　*(1) 线性方程组 $\boldsymbol{Ax}=\boldsymbol{b}$ 的正规方程 $\boldsymbol{A}^{\mathrm{T}}\boldsymbol{Ax}=\boldsymbol{A}^{\mathrm{T}}\boldsymbol{b}$ 必有解.*

(2) $\boldsymbol{x}^*$ 是线性方程组 $\boldsymbol{Ax}=\boldsymbol{b}$ 的最小二乘解 $\Leftrightarrow x^*$ 是正规方程 $\boldsymbol{A}^{\mathrm{T}}\boldsymbol{Ax}=\boldsymbol{A}^{\mathrm{T}}\boldsymbol{b}$ 的解.

证明　(1) 任取 $\boldsymbol{A}$ 的一个最小二乘广义逆 $\boldsymbol{G}$，由最小二乘广义逆的定义知，$\boldsymbol{G}$ 满足 $\boldsymbol{AGA}=\boldsymbol{A}$，$(\boldsymbol{AG})^{\mathrm{T}}=\boldsymbol{AG}$，因此

$$\boldsymbol{A}^{\mathrm{T}}\boldsymbol{AGb}=\boldsymbol{A}^{\mathrm{T}}(\boldsymbol{AG})^{\mathrm{T}}\boldsymbol{b}=\boldsymbol{A}^{\mathrm{T}}\boldsymbol{G}^{\mathrm{T}}\boldsymbol{A}^{\mathrm{T}}\boldsymbol{b}=(\boldsymbol{AGA})^{\mathrm{T}}\boldsymbol{b}=\boldsymbol{A}^{\mathrm{T}}\boldsymbol{b}$$

这表明 $\boldsymbol{Gb}$ 是正规方程 $\boldsymbol{A}^{\mathrm{T}}\boldsymbol{A}x=\boldsymbol{A}^{\mathrm{T}}\boldsymbol{b}$ 的解. 因此，任意线性方程组 $\boldsymbol{A}x=\boldsymbol{b}$ 的正规方程 $\boldsymbol{A}^{\mathrm{T}}\boldsymbol{A}x=\boldsymbol{A}^{\mathrm{T}}\boldsymbol{b}$ 必有解.

(2) 对任意的 $\boldsymbol{x}$ 和 $\boldsymbol{x}^*$，有

$$\begin{aligned}\|\boldsymbol{b}-\boldsymbol{Ax}\|_2^2&=\|\boldsymbol{b}-\boldsymbol{Ax}^*+\boldsymbol{Ax}^*-\boldsymbol{Ax}\|_2^2\\&=\|\boldsymbol{b}-\boldsymbol{Ax}^*\|_2^2+\|\boldsymbol{A}(\boldsymbol{x}^*-\boldsymbol{x})\|_2^2+2(\boldsymbol{x}^*-\boldsymbol{x})^{\mathrm{T}}(\boldsymbol{A}^{\mathrm{T}}\boldsymbol{b}-\boldsymbol{A}^{\mathrm{T}}\boldsymbol{Ax}^*)\end{aligned}\tag{5.3.12}$$

设 $\boldsymbol{x}^*$ 是正规方程的解，即 $\boldsymbol{A}^{\mathrm{T}}\boldsymbol{Ax}^*=\boldsymbol{A}^{\mathrm{T}}\boldsymbol{b}$，对任意 $\boldsymbol{x}\in\mathbf{R}^n$，由式 (5.3.12)

$$\|\boldsymbol{b}-\boldsymbol{Ax}\|_2^2=\|\boldsymbol{b}-\boldsymbol{Ax}^*\|_2^2+\|\boldsymbol{A}(\boldsymbol{x}^*-\boldsymbol{x})\|_2^2\geqslant\|\boldsymbol{b}-\boldsymbol{Ax}^*\|_2^2$$

因此 x^* 是 $Ax=b$ 的最小二乘解.

反之，若 $\bar{x}$ 是 $Ax=b$ 的任一最小二乘解，任取 A 的一个最小二乘广义逆 G，由定理 5.3.15 可得，存在 $y\in\mathbf{R}^n$，使得

$$\bar{x}=Gb+(E_n-GA)y$$

$$A^TA\bar{x}=A^TAGb+A^TA(E_n-GA)y=A^T(AG)^Tb+A^T(A-AGA)y=(AGA)^Tb=A^Tb$$

5.3.4 线性方程组的极小范数最小二乘解

由定理 5.3.15 知，方程 $Ax=b$ 的任意一个最小二乘解都可表示为

$$x=Gb+(E_n-GA)y,y\in\mathbf{R}^n$$

当 $GA\neq E_n$ 时，必存在 $y\in R^n$，使得 $(E_n-GA)y\neq 0$，因此方程 $Ax=b$ 的最小二乘解一般不唯一.

定义 5.3.5 方程组 $Ax=b$ 的所有最小二乘解中 2-范数最小的解 x_0，称为方程 $Ax=b$ 的极小范数最小二乘解.

由［例 5.3.7］可知，方程 $\begin{pmatrix}1&0&1\\0&1&1\\1&-1&0\\1&1&2\end{pmatrix}$，$x=\begin{pmatrix}1\\2\\3\\4\end{pmatrix}$ 的最小二乘解是

$$\begin{pmatrix}x_1\\x_2\\x_3\end{pmatrix}=\begin{pmatrix}0\\-5/3\\8/3\end{pmatrix}+k\begin{pmatrix}1\\1\\-1\end{pmatrix}$$

$\|x\|_2^2=k^2+(k-5/3)^2+(-k+8/3)^2=3k^2-26k/3+89/9=3(k^2-26k/9+89/27)=3(k-13/9)^2+98/27$ 因此 $Ax=b$ 的极小范数最小二乘解是

$$\begin{pmatrix}x_1\\x_2\\x_3\end{pmatrix}=\begin{pmatrix}0\\-5/3\\8/3\end{pmatrix}+\frac{13}{9}\begin{pmatrix}1\\1\\-1\end{pmatrix}=\begin{pmatrix}\frac{13}{9}\\\frac{-2}{9}\\\frac{11}{9}\end{pmatrix}$$

当 $Ax=b$ 的最小二乘解中自由变量大于 1 时，求极值问题的解是件麻烦的事情. 现在的问题是：对任意 $b\in\mathbf{R}^m$，能否找到 G，使得 $x=Gb$ 是方程 $Ax=b$ 的极小范数最小二乘解？如果 G 存在，则 G 有什么特征？

定理 5.3.19 对任意 $b\in\mathbf{R}^m$，$x=A_m^-AA_l^-b$ 是方程 $Ax=b$ 的极小范数最小二乘解.

证明 由定理 5.3.15 知，方程 $Ax=b$ 的任意一个最小二乘解都可表示为

$$x=A_l^-b+(E_n-A_l^-A)y,y\in\mathbf{R}^n$$

而且

$$Ax=AA_l^-b+A(E_n-A-A)y=AA_l^-b$$

因此对任意 $b\in\mathbf{R}^m$，方程 $Ax=b$ 的最小二乘解都是方程 $Ax=AA_l^-b$ 的解. 它的极小范数解为 $x=A_m^-AA_l^-b$，因此 $x=A_m^-AA_l^-b$ 是方程 $Ax=b$ 的极小范数最小二乘解.

定义 5.3.6 设 $\boldsymbol{A}\in\mathbf{R}^{m\times n}$，如果矩阵 $\boldsymbol{G}\in\mathbf{R}^{n\times m}$ 满足如下 Penrose-Moore 方程：

(1) $\boldsymbol{AGA}=\boldsymbol{A}$.

(2) $\boldsymbol{GAG}=\boldsymbol{G}$.

(3) $(\boldsymbol{AG})^{\mathrm{T}}=\boldsymbol{AG}$.

(4) $(\boldsymbol{GA})^{\mathrm{T}}=\boldsymbol{GA}$.

则称 $\boldsymbol{G}$ 是 $\boldsymbol{A}$ 的加号逆，记为 $\boldsymbol{A}^{+}$.

$\boldsymbol{A}$ 的加号逆，也称为 Penrose-Moore 广义逆或极小范数最小二乘广义逆.

定理 5.3.20 $\boldsymbol{A}^{+}$ 的加号逆唯一存在，且 $\boldsymbol{A}^{+}=\boldsymbol{A}_m^{-}\boldsymbol{A}\boldsymbol{A}_l^{-}$.

证明 直接验证可得，$\boldsymbol{A}_m^{-}\boldsymbol{A}\boldsymbol{A}_l^{-}$ 满足 Penrose-Moore 方程，因此 $\boldsymbol{A}_m^{-}\boldsymbol{A}\boldsymbol{A}_l^{-}$ 是 $\boldsymbol{A}$ 的加号逆.

如果 $\boldsymbol{G}$、$\boldsymbol{F}$ 是 $\boldsymbol{A}$ 的加号逆，则

$$\boldsymbol{G}=\boldsymbol{GAG}=\boldsymbol{G}(\boldsymbol{AG})^{\mathrm{H}}=\boldsymbol{G}(\boldsymbol{AFAG})^{\mathrm{H}}=\boldsymbol{G}(\boldsymbol{AG})^{\mathrm{H}}(\boldsymbol{AF})^{\mathrm{H}}=\boldsymbol{GAGAF}=\boldsymbol{GAF}$$
$$\boldsymbol{F}=\boldsymbol{FAF}=(\boldsymbol{FA})^{\mathrm{H}}\boldsymbol{F}=(\boldsymbol{FAGA})^{\mathrm{H}}\boldsymbol{F}=(\boldsymbol{GA})^{\mathrm{H}}(\boldsymbol{FA})^{\mathrm{H}}\boldsymbol{F}=\boldsymbol{GAFAF}=\boldsymbol{GAF}$$

故 $\boldsymbol{G}=\boldsymbol{F}$，即 $\boldsymbol{A}$ 的加号逆唯一.

求 $\boldsymbol{A}^{+}$ 比较麻烦，可以用 Matlab 软件来求，其 Matlab 命令是 pinv（A）. 下面只给出利用满秩分解求 $\boldsymbol{A}^{+}$ 的方法和 Greville 迭代方法，其他方法可参阅有关文献，如 [1] 等.

定理 5.3.21 设 $\boldsymbol{A}\in\mathbf{R}^{m\times n}$，$\boldsymbol{BC}$ 是 $\boldsymbol{A}$ 的满秩分解，则

$$\boldsymbol{G}=\boldsymbol{C}^{\mathrm{T}}(\boldsymbol{CC}^{\mathrm{T}})^{-1}(\boldsymbol{B}^{\mathrm{T}}\boldsymbol{B})^{-1}\boldsymbol{B}^{\mathrm{T}} \tag{5.3.13}$$

是 $\boldsymbol{A}$ 的加号逆.

证明 容易验证 $\boldsymbol{C}^{\mathrm{T}}(\boldsymbol{CC}^{\mathrm{T}})^{-1}(\boldsymbol{B}^{\mathrm{T}}\boldsymbol{B})^{-1}\boldsymbol{B}^{\mathrm{T}}$ 满足定义的四个条件.

特别地：

(1) 若 $\boldsymbol{A}=\begin{pmatrix}\boldsymbol{A}_{11} & \boldsymbol{0}\\ \boldsymbol{0} & \boldsymbol{0}\end{pmatrix}_{m\times n}$，而 $\boldsymbol{A}_{11}$ 非奇异，则 $\boldsymbol{A}^{+}=\begin{bmatrix}\boldsymbol{A}_{11}^{-1} & \boldsymbol{0}\\ \boldsymbol{0} & \boldsymbol{0}\end{bmatrix}_{n\times m}$.

(2) 若 $\boldsymbol{A}$ 行满秩，则 $\boldsymbol{A}^{+}=\boldsymbol{A}^{\mathrm{T}}(\boldsymbol{AA}^{\mathrm{T}})^{-1}$.

(3) 若 $\boldsymbol{A}$ 列满秩，则 $\boldsymbol{A}^{+}=(\boldsymbol{A}^{\mathrm{T}}\boldsymbol{A})^{-1}\boldsymbol{A}^{\mathrm{T}}$.

如果 $\boldsymbol{A}$ 是复矩阵，则 $\boldsymbol{A}^{+}=\boldsymbol{C}^{\mathrm{H}}(\boldsymbol{CC}^{\mathrm{H}})^{-1}(\boldsymbol{B}^{\mathrm{H}}\boldsymbol{B})^{-1}\boldsymbol{B}^{\mathrm{H}}$，其中 $\boldsymbol{B}^{\mathrm{H}}$ 是 $\boldsymbol{B}$ 的共轭转置矩阵.

定理 5.3.22 设 $\boldsymbol{A}\in\mathbf{R}^{m\times n}$，则

(1) $\boldsymbol{A}^{+}$ 唯一存在.

(2) $\mathrm{rank}(\boldsymbol{A}^{+})=\mathrm{rank}(\boldsymbol{A})$.

(3) $\boldsymbol{AA}^{+}$，$\boldsymbol{A}^{+}\boldsymbol{A}$ 都是幂等阵，且

$$\mathrm{rank}(\boldsymbol{AA}^{+})=\mathrm{rank}(\boldsymbol{A}^{+}\boldsymbol{A})=\mathrm{rank}(\boldsymbol{A})$$

(4)

$$(k\boldsymbol{A})^{+}=\begin{cases}\dfrac{1}{k}\boldsymbol{A}^{+}, & k\neq 0;\\ \boldsymbol{0}, & k=0.\end{cases}$$

(5) $A^+=(A^TA)^+A^H=A^H(AA^T)^+$.

(6) $(A^+)^+=A$.

(7) $(A^+)^T=(A^T)^+$.

(8) $(A^TA)^+=A^+(A^+)^T$.

由定理（5.3.22）可知，AA^+相似于$\begin{pmatrix}E_r & 0\\ 0 & 0\end{pmatrix}_{m\times m}$，$A^+A$相似于$\begin{pmatrix}E_r & 0\\ 0 & 0\end{pmatrix}_{n\times n}$.

定理 5.3.23 设$A\in \mathbf{R}_r^{m\times n}$，而$P\in \mathbf{R}^{m\times m}$，$Q\in \mathbf{R}^{n\times n}$是正交矩阵，则 $(PAQ)^+=Q^TA^+P^T$. $P\in \mathbf{R}^{m\times m}$，$Q\in \mathbf{R}^{n\times n}$是可逆，一般情况下，$(PAQ)^+\neq Q^TA^+P^T$

直接验证$G=Q^TA^+P^T$满足 Penrose-Moore 方程.

由定理 5.3.23，可得定理 5.3.24.

定理 5.3.24 （对称阵的加号逆）设$A\in \mathbf{R}^{n\times n}$是对称矩阵，则存在正交阵$Q$，使得$Q^TAQ=\Lambda=\mathrm{diag}(\lambda_1,\lambda_2,\cdots,\lambda_r,0,\cdots,0)$，其中$\lambda_1,\lambda_2,\cdots,\lambda_r$是$A$的非零特征值，从而有$A^+=Q\Lambda^+Q^T$.

如果$q_1,q_2,\cdots,q_r$是相应于特征值$\lambda_1,\lambda_2,\cdots,\lambda_r$的两两正交的单位特征向量，注意到

$$\Lambda^+=\mathrm{diag}(\lambda_1^{-1},\lambda_2,\cdots,\lambda_r^{-1},0,\cdots,0)$$

由定理 5.3.24 可得

$$A^+=\tilde{Q}\mathrm{diag}(\lambda_1^{-1},\lambda_2,\cdots,\lambda_r^{-1})\tilde{Q}^T=\sum_{k=1}^{r}\lambda_k^{-1}q_kq_k^T \tag{5.3.14}$$

其中$\tilde{Q}=(q_1,q_2,\cdots,q_r)$.

计算矩阵$A\in \mathbf{R}^{m\times n}$的$A^+$的 Greville 方法是一种有限迭代方法. 设A_k是由前k列组成的子阵. 计算A^+时，先计算$A_1^+=a_1^+$，然后对$k=2,3,\cdots,n$，它通过A_{k-1}的加号逆A_{k-1}^+，利用式（5.3.17）来计算A_k的加号逆A_k^+. 进行$n-1$迭代后，就可得到A^+.

定理 5.3.25 设$A\in \mathbf{R}^{m\times n}$，$A_k$是由前$k$列组成的子阵（$k=2,3,\cdots,n$），记

$$d_k=A_{k-1}^+a_k \tag{5.3.15}$$

$$C_k=a_k-A_{k-1}d_k \tag{5.3.16}$$

则

$$(A_{k-1},a_k)^+=\begin{pmatrix}A_{k-1}^- d_kb_k\\ b_k\end{pmatrix} \tag{5.3.17}$$

其中

$$b_k=\begin{cases}C_k^+. & 当\ C_k\neq 0\\ (1+d_k^Td_k)^{-1}d_k^TA_{k-1}^+. & 当\ C_k=0\end{cases} \tag{5.3.18}$$

定理 5.3.26　$A\in \mathbf{R}^{m\times n}$，则 $Ax=b$ 的极小范数最小二乘解 x 唯一存在，且 $x=A^{+}b$.

【例 5.3.6】　设 $A=\begin{pmatrix}5&0&-1&4\\0&5&2&2\\-1&2&1&0\\4&2&0&4\end{pmatrix}$，求 A^{+}.

解　解法 1：$\begin{pmatrix}5&0&-1&4\\0&5&2&2\\-1&2&1&0\\4&2&0&4\end{pmatrix}\sim\begin{pmatrix}1&-2&-1&0\\0&5&2&2\\5&0&-1&4\\4&2&0&4\end{pmatrix}\sim\begin{pmatrix}1&-2&-1&0\\0&5&2&2\\0&10&4&4\\0&10&4&4\end{pmatrix}$

$$\sim\begin{pmatrix}1&-2&-1&0\\0&2.5&1&1\\0&0&0&0\\0&0&0&0\end{pmatrix}$$

取

$$B=(A_1,A_4)=\begin{pmatrix}5&4\\0&2\\-1&0\\4&4\end{pmatrix},C=\begin{pmatrix}1&-2&-1&0\\0&2.5&1&1\end{pmatrix}$$

则 BC 是 A 的满秩分解.

$$B^{\mathrm{T}}B=\begin{pmatrix}5&0&-1&4\\4&2&0&4\end{pmatrix}\begin{pmatrix}5&4\\0&2\\-1&0\\4&4\end{pmatrix}=\begin{pmatrix}42&36\\36&36\end{pmatrix}$$

$$CC^{\mathrm{T}}=\begin{pmatrix}1&-2&-1&0\\0&2.5&1&1\end{pmatrix}\begin{pmatrix}1&0\\-2&2.5\\-1&1\\0&1\end{pmatrix}=\begin{pmatrix}6&-6\\-6&8.25\end{pmatrix}$$

由式（5.3.13）可得

$$A^{+}=\begin{pmatrix}1&0\\-2&2.5\\-1&1\\0&1\end{pmatrix}\begin{pmatrix}6&-6\\-6&8.25\end{pmatrix}^{-1}\begin{pmatrix}42&36\\36&36\end{pmatrix}^{-1}\begin{pmatrix}5&0&-1&4\\4&2&0&4\end{pmatrix}$$

$$=\frac{1}{2916}\begin{pmatrix}225&-90&-81&144\\-90&360&162&72\\-81&162&81&0\\144&72&0&144\end{pmatrix}$$

解法 2：由于 A 是实对称阵

$$|\boldsymbol{A}-\lambda\boldsymbol{E}|=\begin{vmatrix}5-\lambda & 0 & -1 & 4\\ 0 & 5-\lambda & 2 & 2\\ -1 & 2 & 1-\lambda & 0\\ 4 & 2 & 0 & 4-\lambda\end{vmatrix}=\lambda^2(\lambda-6)(\lambda-9)$$

$$\boldsymbol{A}-6\boldsymbol{E}=\begin{pmatrix}-1 & 0 & -1 & 4\\ 0 & -1 & 2 & 2\\ -1 & 2 & -5 & 0\\ 4 & 2 & 0 & -2\end{pmatrix}\sim\begin{pmatrix}1 & 0 & 1 & -4\\ 0 & -1 & 2 & 2\\ 0 & 2 & -4 & -4\\ 0 & 2 & -4 & 14\end{pmatrix}$$

$$\sim\begin{pmatrix}1 & 0 & 1 & -4\\ 0 & 1 & -2 & -2\\ 0 & 0 & 0 & 0\\ 0 & 0 & 0 & 18\end{pmatrix}\sim\begin{pmatrix}1 & 0 & 1 & 0\\ 0 & 1 & -2 & 0\\ 0 & 0 & 0 & 1\\ 0 & 0 & 0 & 0\end{pmatrix}$$

因此 $\boldsymbol{A}$ 的对应于特征值 $\lambda_1=6$ 的单位特征向量是 $\boldsymbol{q}_1=\frac{1}{\sqrt{6}}(-1,2,1,0)^{\mathrm{T}}$.

$$\boldsymbol{A}-9\boldsymbol{E}=\begin{pmatrix}-4 & 0 & -1 & 4\\ 0 & -4 & 2 & 2\\ -1 & 2 & -8 & 0\\ 4 & 2 & 0 & -5\end{pmatrix}\sim\begin{pmatrix}1 & -2 & 8 & 0\\ -4 & 0 & -1 & 4\\ 0 & -4 & 2 & 2\\ 4 & 2 & 0 & -5\end{pmatrix}\sim\begin{pmatrix}1 & -2 & 8 & 0\\ 0 & -8 & 31 & 4\\ 0 & -4 & 2 & 2\\ 0 & 10 & -32 & -5\end{pmatrix}\sim$$

$$\begin{pmatrix}1 & -2 & 8 & 0\\ 0 & -2 & 1 & 1\\ 0 & 0 & 27 & 0\\ 0 & 0 & -27 & 0\end{pmatrix}\sim\begin{pmatrix}1 & -2 & 0 & 0\\ 0 & -2 & 0 & 1\\ 0 & 0 & 1 & 0\\ 0 & 0 & 0 & 0\end{pmatrix}$$

因此 $\boldsymbol{A}$ 的对应于特征值 $\lambda_2=9$ 的单位特征向量是 $\boldsymbol{q}_2=\frac{1}{3}(2,1,0,2)^{\mathrm{T}}$，由式（5.3.14）可得

$$\boldsymbol{A}^+=(\boldsymbol{q}_1,\boldsymbol{q}_2)\begin{pmatrix}\frac{1}{6} & 0\\ 0 & \frac{1}{9}\end{pmatrix}(\boldsymbol{q}_1^{\mathrm{T}},\boldsymbol{q}_2^{\mathrm{T}})=\frac{2}{2916}\begin{pmatrix}225 & -90 & -81 & 144\\ -90 & 360 & 162 & 72\\ -81 & 162 & 81 & 0\\ 144 & 72 & 0 & 144\end{pmatrix}$$

【例 5.3.7】 设 $\boldsymbol{A}=\begin{pmatrix}1 & 0 & 1\\ 0 & 1 & 1\\ 1 & -1 & 0\\ 1 & 1 & 2\end{pmatrix}$，$\boldsymbol{b}=\begin{pmatrix}1\\ 2\\ 3\\ 4\end{pmatrix}$，求矛盾方程 $\boldsymbol{Ax}=\boldsymbol{b}$ 的极小范数最小二乘解.

解 $\begin{pmatrix}1 & 0 & 1\\ 0 & 1 & 1\\ 1 & -1 & 0\\ 1 & 1 & 2\end{pmatrix}\sim\begin{pmatrix}1 & 0 & 1\\ 0 & 1 & 1\\ 0 & -1 & -1\\ 0 & 1 & 1\end{pmatrix}\sim\begin{pmatrix}1 & 0 & 1\\ 0 & 1 & 1\\ 0 & 0 & 0\\ 0 & 0 & 0\end{pmatrix}$

取

$$B=(A_1,A_2)=\begin{pmatrix}1&0\\0&1\\1&-1\\1&1\end{pmatrix},C=\begin{pmatrix}1&0&1\\0&1&1\end{pmatrix}$$

则 BC 是 A 的满秩分解.

$$B^{\mathrm{T}}B=\begin{pmatrix}3&0\\0&3\end{pmatrix},CC^{\mathrm{T}}=\begin{pmatrix}2&1\\1&2\end{pmatrix}$$

由式（5.3.13）可得

$$A^{+}=\begin{pmatrix}1&0\\0&1\\1&1\end{pmatrix}\begin{pmatrix}2&1\\1&2\end{pmatrix}^{-1}\begin{pmatrix}3&0\\0&3\end{pmatrix}^{-1}\begin{pmatrix}1&0&1&1\\0&1&-1&1\end{pmatrix}$$
$$=\frac{1}{9}\begin{pmatrix}2&-1&3&1\\-1&2&-3&1\\1&1&0&2\end{pmatrix}$$

$Ax=b$ 的极小范数最小二乘解是

$$x=A^{+}b=\frac{1}{9}\begin{pmatrix}2&-1&3&1\\-1&2&-3&1\\1&1&0&2\end{pmatrix}\begin{pmatrix}1\\2\\3\\4\end{pmatrix}=\frac{1}{9}\begin{pmatrix}13\\-2\\11\end{pmatrix}$$

【例 5.3.8】 设 $A=\begin{pmatrix}2&2&1&5&1\\1&1&2&4&5\\-1&-1&1&-1&4\\3&3&-2&4&-9\end{pmatrix}$，$b=\begin{pmatrix}2\\1\\-1\\3\end{pmatrix}$，求 $Ax=b$ 的极小范数最小二乘解.

解　(1) 求矩阵 A 的加号逆.

$$\begin{pmatrix}2&2&1&5&1\\1&1&2&4&5\\-1&-1&1&-1&4\\3&3&-2&4&-9\end{pmatrix}\sim\begin{pmatrix}1&1&2&4&5\\2&2&1&5&1\\-1&-1&1&-1&4\\3&3&-2&4&-9\end{pmatrix}$$
$$\sim\begin{pmatrix}1&1&2&4&5\\0&0&-3&-3&-9\\0&0&3&3&9\\0&0&-8&-8&-24\end{pmatrix}\sim\begin{pmatrix}1&1&0&2&-1\\0&0&1&1&3\\0&0&0&0&0\\0&0&0&0&0\end{pmatrix}$$

取

$$B=(A_1,A_3)=\begin{pmatrix}2&1\\1&2\\-1&1\\3&-2\end{pmatrix},C=\begin{pmatrix}1&1&0&2&-1\\0&0&1&1&3\end{pmatrix}$$

则 BC 是 A 的满秩分解.

$$B^{\mathrm{T}}B=\begin{pmatrix}2&1&-1&3\\1&2&1&-2\end{pmatrix}\begin{pmatrix}2&1\\1&2\\-1&1\\3&-2\end{pmatrix}=\begin{pmatrix}15&-3\\-3&10\end{pmatrix}$$

$$CC^{\mathrm{T}}=\begin{pmatrix}1&1&0&2&-1\\0&0&1&1&3\end{pmatrix}\begin{pmatrix}1&0\\1&0\\0&1\\2&1\\-1&3\end{pmatrix}=\begin{pmatrix}7&-1\\-1&11\end{pmatrix}$$

由式（5. 3. 13）可得

$$A^{+}=\begin{pmatrix}1&0\\1&0\\0&1\\2&1\\-1&3\end{pmatrix}\begin{pmatrix}7&-1\\-1&11\end{pmatrix}^{-1}\begin{pmatrix}15&-3\\-3&10\end{pmatrix}^{-1}\begin{pmatrix}2&1&-1&3\\1&2&1&-2\end{pmatrix}$$

$$=\frac{1}{10716}\begin{pmatrix}274&209&-65&243\\274&209&-65&243\\170&247&77&-123\\718&665&-53&363\\236&532&296&-612\end{pmatrix}$$

（2）利用加号逆，求 $Ax=b$ 的极小范数最小二乘解.

$Ax=b$ 的极小范数最小二乘解是

$$x=A^{+}b=\frac{1}{10716}\begin{pmatrix}274&209&-65&243\\274&209&-65&243\\170&247&77&-123\\718&665&-53&363\\236&532&296&-612\end{pmatrix}\begin{pmatrix}2\\1\\-1\\3\end{pmatrix}=\frac{1}{10716}\begin{pmatrix}1551\\1551\\141\\3243\\-1128\end{pmatrix}$$

5. 4　矩阵 Kronecker 积与矩阵方程的解

矩阵的 Kronecker 积（直积）是一种重要的矩阵乘积，它不仅在矩阵理论的研究中有着广泛的应用，而且在诸如信号处理与系统理论中的随机静态分析与随机向量过程分析等工程领域中也是一种基本的数学工具.

在线性代数中，定义了两个矩阵 $\boldsymbol{A}$ 和 $\boldsymbol{B}$ 的乘积运算 $\boldsymbol{AB}$，它要求 $\boldsymbol{A}$ 的列数等于 $\boldsymbol{B}$ 的行数，否则 $\boldsymbol{AB}$ 没有意义. 下面引入一种新的矩阵乘积运算，它对矩阵 $\boldsymbol{A}$ 和 $\boldsymbol{B}$ 没有要求.

定义 5.4.1　设 $\boldsymbol{A}\in\boldsymbol{C}^{m\times n}$，$\boldsymbol{B}\in\boldsymbol{C}^{p\times q}$，则称分块矩阵

$$\begin{pmatrix} a_{11}\boldsymbol{B} & a_{12}\boldsymbol{B} & \cdots & a_{1n}\boldsymbol{B} \\ a_{21}\boldsymbol{B} & a_{22}\boldsymbol{B} & \cdots & a_{2n}\boldsymbol{B} \\ \cdots & \cdots & \ddots & \cdots \\ a_{m1}\boldsymbol{B} & a_{m2}\boldsymbol{B} & \cdots & a_{mn}\boldsymbol{B} \end{pmatrix}$$

为矩阵 $\boldsymbol{A}$ 与 $\boldsymbol{B}$ 的 Kronecker 积（直积），记为 $\boldsymbol{A}\otimes\boldsymbol{B}$.

【例 5.4.1】　设 $\boldsymbol{A}=\begin{pmatrix}1 & 2\\ 3 & 4\end{pmatrix}$，$\boldsymbol{B}=\begin{pmatrix}1 & 2 & 3\\ 4 & 5 & 6\end{pmatrix}$，求 $\boldsymbol{A}\otimes\boldsymbol{B}$.

解

$$\boldsymbol{A}\otimes\boldsymbol{B}=\begin{pmatrix} 1 & 2 & 3 & 2 & 4 & 6 \\ 4 & 5 & 6 & 8 & 10 & 12 \\ 3 & 6 & 9 & 4 & 8 & 12 \\ 12 & 15 & 18 & 16 & 20 & 24 \end{pmatrix}$$

定理 5.4.1　只要运算可行，则有

(1) $k(\boldsymbol{A}\otimes\boldsymbol{B})=(k\boldsymbol{A})\otimes\boldsymbol{B}=\boldsymbol{A}\otimes(k\boldsymbol{B})$.

(2) 分配律成立：

$$(\boldsymbol{A}_1+\boldsymbol{A}_2)\otimes\boldsymbol{B}=\boldsymbol{A}_1\otimes\boldsymbol{B}+\boldsymbol{A}_2\otimes\boldsymbol{B}$$
$$\boldsymbol{A}\otimes(\boldsymbol{B}_1+\boldsymbol{B}_2)=\boldsymbol{A}\otimes\boldsymbol{B}_1+\boldsymbol{A}\otimes\boldsymbol{B}_2$$

(3) 结合律成立：$(\boldsymbol{A}_1\otimes\boldsymbol{A}_2)\otimes\boldsymbol{A}_3=\boldsymbol{A}_1\otimes(\boldsymbol{A}_2\otimes\boldsymbol{A}_3)$.

(4) $(\boldsymbol{A}_1\otimes\boldsymbol{B}_1)(\boldsymbol{A}_2\otimes\boldsymbol{B}_2)=(\boldsymbol{A}_1\boldsymbol{A}_2)\otimes(\boldsymbol{B}_1\boldsymbol{B}_2)$.

(5) $(\boldsymbol{A}\otimes\boldsymbol{B})^{-1}=\boldsymbol{A}^{-1}\otimes\boldsymbol{B}^{-1}$.

(6) $(\boldsymbol{A}\otimes\boldsymbol{B})^{\mathrm{T}}=\boldsymbol{A}^{\mathrm{T}}\times\boldsymbol{B}^{\mathrm{T}}$.

(7) 正交矩阵的 Kronecker 积仍是正交矩阵.

证明　仅证明（5），其余的结论，请读者自行证明. 设 $\boldsymbol{A}_1=(a_{ij})_{m\times n}$，$\boldsymbol{A}_2=(b_{ij})_{n\times s}$，$\boldsymbol{B}_1$、$\boldsymbol{B}_2$ 可乘，则

$$(\boldsymbol{A}_1\otimes\boldsymbol{B}_1)(\boldsymbol{A}_2\otimes\boldsymbol{B}_2)$$
$$=\begin{pmatrix} a_{11}\boldsymbol{B}_1 & a_{12}\boldsymbol{B}_1 & \cdots & a_{1n}\boldsymbol{B}_1 \\ a_{21}\boldsymbol{B}_1 & a_{22}\boldsymbol{B}_1 & \cdots & a_{2n}\boldsymbol{B}_1 \\ \vdots & \vdots & \ddots & \vdots \\ a_{m1}\boldsymbol{B}_1 & a_{m2}\boldsymbol{B}_1 & \cdots & a_{mn}\boldsymbol{B}_1 \end{pmatrix}\begin{pmatrix} b_{11}\boldsymbol{B}_2 & b_{12}\boldsymbol{B}_2 & \cdots & b_{1s}\boldsymbol{B}_2 \\ b_{21}\boldsymbol{B}_2 & b_{22}\boldsymbol{B}_2 & \cdots & b_{2s}\boldsymbol{B}_2 \\ \vdots & \vdots & \ddots & \vdots \\ b_{n1}\boldsymbol{B}_2 & b_{n2}\boldsymbol{B}_2 & \cdots & b_{ns}\boldsymbol{B}_2 \end{pmatrix}$$

$$\begin{pmatrix} \sum_{i=1}^{n} a_{1i}b_{i1}\boldsymbol{B}_1\boldsymbol{B}_2 & \sum_{i=1}^{n} a_{1i}b_{i2}\boldsymbol{B}_1\boldsymbol{B}_2 & \cdots & \sum_{i=1}^{n} a_{1i}b_{is}\boldsymbol{B}_1\boldsymbol{B}_2 \\ \sum_{i=1}^{n} a_{2i}b_{i1}\boldsymbol{B}_1\boldsymbol{B}_2 & \sum_{i=1}^{n} a_{2i}b_{i2}\boldsymbol{B}_1\boldsymbol{B}_2 & \cdots & \sum_{i=1}^{n} a_{2i}b_{is}\boldsymbol{B}_1\boldsymbol{B}_2 \\ \vdots & \vdots & \ddots & \vdots \\ \sum_{i=1}^{n} a_{mi}b_{i1}\boldsymbol{B}_1\boldsymbol{B}_2 & \sum_{i=1}^{n} a_{mi}b_{i2}\boldsymbol{B}_1\boldsymbol{B}_2 & \cdots & \sum_{i=1}^{n} a_{mi}b_{is}\boldsymbol{B}_1\boldsymbol{B}_2 \end{pmatrix}$$

$$= (\boldsymbol{A}_1\boldsymbol{A}_2) \otimes (\boldsymbol{B}_1\boldsymbol{B}_2)$$

定理 5.4.2 设 $\boldsymbol{A}\in \mathbf{C}^{m\times n}$，$\boldsymbol{B}\in \mathbf{C}^{p\times q}$，则

$$\operatorname{rank}(\boldsymbol{A}\otimes \boldsymbol{B}) = \operatorname{rank}(\boldsymbol{A})\cdot \operatorname{rank}(\boldsymbol{B})$$

证明 设 $\boldsymbol{A}\in \mathbf{C}^{m\times n}$，则存在非奇异阵 $\boldsymbol{P}$，$\boldsymbol{Q}$ 使得 $\boldsymbol{A}=\boldsymbol{P}\begin{pmatrix} \boldsymbol{E}_r & \boldsymbol{0} \\ \boldsymbol{0} & \boldsymbol{0} \end{pmatrix}\boldsymbol{Q}$. 因此

$$\boldsymbol{A}\otimes \boldsymbol{B} = \left(\boldsymbol{P}\begin{pmatrix} \boldsymbol{E}_r & \boldsymbol{0} \\ \boldsymbol{0} & \boldsymbol{0} \end{pmatrix}\boldsymbol{Q}\right)\otimes (\boldsymbol{E}_p\boldsymbol{B}\boldsymbol{E}_q) = (\boldsymbol{P}\otimes \boldsymbol{E}_p)\begin{pmatrix} \boldsymbol{E}_r\times \boldsymbol{B} & \boldsymbol{0} \\ \boldsymbol{0} & \boldsymbol{0} \end{pmatrix}_{mp\times np} (\boldsymbol{Q}\otimes \boldsymbol{E}_q)$$

由定理 5.4.1（6）知，$\boldsymbol{P}\otimes\boldsymbol{E}_p$，$\boldsymbol{Q}\times\boldsymbol{E}_q$ 非奇异，注意到 $\boldsymbol{E}_r\otimes\boldsymbol{B}=\operatorname{diag}(\boldsymbol{B}, \boldsymbol{B}, \cdots, \boldsymbol{B})$，因此

$$\operatorname{rank}(\boldsymbol{A}\otimes \boldsymbol{B}) = \operatorname{rank}\left(\begin{pmatrix} \boldsymbol{E}_r\otimes \boldsymbol{B} & \boldsymbol{0} \\ \boldsymbol{0} & \boldsymbol{0} \end{pmatrix}\right) = r\cdot \operatorname{rank}(\boldsymbol{B}) = \operatorname{rank}(\boldsymbol{A})\cdot \operatorname{rank}(\boldsymbol{B})$$

定理 5.4.3 设 $\boldsymbol{A}\in \mathbf{C}^{m\times m}$，$\boldsymbol{B}\in \mathbf{C}^{n\times n}$，则

（1）$|\boldsymbol{A}\otimes\boldsymbol{B}|=|\boldsymbol{A}|^n|\boldsymbol{B}|^m$.

（2）$\operatorname{tr}(\boldsymbol{A}\otimes\boldsymbol{B})=\operatorname{tr}(\boldsymbol{A})\cdot\operatorname{tr}(\boldsymbol{B})$.

证明 设 λ_1，λ_2，…，λ_m 是 $\boldsymbol{A}$ 的特征值，$\boldsymbol{J}$ 是 $\boldsymbol{A}$ 的约当标准形. 则存在非奇异阵 $\boldsymbol{P}$，使得 $\boldsymbol{A}=\boldsymbol{P}\boldsymbol{J}\boldsymbol{P}^{-1}$. 因此

$$\boldsymbol{A}\otimes \boldsymbol{B} = (\boldsymbol{P}\boldsymbol{J}\boldsymbol{P}^{-1})\otimes (\boldsymbol{E}_n\boldsymbol{B}\boldsymbol{E}_n) = (\boldsymbol{P}\otimes \boldsymbol{E}_n)(\boldsymbol{J}\otimes \boldsymbol{B})(\boldsymbol{P}^{-1}\otimes \boldsymbol{E}_n)$$

从而

$$|\boldsymbol{A}\otimes \boldsymbol{B}| = |\boldsymbol{J}\otimes \boldsymbol{B}|, \operatorname{tr}(\boldsymbol{A}\otimes \boldsymbol{B}) = \operatorname{tr}(\boldsymbol{J}\otimes \boldsymbol{B})$$

注意到 $\boldsymbol{J}\otimes\boldsymbol{B}$ 是分块上三角阵，其对角线上的矩阵是 $\lambda_1\boldsymbol{B}$，$\lambda_2\boldsymbol{B}$，…，$\lambda_m\boldsymbol{B}$，因此

（1）$|\boldsymbol{J}\otimes\boldsymbol{B}|=|\lambda_1\boldsymbol{B}\|\lambda_2\boldsymbol{B}|\cdots|\lambda_m\boldsymbol{B}|(\lambda_1\lambda_2\cdots\lambda_m)^n|\boldsymbol{B}|^m=|\boldsymbol{A}|^n|\boldsymbol{B}|^m$，故 $|\boldsymbol{A}\otimes\boldsymbol{B}|=|\boldsymbol{A}|^n|\boldsymbol{B}|^m$.

（2）$\operatorname{tr}(\boldsymbol{J}\otimes\boldsymbol{B})=\lambda_1\operatorname{tr}(\boldsymbol{B})+\lambda_2\operatorname{tr}(\boldsymbol{B})+\cdots+\lambda_m\operatorname{tr}(\boldsymbol{B})=\operatorname{tr}(\boldsymbol{A})\cdot\operatorname{tr}(\boldsymbol{B})$.

故

$$\operatorname{tr}(\boldsymbol{A}\otimes \boldsymbol{B}) = \operatorname{tr}(\boldsymbol{A})\cdot \operatorname{tr}(\boldsymbol{B})$$

定义 5.4.2 设 $\boldsymbol{A}\in \mathbf{C}^{m\times m}$，$\boldsymbol{B}\in \mathbf{C}^{n\times n}$，则称

$$\boldsymbol{A}\otimes \boldsymbol{E}_n + \boldsymbol{E}_m\otimes \boldsymbol{B}^{\mathrm{T}}$$

为矩阵 $\boldsymbol{A}$ 与 $\boldsymbol{B}$ 的 Kronecker 和，记为 $\boldsymbol{A}\oplus\boldsymbol{B}$.

定理 5.4.4　设 $\boldsymbol{A}\in\mathbf{C}^{m\times m}$，$\boldsymbol{B}\in\mathbf{C}^{n\times n}$，$\boldsymbol{\Lambda}(\boldsymbol{A})=\{\lambda\mid\lambda$ 是 $\boldsymbol{A}$ 的特征值$\}$，则

(1) $\boldsymbol{\Lambda}(\boldsymbol{A}\otimes\boldsymbol{B})=\{\lambda u\mid\lambda\in\boldsymbol{\Lambda}(\boldsymbol{A}),u\in\boldsymbol{\Lambda}(\boldsymbol{B})\}$.

(2) $\boldsymbol{\Lambda}(\boldsymbol{A}\oplus\boldsymbol{B})=\{\lambda+u\mid\lambda\in\boldsymbol{\Lambda}(\boldsymbol{A}),u\in\boldsymbol{\Lambda}(\boldsymbol{B})\}$.

证明　设 λ_1，λ_2，…，λ_m 是 $\boldsymbol{A}$ 的特征值，$\boldsymbol{J}_A$ 是 $\boldsymbol{A}$ 的约当标准形，则存在非奇异阵 $\boldsymbol{P}$，使得 $\boldsymbol{A}=\boldsymbol{P}\boldsymbol{J}_A\boldsymbol{P}^{-1}$. 设 μ_1，μ_2，…，μ_n 是 $\boldsymbol{B}$ 的特征值，$\boldsymbol{J}_B$ 是 $\boldsymbol{B}$ 的约当标准形，则存在非奇异阵 $\boldsymbol{Q}$，使得 $\boldsymbol{B}=\boldsymbol{Q}\boldsymbol{J}_B\boldsymbol{Q}^{-1}$. 因此

$$
\begin{aligned}
\boldsymbol{A}\otimes\boldsymbol{B}&=(\boldsymbol{P}\boldsymbol{J}_A\boldsymbol{P}^{-1})\otimes(\boldsymbol{Q}\boldsymbol{J}_B\boldsymbol{Q}^{-1})\\
&=(\boldsymbol{P}\otimes\boldsymbol{Q})(\boldsymbol{J}_A\otimes\boldsymbol{J}_B)(\boldsymbol{P}^{-1}\otimes\boldsymbol{Q}^{-1})\\
&=(\boldsymbol{P}\otimes\boldsymbol{Q})(\boldsymbol{J}_A\otimes\boldsymbol{J}_B)(\boldsymbol{P}\otimes\boldsymbol{Q})^{-1}
\end{aligned}
$$

从而

$$\boldsymbol{\Lambda}(\boldsymbol{A}\oplus\boldsymbol{B})=\boldsymbol{\Lambda}(\boldsymbol{J}_A\otimes\boldsymbol{J}_B)=\{\lambda_i u_j\mid i=1,2,\cdots,m;j=1,2,\cdots,n\}$$

设 λ_1，λ_2，…，λ_m 是 $\boldsymbol{A}$ 的特征值，$\boldsymbol{J}_A$ 是 $\boldsymbol{A}$ 的约当标准形，则存在非奇异阵 $\boldsymbol{P}$，使得 $\boldsymbol{A}=\boldsymbol{P}\boldsymbol{J}_A\boldsymbol{P}^{-1}$. 设 μ_1，μ_2，…，μ_n 是 $\boldsymbol{B}$ 的特征值，$\boldsymbol{J}_B$ 是 $\boldsymbol{B}^{\mathrm{T}}$ 的约当标准形，则存在非奇异阵 $\tilde{\boldsymbol{Q}}$，使得 $\boldsymbol{B}^{\mathrm{T}}=\tilde{\boldsymbol{Q}}^{-1}\boldsymbol{J}_B^{\mathrm{T}}\tilde{\boldsymbol{Q}}^{-1}$. 因此

$$
\begin{aligned}
\boldsymbol{A}\otimes\boldsymbol{E}_n+\boldsymbol{E}_m\otimes\boldsymbol{B}^{\mathrm{T}}&=(\boldsymbol{P}\boldsymbol{J}_A\boldsymbol{P}^{-1})\otimes(\tilde{\boldsymbol{Q}}\boldsymbol{E}_n\tilde{\boldsymbol{Q}}^{-1})+(\boldsymbol{P}\boldsymbol{E}_m\boldsymbol{P}^{-1})\otimes(\tilde{\boldsymbol{Q}}\boldsymbol{J}_{B\mathrm{T}}\tilde{\boldsymbol{Q}}^{-1})\\
&=(\boldsymbol{P}\otimes\tilde{\boldsymbol{Q}})(\boldsymbol{J}_A\otimes\boldsymbol{E}_n+\boldsymbol{E}_m\otimes\boldsymbol{J}_{B\mathrm{T}})(\boldsymbol{P}^{-1}\otimes\tilde{\boldsymbol{Q}}^{-1})\\
&=(\boldsymbol{P}\otimes\tilde{\boldsymbol{Q}})(\boldsymbol{J}_A\otimes\boldsymbol{E}_n+\boldsymbol{E}_m\otimes\boldsymbol{J}_{B\mathrm{T}})(\boldsymbol{P}\otimes\tilde{\boldsymbol{Q}})^{-1}
\end{aligned}
$$

因此 $\boldsymbol{A}\otimes\boldsymbol{E}_n+\boldsymbol{E}_m\otimes\boldsymbol{B}^{\mathrm{T}}$ 与 $\boldsymbol{J}_A\otimes\boldsymbol{E}_n+\boldsymbol{E}_m\otimes\boldsymbol{J}_B^{\mathrm{T}}$ 有相同的特征值. 由于 $\boldsymbol{J}_A\otimes\boldsymbol{E}_n+\boldsymbol{E}_m\otimes\boldsymbol{J}_B^{\mathrm{T}}$ 是对角线的下方全为零的矩阵，对角线上的元素为

$$\lambda_i+u_j,i=1,2,\cdots,m;j=1,2,\cdots,n$$

由此有

$$\boldsymbol{\Lambda}(\boldsymbol{A}\oplus\boldsymbol{B})=\{\lambda+u\mid\lambda\in\boldsymbol{\Lambda}(\boldsymbol{A}),u\in\boldsymbol{\Lambda}(\boldsymbol{B})\}$$

定理 5.4.5　设 $\boldsymbol{x}$ 是 $\boldsymbol{A}$ 对应于特征值 λ 的特征向量，$\boldsymbol{y}$ 是 B 对应于特征值 μ 的特征向量，则 $\boldsymbol{x}\otimes\boldsymbol{y}$ 是 $\boldsymbol{A}\otimes\boldsymbol{B}$ 对应于特征值 $\lambda\mu$ 的特征向量.

证明　因为 $\boldsymbol{x}$ 是 $\boldsymbol{A}$ 对应于特征值 λ 的特征向量，$\boldsymbol{y}$ 是 $\boldsymbol{B}$ 对应于特征值 μ 的特征向量，所以

$$\boldsymbol{A}\boldsymbol{x}=\lambda\boldsymbol{x},\boldsymbol{B}\boldsymbol{y}=\mu\boldsymbol{y}$$

因此

$$(\boldsymbol{A}\otimes\boldsymbol{B})(\boldsymbol{x}\otimes\boldsymbol{y})=(\boldsymbol{A}\boldsymbol{x})\otimes(\boldsymbol{B}\boldsymbol{y})=(\lambda\boldsymbol{x})\otimes(u\boldsymbol{y})=(\lambda u)(\boldsymbol{x}\otimes\boldsymbol{y})$$

注意到 $\boldsymbol{x}\otimes\boldsymbol{y}\neq0$，因此 $\boldsymbol{x}\otimes\boldsymbol{y}$ 是 $\boldsymbol{A}\otimes\boldsymbol{B}$ 对应于特征值 $\lambda\mu$ 的特征向量.

定义 5.4.3　设 $\boldsymbol{A}=(a_{ij})_{m\times n}\in\mathbf{R}^{m\times n}$，则称向量

$$\mathrm{vec}(\boldsymbol{A})=(a_{11},a_{12},\cdots,a_{1n},a_{21},a_{22},\cdots,a_{2n},\cdots,a_{m1},a_{m2},\cdots,a_{mn})^{\mathrm{T}}$$

为 $\boldsymbol{A}$ 的（按行）拉直.

定理 5.4.6　设 $\boldsymbol{A}\in\mathbf{C}^{m\times n}$，$\boldsymbol{X}\in\mathbf{C}^{n\times p}$，$\boldsymbol{B}\in\mathbf{C}^{p\times s}$，则

$$\mathrm{vec}(\boldsymbol{AXB}) = (\boldsymbol{A} \otimes \boldsymbol{B}^{\mathrm{T}})\mathrm{vec}(\boldsymbol{X})$$

证明 设$\boldsymbol{A}=(a_{ij})_{m\times n}$，将$\boldsymbol{X}^{\mathrm{T}}$按列分块，即

$$\boldsymbol{X}^{\mathrm{T}} = (x_1, x_2, \cdots, x_n)$$

则有

$$\boldsymbol{AXB} = \begin{pmatrix} (a_{11}\boldsymbol{x}_1^{\mathrm{T}} + \cdots + a_{1n}\boldsymbol{x}_n^{\mathrm{T}})\boldsymbol{B} \\ \cdots \\ (a_{m1}\boldsymbol{x}_1^{\mathrm{T}} + \cdots + a_{mn}\boldsymbol{x}_n^{\mathrm{T}})\boldsymbol{B} \end{pmatrix}, \mathrm{vec}(\boldsymbol{X}) = \begin{pmatrix} \boldsymbol{x}_1 \\ \vdots \\ \boldsymbol{x}_n \end{pmatrix}$$

从而

$$\begin{aligned} \mathrm{vec}(\boldsymbol{AXB}) &= ((a_{11}\boldsymbol{x}_1^{\mathrm{T}} + \cdots + a_{1n}\boldsymbol{x}_n^{\mathrm{T}})\boldsymbol{B}, \cdots, (a_{11}\boldsymbol{x}_1^{\mathrm{T}} + \cdots + a_{1n}\boldsymbol{x}_n^{\mathrm{T}})\boldsymbol{B})^{\mathrm{T}} \\ &= \begin{pmatrix} \boldsymbol{B}^{\mathrm{T}}(a_{11}\boldsymbol{x}_1 + \cdots + a_{1n}\boldsymbol{x}_n \\ \vdots \\ \boldsymbol{B}^{\mathrm{T}}(a_{11}\boldsymbol{x}_1 + \cdots + a_{1n}\boldsymbol{x}_n)) \end{pmatrix} = \begin{pmatrix} a_{11}\boldsymbol{B}^{\mathrm{T}} & \cdots & a_{1n}\boldsymbol{B}^{\mathrm{T}} \\ \vdots & \vdots & \vdots \\ a_{m1}\boldsymbol{B}^{\mathrm{T}} & \cdots & a_{mn}\boldsymbol{B}^{\mathrm{T}} \end{pmatrix} \begin{pmatrix} \boldsymbol{x}_1 \\ \vdots \\ \boldsymbol{x}_n \end{pmatrix} \\ &= (\boldsymbol{A} \otimes \boldsymbol{B}^{\mathrm{T}})\mathrm{vec}(\boldsymbol{X}) \end{aligned}$$

定理 5.4.7 设$\boldsymbol{A}\in\boldsymbol{C}^{m\times m}$，$\boldsymbol{B}\in\boldsymbol{C}^{n\times n}$，$\boldsymbol{X}\in\boldsymbol{C}^{m\times n}$，则

(1) $\mathrm{vec}(\boldsymbol{AX})=(\boldsymbol{A}\otimes\boldsymbol{E}_n)\mathrm{vec}(\boldsymbol{X}), \mathrm{vec}(\boldsymbol{XB})=(\boldsymbol{E}_m\otimes\boldsymbol{B}^{\mathrm{T}})\mathrm{vec}(\boldsymbol{X})$

(2) $\mathrm{vec}(\boldsymbol{AX}+\boldsymbol{XB})=(\boldsymbol{A}\oplus\boldsymbol{B})\mathrm{vec}(\boldsymbol{X})$.

因此矩阵方程$\boldsymbol{AX}+\boldsymbol{XB}=\boldsymbol{F}$有解的充分必要条件$(\boldsymbol{A}\oplus\boldsymbol{B})\mathrm{vec}(\boldsymbol{X})=\mathrm{vec}(\boldsymbol{F})$有解. 这样，就将矩阵方程转化为通常的线性方程组的求解问题. 由线性代数的知识，可得如下结论：

定理 5.4.8 设$\boldsymbol{A}\in\boldsymbol{C}^{m\times m}$，$\boldsymbol{B}\in\boldsymbol{C}^{n\times n}$，$\boldsymbol{F}\in\boldsymbol{C}^{m\times n}$，则

(1) 矩阵方程$\boldsymbol{AX}+\boldsymbol{XB}=\boldsymbol{F}$有解的充分必要条件是$\mathrm{vec}(\boldsymbol{F})\in R(\boldsymbol{A}\oplus\boldsymbol{B})$.

(2) 矩阵方程$\boldsymbol{AX}+\boldsymbol{XB}=\boldsymbol{F}$有唯一解的充分必要条件是$\boldsymbol{A}$和$-\boldsymbol{B}$没有相同的特征值.

【例 5.4.2】 解矩阵方程$\boldsymbol{AX}+\boldsymbol{XB}=\boldsymbol{F}$，其中

(1)

$$\boldsymbol{A} = \begin{pmatrix} 1 & 2 \\ -2 & 5 \end{pmatrix}, \boldsymbol{B} = \begin{pmatrix} 2 & 4 \\ 2 & 0 \end{pmatrix}, \boldsymbol{F} = \begin{pmatrix} 1 & 0 \\ 4 & 1 \end{pmatrix}$$

(2)

$$\boldsymbol{A} = \begin{pmatrix} 1 & -1 \\ 0 & 2 \end{pmatrix}, \boldsymbol{B} = \begin{pmatrix} -3 & 4 \\ 0 & -1 \end{pmatrix}, \boldsymbol{F} = \begin{pmatrix} 0 & 5 \\ 2 & -9 \end{pmatrix}$$

解 (1) 由于$\boldsymbol{A}$的特征值为$\lambda_1=\lambda_2=3$，$\boldsymbol{B}$的特征值为$u_1=2$，$u_2=-4$，由定理 5.4.8 知，矩阵方程$\boldsymbol{AX}+\boldsymbol{XB}=\boldsymbol{F}$有唯一解. 设$\boldsymbol{X}=\begin{pmatrix} x_1 & x_2 \\ x_3 & x_4 \end{pmatrix}$，可将矩阵方程$\boldsymbol{AX}+\boldsymbol{XB}=\boldsymbol{F}$转化为

$$\begin{pmatrix} 3 & 2 & 2 & 0 \\ 4 & 1 & 0 & 2 \\ -2 & 0 & 7 & 2 \\ 0 & -2 & 4 & 5 \end{pmatrix} \begin{pmatrix} x_1 \\ x_2 \\ x_3 \\ x_4 \end{pmatrix} = \begin{pmatrix} 1 \\ 0 \\ 4 \\ 1 \end{pmatrix}$$

解得 $x_1=-1$，$x_2=2$，$x_3=0$，$x_4=1$，因此矩阵方程 $\boldsymbol{AX}+\boldsymbol{XB}=\boldsymbol{F}$ 的唯一解为

$$\boldsymbol{X}=\begin{pmatrix}-1 & 2\\ 0 & 1\end{pmatrix}$$

（2）设 $\boldsymbol{X}=\begin{bmatrix}x_1 & x_2\\ x_3 & x_4\end{bmatrix}$，可将矩阵方程 $\boldsymbol{AX}+\boldsymbol{XB}=\boldsymbol{F}$ 转化为

$$\begin{bmatrix}-2 & 0 & -1 & 0\\ 4 & 0 & 0 & -1\\ 0 & 0 & -1 & 0\\ 0 & 0 & 4 & 1\end{bmatrix}\begin{bmatrix}x_1\\ x_2\\ x_3\\ x_4\end{bmatrix}=\begin{bmatrix}0\\ 5\\ 2\\ -9\end{bmatrix}$$

该方程组的通解是

$$\begin{bmatrix}x_1\\ x_2\\ x_3\\ x_4\end{bmatrix}=\begin{bmatrix}1\\ 0\\ -2\\ -1\end{bmatrix}+k\begin{bmatrix}0\\ 1\\ 0\\ 0\end{bmatrix}$$

因此矩阵方程 $\boldsymbol{AX}+\boldsymbol{XB}=\boldsymbol{F}$ 的通解是

$$\boldsymbol{X}=\begin{pmatrix}1 & 0\\ -2 & -1\end{pmatrix}+k\begin{pmatrix}0 & 1\\ 0 & 0\end{pmatrix},\text{其中 } k \text{ 是任意常数}$$

对一般的线性矩阵方程

$$\sum_{k=1}^{r}\boldsymbol{A}_k\boldsymbol{X}\boldsymbol{B}_k=\boldsymbol{F}$$

其中 $\boldsymbol{A}_k\in\boldsymbol{C}^{m\times n}$，$\boldsymbol{X}\in\boldsymbol{C}^{n\times p}$，$\boldsymbol{B}_k\in\boldsymbol{C}^{p\times s}$，$(k=1, 2, \cdots, r)$. 将以上方程拉直，利用拉直与直积的关系，可得它的等价线性方程组

$$\left(\sum_{k=1}^{r}(\boldsymbol{A}_k\otimes\boldsymbol{B}_k^{\mathrm{T}})\right)\overrightarrow{\boldsymbol{X}}=\overrightarrow{\boldsymbol{F}}$$

求解该方程组就可求得原方程的解.

定理 5.4.9　设 $\boldsymbol{A}\in\mathbf{R}^{m\times n}$，$\boldsymbol{B}\in\mathbf{R}^{p\times q}$，$\boldsymbol{D}\in\mathbf{R}^{m\times q}$，则矩阵方程 $\boldsymbol{AXB}=\boldsymbol{D}$ 有解的充分必要条件是

$$\boldsymbol{AA}^{-}\boldsymbol{DB}^{-}\boldsymbol{B}=\boldsymbol{D} \tag{5.4.1}$$

且通解为

$$\boldsymbol{X}=\boldsymbol{A}^{-}\boldsymbol{DB}^{-}+\boldsymbol{Y}-\boldsymbol{A}^{-}\boldsymbol{AYBB}^{-} \tag{5.4.2}$$

其中 $\boldsymbol{Y}\in\mathbf{R}^{n\times p}$ 为任意矩阵.

证明　如果 $\boldsymbol{AXB}=\boldsymbol{D}$ 有解，且设 $\boldsymbol{X}$ 为 $\boldsymbol{AXB}=\boldsymbol{D}$ 的任一解，则

$$\boldsymbol{AA}^{-}\boldsymbol{DB}^{-}\boldsymbol{B}=\boldsymbol{AA}^{-}\boldsymbol{AXBB}^{-}\boldsymbol{B}=\boldsymbol{AXB}=\boldsymbol{D}$$

即式（5.4.1）成立. 反之，若式（5.4.1）成立，显然 $\boldsymbol{X}=\boldsymbol{A}^{-}\boldsymbol{DB}^{-}$ 为方程 $\boldsymbol{AXB}=\boldsymbol{D}$ 的一个解.

容易看到，任意具有形式（5.4.2）的矩阵 $\boldsymbol{X}$ 一定满足方程 $\boldsymbol{AXB}=\boldsymbol{D}$. 另外，方程 $\boldsymbol{AXB}=\boldsymbol{D}$

的任意解 $\boldsymbol{X}$ 可表示成

$$\boldsymbol{X}=\boldsymbol{A}^{-}\boldsymbol{D}\boldsymbol{B}^{-}+\boldsymbol{X}-\boldsymbol{A}^{-}\boldsymbol{A}\boldsymbol{X}\boldsymbol{B}\boldsymbol{B}^{-}$$

所以 $\boldsymbol{X}$ 具有式（5.4.2）的形式.

习 题 5

5.1 求下列方程组的系数矩阵的三角分解，并用所得的三角分解解方程组.

(1) $\begin{pmatrix} 1 & -1 & 2 & -4 \\ 3 & -1 & 7 & -15 \\ 0 & -4 & 2 & 5 \\ 1 & -3 & 17 & -11 \end{pmatrix}\boldsymbol{x}=\begin{pmatrix} -7 \\ -33 \\ 25 \\ -9 \end{pmatrix}$；(2) $\begin{pmatrix} 2 & -1 & 2 & 1 \\ 4 & -1 & 6 & 6 \\ -2 & 3 & 0 & 8 \\ 4 & -1 & 8 & 8 \end{pmatrix}\boldsymbol{x}=\begin{pmatrix} 9 \\ 30 \\ 16 \\ 38 \end{pmatrix}$

5.2 求下列方程组的最小二乘解.

(1) $\begin{pmatrix} 1 & 0 & -1 & 1 \\ 0 & 2 & 2 & 2 \\ -1 & 4 & 5 & 3 \end{pmatrix}\begin{pmatrix} x_1 \\ x_2 \\ x_3 \\ x_4 \end{pmatrix}=\begin{pmatrix} 4 \\ 1 \\ 2 \end{pmatrix}$；　(2) $\begin{pmatrix} 1 & 3 & 1 \\ 2 & -2 & 2 \\ -2 & 1 & 1 \\ -1 & 0 & 3 \end{pmatrix}\begin{pmatrix} x_1 \\ x_2 \\ x_3 \\ x_4 \end{pmatrix}=\begin{pmatrix} 2 \\ 1 \\ 5 \\ -2 \end{pmatrix}$

5.3 （1）证明：用雅可比迭代法和高斯-赛德尔迭代法求解方程组 $\boldsymbol{A}\boldsymbol{x}=\boldsymbol{b}$ 的解，迭代算法收敛，其中

$$\begin{pmatrix} 12 & 2 & -4 & 3 \\ 2 & 16 & 1 & -4 \\ 3 & 2 & 10 & -4 \\ 1 & -4 & 2 & 10 \end{pmatrix},\boldsymbol{b}=\begin{pmatrix} 2 \\ 4 \\ 5 \\ -3 \end{pmatrix}$$

（2）取初值 $\boldsymbol{x}^{(0)}=(0,0,0,0)^{\mathrm{T}}$ 需要迭代多少次，才能证各分量绝对误差小于 10^{-6}？

5.4 对线性代数方程组

$$\begin{cases} 6x_1+x_2+x_3+x_4=9 \\ x_1-2x_2+8x_3+4x_4=4 \\ x_1+3x_2-x_3-10x_4=-24 \\ x_1+20x_2+3x_3+4x_4=31 \end{cases}$$

（1）设法导出使雅可比迭代法和高斯－赛德尔迭代法均收敛的迭代格式，要求分别写出迭代格式，并说明收敛的理由.

（2）两种迭代法分别需要迭代多少次，可保证 $\|\boldsymbol{x}^{(k)}-\boldsymbol{x}^{*}\|_{\infty}<10^{-4}=\varepsilon$

5.5 用共轭梯度法求如下方程组的近似解，计算精度为 $\varepsilon=10^{-3}$.

(1) $\begin{pmatrix} 5 & 1 & 2 \\ 1 & 8 & -3 \\ 2 & -3 & 12 \end{pmatrix}\boldsymbol{x}=\begin{pmatrix} 4 \\ -1 \\ 3 \end{pmatrix}$　　(2) $\begin{pmatrix} 4 & 1 & 0 & 0 \\ 1 & 4 & 1 & 0 \\ 0 & 1 & 4 & 1 \\ 0 & 0 & 1 & 4 \end{pmatrix}\boldsymbol{x}=\begin{pmatrix} -2 \\ 4 \\ 3 \\ -1 \end{pmatrix}$

5.6 求下列矩阵的减号逆和加号逆.

(1) $\begin{pmatrix} 1 & 0 & -1 & 2 \\ 3 & 1 & -2 & 3 \\ -4 & 2 & 6 & -14 \\ 3 & -3 & -6 & 15 \end{pmatrix}$；　(2) $\begin{pmatrix} 1 & -2 & 1 & 0 \\ -2 & 4 & 0 & -6 \\ 1 & -2 & 2 & -3 \\ 3 & -6 & 0 & 9 \end{pmatrix}$；

(3) $\begin{pmatrix} 3 & 2 & 0 & 5 & 0 \\ 3 & -2 & 3 & 6 & -1 \\ 2 & 0 & 1 & 5 & -3 \\ 1 & 6 & -4 & -1 & 4 \end{pmatrix}$；　(4) $\begin{pmatrix} 1 & -2 & 0 & 0 & 3 \\ -2 & 4 & 1 & 0 & -7 \\ -1 & 2 & 4 & 1 & -5 \\ 3 & -6 & -3 & 2 & 6 \end{pmatrix}$；

(5) $\begin{pmatrix} 1 & 0 & 1 & 0 & 3 \\ 2 & -1 & 1 & 2 & -1 \\ 2 & 1 & -2 & 1 & 0 \end{pmatrix}$；　(6) $\begin{pmatrix} 5 & 2 & 0 & 0 \\ 2 & 1 & 0 & 0 \\ 0 & 0 & 1 & 1 \\ 0 & 0 & 2 & 2 \end{pmatrix}$

5.7　设 $\boldsymbol{A}=\begin{pmatrix} \boldsymbol{A}_{11} & \boldsymbol{0} \\ \boldsymbol{0} & \boldsymbol{A}_{22} \end{pmatrix}$ 证明：$\begin{pmatrix} \boldsymbol{X}_{11} & \boldsymbol{X}_{12} \\ \boldsymbol{X}_{21} & \boldsymbol{A}_{22}^- \end{pmatrix}\in \boldsymbol{A}^{\{1\}}$，其中 $\boldsymbol{X}_{12}$，X_{21} 是满足 $\boldsymbol{A}_{11}\boldsymbol{X}_{12}\boldsymbol{A}_{22}=\boldsymbol{0}$，$\boldsymbol{A}_{22}\boldsymbol{X}_{21}\boldsymbol{A}_{11}=\boldsymbol{0}$ 的矩阵.

5.8　(1) 设 $\boldsymbol{A}=\begin{pmatrix} 1 & 1 & 2 & -1 \\ 2 & 2 & 1 & 3 \\ -1 & -1 & 1 & -4 \end{pmatrix}$，求矩阵 $\boldsymbol{A}$ 的一个减号逆.

(2) 求方程组 $\begin{cases} x_1+x_2+2x_3-x_4=-2 \\ 2x_1+2x_2+x_3+3x_4=8 \\ -x_1-x_2+x_3-4x_4=-10 \end{cases}$ 的通解.

5.9　求矩阵 $\boldsymbol{A}=\begin{pmatrix} 1 & 0 & -1 & 1 \\ 0 & 2 & 2 & 2 \\ -1 & 4 & 5 & 3 \end{pmatrix}$ 的加号逆，并求方程

$$\begin{pmatrix} 1 & 0 & -1 & 1 \\ 0 & 2 & 2 & 2 \\ -1 & 4 & 5 & 3 \end{pmatrix}\begin{pmatrix} x_1 \\ x_2 \\ x_3 \\ x_4 \end{pmatrix}=\begin{pmatrix} 4 \\ 1 \\ 2 \end{pmatrix}$$

的极小范数最小二乘解.

5.10　利用广义逆求习题 5.2 中方程组的极小范数最小二乘解.

5.11　设 $\boldsymbol{A}=\begin{pmatrix} 4 & 2 & -5 \\ 1 & 4 & -9 \\ 1 & 3 & -7 \end{pmatrix}$，$\boldsymbol{B}=\begin{pmatrix} 3 & -1 \\ 1 & 1 \end{pmatrix}$，求 $|\boldsymbol{A}\otimes\boldsymbol{B}|$，tr $(\boldsymbol{A}\otimes\boldsymbol{B})$，以及 $\boldsymbol{A}\oplus\boldsymbol{B}$，$\boldsymbol{A}\otimes\boldsymbol{B}$ 的特征值.

5.12　解矩阵方程 $\boldsymbol{AX}+\boldsymbol{XB}=\boldsymbol{C}$，其中

$$\boldsymbol{A}=\begin{pmatrix} 2 & 6 & -15 \\ 1 & 1 & -5 \\ 1 & 2 & -6 \end{pmatrix},\boldsymbol{B}=\begin{pmatrix} 3 & 1 \\ -4 & -1 \end{pmatrix},\boldsymbol{C}=\begin{pmatrix} -24 & -36 \\ -2 & -9 \\ -18 & -25 \end{pmatrix}$$

5.13 求矩阵方程 $\boldsymbol{AXB}=\boldsymbol{C}$ 的解，其中

(1) $\boldsymbol{A}=\begin{bmatrix}2&6&-15\\1&1&-5\\1&5&-10\end{bmatrix}$，$\boldsymbol{B}=\begin{pmatrix}3&1\\-4&-1\end{pmatrix}$，$\boldsymbol{C}=\begin{bmatrix}4&2\\-2&-1\\6&3\end{bmatrix}$

(2) $\boldsymbol{A}=\begin{bmatrix}1&2&-1&3\\2&3&-2&-1\\1&1&-1&-4\end{bmatrix}$，$\boldsymbol{B}=\begin{bmatrix}1&2&-1\\2&3&4\\3&5&3\end{bmatrix}$，$\boldsymbol{C}=\begin{bmatrix}26&40&46\\6&10&6\\-20&-30&-40\end{bmatrix}$

5.14 证明：矩阵方程 $\boldsymbol{AX}+\boldsymbol{XB}=\boldsymbol{0}$ 只有零解，其中

$$\boldsymbol{A}=\begin{bmatrix}2&6&0\\1&1&0\\1&2&-6\end{bmatrix},\boldsymbol{B}=\begin{pmatrix}1&1\\-4&-1\end{pmatrix}$$

5.15 设 $\boldsymbol{A}\in\mathbf{R}^{m\times n}$ 和 $\boldsymbol{B}\in\mathbf{R}^{n\times m}$，如果 $\boldsymbol{AB}=\boldsymbol{E}_m$，则称 $\boldsymbol{B}$ 为 $\boldsymbol{A}$ 的右逆矩阵，$\boldsymbol{A}$ 为 $\boldsymbol{B}$ 的左逆矩阵. 证明：$\boldsymbol{A}$ 有右逆矩阵的充分必要条件是 $\boldsymbol{A}$ 为行满秩矩阵.

5.16 设 $\boldsymbol{A}\in\mathbf{R}^{m\times r}$ 和 $\boldsymbol{B}\in\mathbf{R}^{r\times n}$，如果 $\operatorname{rank}(\boldsymbol{A})=\operatorname{rank}(\boldsymbol{B})=r$，证明：$\operatorname{rank}(\boldsymbol{AB})=r$.

5.17 设 $\boldsymbol{A}=\begin{bmatrix}12&1&3\\-1&7&1\\0&1&-8\end{bmatrix}$，$\boldsymbol{B}=\begin{bmatrix}-2&0&0\\0&1&2\\2&0&2\end{bmatrix}$，$\boldsymbol{C}=\begin{bmatrix}1&0&2\\2&2&5\\1&4&0\end{bmatrix}$，

证明 $\boldsymbol{AX}+\boldsymbol{XB}=\boldsymbol{C}$ 有唯一解.

5.18 设 $\boldsymbol{A}=\begin{bmatrix}5&-1&3\\-1&5&-3\\3&-3&3\end{bmatrix}$，$\boldsymbol{B}=\begin{bmatrix}-2&0&0\\0&3&1\\0&1&3\end{bmatrix}$，求 $\|\boldsymbol{A}\oplus\boldsymbol{B}\|_2$，$\|\boldsymbol{A}\otimes\boldsymbol{B}\|_2$，$\|\boldsymbol{A}\otimes\boldsymbol{B}\|_F$.

5.19 设 $\boldsymbol{A}=\begin{bmatrix}3&-3&2\\-1&5&-2\\-1&3&0\end{bmatrix}$，$\boldsymbol{B}\in\mathbf{R}^{3\times 3}$

(1) 求 $\boldsymbol{A}$ 的 Jordan 标准形.

(2) 如果 $\boldsymbol{B}$ 的最小多项式是 $(\lambda-2)^2(\lambda+3)$，求 $\mathbf{R}^{3\times 3}$ 的线性子空间 $V=\{\boldsymbol{X}|\boldsymbol{AX}=\boldsymbol{XB}\}$ 的维数.

5.20 设 $\boldsymbol{A}=\begin{bmatrix}3&1&-1\\-2&0&2\\-1&-1&3\end{bmatrix}$.

(1) 求 $\boldsymbol{A}$ 的 Jordan 标准形.

(2) 在 $\mathbf{R}^{3\times 3}$ 中定义线性变换 $T(\boldsymbol{X})=\boldsymbol{AX}-\boldsymbol{XA}$，求值域 $R(T)$ 的维数和该空间 $N(T)$ 的维数.

第 6 章　应　用　案　例*

6.1　Alvarado 电力市场模型的 Lyapunov 稳定性

本节结合 Alvarado 提出的电力市场动态模型，从理论上研究了电力市场的 Lyapunov 稳定性. 而后建立了 Alvarado 电力市场区间模型，并讨论了其区间稳定性. 利用这些稳定性判定条件，可直接由初始数据判断电力市场模型的稳定性.

6.1.1　Alvarado 电力市场模型

假设发电机成本函数和消费者效用函数为二次函数. 当供电一方观察到电力市场价格 λ 高于生产成本 λ_{gi}，则供应方会扩大生产直到生产成本等于价格，扩大的比率与观察到的市场价格和实际生产成本之差成比例. 假设供应方 i 的电能输出为 P_{gi}，其对于市场价格的响应速度是独立的，用时间常数 τ_{gi} 表示. Alvarado 在上述假设下，导出如下描述电力市场动力学行为的模型为

$$\tau_{gi}P_{gi}=\lambda-b_{gi}-c_{gi}P_{gi},\quad i=1,2,\cdots,m$$

式中：P_{gi} 为电能供应量；τ_{gi} 为电力输出的响应速度；λ 为任意给定时刻的电力价格；$b_{gi}-c_{gi}P_{gi}$ 为供应方 i 的边际成本；c_{gi} 为供应方需求弹性；b_{gi} 为供应方的线性成本系数.

至于消费者，其刻画模型为

$$\tau_{dj}P_{dj}=-\lambda+b_{dj}+c_{dj}P_{dj},\quad j=1,2,\cdots,n$$

式中：P_{di} 为电能需求量；τ_{di} 为消费需求的膨胀速度；$b_{di}+c_{di}P_{di}$ 为消费方 j 的边际收益；c_{dj} 为消费方需求弹性；b_{dj} 为消费方的线性成本系数. 另外 P_{dj} 和 P_{gi} 还满足

$$\sum_{i=1}^{m}P_{gi}=\sum_{j=1}^{n}P_{di}$$

考虑到电力市场的阻塞，利用潮流分布因子，单一阻塞条件可以表示为

$$s_{g1}P_{g1}+s_{g2}P_{g2}+\cdots+s_{gm}P_{gm}+s_{d1}P_{d1}+s_{d2}P_{d2}+\cdots+s_{dn}P_{dn}=s1$$

对于一般的情况，具有 n_s 个阻塞条件，m 个供应方 n 个消费方的完整电力市场模型为

$$\begin{pmatrix}\boldsymbol{T} & \boldsymbol{0}\\ \boldsymbol{0} & \boldsymbol{0}\end{pmatrix}\begin{pmatrix}\dot{\boldsymbol{P}}\\ \dot{\Lambda}\end{pmatrix}=\begin{pmatrix}\boldsymbol{C} & \boldsymbol{S}^{\mathrm{T}}\\ \boldsymbol{S} & \boldsymbol{0}\end{pmatrix}\begin{pmatrix}\widetilde{\boldsymbol{P}}\\ \widetilde{\boldsymbol{\Lambda}}\end{pmatrix}+\begin{pmatrix}b\\ s\end{pmatrix}\tag{6.1.1}$$

其中

$$\widetilde{\boldsymbol{P}}=(P_{g1},P_{g2},\cdots,P_{gm},P_{d1},P_{d2},\cdots,P_{dn})^{\mathrm{T}}\in\mathbf{R}^{m+n}$$

$$\widetilde{\boldsymbol{\Lambda}}=(\lambda,\mu_1,\mu_2,\cdots,\mu_{n_s})\in\mathbf{R}^{n_s+1}$$

$$\boldsymbol{T}=\mathrm{diag}(\tau_{g1},\tau_{g2},\cdots,\tau_{gm},\tau_{d1},\tau_{d2},\cdots,\tau_{dn})(\tau_{gi}>0,\tau_{dj}>0)$$

$$\boldsymbol{C}=\mathrm{diag}(-c_{g1},-c_{g2},\cdots,-c_{gm},c_{d1},c_{d2},\cdots,c_{dn})$$

$\mu_k(k=1,2,\cdots,n_s)$ 表示阻塞限制的 Lagrange 乘子；$\boldsymbol{S}$ 为对应于阻塞敏感度的矩阵，即

$$\begin{pmatrix} 1 & \cdots & 1 & -1 & \cdots & -1 \\ s_{11} & \cdots & s_{1m} & s_{1m+1} & \cdots & s_{1m+n} \\ \vdots & \cdots & \vdots & \vdots & \vdots & \vdots \\ s_{n_s1} & \cdots & s_{n_sm} & s_{n_sm+1} & \cdots & s_{n_sm+n} \end{pmatrix}$$

其中第1行为电力平衡条件；$b=(-b_{g1},-b_{g2},\cdots,-b_{gm},b_{d1},b_{d2},\cdots,b_{dn})^{\mathrm{T}}$ 为线性系数成本向量；$s=(0,s_1,s_2,\cdots,s_{n_s})^{\mathrm{T}}$ 为常值向量，其中 s_i 为阻塞方程中右边的值，$i=1,2,\cdots,n_s$.

由式（6.1.1）表示的系统至少有一个平衡点，通过平移可以将式（6.1.1）变换为

$$\begin{pmatrix} \boldsymbol{T} & \boldsymbol{0} \\ \boldsymbol{0} & \boldsymbol{0} \end{pmatrix}\begin{pmatrix} \dot{\boldsymbol{P}} \\ \dot{\boldsymbol{\Lambda}} \end{pmatrix}=\begin{pmatrix} \boldsymbol{C} & \boldsymbol{S}^{\mathrm{T}} \\ \boldsymbol{S} & \boldsymbol{0} \end{pmatrix}\begin{pmatrix} \boldsymbol{P} \\ \boldsymbol{\Lambda} \end{pmatrix} \tag{6.1.2}$$

在一般情况下，有 $m+n>n_s+1$，此外不妨假设 $\mathrm{Rank}(\boldsymbol{S})=n_s+1$. 设 $\boldsymbol{S}=(\boldsymbol{S}_1,\boldsymbol{S}_2)$，其中 $\boldsymbol{S}_1$ 为 $\boldsymbol{S}$ 的 $(n_s+1)\times(n_s+1)$ 非奇异子矩阵. 将 $\boldsymbol{T}$ 和 $\boldsymbol{C}$ 分解为如下形式

$$\boldsymbol{T}=\begin{pmatrix} \boldsymbol{T}_1 & \boldsymbol{0} \\ \boldsymbol{0} & \boldsymbol{T}_2 \end{pmatrix},\quad C=\begin{pmatrix} \boldsymbol{C}_1 & \boldsymbol{0} \\ \boldsymbol{0} & \boldsymbol{C}_2 \end{pmatrix}$$

其中 $\boldsymbol{T}_1$ 和 $\boldsymbol{C}_1$ 为 $(n_s+1)\times(n_s+1)$ 阶对角阵；$\boldsymbol{T}_2$ 和 $\boldsymbol{C}_2$ 为 $q\times q$ 阶对角阵，$q=(m+n)-(n_s+1)$. 从而式（6.1.2）可以变换为

$$\begin{pmatrix} \boldsymbol{T}_1 & \boldsymbol{0} & \boldsymbol{0} \\ \boldsymbol{0} & \boldsymbol{T}_2 & \boldsymbol{0} \\ \boldsymbol{0} & \boldsymbol{0} & \boldsymbol{0} \end{pmatrix}\begin{pmatrix} \dot{\boldsymbol{P}}_1 \\ \dot{\boldsymbol{P}}_2 \\ \dot{\boldsymbol{\Lambda}} \end{pmatrix}=\begin{pmatrix} \boldsymbol{C}_1 & \boldsymbol{0} & \boldsymbol{S}_1^{\mathrm{T}} \\ \boldsymbol{0} & \boldsymbol{C}_2 & \boldsymbol{S}_2^{\mathrm{T}} \\ \boldsymbol{S}_1 & \boldsymbol{S}_2 & \boldsymbol{0} \end{pmatrix}\begin{pmatrix} \boldsymbol{P}_1 \\ \boldsymbol{P}_2 \\ \boldsymbol{\Lambda} \end{pmatrix} \tag{6.1.3}$$

由于 $\boldsymbol{S}_1$ 非奇异，可以通过式（6.1.3）的代数方程解出 $\boldsymbol{P}_1$，而后代入式（6.1.3）的微分部分得

$$-\boldsymbol{T}_1\boldsymbol{S}_1^{-1}\boldsymbol{S}_2\dot{\boldsymbol{P}}_2=-\boldsymbol{C}_1\boldsymbol{S}_1^{-1}\boldsymbol{S}_2\boldsymbol{P}_2+\boldsymbol{S}_1^{\mathrm{T}}\boldsymbol{\Lambda}$$

解出 $\boldsymbol{\Lambda}$，再代入微分部分的第二组方程有

$$(\boldsymbol{T}_2+\boldsymbol{S}_3^{\mathrm{T}}\boldsymbol{T}_1\boldsymbol{S}_3)\dot{\boldsymbol{P}}_2=(\boldsymbol{C}_2+\boldsymbol{S}_3^{\mathrm{T}}\boldsymbol{C}_1\boldsymbol{S}_3)\boldsymbol{P}_2 \tag{6.1.4}$$

其中 $\boldsymbol{S}_3=\boldsymbol{S}_1^{-1}\boldsymbol{S}_1$，令 $\boldsymbol{T}_3=\boldsymbol{T}_+\boldsymbol{S}_3^{\mathrm{T}}\boldsymbol{T}_1\boldsymbol{S}_3$，$\boldsymbol{C}_3=\boldsymbol{C}_2+\boldsymbol{S}_3^{\mathrm{T}}\boldsymbol{C}_1\boldsymbol{S}_3$，则式（6.1.4）可记为

$$\boldsymbol{T}_3\dot{\boldsymbol{P}}_2=\boldsymbol{C}_3\boldsymbol{P}_2 \tag{6.1.5}$$

式（6.1.5）为具有 n_s 个阻塞条件，m 个供应方和 n 个消费方的电力市场模型.

6.1.2 Alvarado 电力市场模型的稳定性

在 Lyapunov 稳定或渐近稳定的意义下，考虑 Alvarado 电力市场动态模型式（6.1.5）的稳定性. 利用线性代数的简单理论可以推知，电力市场模型稳定性在非奇异线性变换作用下保持不变.

定理 6.1.1 （1）式（6.1.5）是稳定的充要条件为 C_3 的所有特征值均有非正实部，且其具零实部的特征值为其最小多项式的单根，即在矩阵 C_3 的 Jordan 标准型中与 C_3 的零实部特征值相关联的 Jordan 块均为一阶的.

（2）式（6.1.5）是渐近稳定的充要条件为 C_3 的所有特征值均有负实部. 特别地，当 C_2

的对角分量元素为负且 C_1 的对角分量元素非正时，式（6.1.5）是渐近稳定的.

定理 6.1.2　设 $C_1=\mathrm{diag}(\lambda_1, \cdots, \lambda_{n_s+1})$，$C_2=\mathrm{diag}(\mu_1, \cdots, \mu_q)$，则

（1）若 $\lambda_j>0$，$j=1, \cdots, n_{s+1}$，且至少有一个 $\mu_i>0$，$i\in\{1, \cdots, q\}$，则式（6.1.5）不稳定，从而不渐近稳定.

（2）若 $\lambda_j\geqslant0$，$j=1, \cdots, n_s+1$，且至少有一个 $\mu_i\geqslant0$，$i\in\{1, \cdots, q\}$，则式（6.1.5）不渐近稳定.

（3）若 $\mu_i\geqslant0$，$i=1, \cdots, q$，且至少有一个 $\lambda_j\geqslant0$，$i\in\{1, \cdots, n_s+1\}$，则式（6.1.5）不稳定，从而不渐近稳定.

定理 6.1.3　设 $C_1=\mathrm{diag}(\lambda_1, \cdots, \lambda_{n_s+1})$，$C_2=\mathrm{diag}(\mu_1, \cdots, \mu_q)$，且矩阵 S_2 非奇异，则

（1）若 $\lambda_j>0$，$j=1, \cdots, n_s+1$，且至少有一个 $\mu_i\geqslant0$，$i\in\{1, \cdots, q\}$，则（6.1.5）不稳定，从而不渐近稳定.

（2）若 $\mu_i\geqslant0$，$i=1, \cdots, q$，且至少有一个 $\lambda_j\geqslant0$，$i\in\{1, \cdots, n_s+1\}$，则式（6.1.5）不稳定，从而不渐近稳定.

（3）若 $\lambda_j\geqslant0$，$j=1, \cdots, n_s+1$，且至少有一个 $\mu_i\geqslant0$，$i\in\{1, \cdots, q\}$，则式（6.1.5）不渐近稳定.

（4）若 $\mu_i\geqslant0$，$i=1, \cdots, q$，且至少有一个 $\lambda_i\geqslant0$，$i\in\{1, \cdots, n_s+1\}$，则式（6.1.5）不稳定，从而不渐近稳定.

对于一般情况下式（6.1.5），可借助以下方法来讨论参数对其稳定性的影响. 由 C_3 为实对称矩阵，故其特征值均为实数.

定理 6.1.4　设 C_3 的特征多项式 $f(\lambda)=\det(\lambda E-C_3)$的系数均连续依赖于实参数 μ，令

$$\hat{\mu}=\min\{|\mu-\mu_0\|\det(C_3)=0\} \tag{6.1.6}$$

（1）若参数取值为 μ_0 时，C_3 的特征值均小于零，则当 $\mu\in(\mu_0-\hat{\mu}, \mu_0+\hat{\mu})$ 时式（6.1.5）是渐近稳定的.

（2）若参数取值为 μ_0 时，C_3 的特征值均小于等于零，则当 $\mu\in(\mu_0-\hat{\mu}, \mu_0+\hat{\mu})$ 时式（6.1.5）是稳定的.

下面利用以上得到的稳定性判断条件分析文献［8］中具有阻塞条件的电力市场的式（6.1.5）.

【例 6.1.1】　考虑 3 个供应方、2 个消费方的电力市场模型. 由于

$$C_1=\mathrm{diag}(-0.30, -0.50),\quad C_2=\mathrm{diag}(-0.20, -0.50, -0.60)$$

由数据知 C_1 和 C_2 都为负定矩阵，根据定理 6.1.1 知该模型是渐近稳定的，它与阻塞条件数目 n_s 无关.

【例 6.1.2】　考虑当 $n_s=0$ 时，$C_1=0.05$，$C_2=\mathrm{diag}(0.02, -0.5, -0.5, -0.6)$ 的奇异电力市场模型的稳定性. 根据定理 6.1.2 知该模型是不稳定的，从而不渐近稳定.

【例 6.1.3】 考虑当 $n_s=0$ 时，$\boldsymbol{C}_1=0.05$，$\boldsymbol{C}_2=\mathrm{diag}(0.02, -0.5, -0.5, -0.6)$ 的电力市场模型稳定性. 根据定理 6.1.2 知该模型是不渐近稳定.

【例 6.1.4】 当 $n_s=1$ 时，$\boldsymbol{C}_1=\mathrm{diag}(0.05, 0.02)$，$\boldsymbol{C}_2=\mathrm{diag}(-0.5, -0.5, -0.6)$，$\boldsymbol{S}_1=\begin{bmatrix}1 & 1\\ 0.1 & -0.1\end{bmatrix}$，$\boldsymbol{S}_2=\begin{bmatrix}1 & -1 & -1\\ 0 & 0.1 & -0.1\end{bmatrix}$的电力市场模型稳定性，由计算可知该模型的特征值为$-1.05$、$-2.45$、$-0.96$，从而市场模型是稳定的. 下面利用定理 6.1.4 来分析该模型的稳定性.

不妨假设该模型中矩阵 $\boldsymbol{C}_1$ 的第一个对角元素在电力市场变化中起主要作用，故以第一个对角元素为参数，即考虑 $\boldsymbol{C}_1=\mathrm{diag}(\mu, 0.02)$ 来分析参数 μ 的变化对电力市场模型稳定性的影响.

由于 $\boldsymbol{C}_3$ 的特征多项式

$$f(\lambda)=\det(\lambda\boldsymbol{E}-\boldsymbol{C}_3)=\lambda^3+(1.5750-1.2500\mu)\lambda^2 \\ +(0.8225-1.2450\mu)\lambda+0.1425-0.3095\mu$$

其系数显然连续依赖于参数 μ，故由定理 6.1.4，令 $\det(C_3)=0.1425-0.3095\mu=0$，得 $\mu=0.4604$. 由定理 6.1.4 知

$$\hat{\mu}=\min\{|\mu-\mu_0\|\det(\boldsymbol{C}_3)=0\}=|0.4604-0.05|=0.4104$$

当 $\mu\in(0.3604, 0.4604)$ 时该模型渐近稳定，当 $\mu\in[0.3604, 0.4604]$ 时该模型稳定. 利用 MAPLE 软件画出 $\mu=0.05$、0.47、0.50 时该电力市场模型的轨线稳定和不稳定的图形如图 6.1～图 6.3 所示.

本节结合 Alvarado 提出的电力市场动态模型，从理论上研究了电力市场的稳定性，并且给出了判断电力市场稳定和渐近稳定的充要条件，以及判断电力市场不稳定和不渐近稳定的充分条件. 利用这些稳定性结论，可直接由初始数据判断电力市场模型的稳定性.

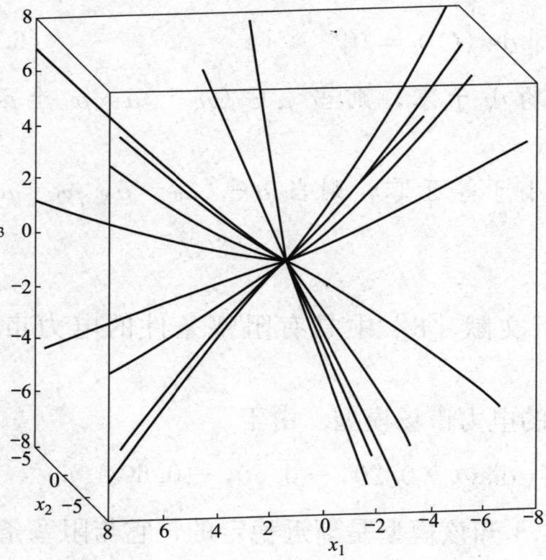

图 6.1 $\mu=0.05$，稳定情况

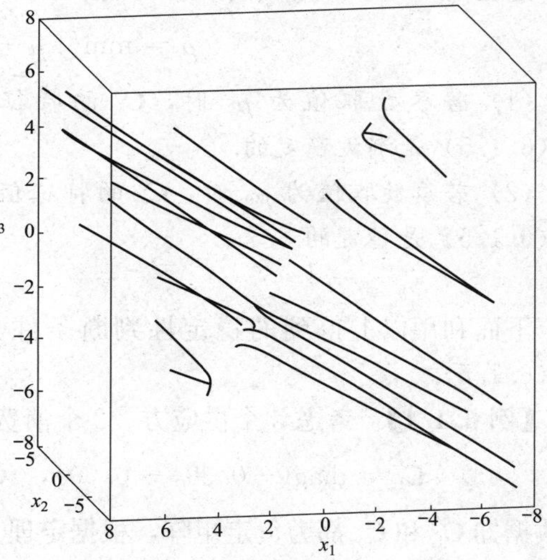

图 6.2 $\mu=0.47$，不稳定情况

6.1.3 Alvarado 电力市场模型的区间稳定性

1. Alvarado 电力市场区间模型的建立

在 Alvarado 电力市场模型式（6.1.5）中，由于供应方的需求弹性受装机容量、发电量的增长速度的影响，消费方的需求弹性受用电量增长速度的影响，供应方和消费方的需求弹性会在一定范围内变化. 为了更准确地描述电力市场运行情况，有必要建立一类带有供应方和消费方需求弹性区间的电力市场模型.

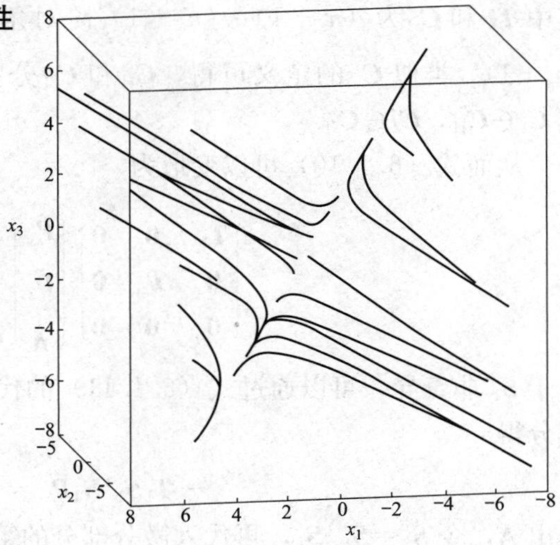

图 6.3　$\mu=0.50$，不稳定情况

考虑如下形式的系统

$$\mathrm{d}\boldsymbol{X}(t)=\boldsymbol{A}\boldsymbol{X}(t)\mathrm{d}t \qquad (6.1.7)$$

式中：$\boldsymbol{A}$ 为常数矩阵.

当式（6.1.7）中某些参数值无法准确得到只能确定其取值范围时，可以采用区间矩阵的形式描述系统. 在区间动力系统理论中，区间矩阵的定义如下：对于任意 $1\leqslant i\leqslant m$ 和 $1\leqslant j\leqslant n$，$m\times n$ 矩阵 $\underline{\boldsymbol{A}}=(u_{ij})m\times n$，$\bar{A}=(v_{ij})m\times n$ 满足 $u_{ij}\leqslant v_{ij}$，定义 $m\times n$ 区间矩阵为

$$[\underline{\boldsymbol{A}},\bar{\boldsymbol{A}}]=\{\boldsymbol{A}=(a_{ij})m\times n: u_{ij}\leqslant a_{ij}\leqslant v_{ij}\}$$

于是含不确定参数的系统可以表述为如下区间系统模型，即

$$\mathrm{d}\boldsymbol{X}(t)=\boldsymbol{A}_I\boldsymbol{X}(t)\mathrm{d}t,\boldsymbol{A}_I\in[\underline{\boldsymbol{A}},\bar{\boldsymbol{A}}] \qquad (6.1.8)$$

微分算子 L 为

$$L=\frac{\partial}{\partial t}+\sum_{i=1}^{n}f_i(\boldsymbol{X},t)\frac{\partial}{\partial x_i}$$

其中 $f(\boldsymbol{X},t)=\boldsymbol{A}_I\boldsymbol{X}(t)$. 令 $\boldsymbol{A}=\frac{1}{2}(\underline{\boldsymbol{A}}+\bar{\boldsymbol{A}})$，$\tilde{\boldsymbol{A}}=1(\bar{\boldsymbol{A}}+\underline{\boldsymbol{A}})$，$\boldsymbol{A}_I=\boldsymbol{A}+\Delta\boldsymbol{A}$，显然 $\tilde{\boldsymbol{A}}$ 的所有元素均为非负值，$\Delta\boldsymbol{A}\in[-\tilde{\boldsymbol{A}},\tilde{\boldsymbol{A}}]$. 于是式(6.1.8)可以写作

$$\mathrm{d}\boldsymbol{X}(t)=(\boldsymbol{A}+\Delta\boldsymbol{A})\boldsymbol{X}(t)\mathrm{d}t \qquad (6.1.9)$$

在式(6.1.5)中，供应方和消费方的需求弹性是在一定范围内变化的不确定值，因此系数矩阵 $\boldsymbol{C}$ 是对角矩阵和区间矩阵. 不妨设系数矩阵 $\boldsymbol{C}$ 中各元素的变化范围如下：$\underline{c}_{gi}<c_{gi}<\bar{c}_{gi}$，$\underline{c}_{di}<c_{di}<\bar{c}_{di}$. 从而 $\underline{\boldsymbol{C}}=\mathrm{diag}\{-\bar{c}_{g1},-\bar{c}_{g2}\cdots,-\bar{c}_{gn},\underline{c}_{d1},\underline{c}_{d2},\cdots,c_{dn}\}$（参考文献[2]）. 于是电力市场模型式(6.1.5)可以表述为如下区间动力系统模型，即

$$\begin{pmatrix}\boldsymbol{T} & \boldsymbol{0}\\ \boldsymbol{0} & \boldsymbol{0}\end{pmatrix}\begin{bmatrix}\dot{\boldsymbol{P}}\\ \dot{\boldsymbol{\Lambda}}\end{bmatrix}=\begin{bmatrix}\boldsymbol{C}_I & \boldsymbol{S}^{\mathrm{T}}\\ \boldsymbol{S} & \boldsymbol{0}\end{bmatrix}\begin{pmatrix}\boldsymbol{P}\\ \boldsymbol{\Lambda}\end{pmatrix} \qquad (6.1.10)$$

这里 $\boldsymbol{C}_I$ 是形如$[\underline{\boldsymbol{C}},\bar{\boldsymbol{C}}]$的区间矩阵，且 $\boldsymbol{C}\in\boldsymbol{C}_I$.

对于模型式(6.1.5)，在一般情况下有 $m+n>n_s+1$，此外不妨假设 $r(\boldsymbol{S})=n_s+1$. 设 $\boldsymbol{S}=(\boldsymbol{S}_1,\boldsymbol{S}_2)$，其中 $\boldsymbol{S}_1$ 为 $\boldsymbol{S}$ 的$(n_s+1)\times(n_s+1)$ 阶非奇异子矩阵. 将 T 和 $\boldsymbol{C}_{\mathrm{I}}$ 分解为如下形式

$$\boldsymbol{T}=\begin{bmatrix}\boldsymbol{T}_1 & \boldsymbol{0}\\ \boldsymbol{0} & \boldsymbol{T}_2\end{bmatrix},\quad \boldsymbol{C}=\begin{bmatrix}\boldsymbol{C}_1 & \boldsymbol{0}\\ \boldsymbol{0} & \boldsymbol{C}_2\end{bmatrix}$$

其中 $\boldsymbol{T}_1$ 和 $\boldsymbol{C}_{1\mathrm{I}}$ 为 $(n_s+1)\times(n_s+1)$ 阶对角阵；$\boldsymbol{T}_2$ 和 $\boldsymbol{C}_{2\mathrm{I}}$ 为 $q\times q$ 阶对角阵，$q=(m+n)-(n_s+1)$. 类似 $\boldsymbol{C}_\mathrm{I}$ 的定义可得，$\boldsymbol{C}_{1\mathrm{I}}$ 和 $\boldsymbol{C}_{2\mathrm{I}}$ 分别是形如 $[\underline{\boldsymbol{C}}_1, \bar{\boldsymbol{C}}_1]$ 和 $[\underline{\boldsymbol{C}}_2, \bar{\boldsymbol{C}}_2]$ 的区间矩阵，且 $\boldsymbol{C}_1\in\boldsymbol{C}_{1\mathrm{I}}$，$\boldsymbol{C}_2\in\boldsymbol{C}_{2\mathrm{I}}$.

从而式（6.1.10）可以变形为

$$\begin{bmatrix}\boldsymbol{T}_1 & \boldsymbol{0} & \boldsymbol{0}\\ \boldsymbol{0} & \boldsymbol{T}_2 & \boldsymbol{0}\\ \boldsymbol{0} & \boldsymbol{0} & \boldsymbol{0}\end{bmatrix}\begin{bmatrix}\dot{\boldsymbol{P}}_1\\ \dot{\boldsymbol{P}}_2\\ \dot{\boldsymbol{\Lambda}}\end{bmatrix}=\begin{bmatrix}\boldsymbol{C}_{1\mathrm{I}} & \boldsymbol{0} & \boldsymbol{S}_1^{\mathrm{T}}\\ \boldsymbol{0} & \boldsymbol{C}_{2I} & \boldsymbol{S}_2^{\mathrm{T}}\\ \boldsymbol{S}_1 & \boldsymbol{S}_2 & \boldsymbol{0}\end{bmatrix}\begin{bmatrix}\boldsymbol{P}_1\\ \boldsymbol{P}_2\\ \boldsymbol{\Lambda}\end{bmatrix} \tag{6.1.11}$$

由于 $\boldsymbol{S}_1$ 非奇异，可以通过式（6.1.11）的代数方程解出 $\boldsymbol{P}_1$，而后代入式（6.1.11）的微分部分得

$$-\boldsymbol{T}_1\boldsymbol{S}_1^{-1}\boldsymbol{S}_2\dot{\boldsymbol{P}}_2=-\boldsymbol{C}_{1\mathrm{I}}\boldsymbol{S}_1^{-1}\boldsymbol{S}_2\boldsymbol{P}_2+\boldsymbol{S}_1^{\mathrm{T}}\boldsymbol{\Lambda} \tag{6.1.12}$$

解出 $\boldsymbol{\Lambda}$，令 $\boldsymbol{S}_3=\boldsymbol{S}_1^{-1}\boldsymbol{S}_1$，再代入微分部分的第二组方程有

$$(\boldsymbol{T}_2+\boldsymbol{S}_3^{\mathrm{T}}\boldsymbol{T}_1\boldsymbol{S}_3)\dot{\boldsymbol{P}}_2=(\boldsymbol{C}_{2\mathrm{I}}+\boldsymbol{S}_3^{\mathrm{T}}\boldsymbol{C}_{1\mathrm{I}}\boldsymbol{S}_3)\boldsymbol{P}_2 \tag{6.1.13}$$

令 $\boldsymbol{T}_3=\boldsymbol{T}_2+\boldsymbol{S}_3^{\mathrm{T}}\boldsymbol{T}_1\boldsymbol{S}_3$，由式（6.1.12）可得如下电力市场区间模型，即

$$\boldsymbol{T}_3\mathrm{d}\boldsymbol{P}_2(t)=(\boldsymbol{C}_{2\mathrm{I}}+\boldsymbol{S}_3^{\mathrm{T}}\boldsymbol{C}_{1\mathrm{I}}\boldsymbol{S}_3)\mathrm{d}\boldsymbol{P}^2(t)\mathrm{d}t \tag{6.1.14}$$

2. 电力市场模型的区间稳定性

首先给出系统区间稳定的定义.

定义 如果对于任意 $\boldsymbol{A}_I\in[\underline{\boldsymbol{A}}, \bar{\boldsymbol{A}}]$，系统式（6.1.8）的零解都是渐近稳定的，则称系统式（6.1.8）是区间稳定的.

下面研究电力市场的区间动力系统式（6.1.14）的稳定性. 为了给出系统式（6.1.14）区间稳定性定理，先介绍下面几个引理.

引理 对于系统式（6.1.7），如果 $\boldsymbol{V}(t,x)$ 是 $I\times\mathbf{R}^n$ 上的正定函数，有无穷小上界和无穷大下界，且 $\boldsymbol{LV}$ 负定，则系统是渐近稳定的. 由 $\boldsymbol{T}=\mathrm{diag}(\tau_{\mathrm{g}1}, \cdots, \tau_{\mathrm{g}n}, \tau_{\mathrm{d}1}, \cdots, \tau_{\mathrm{d}n})=\mathrm{diag}(\boldsymbol{T}_1, \boldsymbol{T}_2)$，$\tau_{\mathrm{g}i}>0$，$\tau_{\mathrm{d}i}>0$，易知 $\boldsymbol{T}$、$\boldsymbol{T}_1$、$\boldsymbol{T}_2$ 均为正定矩阵，因此 $\boldsymbol{S}_3^{\mathrm{T}}\boldsymbol{C}_1\boldsymbol{S}_3$ 是正定矩阵，$\boldsymbol{T}_3=\boldsymbol{T}_2+\boldsymbol{S}_3^{\mathrm{T}}\boldsymbol{T}_1\boldsymbol{S}_3$ 是 n 阶正定对称阵且可逆.

式（6.1.14）可表示为一般区间线性系统，即

$$\mathrm{d}\boldsymbol{P}_2(t)=\boldsymbol{T}_3^{-1}(\boldsymbol{C}_{2\mathrm{I}}+\boldsymbol{S}_3^{\mathrm{T}}\boldsymbol{C}_{1\mathrm{I}}\boldsymbol{S}_3)\mathrm{d}\boldsymbol{P}_2(t)\mathrm{d}t \tag{6.1.15}$$

因为 $\boldsymbol{T}_3$ 是正定对称阵，必存在可逆矩阵 $\boldsymbol{T}_{33}$，使得 $\boldsymbol{T}_3=(\boldsymbol{T}_{33}^{-1})^{\mathrm{T}}\boldsymbol{T}_{33}$，代入式（6.1.14）得

$$(\boldsymbol{T}_{33}^{-1})^{\mathrm{T}}\boldsymbol{T}_{33}\mathrm{d}\boldsymbol{P}^2(t)=(\boldsymbol{C}_{2\mathrm{I}}+\boldsymbol{S}_3^{\mathrm{T}}\boldsymbol{C}_{1\mathrm{I}}\boldsymbol{S}_3)\mathrm{d}\boldsymbol{P}_2(t)\mathrm{d}t \tag{6.1.16}$$

式（6.1.16）两边左乘 $\boldsymbol{T}_{33}^{\mathrm{T}}$ 可得

$$\boldsymbol{T}_{33}\mathrm{d}\boldsymbol{P}^2(t)=(\boldsymbol{T}_{33})^{\mathrm{T}}(\boldsymbol{C}_{2\mathrm{I}}+\boldsymbol{S}_3^{\mathrm{T}}\boldsymbol{C}_{1\mathrm{I}}\boldsymbol{S}_3)\mathrm{d}\boldsymbol{P}^2(t)\mathrm{d}t \tag{6.1.17}$$

记 $\boldsymbol{X}(t)=\boldsymbol{T}_{33}^{-1}\boldsymbol{P}^2(t)$，则 $\mathrm{d}\boldsymbol{X}(t)=\boldsymbol{T}_{33}^{-1}\mathrm{d}\boldsymbol{P}^2(t)$. 则式（6.1.17）可化为

$$\mathrm{d}\boldsymbol{X}(t)=(\boldsymbol{T}_{33})^{\mathrm{T}}[\boldsymbol{C}_3+(\Delta\boldsymbol{C}_2+\boldsymbol{S}_{33}^{\mathrm{T}}\Delta\boldsymbol{C}_1\boldsymbol{S}_3)]^{\boldsymbol{T}_{33}}\boldsymbol{X}(t)\mathrm{d}t \tag{6.1.18}$$

记 $\widetilde{C}_1=\frac{1}{2}(\bar{C}_1-\underline{C}_1)$，$\widetilde{C}_2=\frac{1}{2}(\bar{C}_2-\underline{C}_2)$，显然 $\widetilde{C}_1$ 和 $\widetilde{C}_2$ 的所有元素均为非负值，记 $C_3=C_2+S_3^{\mathrm{T}}C_1S_3$，$C_{1\mathrm{I}}=C_1+\Delta C_1$，$C_{2\mathrm{I}}=C_2+\Delta C_2$，则有

$$\Delta C_1\in[-\widetilde{C}_1,\widetilde{C}_1],\Delta C_2\in[-\widetilde{C}_2,\widetilde{C}_2]$$

由微分算子 L 的定义可知，系统式(6.1.14)满足

$$L=\frac{\partial}{\partial t}+\sum_{i=1}^{n}f_i(X,t)\frac{\partial}{\partial x_i}$$

其中 $f(X,t)=(C_{2\mathrm{I}}+S_3^{\mathrm{T}}C_{1\mathrm{I}}S_3)X(t)$.

下面给出系统式（6.1.14）的区间稳定性定理.

定理 6.1.5　对于电力市场区间模型式（6.1.14），若存在实对称正定阵 Q，使

$$h_1\mid T_{33}^{-1}P_2\mid^2\leqslant(T_{33}^{-1}P_2)^{\mathrm{T}}QT_{33}^{-1}P_2\leqslant h_2\mid T_{33}^{-1}P_2\mid^2$$

其中 h_1、h_2 为正常数，且有不等式

$$\lambda_{\max}(Q^{1/2}T_{33}^{\mathrm{T}}C_3T_{33}Q^{-1/2}+Q^{-1/2}T_{33}^{\mathrm{T}}C_3T_{33}Q^{1/2})+2\parallel T_{33}\parallel^2(\parallel\widetilde{C}_2\parallel+\parallel\widetilde{C}_1\parallel\cdot\parallel S_3\parallel^2)\cdot\sqrt{\parallel Q\parallel/h_1}<0$$

成立，则系统式（6.1.14）是区间稳定的.

推论 6.1.1　对于电力市场区间动力系统式（6.1.14），若

$$\lambda_{\max}(T_{33}^{\mathrm{T}}C_3T_{33})+(\parallel\widetilde{C}_2\parallel+\parallel\widetilde{C}_1\parallel\cdot\parallel S_3\parallel^2)\parallel T_{33}\parallel^2<0$$

成立，则系统式（6.1.14）是区间稳定的.

推论 6.1.2　针对电力市场区间模型给出了系统稳定的简明判别条件. 该判定条件表明，由供应方和需求方需求弹性的变化范围可以构造出系统的区间矩阵，然后利用需求弹性的取值区间能够分析系统的稳定情况.

3. 电力市场区间模型分析

本节将利用电力市场区间稳定定理对电力市场区间模型进行分析，验证区间稳定定理的有效性. 由于线性系统式（6.1.15）是电力市场区间模型式（6.1.14）的等价变形，为了便于对电力市场区间模型进行数据分析和数值仿真，下面对线性系统式（6.1.15）进行算例分析.

考虑到供求方的需求弹性会在一定范围内变化，利用推论计算可得

$$\lambda_{\max}(T_{33}^{\mathrm{T}}C_3T_{33})+\parallel T_{33}\parallel^2(\parallel\widetilde{C}_2\parallel+\parallel\widetilde{C}_1\parallel\cdot\parallel S_3\parallel^2)\parallel T_{33}\parallel^2=-2+2.412(\parallel\widetilde{C}_2\parallel+4\parallel\widetilde{C}_1\parallel)<0$$

只需 $\parallel\widetilde{C}_2\parallel+4\parallel\widetilde{C}_1\parallel<0.83$，取 $\widetilde{C}_1=\mathrm{diag}(0.23,\ 0.21,\ 0.23)$，$\widetilde{C}_2=\mathrm{diag}(0.35,\ 0.361)$，则满足推论 2.1 的条件，则有 $\underline{C}_1=\mathrm{diag}(-0.53,\ -0.71,\ -0.43)$，$\underline{C}_2=\mathrm{diag}(-0.85,$

$-0.961)$，$\bar{C}_1=\mathrm{diag}(-0.07, -0.29, 0.03)$，$\bar{C}_2=\mathrm{diag}(-0.15, -0.239)$.

代入推论 6.1.1 计算可得 $\lambda_{\max}(T_{33}^{\mathrm{T}}C_3T_{33})+\|T_{33}\|^2(\|\tilde{C}_2\|+\|\tilde{C}_1\|\cdot\|S_3\|^2)\|T_{33}\|^2=-0.0113<0$，满足条件，系统式（6.1.15）是区间稳定的. 并可得供应方和消费者需求弹性的具体变化范围如下：

$$0.07\leqslant C_{g1}\leqslant 0.53, 0.29\leqslant C_{g2}\leqslant 0.71, -0.03\leqslant C_{g3}\leqslant 0.43$$
$$-0.85\leqslant C_{d1}\leqslant -0.15, -0.961\leqslant C_{d2}\leqslant -0.239$$

即只要系统供应方与消费方的需求弹性在给定范围内，系统式（6.1.15）都是稳定的.

为了验证理论分析的有效性，选取 4 组不同的供应方与消费方的需求弹性，利用 Matlab 软件计算系统式（6.1.15）系数矩阵的特征值，这些需求弹性的选取包含了区间的端点、内点和外点，具有代表性，结果见表 6.1，其相应图形如图 6.4 至图 6.7 所示. 计算结果表明，在供求方需求弹性的取值区间内任取不同值，系统式（6.1.15）系数矩阵的特征值均为负数，说明电力市场随机模型在该区间内是稳定的. 仿真与理论所得结果一致，验证了定理 6.1.5 和推论 6.1.1 的有效性.

表 6.1 不同需求弹性下系数矩阵的特征值

C_{g1}	C_{g2}	C_{g1}	C_{d1}	C_{d2}	系数矩阵	λ_1	λ_2	对应图形
0.07	0.29	−0.03	−0.85	−0.961	$\begin{pmatrix}-0.737 & -0.139\\ -0.123 & -0.763\end{pmatrix}$	−0.881	−0.518	图 6.11
0.3	0.5	0.2	−0.5	−0.6	$\begin{pmatrix}-0.200 & -0.025\\ 0.000 & -2.422\end{pmatrix}$	−2.422	−2	图 6.5
0.13	0.63	−0.01	−0.75	−0.32	$\begin{pmatrix}-2.630 & -0.258\\ -0.307 & -1.193\end{pmatrix}$	−2.683	−1.14	图 6.6
0.07	0.29	−0.03	−0.15	0.15	$\begin{pmatrix}-0.737 & -0.091\\ -0.123 & -0.058\end{pmatrix}$	−0.75	0.072	图 6.7

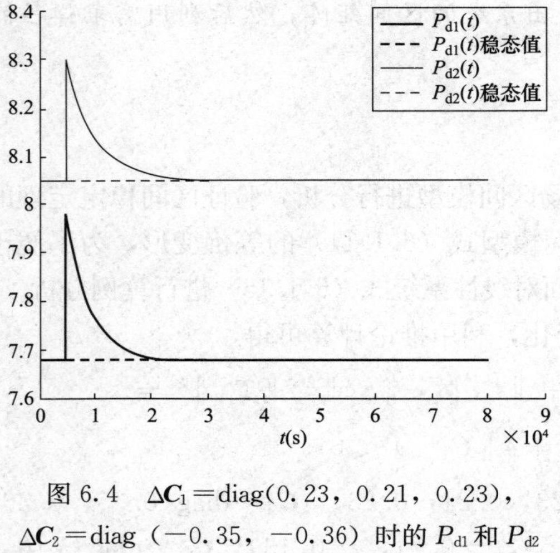

图 6.4 $\Delta C_1=\mathrm{diag}(0.23, 0.21, 0.23)$，$\Delta C_2=\mathrm{diag}(-0.35, -0.36)$ 时的 P_{d1} 和 P_{d2}

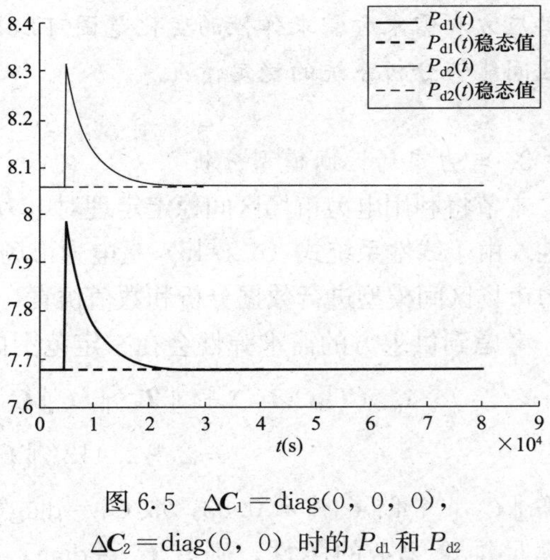

图 6.5 $\Delta C_1=\mathrm{diag}(0, 0, 0)$，$\Delta C_2=\mathrm{diag}(0, 0)$ 时的 P_{d1} 和 P_{d2}

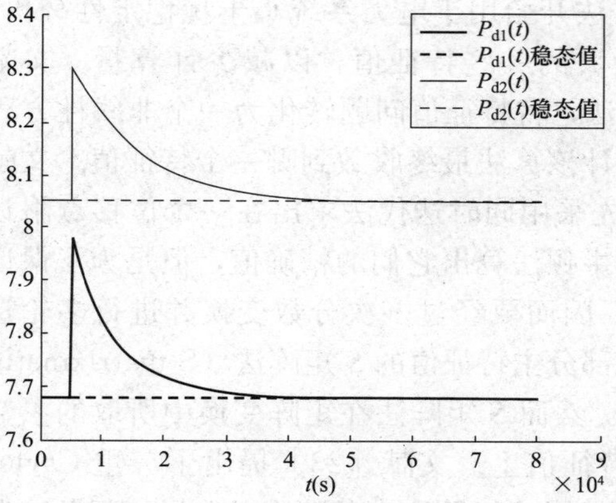

图 6.6　$\Delta C_1=\mathrm{diag}(0.17,0.13,0.21)$，$\Delta C_2=\mathrm{diag}(-0.25,0.28)$ 时的 P_{d1} 和 P_{d2}

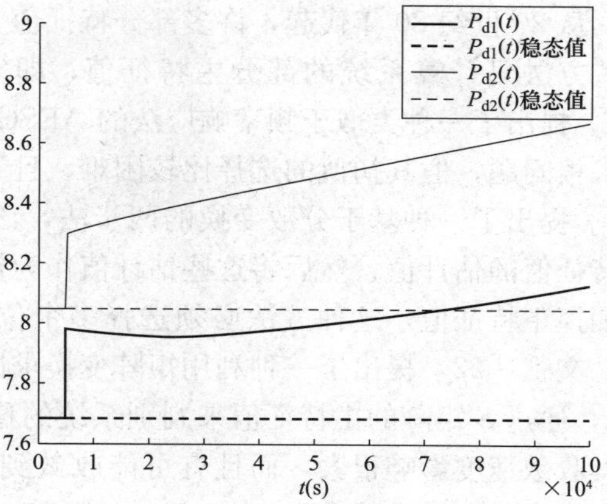

图 6.7　$\Delta C_1=\mathrm{diag}(-0.23,-0.21,-0.23)$，$\Delta C_2=\mathrm{diag}(0.35,0.75)$ 时的 P_{d1} 和 P_{d2}

图 6.4～图 6.7 准确地描述了供应方与消费方的需求弹性变化区间分别为

$$\Delta C_1=\mathrm{diag}(0.23,0.21,0.23),\Delta C_2=\mathrm{diag}(-0.35,-0.36)$$

$$\Delta C_1=\mathrm{diag}(0,0,0),\Delta C_2=\mathrm{diag}(0,0)$$

$$\Delta C_1=\mathrm{diag}(0.17,0.13,0.21),\Delta C_2=\mathrm{diag}(-0.25,0.28)$$

$$\Delta C_1=\mathrm{diag}(-0.23,-0.21,-0.23),\Delta C_2=\mathrm{diag}(0.35,0.75)$$

前三组数据在给定区间之内，包括端点和内点，当供应方与消费方的需求弹性在区间内变化时，随时间变化电能需求量趋于稳态值，系统是渐近稳定的. 第四组数据不在有效区间内，可见系统是不稳定的，算例结果验证了结论的有效性.

6.2　一种基于范数的小扰动稳定性判别方法

随着大容量远距离输电系统的建设和大型电力系统的互联，电力系统的规模在不断扩大，其本质目的是为了提高发电和输电的经济性和可靠性. 但由于多个地区电网之间的多重互联，又诱发出许多新的电力系统稳定问题，使系统失去稳定的可能性增大. 同时电力系统中诸如快速励磁系统、超高压直流输电、远距离输电线的串联电容补偿 TCSC 以及新能源发电等新技术的采用，使电力系统的随机性和复杂性越来越大. 因此，小扰动稳定问题的分析研究也因其在电力系统稳定中具有的特殊重要地位而为大家所关心.

小扰动稳定分析方法，就是把描述电力系统动态行为的非线性微分方程组和代数方程组在运行点处线性化，形成状态方程，通过判定线性系统状态矩阵的特征值是否都在复平面的左半平面（即特征根实部是否小于零）来判断该系统的稳定性，它是分析电力系统动态稳定性的严格方法.

计算矩阵全部特征值的 QR 法曾经是研究电力系统小干扰稳定性的一种十分有效的方法，但是随着系统维数的增加，其局限性日益显露出来. 对于电力系统稳定性问题，QR 法的不足之处在于大规模系统所需要的计算时间达到难以接受的程度，另外在维数甚高的情况下，有时会发生“向前不稳定性”（参见文献［19］），即所谓的“病态”问题，从而无法求得特征值.

从 20 世纪 80 年代起，许多部分特征值分析方法开始用于电力系统小干扰稳定性分析，这些方法只计算系统的部分主特征值，即实部最大的一些特征值，以减少计算量. 文献［20］提出了一种类似于频率响应法的 AESOPS 算法，将特征值问题转化为一个非线性方程的求根问题，但其初值的选择比较困难，且无法预计该算法最终收敛到哪一个特征值. 文献［21］提出了一种基于分数变换的两步法，该方法先采用同时迭代法求出在一个位移点附近的特征值的估计值，然后将这些估计值作为初值用牛顿法算出它们的精确值，但是为了保证不漏掉主特征值，这种方法必须选择多个位移点，因而要经过多次分数变换并进行多轮迭代. 文献［22］提出了一种利用矩阵变换求原系统部分主特征值的 $\boldsymbol{S}$ 矩阵法（S-matrixmethod），通过 $\boldsymbol{S}$ 矩阵的主特征值来判别系统的稳定性. 然而 $\boldsymbol{S}$ 矩阵法在矩阵变换中所取的参数对其收敛速度影响很大，而且有可能收敛到非主特征值上. 文献［23］提出了三重 Cayley 变换法，并取其中的参数为 $d=7+\mathrm{j}10$ 和 $h=6$，避免了 $\boldsymbol{S}$ 矩阵法中参数难以选择的问题，但该方法使用了三重 Cayley 变换，每次迭代的计算量大约是 $\boldsymbol{S}$ 矩阵法的 5 倍.

下面给出一种基于范数的小扰动稳定新判别方法，即通过 $\boldsymbol{S}$ 矩阵的幂的范数 $\|\boldsymbol{S}^{2m}\|_1$ 判别系统稳定性.

1. 小干扰稳定性分析的数学模型

电力系统小干扰稳定性分析的数学模型可以描述为如下线性化微分一代数方程组[24]：

$$\begin{bmatrix}\Delta\dot{\boldsymbol{x}}\\ \boldsymbol{0}\end{bmatrix}=\begin{bmatrix}\widetilde{\boldsymbol{A}} & \widetilde{\boldsymbol{B}}\\ \widetilde{\boldsymbol{C}} & \widetilde{\boldsymbol{D}}\end{bmatrix}\begin{pmatrix}\Delta\boldsymbol{x}\\ \Delta\boldsymbol{y}\end{pmatrix} \tag{6.2.1}$$

设网络节点总数为 m，状态变量总数为 n，则有

$$\widetilde{\boldsymbol{A}}\in \mathrm{R}^{n\times n},\widetilde{\boldsymbol{B}}\in \mathrm{R}^{n\times 2m},\widetilde{\boldsymbol{C}}\in \mathrm{R}^{2m\times n},\widetilde{\boldsymbol{D}}\in \mathrm{R}^{2m\times 2m}$$

在式（6.2.1）中消去运行参数向量 $\Delta\boldsymbol{y}$，得到

$$\Delta\dot{\boldsymbol{x}}=\boldsymbol{A}\Delta\boldsymbol{x} \tag{6.2.2}$$

其中

$$\boldsymbol{A}=\widetilde{\boldsymbol{A}}-\widetilde{\boldsymbol{B}}\widetilde{\boldsymbol{D}}^{-1}\widetilde{\boldsymbol{C}}$$

2. 基于矩阵范数的稳定性判据

定义如下矩阵变换

$$\boldsymbol{S}=(s\boldsymbol{E}+\boldsymbol{A})(s\boldsymbol{E}-\boldsymbol{A})^{-1} \tag{6.2.3}$$

由定理 4.4.3 可得，如下结论.

定理 6.2.1 如果 λ_0 是矩阵 $\boldsymbol{A}$ 的特征值，$\boldsymbol{\alpha}$ 是 $\boldsymbol{A}$ 的对应于 λ_0 的特征向量，则 $\dfrac{\lambda_0+s}{s-\lambda_0}$ 是 $\boldsymbol{S}$ 的特征值，$\boldsymbol{\alpha}$ 是 $\boldsymbol{S}$ 的对应于 $\dfrac{\lambda_0+s}{s-\lambda_0}$ 的特征向量.

设 $\boldsymbol{S}$ 的特征值为 $\lambda_{S,1}$，$\lambda_{S,2}$，…，$\lambda_{S,n}$. 不妨假设 $|\lambda_{S,1}|\geqslant|\lambda_{S,2}|\geqslant\cdots|\lambda_{S,n}|$.

定理 6.2.2 （1）$Re(\lambda)=1$ 充分必要条件是 $\rho(\boldsymbol{S})=1$.
（2）0 是 $\boldsymbol{A}$ 的特征值充分必要条件是 1 是 $\boldsymbol{S}$ 的特征值.

定理 6.2.3　设矩阵 $\boldsymbol{A}$ 的特征值实部都为负值的充要条件是对任意 $s>0$ 的 $s\boldsymbol{E}-\boldsymbol{A}$ 非奇异，且矩阵 $\boldsymbol{S}$ 的谱半径 $\rho(\boldsymbol{S})<1$.

由定理 6.2.3 可知，要判别系统是否稳定，只需验证矩阵 $\boldsymbol{S}$ 的谱半径是否小于 1，即矩阵 $\boldsymbol{S}$ 模最大的特征值模长 $|\lambda_{S,\max}|$ 是否是 1. 如果 $|\lambda_{S,\max}|<1$，系统是小干扰稳定的，如果 $|\lambda_{S,\max}|=1$，系统处于临界状态，如果 $|\lambda_{S,\max}|>1$，系统是小干扰不稳定.

定理 6.2.4　任意矩阵范数 $\|\cdot\|$，存在与 A 无关的常数 μ 使得 $\frac{1}{\mu}\rho(\boldsymbol{S})\leqslant\|\boldsymbol{S}\|\leqslant\mu\rho(\boldsymbol{S})$.

注意到 $\rho(\boldsymbol{S}^{2m})=(\rho(\boldsymbol{S}))^{2m}$，由定理 6.2.1，定理 6.2.4 易见，当 $\rho(\boldsymbol{S})<1$ 时，$\|\boldsymbol{S}^{2m}\|_1$ 将快速地趋于 0，而当 $\rho(\boldsymbol{S})>1$ 时，$\|\boldsymbol{S}^{2m}\|_1$ 将快速地趋于∞. 由此，有如下基于范数的小扰动稳定判别方法.

(1) 取定足够大的数 M. $k=0$，$\boldsymbol{S}_0=\boldsymbol{S}$.

(2) 求 $\boldsymbol{S}_{m+1}=\boldsymbol{S}_m\cdot\boldsymbol{S}_m$ 并计算 $\|\boldsymbol{S}_{m+1}\|_1$.

(3) 如果 $\|\boldsymbol{S}_{m+1}\|1<1$，则系统小干扰稳定，算法结束；否则转 (2)；如果 $\|\boldsymbol{S}_{m+1}\|_1>M$，则系统小干扰不稳定，算法结束；否则转 (2).

3. 算例及其分析

【例 6.2.1】　两区域四机系统分析

图 6.8 为经典两区域四机系统算例[25]，利用电力系统仿真软件 PSS/E 来计算系统在某一运行工况下的状态矩阵. 得到两区域四机系统的判别矩阵 $\boldsymbol{A}$[25].

取 $M=10000$，经计算 $\|\boldsymbol{S}^{2^{18}}\|>\boldsymbol{M}$ 即由 $\boldsymbol{S}_{18}$ 可得出系统小干扰不稳定.

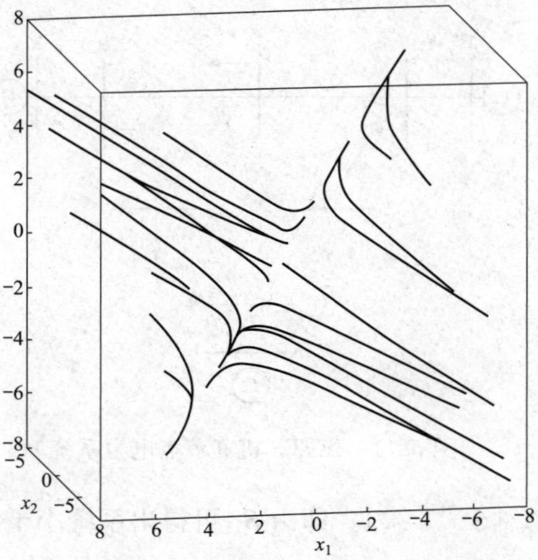

图 6.8　4 机 11 节点电网结构图

【例 6.2.2】　*IEEE* 次同步谐振第一标准测试系统

图 6.2、图 6.10 为 IEEE 次同步谐振第一标准测试系统[14]. 其中图 6.9 为 IEEE 次同步谐振第一标准测试系统接线图，图 6.10 为测试系统发电机多质量块模型，其中发电机的轴系

由高压缸（HP）、中压缸（lP）、低压缸 A（L 队）、低压缸 B（LPB）以及发电机（GEN）和励磁机（EXC）六个质量块组成[27]．发电机的运行工况为：有功功率 0.8，功率因数 0.9，系统电压 1（标幺值）．通过计算，得到 IEEE 次同步谐振第一标准测试系统的矩阵 **A**[27]．

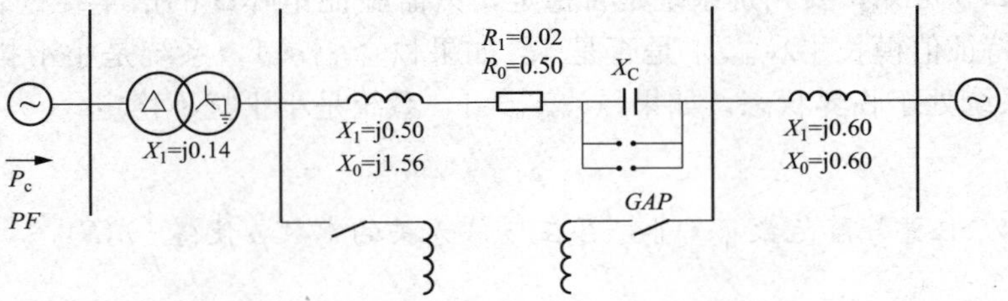

图 6.9　IEEE 次同步振荡第一标准测试系统接线图

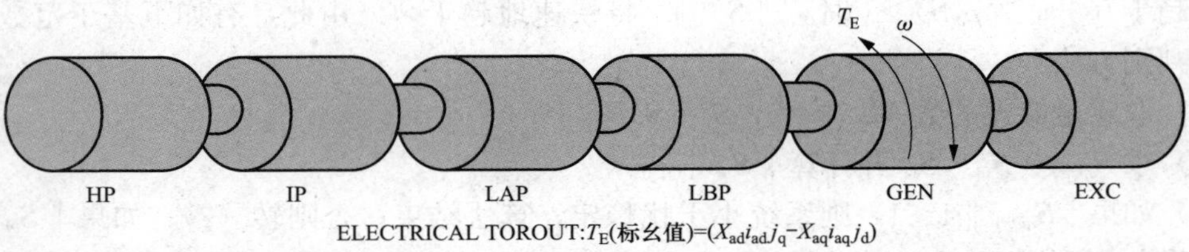

图 6.10　发电机多质量快模型

取 $M=10000$，经计算 $\|\boldsymbol{S}^{2^3}\|<1$，即由 $\boldsymbol{S}_3$ 可得出系统小干扰稳定.

【例 6.2.3】 *IEEE*3 机 9 节点电力系统

图 6.11 为 IEEE3 机节点电力系统，包括 3 台发电机、3 个负荷以及 9 条支路．支路数据、电机参数及相应的矩阵 **A** 见参考文献［25］.

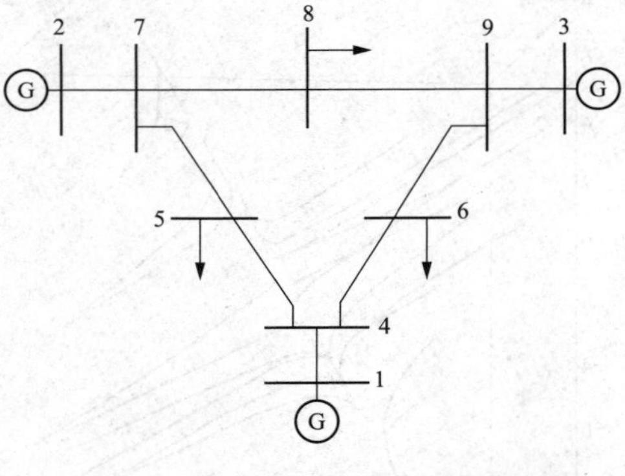

图 6.11　IEEE3 机 9 节点电力系统

取 $M=10000$，经计算 $\|\boldsymbol{S}^{2^{11}}\|<1$，即由 $\boldsymbol{S}_{11}$ 可得出系统小干扰稳定.

6.3　矩阵论在线性常微分方程求解中的应用

6.3.1　一阶线性常系数微分方程组的初值问题的求解

在数学或工程技术中，经常要研究一阶常系数线性微分方程组

$$
\begin{cases}
\dfrac{\mathrm{d}x_1(t)}{\mathrm{d}t} = a_{11}x_1(t) + a_{12}x_2(t) + \cdots + a_{1n}x_n(t) + f_1(t) \\
\dfrac{\mathrm{d}x_2(t)}{\mathrm{d}t} = a_{21}x_1(t) + a_{22}x_2(t) + \cdots + a_{2n}x_n(t) + f_2(t) \\
\vdots \\
\dfrac{\mathrm{d}x_n(t)}{\mathrm{d}t} = a_{n1}x_1(t) + a_{n2}x_2(t) + \cdots + a_{nn}x_n(t) + f_n(t)
\end{cases} \tag{6.3.1}
$$

满足初始条件

$$x_i(t_0) = c_i,\quad i = 1,2,\cdots,n \tag{6.3.2}$$

的解.

如果记 $\boldsymbol{A}=(a_{ij})_{n\times n}$，$\boldsymbol{c}=(c_1,c_2,\cdots,c_n)^{\mathrm{T}}$

$$\boldsymbol{x}(t) = (x_1(t),x_2(t),\cdots,x_n(t))^{\mathrm{T}},\boldsymbol{f}(t) = (f_1(t),f_2(t),\cdots,f_n(t))^{\mathrm{T}}$$

则上述问题可写成

$$
\begin{cases}
\dfrac{\mathrm{d}\boldsymbol{x}(t)}{\mathrm{d}t} = A\cdot x(t) + f(t) \\
\boldsymbol{x}(t_0) = \boldsymbol{c}
\end{cases} \tag{6.3.3}
$$

由于 A 是常值矩阵，因此

$$\frac{\mathrm{d}}{\mathrm{d}t}(\mathrm{e}^{-At}\boldsymbol{x}(t)) = \mathrm{e}^{-At}(-A)\boldsymbol{x}(t) + \mathrm{e}^{-At}\frac{\mathrm{d}}{\mathrm{d}t}\boldsymbol{x}(t) = \mathrm{e}^{-At}\left[\frac{\mathrm{d}\boldsymbol{x}(t)}{\mathrm{d}t} - A\boldsymbol{x}(t)\right] = \mathrm{e}^{-At}f(t)$$

将上式两边在 $[t_0,\ t]$ 上积分，得到

$$\mathrm{e}^{-At}\boldsymbol{x}(t) - \mathrm{e}^{-At_0}x(t_0) = \int_{t_0}^{t}\mathrm{e}^{-At}f(t)\mathrm{d}t,$$

因此微分方程组的初值问题的解为

$$\boldsymbol{x}(t) = \mathrm{e}^{-A(t-t_0)}c + \mathrm{e}^{At}\int_{t_0}^{t}\mathrm{e}^{-At}f(t)\mathrm{d}t \tag{6.3.4}$$

【例 6.3.1】 设 $A=\begin{pmatrix}2 & 0 & 0\\ 1 & 1 & 1\\ 1 & -1 & 3\end{pmatrix}$，求如下初值问题的解.

$$
\begin{cases}
\dfrac{\mathrm{d}x(t)}{\mathrm{d}t} = A(t)\boldsymbol{x}(t) + (1,0,-1)^{\mathrm{T}} \\
\boldsymbol{x}(0) = (1,1,1)^{\mathrm{T}}
\end{cases} \tag{6.3.5}
$$

解

$$|\lambda E - A| = \begin{vmatrix}\lambda-2 & 0 & 0\\ -1 & \lambda-1 & -1\\ -1 & 1 & \lambda-3\end{vmatrix} = (\lambda-2)^3$$

由于 $A-2E=\begin{pmatrix}0 & 0 & 0\\ 1 & -1 & 1\\ 1 & -1 & 1\end{pmatrix}$ 的秩 rank $(A-2E)=1$，因此 A 的最小多项式是 $(\lambda-2)^2$. 令 $r(z)=a_0+a_1z$，由

$$
\begin{cases}
a_0 + 2a_1 = \mathrm{e}^{2t} \\
a_1 = t\mathrm{e}^{2t}
\end{cases}
$$

得 $a_1=te^{2t}$，$a_0=(1-2t)e^{2t}$，因此

$$e^{At}=(1-2t)e^{2t}\boldsymbol{E}+te^{2t}\boldsymbol{A}=e^{2t}\begin{pmatrix}1&0&0\\t&1-t&t\\t&-t&t+1\end{pmatrix}.$$

因为

$$e^{-At}f(t)=e^{-2t}\begin{pmatrix}1&0&0\\-t&1+t&-t\\-t&t&1-t\end{pmatrix}\begin{pmatrix}1\\0\\-1\end{pmatrix}=e^{-2t}\begin{pmatrix}1\\0\\-1\end{pmatrix}$$

$$\int_0^t e^{-At}f(t)\mathrm{d}t=\int_0^t\begin{pmatrix}e^{-2t}\\0\\-e^{-2t}\end{pmatrix}\mathrm{d}t=\frac{1}{2}\begin{pmatrix}1-e^{-2t}\\0\\e^{-2t}-1\end{pmatrix}$$

由式（6.3.4），有

$$x(t)=e^{2t}\begin{pmatrix}1&0&0\\t&1-t&t\\t&-t&1+t\end{pmatrix}\begin{pmatrix}1\\1\\1\end{pmatrix}+\frac{1}{2}e^{2t}\begin{pmatrix}1&0&0\\t&1-t&t\\t&-t&1+t\end{pmatrix}\begin{pmatrix}1-e^{-2t}\\0\\e^{-2t}-1\end{pmatrix}$$

$$=\frac{e^{2t}}{2}\begin{pmatrix}3-e^{-2t}\\2t+2\\2t+1+e^{-2t}\end{pmatrix}$$

【例 6.3.2】 如图 6.12 所示电路中，$R_1=280\Omega$，$R_2=200\Omega$，$L=40\mathrm{H}$，$C=5\times10^{-3}\mathrm{F}$，激励源电动势为阶跃函数，即 $E=80\mathrm{V}$，设电路的初态为零，在 $t=0$ 瞬间闭合开关 S，求暂态过程的电容电荷 $q(t)$（库仑）及电感磁链 $\Psi(t)$（韦伯）.

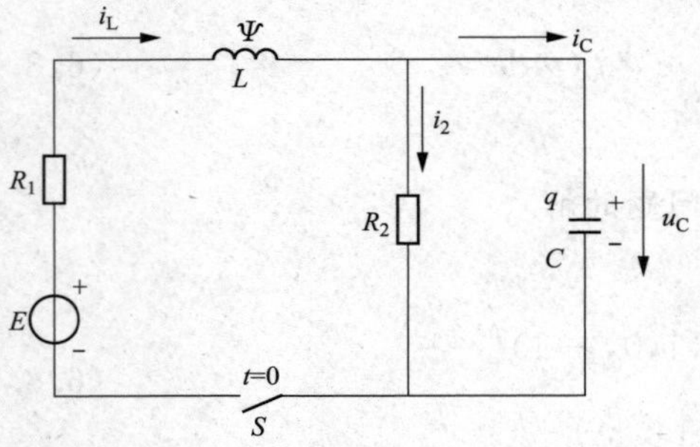

图 6.12 电路图

解 写出网络的状态方程，据 KCL、KVL 定律有

$$\begin{pmatrix}q'\\\Psi'\end{pmatrix}=\begin{pmatrix}-\dfrac{1}{R_2C}&\dfrac{1}{L}\\-\dfrac{1}{C}&\dfrac{R_1}{L}\end{pmatrix}\begin{pmatrix}q\\\Psi\end{pmatrix}+\begin{pmatrix}0\\1\end{pmatrix}E$$

$$=\begin{pmatrix}-1&\dfrac{1}{40}\\-200&-7\end{pmatrix}\begin{pmatrix}q\\\Psi\end{pmatrix}+\begin{pmatrix}0\\1\end{pmatrix}u(t)$$

系统特征多项式

$$|\lambda\boldsymbol{E}-\boldsymbol{A}|=\begin{vmatrix}\lambda+1&\dfrac{1}{40}\\200&\lambda+2\end{vmatrix}=(\lambda+2)(\lambda+6)$$

因此

$$e^{At}=\frac{e^{-2t}}{4}(\boldsymbol{A}+6\boldsymbol{E})=\frac{e^{-6t}}{4}(\boldsymbol{A}+2\boldsymbol{E})$$

$$=\frac{1}{4}\begin{pmatrix}5e^{-2t}-e^{-6t}&\dfrac{e^{-2t}-e^{-6t}}{40}\\-200e^{-2t}+200e^{-6t}&-e^{-2t}+5e^{-6t}\end{pmatrix}$$

由于 $q(0)=0$，$\boldsymbol{\Psi}(0)=0$，因此

$$\begin{pmatrix} q \\ \Psi \end{pmatrix} = \mathrm{e}^{At}\begin{pmatrix} 0 \\ 0 \end{pmatrix} + \int_0^t \mathrm{e}^{A(t-\tau)}\begin{pmatrix} 0 \\ 1 \end{pmatrix}\cdot u(\tau)\mathrm{d}\tau = \int_0^t \mathrm{e}^{A(t-\tau)}\begin{pmatrix} 0 \\ 1 \end{pmatrix}\cdot u(\tau)\mathrm{d}\tau$$

$$= \frac{1}{2}\int_0^t \begin{pmatrix} \mathrm{e}^{-2(t-\tau)} - \mathrm{e}^{-6(t-\tau)} \\ -40\mathrm{e}^{-2(t-\tau)} + 40\mathrm{e}^{-6(t-\tau)} \end{pmatrix}\mathrm{d}\tau = \begin{bmatrix} \dfrac{1}{6} - \dfrac{1}{4}\mathrm{e}^{-2t} + \dfrac{1}{12}\mathrm{e}^{-6t} \\ \dfrac{20}{3} + 10\mathrm{e}^{-2t} - \dfrac{50}{3}\mathrm{e}^{-6t} \end{bmatrix}$$

应用矩阵函数的基本公式来求解二阶线性电路的暂态响应较为方便，避免了传统方法繁琐的数学求解过程（如求逆阵、变换矩阵等），该方法对求解高阶系统的暂态响应比传统方法具有更大的优越性.

6.3.2　*n* 阶线性常微分方程的初值问题的求解

设 a_1，a_2，…，a_n 是常数，$u(t)$ 为已知函数，称

$$y^{(n)} + a_1 y^{(n-1)} + a_2 y^{(n-2)} + \cdots + a_{n-1} y' + a_n y = u(t) \tag{6.3.6}$$

由于已经得到常系数线性微分方程组的矩阵形式解，因此，可以利用如下方式将 n 阶常系数微分方程转化为常系数线性微分方程组，进而求出它的解.

令

$$x_i(t) = y^{(i-1)}(t),\quad i = 1,2,\cdots,n$$

则有

$$\begin{cases} x_1' = x_2 \\ x_2' = x_3 \\ \quad\vdots \\ x_{n-1}' = x_n \\ x_n' = -a_n x_1 - a_{n-1} x_2 - \cdots - a_1 x_n + u(t) \end{cases} \tag{6.3.7}$$

若记

$$\boldsymbol{A} = \begin{bmatrix} 0 & 1 & 0 & \cdots & 0 \\ 0 & 0 & 1 & \cdots & 0 \\ \cdots & \cdots & \cdots & \cdots & \cdots \\ 0 & 0 & 0 & \cdots & 1 \\ -a_n & -a_{n-1} & -a_{n-2} & \cdots & -a_1 \end{bmatrix},\quad \begin{cases} x(t) = (x_1(t), x_2(t), \cdots, x_n(t))^{\mathrm{T}} \\ f(t) = (0,0,\cdots,0,u(t))^{\mathrm{T}} \\ c = (c_1, c_2, \cdots, c_n)^{\mathrm{T}} \end{cases}$$

则有

$$\frac{\mathrm{d}x(t)}{\mathrm{d}t} = \boldsymbol{A}x(t) + f(t)$$

由式（6.3.4），n 阶线性常微分方程的初值问题式（6.3.5）的解是

$$y(t) = (1,0,0,\cdots,0)(\mathbf{e}^{At}c + \mathbf{e}^{At}\int_0^t \mathbf{e}^{-At} f(t)\mathrm{d}t) \tag{6.3.8}$$

【例 6.3.3】 求如下常系数微分方程的定解问题的解.

$$\begin{cases} y''' + 7y'' + 14y' + 8y = 1 \\ y''(0) = y'(0) = y(0) = 0 \end{cases}$$

解　令

$$\begin{cases}x_1=y\\x_2=y',\\x_3=y''\end{cases}\quad \boldsymbol{A}=\begin{pmatrix}0&1&0\\0&0&1\\-8&-14&-7\end{pmatrix},\quad \boldsymbol{f}=\begin{pmatrix}0\\0\\1\end{pmatrix}$$

由于

$$|\lambda\boldsymbol{E}-\boldsymbol{A}|=(\lambda+1)(\lambda+2)(\lambda+4)$$

由求矩阵函数的待定矩阵法可得

$$\mathrm{e}^{tA}=\frac{\mathrm{e}^{-t}}{3}\begin{pmatrix}8&6&1\\-8&-6&-1\\8&6&1\end{pmatrix}+\frac{\mathrm{e}^{-2t}}{2}\begin{pmatrix}-4&-5&-1\\8&10&2\\-16&-20&4\end{pmatrix}+\frac{\mathrm{e}^{-4t}}{6}\begin{pmatrix}2&3&1\\-8&-12&-4\\32&48&16\end{pmatrix}$$

因此

$$\int_0^t\mathrm{e}^{-tA}\begin{pmatrix}0\\0\\1\end{pmatrix}\mathrm{d}t=\frac{\mathrm{e}^t-1}{3}\begin{pmatrix}1\\-1\\1\end{pmatrix}+\frac{\mathrm{e}^{2t}-1}{4}\begin{pmatrix}-1\\2\\4\end{pmatrix}+\frac{\mathrm{e}^{4t}-1}{24}\begin{pmatrix}1\\-4\\16\end{pmatrix}$$

由式（6.3.7），所求常系数线性微分方程组的初值问题是

$$y(t)=(1,0,0)\mathrm{e}^{At}\int_0^t\mathrm{e}^{-At}f(t)\mathrm{d}t=\frac{\mathrm{e}^t-1}{3}-\frac{\mathrm{e}^{2t}-1}{4}+\frac{\mathrm{e}^{4t}-1}{24}$$

6.4 电路变换及其应用

在交流电机等电路分析中，常用的坐标变换是指三相静止 abc 坐标系、任意速度旋转两相 dq0 坐标系、瞬时值复数分量 120 坐标系、前进-后退 FB0 坐标系，以及它们对应的特殊坐标系的变量之间的相互转换. 电路方程坐标变换的主要目的是使电压、电流、磁链方程系数矩阵对角化和非时变化，从而简化数学模型，使分析和控制变得简单、准确、易行. 还有一类电路方程变换，其目的是用旧变量表示出新变量，例如变压器中由原边变量利用变比变换而来的副边变量，把这类电路方程变换称为变压器变换. 不论是坐标变换，还是变压器变换，都可看作是电路方程矩阵系数的线性变换.

1. 电路方程线性变换的基本理论

对于线性电路，其电路方程一般可表示为

$$\boldsymbol{y}=\boldsymbol{Ax}\tag{6.4.1}$$

其中，向量 $\boldsymbol{x}$、$\boldsymbol{y}\in\boldsymbol{F}^{n\times1}$，向量 $\boldsymbol{x}$、$\boldsymbol{y}$ 表示电压、电流或磁链等电量；矩阵 $\boldsymbol{A}\in\boldsymbol{F}^{n\times n}$，$\boldsymbol{F}$ 为实数或复数域. 因为电路为线性，所以矩阵 $\boldsymbol{A}$ 中各元素与 $\boldsymbol{x}$ 无关，它们可以是常数、时间函数和微分算子.

设电路方程式（6.4.1）的线性变换关系为

$$\widetilde{\boldsymbol{y}}=\boldsymbol{P}_y\boldsymbol{y}\tag{6.4.2}$$

$$\boldsymbol{x}=\boldsymbol{P}_x\widetilde{\boldsymbol{x}}\tag{6.4.3}$$

因此

$$\widetilde{\boldsymbol{y}}=\widetilde{\boldsymbol{A}}\widetilde{\boldsymbol{x}}\tag{6.4.4}$$

其中

$$\widetilde{\boldsymbol{A}}=\boldsymbol{P}_y\boldsymbol{A}\boldsymbol{P}_x\tag{6.4.5}$$

式（6.4.4）就是用新变量 $\tilde{y}$ 和 $\tilde{x}$ 表示的电路方程.

如果 $P_x = P_y^{H}$，则

$$\tilde{x}^{H}\tilde{y} = x^{H}y \tag{6.4.6}$$

此时，变换前后功率守恒.

如果 P_y 可逆，且满足 $P_x = P_y^{-1}$，则

$$\tilde{y} = P_y y, \tilde{x} = P_y x$$

进行坐标变换的目的就是简化计算和分析过程，具体体现在对式（6.4.1）求解的简化，即通过坐标变换，使得矩阵的阶数减小、解耦（对角化）以及各元素与时间无关. 一般而言，使矩阵对角化是对式（6.4.1）最主要的简化. 要对矩阵 A 对角化，就是求矩阵 A 和一个对角阵的相似变换，即

$$P^{-1}AP = \Lambda \tag{6.4.7}$$

式中：P 是相似变换矩阵；Λ 为对角阵.

2. 多相电路中的一个特殊的线性变换

相电路从自然坐标系到旋转坐标系的转换矩阵（简记为 C）定义为式（6.4.8）.

当 n 是偶数时，$m=n/2-1$，$C(\theta)$ 为

$$C(\theta) = \sqrt{\frac{2}{n}}\begin{pmatrix} \cos\theta & \cos(\theta-2\pi/n) & \cdots & \cos(\theta-2k\pi/n) & \cdots & \cos(\theta-2(n-1)\pi/n) \\ -\sin\theta & \sin(\theta-2\pi/n) & \cdots & -\sin(\theta-2k\pi/n) & \cdots & -\sin(\theta-2(n-1)\pi/n) \\ \vdots & \vdots & & \vdots & & \vdots \\ \cos(\theta) & \cos(\theta-2i\pi/n) & \cdots & \cos(\theta-2ik\pi/n) & \cdots & \cos(\theta-2i(n-1)\pi/n) \\ -\sin\theta & -\sin(\theta-2i\pi/n) & \cdots & -\sin(\theta-2ik\pi/n) & \cdots & -\sin(\theta-2i(n-1)\pi/n) \\ \vdots & \vdots & & \vdots & & \vdots \\ \cos\theta & \cos(\theta-2m\pi/n) & \cdots & \cos(\theta-2km\pi/n) & \cdots & \cos(\theta-2m(n-1)\pi/n) \\ \sin\theta & -\sin(\theta-2m\pi/n) & \cdots & -\sin(\theta-2km\pi/n) & \cdots & -\sin(\theta-2m(n-1)\pi/n) \\ 1/\sqrt{2} & 1/\sqrt{2} & \cdots & 1/\sqrt{2} & \cdots & 1/\sqrt{2} \\ 1/\sqrt{2} & -1/\sqrt{2} & \cdots & (-1)^{k+1}/\sqrt{2} & \cdots & -1/\sqrt{2} \end{pmatrix} \tag{6.4.8}$$

当 n 是奇数时，$m=(n-1)/2$，式（6.4.8）并没有最后一行.

若一个 n 相电路的状态量在自然坐标系下表示为 $x=(x_1, x_2, \cdots, x_n)^{T}$，在转换后的旋转坐标系中，相应的信号表示为 $y=(y_1, y_2, \cdots, y_n)^{T}$，则有 $y=Cx$. 下面给出该变换的重要性质.

变换矩阵 $C(\theta)$ 是单位正交阵，它说明变换式（6.4.8）满足瞬时功率不变的制约条件. 基频正序信号经过变换后是常数. 如果原信号为

$$x = [\cos(\theta+\alpha), \cos(\theta+\alpha-2\pi/n), \cdots, \cos[\theta+\alpha-2(n-1)\pi/n]^{T}$$

则变换后的信号为

$$y = \frac{n}{2}(\cos\alpha, \sin\alpha, 0, \cdots, n)^{T} \tag{6.4.9}$$

式中：α 是常数.

电力系统中发电机是同步旋转电机. 在理想情况下，自然坐标系中的状态量，如电压、电流、磁链等量都是正弦对称的时变信号. 若将这些时变信号表示成相量形式，则呈现为在单位圆内对称分布，且以同步速逆时针旋转的 n 个相量. 这种理想信号经过变换后，在 $\alpha \neq 0$

的情况下，只有两个分量不为 0. 当 $n=3$ 时，这两个非零分量正好对应于三相电路 dq0 变换中的 dq 轴分量，这表明该变换是三相电路 dq0 变换在 n 相电路中的一般性推广，与三相电路 dq0 变换相似，该变换不但适合于分析对称的暂态过程，还可用于多相电路谐波检测.

电力系统中的信号一般都是周期信号，故其在时间上满足对称性，以下的研究表明，时间上的对称性通过变换作用将导致空间上的对称性，这一性质对分析电路问题具有重要意义.

当 n 是偶数时，$m=n/2-1$，变换式（6.4.8）为

$$\boldsymbol{C}=(\boldsymbol{e}_{\mathrm{d}1},\boldsymbol{e}_{\mathrm{q}1},\cdots,\boldsymbol{e}_{\mathrm{d}m},\boldsymbol{e}_{\mathrm{q}m},\boldsymbol{e}_{01},\boldsymbol{e}_{02})$$

其中

$$\boldsymbol{e}_{\mathrm{d}k}=[\cos(\theta),\cos(\theta-2k\pi/n),\cdots,\cos(\theta-2k(n-1)\pi/n]$$

$$\boldsymbol{e}_{\mathrm{q}k}=[\sin(\theta),\sin(\theta-2k\pi/n),\cdots,\sin(\theta-2k(n-1)\pi/n]$$

$$\boldsymbol{e}_{01}=(1,1,\cdots,1,\cdots,1)^{\mathrm{T}}/\sqrt{2}$$

$$\boldsymbol{e}_{02}=(1,-1,\cdots,(-1)^{k+1},\cdots,1)^{\mathrm{T}}/\sqrt{2}$$

因此

$$\boldsymbol{R}^{n}=V_1\oplus V_2\oplus\cdots\oplus V_m\oplus V_0$$

$$\boldsymbol{V}_k=\mathrm{span}\{\boldsymbol{e}_{\mathrm{d}k},\boldsymbol{e}_{\mathrm{q}k},\quad k=1,2,\cdots,m\}$$

$$\boldsymbol{V}_0=\begin{cases}\mathrm{span}\{\boldsymbol{e}_{01},\boldsymbol{e}_{02}\}, & n\text{ 是偶数;}\\ \mathrm{span}\{\boldsymbol{e}_{01}\}, & n\text{ 是奇数.}\end{cases}$$

每个 $\boldsymbol{V}_k$ 是 $\mathbf{R}^n$ 中的一个平面，$\boldsymbol{e}_{\mathrm{d}k}$、$\boldsymbol{e}_{\mathrm{q}k}$则构成平面上的一组旋转正交坐标系，它沿逆时针方向以同步速 ω 旋转. 当 n 为偶数时，$\boldsymbol{V}_0$ 由 $\boldsymbol{e}_{01}$、$\boldsymbol{e}_{02}$张成，为静止坐标系，当 n 为奇数时，$\boldsymbol{V}_0$ 由 $\boldsymbol{e}_{01}$张成，维数变为 1 维，它与所有的 $\boldsymbol{V}_k(k=1,2,\cdots,m)$正交，通过变换矩阵 $\boldsymbol{C}$，可以将 $\boldsymbol{R}^n$ 中的信号投影到由 $\boldsymbol{e}_{\mathrm{d}k}$、$\boldsymbol{e}_{\mathrm{q}k}$ 张成的平面上来进行研究.

在自然坐标系下，假设只含有正序分量的 n 相信号 $\boldsymbol{x}_+=(x_{1+},x_{2+},\cdots,x_{n+})^{\mathrm{T}}$，其各相信号相位差为 j(2π/n)，$j=1,\ 2,\ \cdots,\ m$，即

$$x_{i+}=\sqrt{2}I_j\cos(\theta-j(i-1)\times 2\pi/n+\varphi_j),i=1,2,\cdots,n$$

旋转坐标系下信号 $\boldsymbol{y}_+(t)$ 的相量表达式为

$$\boldsymbol{y}_+(t)=\sqrt{n}I_j(0,\cdots,0,\cos\varphi_j,\sin\varphi_j,0,\cdots,0)^{\mathrm{T}}$$

显然，$\boldsymbol{y}_+(t)$ 只在 $\boldsymbol{V}_j$ 平面上有投影，且投影为常量，即 $\boldsymbol{y}_+=\boldsymbol{C}\boldsymbol{x}_+=\boldsymbol{V}_j\boldsymbol{x}_+$.

对负序信号 $\boldsymbol{x}_-=(x_{1-},x_{2-},\cdots,x_{n-})^{\mathrm{T}}$，其中

$$x_{i-}=\sqrt{2}\sum_{k=1}^{+\infty}I_{jk}\cos(k\theta-j(i-1)\times 2\pi/n+\varphi_{jk}),i=1,2,\cdots,n$$

$\boldsymbol{x}_-$变换后为

$$\boldsymbol{y}_-(t)=\boldsymbol{C}\boldsymbol{x}_-=\sqrt{2}I_j(0,\cdots,0,\cos(2\theta-\varphi_j),\sin(2\theta-\varphi_j),0,\cdots,0)^{\mathrm{T}}$$

$\boldsymbol{y}_-$只在 $\boldsymbol{V}_j$ 平面上有投影，该投影以两倍同步速逆时针旋转.

对零序分 $\boldsymbol{x}_0=(I_0,I_0,\cdots,I_0)^{\mathrm{T}}$，当 n 为偶数时，零序分量可变换为

$$\boldsymbol{y}_0=\boldsymbol{C}\boldsymbol{x}_0=\boldsymbol{V}_0\boldsymbol{x}_0=(0,0,\cdots,I_0/\sqrt{n},0)^{\mathrm{T}}$$

当 n 为奇数时，零序分量可变换为

$$\boldsymbol{y}_0=\boldsymbol{C}\boldsymbol{x}_0=\boldsymbol{V}_0\boldsymbol{x}_0=(0,0,\cdots,I_0/\sqrt{n})^{\mathrm{T}}$$

可见，零序分量只在 $\boldsymbol{V}_0$ 平面上产生投影.

对含有谐波的 n 相对称电路信号 $\boldsymbol{x}=(x_1,x_2,\cdots,x_n)^{\mathrm{T}}$，其各相信号相位差为 $j\#(2\pi/n)$，$j=1$，2，…，m，即

$$x_i=\sqrt{2}\sum_{k=1}^{+\infty}I_{jk}\cos(k\theta-j(i-1)\times 2\pi/n+\varphi_{jk}),i=1,2,\cdots,n$$

将 $x(t)$ 分解为基波信号和谐波信号两部分，有 $x(t)=x+(t)+x_h$，其中：$x_h=(x_{1h},x_{2h},\cdots,x_{nh})^{\mathrm{T}}$

$$x_{ih}=\sqrt{2}\sum_{k=2}^{+\infty}I_{jk}\cos(k\theta-j(i-1)\times 2\pi/n+\varphi_{jk}),i=1,2,\cdots,n \tag{6.4.10}$$

经变换后有由上式可见用式（6.4.10）描述的谐波信号经过变换后也只在 V_j 平面有投影，其投影由平面上与谐波同频率旋转的矢量合成.

综上所述，可得到下列多相电路坐标变换规律：

(1) 空间上相差 $j\times 2\pi/n(0\leqslant j\leqslant m)$的对称分量，只会在第 j 个子空间平面上有投影，在其他平面上投影为零；

(2) 若对称分量只含有正序分量，则其在对应子空间平面上的投影是恒定矢量；

(3) 若对称信号含有广义谐波分量（除基波正序以外的所有信号分量），则在对应的子空间平面上投影的矢量含有旋转分量，其旋转速度依赖于对应的谐波信号的频率；

(4) 不对称的信号在各个平面上都会有投影，且投影也含有旋转分量.

以上规律表明：具有对称性的信号可以简化到低维平面上来研究；而不具有对称性的信号无法用一个平面上的垂直坐标系来完全描述，它需要用多个平面上的投影来合成，这对多相电路谐波检测具有重要的指导意义. 此外，将信号空间投影到一簇正交子空间（平面）上进行研究，可以使得空间矢量分析以及电机的矢量控制能够直接推广到高维情况.

3. 线性变换在三相异步电机解耦中的应用

在三相异步电机中，定子三相电流在定子绕组中形成磁链时的电感矩阵为

$$\boldsymbol{L}_{ss}=\begin{bmatrix}L_{ms}+L_{1s} & -L_{ms}/2 & -L_{ms}/2\\ -L_{ms}/2 & L_{ms}+L_{1s} & -L_{ms}/2\\ -L_{ms}/2 & -L_{ms}/2 & L_{ms}+L_{1s}\end{bmatrix}$$

对 $\boldsymbol{L}_{ss}$ 对角化的本质是对下式矩阵对角化，即

$$\boldsymbol{A}=\begin{bmatrix}1 & -1/2 & -1/2\\ -1/2 & 1 & -1/2\\ -1/2 & -1/2 & 1\end{bmatrix} \tag{6.4.11}$$

容易知道，$\boldsymbol{A}$ 的 3 个特征值为 $\lambda_1=\lambda_2=3/2$，$\lambda_3=0$，对应这 3 个特征值的 3 组特征向量的相似变换矩阵可以分别如式（6.4.12）～（6.4.14）所示：

$$\boldsymbol{P}_1=\sqrt{\frac{2}{3}}\begin{bmatrix}\cos\theta & -\sin\theta & 1/\sqrt{2}\\ \cos(\theta-120^\circ) & -\sin(\theta-120^\circ) & 1/\sqrt{2}\\ \cos(\theta+120^\circ) & -\sin(\theta+120^\circ) & \sqrt{2}\end{bmatrix} \tag{6.4.12}$$

$$\boldsymbol{P}_2=\sqrt{\frac{1}{3}}\begin{bmatrix}1 & 1 & 1\\ \alpha^2 & \alpha & 1\\ \alpha & \alpha^2 & 1\end{bmatrix} \tag{6.4.13}$$

$$P_3 = \sqrt{\frac{1}{3}} \begin{pmatrix} e^{-j\gamma} & e^{j\gamma} & 1 \\ \alpha^2 e^{-j\gamma} & \alpha e^{j\gamma} & 1 \\ \alpha e^{-j\gamma} & \alpha^2 e^{j\gamma} & 1 \end{pmatrix} \tag{6.4.14}$$

容易验证，$\boldsymbol{P}_1^{-1}=\boldsymbol{P}_1^{\mathrm{T}}$，$\boldsymbol{P}_2^{-1}=\boldsymbol{P}_2^{\mathrm{H}}$，$\boldsymbol{P}_3^{-1}=\boldsymbol{P}_3^{\mathrm{H}}$，将它们代入式（6.4.7），都可得

$$\boldsymbol{\Lambda} = \mathrm{diag}(3/2,3/2,0)$$

式（6.4.12）的正交变换矩阵 $\boldsymbol{P}_1$ 是电机学中有关任意速度旋转坐标系 dq0 到三相坐标系 abc 的变换矩阵，$\boldsymbol{P}_1^{-1}$ 则是三相坐标系 abc 到任意速度旋转坐标系 dq0 的变换矩阵，式（6.4.12）中，θ 为 d 轴超前 a 轴的角度.

式（6.4.13）的酉变换矩阵 $\boldsymbol{P}_2$ 是瞬时值复数分量 120 坐标系到三相坐标系 abc 的变换矩阵，$\boldsymbol{P}_2^{-1}$ 是三相坐标系 abc 到瞬时值复数分量 120 坐标系的变换矩阵. 式（6.4.13）中，$\alpha=e^{j120^\circ}$. 式（6.4.14）的酉变换矩阵 $\boldsymbol{P}_3$ 是前进-后退坐标系 FB0 到三相坐标系 abc 的变换矩阵，$\boldsymbol{P}_3^{-1}$ 是三相坐标系 abc 到前进-后退坐标系 FB0 的变换矩阵. 式（6.4.14）中，$\alpha=e^{j120^\circ}$，γ 为 F 轴超前 a 轴的角度.

从上面的例子可以看出，在交流电机等电路分析中，常用的三相静止 abc 坐标系、任意速度旋转两相 dq0 坐标系、瞬时值复数分量 120 坐标系、前进-后退 FB0 坐标系之间的变换本质上都是求取式（6.4.1）矩阵的对角相似矩阵，变换后的新变量 $\tilde{x}$ 和 $\tilde{y}$ 实现了解耦，从而简化了方程及其分析过程，这就是电路分析中坐标变换的根本目的.

6.5 基于正交分解的 MOA 泄漏电流有功分量提取算法

金属氧化物避雷器（metal oxide surge arrester，MOA）以其优异的非线性特性和大通流容量等优点，逐渐取代了其他种类的避雷器，成为电力系统过电压保护的主要设备. 对 MOA 进行检测是保证其安全运行的重要手段，运行电压下 MOA 泄漏电流的阻性分量被认为是判别 MOA 运行状态的重要依据. 而阻性电流分量的准确定义与提取则是进行运行状态判别的基本前提. 目前，MOA 泄漏电流阻性电流的提取方法包括容性电流补偿法、谐波电流补偿法、基波法、投影法、变系数补偿法、多元补偿法等. 上述方法虽然在一定程度上可以为 MOA 运行状态的判别提供依据，但仍存在以下不足：投影法需要检测电网电压与泄漏电流的相位差，增加了系统的复杂性及对硬件的要求（要求电压相位误差小于 0.3°）；容性电流补偿法、谐波电流补偿法、投影法均不能消除电网电压谐波对测量的影响；容性电流补偿法不能消除相间分布电容耦合带来的误差；基波法、变系数补偿法、多元补偿法虽然能够有效抑制电网电压谐波的干扰，排除相间干扰对测量的影响，但忽略了谐波有功电流分量对 MOA 做功发热的影响，物理意义不明确，而且需要应用 FFT 对泄漏电流进行频谱分析，检测系统复杂，计算量大；由于 MOA 为非线性元件，其电压与电流所含的谐波次数不同，由于同次谐波的电压与电流之间才符合投影法则，因此也不宜用投影法.

本节将 MOA 泄漏电流分解为相互正交的有功分量与无功分量，其中有功电流分量与电压同形同相，完全消耗有功功率. 应用有功电流分量判别 MOA 的运行状态，物理意义更加明确. 同时利用有功与无功电流分量间的正交特性，推导出一种提取有功电流分量的新算法. 该算法无须 FFT 计算，实时性好，无须检测电网电压与泄漏电流的相位差，易于工程实现，并适用于任意波形周期性电压电路，从根本上克服了电压谐波的影响.

一、MOA 泄漏电流阻性分量分析

监测 MOA 泄漏电流的根本目的在于监测 MOA 因老化、受潮等原因引起的有功功率损耗的增加和发热等状况. MOA 等效电路如图 6.13 所示，阻性电流是电网电压作用在 MOA 的非线性等效电阻上而产生的电流. 当电网电压无畸变时，设 $u=U_m\sin\omega t$，周期为 T，由于等效电阻 R^{T} 的非线性特性，电流产生了畸变，含有奇次正弦项谐波分量，即

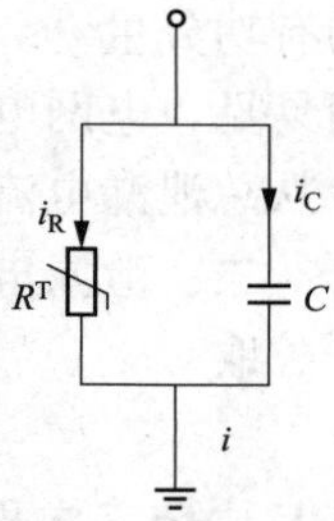

图 6.13　MOA 等效电路图

$$i_R=\sum_{n=1}^{k}I_{nm}\sin(n\omega t+\varphi_n)\mathrm{d}\tag{6.5.1}$$

则 MOA 的功耗为

$$P=\int_0^{\omega T}ui_R\mathrm{d}(\omega t)=\sum_{n=1}^{k}U_mI_{nm}\int_0^{\omega t}\sin\omega t\sin(n\omega t+\varphi_n)\mathrm{d}(\omega t)\tag{6.5.2}$$

由三角函数的正交性质可知，式（6.5.2）中除第一项以外，其余各项积分均为零. 由于 $\varphi_1=0$，因此式（6.5.2）又可表示为

$$P=K\int_0^{\omega t}u^2\mathrm{d}(\omega t)\tag{6.5.3}$$

$$K=I_{1m}/U_m$$

式中：K 为电导性比例系数.

式（6.5.3）说明，当电网电压无畸变时，阻性电流当中只有与正弦电压同形同相的基波电流分量（仅幅值相差一个电导性比例系数）做功发热，消耗有功功率，故称其为阻性电流的有功分量；而其余与基波分量相互正交的高次谐波分量均不消耗有功功率，故称其为阻性电流的无功分量.

当电网电压无畸变时，设存在畸变的电网电压为

$$u=a_{u0}+\sum_{m=1}^{\infty}(a_{um}\cos m\omega t+b_{um}\sin m\omega t)\tag{6.5.4}$$

作用在 MOA 非线性等效电阻 R^{T} 上产生的电流可以表示为

$$\begin{aligned}i_{\mathrm{R}}&=a_{i0}+\sum_{n=1}^{\infty}[a_{in}\cos n(\omega t-\varphi)+b_{in}\sin(\omega t-\varphi)]\\&=a_{i0}+\sum_{n=1}^{\infty}[(a_{in}\cos n\varphi+b_{in}\sin n\varphi)\cos n\omega t+(a_{in}\sin n\varphi+b_{in}\cos n\varphi)\sin n\omega t]\end{aligned}\tag{6.5.5}$$

由有功功率的定义及三角函数的正交性质可以推知，电压与电流的各同次谐波间均消耗有功功率，发热做功. 也就是说泄漏电流当中只有与电压同形同相的分量（仅幅值相差一个电导性比例系数）消耗有功功率.

根据 Fryze 提出的功率理论，单相电路电流的有功分量与电压同形同相，只是幅值不同，相差一个电导性比例系数 K，将其定义为泄漏电流的有功系数，即

$$i_{\mathrm{P}}=Ku\tag{6.5.6}$$

此处，电压与电流可以是任意波形的周期信号.

总的 MOA 泄漏电流可以表示为

$$i=i_{\mathrm{R}}+i_{\mathrm{C}}=i_{\mathrm{RP}}+i_{\mathrm{RQ}}+i_{\mathrm{C}}=i_{\mathrm{P}}+i_{\mathrm{Q}}\tag{6.5.7}$$

由式（6.5.7）可见，首先将阻性电流分解为两部分，一部分为消耗有功功率的有功分量 i_{RP}，一部分为不消耗有功功率的无功分量 i_{RQ}；然后，将阻性电流有功分量定义为泄漏电流

的有功分量 i_P. 将阻性电流无功分量与容性电流分量的和定义为泄漏电流的无功分量 i_Q. 显而易见，电网电压无畸变时，已成为该定义的一种特例. 关键问题在于如何将有功电流分量 i_P 从总泄漏电流当中分解并准确提取出来.

二、泄漏电流有功分量与无功分量的正交分解

取

$$\mathbf{V} = \mathrm{span}\{1, \cos\omega t, \sin\omega t, \cdots, \cos(N\omega t), \sin(N\omega t)\} \tag{6.5.8}$$

在 $\mathbf{V}$ 中定义内积

$$(X, Y) = \int_0^{\omega t} XY\mathrm{d}(\omega t) \tag{6.5.9}$$

则 $\mathbf{V}$ 为欧氏函数空间. 1，$\cos\omega t$，$\sin\omega t$，…，$\cos(N\omega t)$，$\sin(N\omega t)$ 是 $\mathbf{V}$ 的正交基.

根据电路功率理论，电流 i 的有功分量 i_P 及无功分量 i_Q 之间符合直角三角形的关系，即满足正交关系，两者内积为零，即

$$(i_P, i_Q) = \int_0^{\omega t} i_P i_Q \mathrm{d}(\omega t) \tag{6.5.10}$$

联立式（6.5.6）、式（6.5.7）、式（6.5.10）可得

$$K = \frac{\int_0^{\omega T} ui\mathrm{d}(\omega t)}{\int_0^{\omega T} u^2\mathrm{d}(\omega t)} \tag{6.5.11}$$

K 的计算可采用数值积分的方法求解，求解 K 后，根据式（6.5.6）、式（6.5.7）即可求出 MOA 泄漏电流的有功电流分量 i_P 及无功电流分量 i_Q.

泄漏电流有功分量提取算法框图如图 6.14 所示。

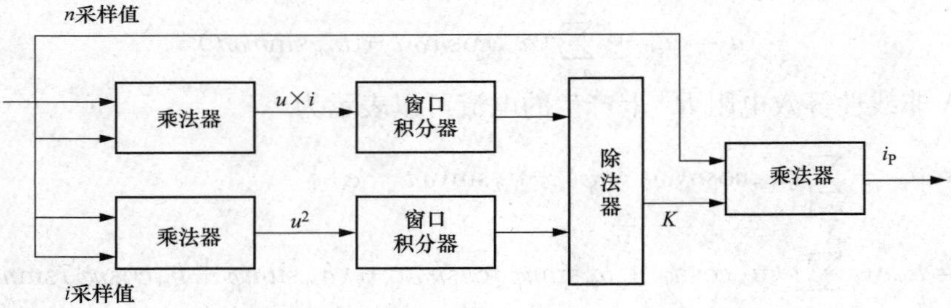

图 6.14 泄漏电流有功分量提取算法框图

该算法只需要电压与电流的实时采样值即可，图中的窗口积分器实现式（6.5.11）中的积分功能，该积分器相当于一个积分环节，可以同时起到滤波和抑制干扰的作用. 一般电压与电流信号正负半波对称，故可将窗口积分器的宽度取为 $\omega T/2(\mathrm{rad})$，并不影响 K 的计算结果，还可以将检测系统的实时性提高一倍. 设电压周期为 T，一个周期内的采样点数为 N，则采样周期为 $\Delta T = T/N$，若当前采样时刻为 $n\Delta T$，则此刻式（6.5.11）可简化为

$$K = \frac{\sum_{m=n-N/2+1}^{n} u_m i_m}{\sum_{m=n-N/2+1}^{n} u_m^2} \tag{6.5.12}$$

由式（6.5.12）可见，数字化实现时，分子分母中的采样周期 T 项可以约掉，这样不但大大简化了计算量，而且减少了采样周期对有功系数 K 的计算精度的影响. 取得电压 u、电流 i 一个或几个周期内的采样值后，式（6.5.12）可以方便地用软件或硬件实现.

三、仿真分析

首先应用五次多项式拟合方法建立 MOA 正常与老化状态的数学模型，然后在电网电压无畸变与有畸变两种情况下，通过仿真验证本文提出的 MOA 泄漏电流有功分量提取算法.

MOA 的数学建模关键是非线性电阻 R^{T} 的数学建模. 采用文献［31］提供的试验数据，根据 MOA 的伏安特性，应用五次多项式拟合方法建立正常状态下 MOA 非线性等效电阻 R^{T} 的数学模型

$$i_{\mathrm{R}}=0.8765u^5-1.949u^4+1.6014u^3-0.5401u^2+0.0894u \tag{6.5.13}$$

在式（6.5.13）的基础上，根据文献［32］得出的 MOA 老化平均伏安特性曲线进行五次多项式拟合，得到 MOA 老化时非线性等效电阻 R^{T} 的数学模型为

$$i_{\mathrm{R}}=0.02082u^5+1.1108u^4+0.23472u^3+0.076u^2+0.029^2u \tag{6.5.14}$$

当 MOA 承受反向电压时，电流反向，故其伏安特性为以原点为中心的奇对称曲线. 根据式（6.5.13）、式（6.5.14）绘制出 MOA 在第一象限与第三象限的 MOA 非线性等效电阻 R^{T} 平均伏安特性，图 6.15 所示. 图中电压 u 采用标幺值的形式 $u=U/U_{\mathrm{N}}$，阻性电流 i_{R} 的单位为 mA.

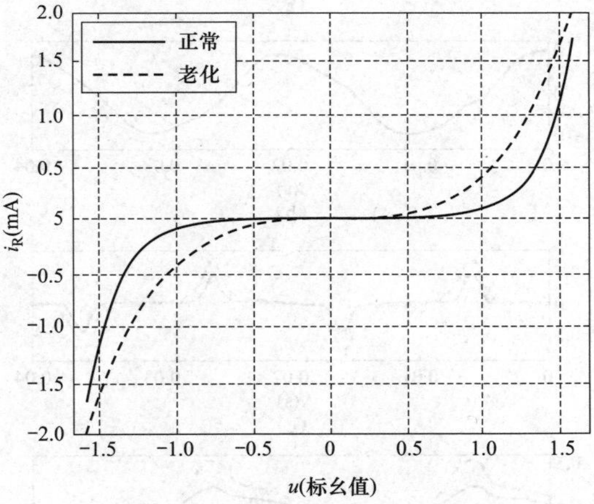

图 6.15　MOA 阻性电流平均伏安特性

电网电压无畸变时，设 MOA 的额定电压为 $U_{\mathrm{N}}=120\mathrm{kV}$，正常运行电压为 $U=96\mathrm{kV}$，$u=U/U_{\mathrm{N}}=0.8$（标幺值）. 当电网电压无畸变时，在 MOA 正常与老化两种情况下，图 6.13 中的等效非线性电阻 R^{T} 的数学模型分别用式（6.5.13）、式（6.5.14）表示，并联等效晶界电容量 C 取 200pF. 每个工频周期采样 $N=200$ 点，则采样周期 $T_{\mathrm{N}}=T/N=20\mathrm{ms}/200=0.1\mathrm{ms}$，应用 Matlab 仿真软件，利用图 6.14 所示的算法进行仿真，结果如图 6.16 所示.

图 6.16（a）为电网电压波形；图 6.16（b）为 MOA 在正常与老化状态下的泄漏全电流，可见两者非常接近，难以监测到 MOA 老化的特征信号；图 6.16（c）为两种状态下的阻性电流分量，由于等效电阻 R^{T} 的非线性特性，阻性电流产生了明显的非正弦畸变，含有丰富的奇次正弦项谐波分量. 但其中消耗有功功率并导致 MOA 发热的却只有有功电流分量 i_{P}，在电网电压无畸变时即为阻性电流的基波分量；图 6.16（d）为本章所得算法在半个工频周期内（10ms）提取出的泄漏电流有功分量 i_{P}，均与电压同形同相. 由图可见，在 MOA 老化后 i_{P} 明显增大，在正常状态下 $I_{\mathrm{P}}=95.13\mu\mathrm{A}$（方均根值），根据式（6.5.12）算得的有功系数 $K_{\mathrm{N}}=0.93738\times10^{-6}$，老化时 $I_{\mathrm{P}}=328.956\mu\mathrm{A}$（方均根值），有功系数 $K_{\mathrm{A}}=3.4266\times10^{-6}$，$K_{\mathrm{A}}/K_{\mathrm{N}}=3.6556$，由此可见，MOA 老化时，其泄漏电流的有功分量增大为原来的 3.6556 倍.

电网电压存在畸变时，当电网电压存在畸变时，为了说明本方法的特点，设电网电压中含有 0.3（标幺植）的 3 次谐波，0.06（标幺植）的 5 次谐波，0.005（标幺植）的 7 次谐波，仿真波形如图 6.17 所示. 图 6.17（a）为电网电压波形；图 6.17（b）为 MOA 在正常与老化状态下的泄漏全电流，可见两者仍然非常接近；图 6.17（c）为两种状态下的阻性电流分量，同样产生了非线性畸变；图 6.17（d）为本文所得算法在半个工频周期内（10ms）提取出的泄漏电流有功分量 i_P. 由图可见，由于电网电压发生了畸变，i_P 也不再是正弦波，而是与电压同形同相. MOA 正常状态下 $I_P=106.6435\mu A$（方均根值），有功系数 $K_N=1.0845\times10^{-6}$，老化时 $I_P=348.2241\mu A$（方均根值），有功系数 $K_A=3.6093\times10^{-6}$，$K_A/K_N=3.3280$，由此可见，MOA 老化时，其泄漏电流中的有功分量增大为原来的 3.3280 倍.

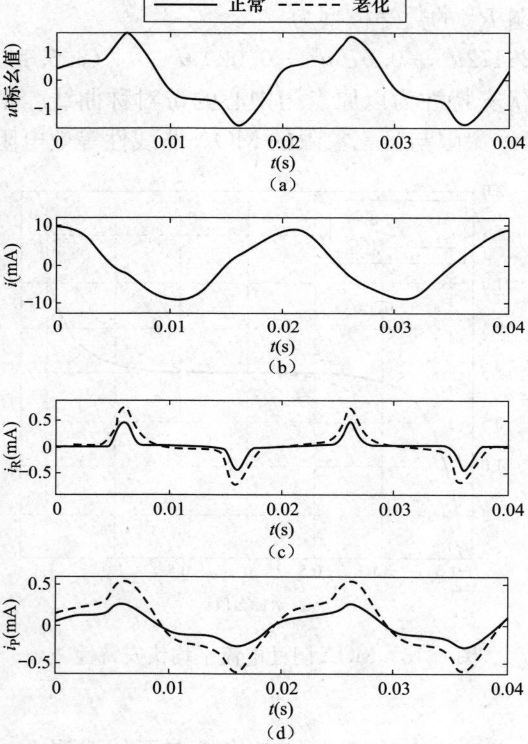

图 6.16　电压无畸变时电压与电流波形

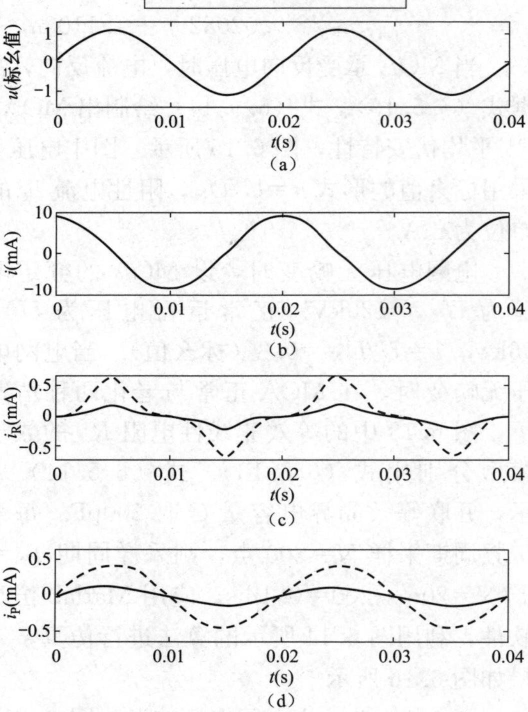

图 6.17　电压无畸变时电压与电流波形

6.6　最小二乘法的应用

6.6.1　最小二乘方法在系统辨识中的应用

在系统辨识中，最小二乘方法是参数估计的最基本的方法. 假设事先根据对受控系统的了解，选定描述受控系统的数学模型为 MA 模型. 确定之后，还要确定模型的阶. 设 MA 模型的阶为 n，可写成

$$y(k)=b_0u(k)+b_1u(k-1)+\cdots+b_nu(k-n) \tag{6.6.1}$$

$\{y(k)\}$ 以及 $\{u(k)\}$ 都由量测得到，而参数 b_0，b_1，…，b_n 总共有 $n+1$ 个参数要确定. 问题归结为如何从量测得到的数据序列 $\{y(k),u(k),k=1,2,\cdots,n,\cdots,N+n\}$ 来确定参数 b_0，b_1，…，n. 将测量数据带入模型式（6.6.1）中，可得如下方程组

$$\begin{cases} y(n+1)=b_0u(n+1)+b_1u(n)+\cdots+b_nu(1) \\ y(n+2)=b_0u(n+2)+b_1u(n+1)+\cdots+b_nu(2) \\ \vdots \\ y(n+N)=b_0u(n+N)+b_1u(n+N-1)+\cdots+b_nu(N) \end{cases} \tag{6.6.2}$$

写成矩阵形式为

$$Y=Ub \tag{6.6.3}$$

其中

$$Y=[y(n+1),y(n+2),\cdots,y(n+N)]^{\mathrm{T}}$$

称为输出向量

$$U=\begin{pmatrix} u(n+1) & u(n) & \cdots & u(1) \\ u(n+2) & u(n+1) & \cdots & u(2) \\ \vdots & \vdots & \ddots & \vdots \\ u(n+N) & u(n+N-1) & \cdots & u(N) \end{pmatrix}$$

称为观测矩阵.

如果所选定的模型结构和阶是正确的，测量所得到的数据又不包含任何噪声，问题便简单了：选取 $N=n+1$，问题归结为 $n+1$ 元一次确定性方程组的求解问题. 这只要进行（$n+1$）次测量，得方程组当 $\mathrm{rank}(U)=\mathrm{rank}([U,b])=n+1$ 时，方程组 $Y=Ub$ 有唯一解 $b=U^{-1}Y$.

事实上，情况要比上面的复杂：式（6.6.1）所表示的模型仅仅是一个近似的，而不是一个精确的模型. 究其原因，主要有两个：①影响输出 y 的因素，式（6.6.1）假定为 n 个时刻的输入，实际上能不止 n 个，尽管这 n 个可能是主要的，但要引起误差；②即使只有 n 个因素影响输出，但测量数据中难免混杂噪声，把误差引入方程. 所以得到的如下方程组（6.6.4）.

$$\begin{cases} y(n+1)=b_0u(n+1)+b_1u(n)+\cdots+b_nu(1)+e(n+1) \\ y(n+2)=b_0u(n+2)+b_1u(n+1)+\cdots+b_nu(2)+e(n+2) \\ \vdots \\ y(n+N)=b_0u(n+N)+b_1u(n+m-1)+\cdots+b_nu(N)+e(N) \end{cases} \tag{6.6.4}$$

它无法求得通常意义下的解. 这时常用的方法就是求

$$\begin{cases} y(n+1)=b_0u(n+1)+b_1u(n)+\cdots+b_nu(1) \\ y(n+2)=b_0u(n+2)+b_1u(n+1)+\cdots+b_nu(2) \\ \vdots \\ y(n+m)=b_0u(n+m)+b_1u(n+m-1)+\cdots+b_nu(m-1) \end{cases} \tag{6.6.5}$$

的最小二乘解.

如果受控系统的数学模型要用如下 ARMA 模型来描述，即

$$y(k)=\sum_{i=1}^{n}a_iy(i)+\sum_{i=0}^{n}b_iu(i)+\mathrm{e}(k) \tag{6.6.6}$$

现在的问题归结为怎样由测得的输入序列 $\{y(k)\}$ 和输出序列 $\{u(k)\}$ 估计 ARMA 模型的参数 a_1，a_2，…，a_n，b_0，b_1，…，b_n 和 MA 模型比较，ARMA 模型有两点不同：①多了 n 个参

数a_1，a_2，…，a_n；②观测向量当中既包含了输入的信息u，也包含了输出信息的过去值.一般认为，输入信号可以精确测定，而噪声只包含在输出u中. 尽管有两点不同，式（6.6.6）在形式上和式（6.6.4）相似，对未知参数a_1，a_2，…，a_n和b_1，…，b_n来说方程是线性的，因此同样可以应用最小二乘算法. 仍然假定测量$N+n$次，在式（6.6.4）中令$k=n+1$，$n+2$，…$n+N$可列出N个$2n+1$元一次方程组，即

$$\begin{cases} y(n+1)=-a_1y(n)-\cdots-a_ny(1)+b_0u(n+1)+b_1u(n)+\cdots+b_nu(1)+\mathrm{e}(n+1) \\ y(n+2)=-a_1y(n+1)-\cdots-a_ny(2)+b_0u(n+2)+b_1u(n+1)+\cdots+b_nu(2)+\mathrm{e}(n+2) \\ \vdots \\ y(N+n)=-a_1y(N+n-1)-\cdots-a_ny(N)+b_0u(n+m)+b_1u(n+m-1)+\cdots \\ \qquad +b_nu(N)+\mathrm{e}(n+N) \end{cases} \tag{6.6.7}$$

这时，可以通过求

$$\begin{cases} y(n+1)=-a_1y(n)-\cdots-a_ny(1)+b_0u(n+1)+b_1u(n)+\cdots+b_nu(1) \\ y(n+2)=-a_1y(n+1)-\cdots-a_ny(2)+b_0u(n+2)+b_1u(n+1)+\cdots+b_nu(2) \\ \vdots \\ y(N+n)=-a_1y(N+n-1)-\cdots-a_ny(N)+b_0u(n+m)+b_1u(n+m-1)+\cdots+b_nu(N) \end{cases} \tag{6.6.8}$$

的最小二乘解，求出模型参数a_1，a_2，…，a_n，b_0，b_1，…，b_n.

关于最小二乘方法在系统辨识中的应用的进一步讨论，大家可阅读有关文献.

6.6.2 最小二乘方法在回归分析中的应用

在许多实际问题中，常常会遇到要研究一个随机变量与多个变量之间的相关关系，研究这种一个随机变量同其他多个变量之间的关系的主要方法是运用多元回归分析.

设影响因变量Y的自变量个数为p，并分别记为x_1，x_2，…，x_p.

多元线性回归模型描述如下

$$Y=\beta_0+\beta_1x_1+\beta_2x_2+\cdots+\beta_px_p+\varepsilon \tag{6.6.9}$$

式中：β_0，β_1，β_2，…，β_p是待定常数，$\varepsilon\sim N(0,\sigma^2)$.

表达式（6.6.9）说明对于给定的自变量数值x_1，x_2，…，x_p，因变量Y的期望值是β_0，β_1，β_2，…，x_p的线性函数$\beta_0+\beta_1x_1+\beta_2x_2+\cdots+\beta_px_p$. 此外，因变量$Y$的标准离差是$\sigma$，$Y$的期望值取决于自变量$\beta_0$，$\beta_1$，$\beta_2$，…，$x_p$的数值，但是$Y$的标准离差并不取决于自变量$\beta_0$，$\beta_1$，$\beta_2$，…，$x_p$的数值.

记n组样本分别是（x_{i1}，x_{i2}，…，x_{ip}，y_i），则有

$$\begin{cases} y_1=\beta_0+\beta_1x_{11}+\beta_2x_{12}+\cdots+\beta_px_{1p}+\varepsilon_1 \\ y_2=\beta_0+\beta_1x_{21}+\beta_2x_{22}+\cdots+\beta_px_{2p}+\varepsilon_2 \\ \vdots \\ y_n=\beta_0+\beta_1x_{n1}+\beta_2x_{n2}+\cdots+\beta_px_{np}+\varepsilon_n \end{cases} \tag{6.6.10}$$

其中ε_1，ε_2，…，ε_n相互独立，且$\varepsilon_i\sim N(0,\sigma_2)$，$i=1$，2，…，$n$，这个模型称为多元线性回归的数学模型. 令

$$Y=\begin{pmatrix}y_1\\y_2\\\vdots\\y_n\end{pmatrix},\quad X=\begin{pmatrix}1 & x_{11} & x_{12} & \cdots & x_{1p}\\1 & x_{21} & x_{22} & \cdots & x_{2p}\\\vdots & \vdots & \vdots & \ddots & \vdots\\1 & x_{n1} & x_{n2} & \cdots & x_{np}\end{pmatrix},\quad \boldsymbol{\varepsilon}=\begin{pmatrix}\varepsilon_1\\\varepsilon_2\\\vdots\\\varepsilon_n\end{pmatrix}$$

则上述数学模型可用矩阵形式表示

$$Y=X\boldsymbol{\beta}+\boldsymbol{\varepsilon} \tag{6.6.11}$$

式中：$\boldsymbol{\varepsilon}$ 是 n 维随机向量，它的分量相互独立.

与在系统辨识中求模型参数一样，我们采用最小二乘法估计参数 $Q(\beta_0,\beta_1,\cdots,\beta_p)$，即

$$\hat{\boldsymbol{\beta}}=(X^{\mathrm{T}}X)^{-1}X^{\mathrm{T}}Y \tag{6.6.12}$$

$\hat{\boldsymbol{\beta}}$ 就是 $\boldsymbol{\beta}$ 的最小二乘估计，即 $\hat{\boldsymbol{\beta}}$ 为回归方程

$$\hat{\boldsymbol{y}}=\hat{\beta}_0+\hat{\beta}_1x_1+\hat{\beta}_2x_2+\cdots+\hat{\beta}_px_p \tag{6.6.13}$$

的回归系数.

根据表 6.2 中的消费人口 X_1、蔬菜年平均价格 X_2、副食年均消费量 X_3 有关数据，建立蔬菜销售量 Y 的三元线性回归模型.

采用最小二乘法，经计算得到，预测模型为

$$\hat{Y}=1.8427+0.0158X_1-0.4645X_2+0.1628X_3$$

模型中：回归系数 $\beta_1=0.0158$，表明当蔬菜年平均价格和副食年人均消费员不变的情况下，消费人口每增加 1 万人，蔬菜年销量平均增加 158 万 kg；$\beta_2=-0.4645$ 表明在消费人口和副食年人均消费量不变时，蔬菜价格每公斤增加 1 分钱，年蔬菜销售量个均减少 4725 万 kg；$b_3=0.1628$ 表明，在消费人口和蔬菜价格不变时，副食年人均消费量每增加 1kg，蔬菜销量平均增加 1628 万 kg.

表 6.2　　建立回归模型实例的数据

年	蔬菜销售量 亿 kg	消费人口 万人	蔬菜年平均价格 分/kg	副食年均消费量 kg
	Y	x_1	x_2	x_3
1965	7.45	425.5	8.12	17.8
1966	7.605	422.3	8.32	19.51
1967	7.855	418	8.36	18.93
1968	7.805	419.2	8.2	19.05
1969	6.9	384.2	8.86	19.57
1970	7.47	372.5	7.7	19.95
1971	7.385	372.9	8.46	20.89
1972	7.225	380.8	8.88	23.27
1973	8.13	401.7	9	26.06
1974	8.72	406.5	8.8	28.55
1975	9.145	410.5	9.26	30.12
1976	10.105	447	8.62	32.78
1977	10.17	452.8	8.44	32.21

续表

年	蔬菜销售量 亿 kg	消费人口 万人	蔬菜年平均价格 分/kg	副食年均消费量 kg
	Y	x_1	x_2	x_3
1978	10.54	467.1	9.66	33.57
1979	10.635	495.2	9.68	34.86
1980	10.455	500	11.32	36.6
1981	10.995	525	12.3	40.35
1982	12.38	550	12.88	45
1983	11.77	561	14.02	49.87

注：得到的回归方程为

$$\hat{Y}=1.8427+0.0158X_1-0.4725X_2+0.1628X_3$$

其中的回归系数 β_2 计算有误.

线性回归方程式（6.6.13）是否有实用价值，首先要根据有关专业知识和实践来判断，其次还要根据实际观察得到的数据通过估计标准误差、判别系数等指标来评价模型的拟合效果.

回归系数 $\beta_i(j=1,2,\cdots,n)$ 估计值的符号和大小与其所代表的实际意义是否相符，是评价预测模型的一条经济准则. 只有回归系数估计值的符号和大小与客观实际基本一致，且这种结构关系在预测期不会有大的改变时，所建立的回归模型才适用于预测. 如果回归系数的估计值符号与客观实际变化相反，应考虑可能有以下情况存在：①某些自变量的取值范围太窄；②模型中遗漏了某些重要因素；③模型中的自变量之间有较强的线性关系. 参数估计后出现回归系数符号与实际情况相反. 模型不能用于预测，要分析其原因并采取适当措施加以纠正. 如何通过估计标准误差、判别系数等指标来评价模型的拟合效果，大家可阅读有关回归分析中的相关内容.

6.7 矩阵最优低秩逼近

设 $\boldsymbol{A}\in\mathbf{C}^{m\times n}$ 且 $\operatorname{rank}(\boldsymbol{A})\geqslant r$，在信号处理、通信等一些应用中需要得到矩阵 $\boldsymbol{A}\in\mathbf{C}^{n\times r}$ 和 $\boldsymbol{Y}\in\mathbf{C}^{m\times r}$，使其为约束最优化问题

$$\min_{\boldsymbol{X}^{\mathrm{H}}\boldsymbol{X}=\boldsymbol{E}} f(\boldsymbol{X},\boldsymbol{Y})=\operatorname{tr}[(\boldsymbol{A}-\boldsymbol{Y}\boldsymbol{X}^{\mathrm{H}})^{\mathrm{H}}(\boldsymbol{A}-\boldsymbol{Y}\boldsymbol{X}^{\mathrm{H}})] \tag{6.7.1}$$

的解. 矩阵 $\boldsymbol{Y}$ 称为 $\boldsymbol{A}$ 的最优逼近，优化问题式（6.7.1）称为矩阵的最优低秩逼近问题.

利用 Lagrange 乘子法，定义函数

$$g(\boldsymbol{X},\boldsymbol{Y},\boldsymbol{\Lambda})=\frac{1}{2}\operatorname{tr}[(\boldsymbol{A}-\boldsymbol{Y}\boldsymbol{X}^{\mathrm{H}})^{\mathrm{H}}(\boldsymbol{A}-\boldsymbol{Y}\boldsymbol{X}^{\mathrm{H}})]-\frac{1}{2}\operatorname{tr}[\boldsymbol{\Lambda}(\boldsymbol{X}^{\mathrm{H}}\boldsymbol{X}-\boldsymbol{E})] \tag{6.7.2}$$

其中 $\boldsymbol{\Lambda}\in\mathbf{C}^{r\times n}$ 为 Lagrange 乘子矩阵.

利用矩阵迹的梯度公式可以计算

$$\frac{\partial g(\boldsymbol{X},\boldsymbol{Y},\boldsymbol{\Lambda})}{\partial X^{\mathrm{H}}}=-\boldsymbol{Y}^{\mathrm{H}}\boldsymbol{A}-\boldsymbol{Y}^{\mathrm{H}}\boldsymbol{Y}\boldsymbol{X}^{\mathrm{H}}+\boldsymbol{\Lambda}\boldsymbol{X}^{\mathrm{H}}$$

$$\frac{\partial g(\boldsymbol{X},\boldsymbol{Y},\boldsymbol{\Lambda})}{\partial Y}=-(\boldsymbol{A}-\boldsymbol{Y}\boldsymbol{X}^{\mathrm{H}})X$$

$$\frac{\partial g(\boldsymbol{X},\boldsymbol{Y},\boldsymbol{\Lambda})}{\partial \Lambda}=-\frac{1}{2}(\boldsymbol{X}^{H}\boldsymbol{X}-\boldsymbol{E})$$

令上述三个梯度矩阵分别为零矩阵可得

$$\boldsymbol{Y}^{\mathrm{H}}\boldsymbol{A}-\boldsymbol{Y}^{\mathrm{H}}\boldsymbol{Y}\boldsymbol{X}^{\mathrm{H}}+\boldsymbol{\Lambda}\boldsymbol{X}^{\mathrm{H}}=\boldsymbol{0} \tag{6.7.3}$$

$$(\boldsymbol{A}-\boldsymbol{Y}\boldsymbol{X}^{\mathrm{H}})\boldsymbol{X}=\boldsymbol{0} \tag{6.7.4}$$

$$\boldsymbol{X}^{\mathrm{H}}\boldsymbol{X}=\boldsymbol{E} \tag{6.7.5}$$

由式（6.7.4）和式（6.7.5）可得

$$\boldsymbol{Y}=\boldsymbol{A}\boldsymbol{X} \tag{6.7.6}$$

由式（6.7.3）可得 $\boldsymbol{\Lambda}=\boldsymbol{Y}^{\mathrm{H}}\boldsymbol{Y}-\boldsymbol{Y}^{\mathrm{H}}\boldsymbol{A}\boldsymbol{X}=\boldsymbol{0}$，因此

$$\boldsymbol{A}^{\mathrm{H}}\boldsymbol{A}\boldsymbol{X}=\boldsymbol{X}(\boldsymbol{X}^{\mathrm{H}}\boldsymbol{A}^{\mathrm{H}}\boldsymbol{A}\boldsymbol{X}) \tag{6.7.7}$$

考虑 Hermitte 矩阵 $\boldsymbol{X}^{\mathrm{H}}\boldsymbol{A}^{\mathrm{H}}\boldsymbol{A}\boldsymbol{X}$ 的谱分解 $\boldsymbol{X}^{\mathrm{H}}\boldsymbol{A}^{\mathrm{H}}\boldsymbol{A}\boldsymbol{X}=\boldsymbol{Q}\boldsymbol{\Sigma}\boldsymbol{Q}^{\mathrm{H}}$，其中，$\boldsymbol{Q}$ 为 r 阶酉矩阵，$\boldsymbol{\Sigma}=\mathrm{diag}(\lambda_1,\lambda_2,\cdots,\lambda_r)$，且 λ_1，λ_2，…，λ_r 为矩阵 $\boldsymbol{X}^{\mathrm{H}}\boldsymbol{A}^{\mathrm{H}}\boldsymbol{A}\boldsymbol{X}$ 的非负特征值.

令 $\boldsymbol{P}=\boldsymbol{X}\boldsymbol{Q}$，则 $\boldsymbol{P}$ 为列正交矩阵，且由式（6.7.7）可得

$$(\boldsymbol{A}^{\mathrm{H}}\boldsymbol{A})\boldsymbol{P}=\boldsymbol{A}^{\mathrm{H}}\boldsymbol{A}\boldsymbol{X}\boldsymbol{Q}=\boldsymbol{X}(\boldsymbol{X}^{\mathrm{H}}\boldsymbol{A}^{\mathrm{H}}\boldsymbol{A}\boldsymbol{X})\boldsymbol{Q}=\boldsymbol{X}\boldsymbol{Q}\boldsymbol{\Sigma}=\boldsymbol{P}\boldsymbol{\Sigma}$$

上式表明：矩阵 $\boldsymbol{\Sigma}$ 中对角线上的元素为矩阵 $\boldsymbol{A}^{\mathrm{H}}\boldsymbol{A}$ 的 r 个特征值，且矩阵 $\boldsymbol{P}$ 的列向量为 $\boldsymbol{A}^{\mathrm{H}}\boldsymbol{A}$ 的属于上述特征值的特征向量.

由式（6.7.6）和式（6.7.7）可得

$$\begin{aligned} f(\boldsymbol{X},\boldsymbol{Y}) &= \mathrm{tr}(\boldsymbol{A}^{\mathrm{H}}\boldsymbol{A}-\boldsymbol{A}^{\mathrm{H}}\boldsymbol{Y}\boldsymbol{X}^{\mathrm{H}}-\boldsymbol{X}\boldsymbol{Y}^{\mathrm{H}}\boldsymbol{A}+\boldsymbol{X}\boldsymbol{Y}^{\mathrm{H}}\boldsymbol{Y}\boldsymbol{X}^{\mathrm{H}}) \\ &= \mathrm{tr}(\boldsymbol{A}^{\mathrm{H}}\boldsymbol{A})-\mathrm{tr}(\boldsymbol{X}\boldsymbol{X}^{\mathrm{H}}\boldsymbol{A}^{\mathrm{H}}\boldsymbol{A}) \\ &= \mathrm{tr}(\boldsymbol{A}^{\mathrm{H}}\boldsymbol{A})-\mathrm{tr}(\boldsymbol{\Sigma}) \end{aligned}$$

于是最小化 $f(\boldsymbol{X},\boldsymbol{Y})$ 等价于最大化 $\mathrm{tr}(\boldsymbol{\Sigma})$，所以为了求解优化问题（6.7.1）矩阵 $\boldsymbol{\Sigma}$ 中对角线上的元素应为矩阵 $\boldsymbol{A}^{\mathrm{H}}\boldsymbol{A}$ 的前 r 个最大特征值，此时矩阵 $\boldsymbol{P}$ 的列向量为 $\boldsymbol{A}^{\mathrm{H}}\boldsymbol{A}$ 的属于上述 r 个最大特征值的特征向量，从而当 $\boldsymbol{X}=\boldsymbol{P}\boldsymbol{Q}^{\mathrm{H}}$ 时，$\boldsymbol{Y}=\boldsymbol{A}\boldsymbol{X}$ 为矩阵 $\boldsymbol{A}$ 的最优逼近，以下还需确定矩阵 $\boldsymbol{Q}$.

对任意 r 阶酉矩阵 $\boldsymbol{U}$，容易计算

$$f(\boldsymbol{P}\boldsymbol{U}^{\mathrm{H}},\boldsymbol{A}\boldsymbol{X})=\mathrm{tr}(\boldsymbol{A}^{\mathrm{H}}\boldsymbol{A})-\mathrm{tr}(\boldsymbol{\Sigma})$$

所以，任意满足 $\boldsymbol{X}=\boldsymbol{P}\boldsymbol{U}^{\mathrm{H}}$ 的矩阵 $\boldsymbol{X}$ 均可以使 $\boldsymbol{Y}=\boldsymbol{A}\boldsymbol{X}$ 为矩阵 $\boldsymbol{A}$ 的最优逼近. 特别地，选择矩阵 $\boldsymbol{Q}=\boldsymbol{E}$.

因此，在最优化问题式（6.7.1）的最优解中，矩阵 $\boldsymbol{X}$ 列向量分别为 $\boldsymbol{A}^{\mathrm{H}}\boldsymbol{A}$ 的前 r 个最大特征值对应的特征向量，此时 $\boldsymbol{Y}=\boldsymbol{A}\boldsymbol{X}$ 成为 $\boldsymbol{A}$ 的最优逼近.

进一步目标函数 $f(\boldsymbol{X},\boldsymbol{Y})$ 的最小值等于矩阵 $\boldsymbol{A}^{\mathrm{H}}\boldsymbol{A}$ 的 $n-r$ 个最小特征值之和.

6.8　奇异值与特征值分解在谐波源定阶中的等价性

电力系统谐波和间谐波检测一直为广大学者关注的课题，随着人们对谐波和间谐波认识的不断加深，关注点已经逐渐从确定性的非噪声信号模型转向平稳和非平稳的谐波和间谐波信号模型，检测的方法也逐渐从经典的 DFT 加窗插值法转为现代谱估计法、小波分析方法和 HHT 方法. 现代谱估计可以从理论上较好地解决随机白噪声影响下平稳的谐波和间谐波模型的求解问题. 谱估计法理论上具有无限小的信号频率分辨率，克服了传统 DFT 方法频率分辨率低的缺点，主要有 Pisarenko、扩展的 Prony、Music、Esprit 等. 这些方法本质上均为基于向量子空间方法，算法的关键在于对检测信号自相关函数阵进行“定阶”，即确定

谐波频率分量的个数.

定阶的方法有特征值或奇异值分解两种，需要分别求取主特征值或主奇异值的个数作为信号频率个数的估计. 本案例通过理论推导和仿真验证，表明奇异值分解和特征值分解两种“定阶”方法本质上是等价的.

1. 主奇异值和主特征值

平稳的电力系统谐波和间谐波模型表示为

$$x(n)=\sum_{i=1}^{n}s_i e^{jn\omega i}+w(n) \tag{6.8.1}$$

式中：$w(n)$为零均值、方差为 σ^2 的复值高斯白噪声过程.

m 点观测信号向量为

$$x(n)\overset{def}{=}[x(n),x(n+1),\cdots,x(n+m-1)]^{\mathrm{T}}$$

选择 $m>h$，观测向量 $x(n)$，自相关矩阵为

$$R_{xx}=E\{x(n)x(n)^{\mathrm{H}}\}=APA^{\mathrm{H}}+\sigma^2E=R_{ss}+\sigma^2E \tag{6.8.2}$$

其中

$$P=\mathrm{diag}(E\{|s_1|^2\},\cdots,E\{|s_h|^2\})$$

$$A\overset{def}{=}[a(\omega_1),a(\omega_2),\cdots,a(\omega_h)]a(\omega_i)\overset{def}{=}[1,e^{j\omega i},\cdots,e^{j(m-1)\omega i}]^{\mathrm{T}}$$

R_{xx}为$m\times m$ 复矩阵，存在 $m\times m$ 正交酉矩阵U 使得矩阵R_{xx}特征分解为

$$R_{xx}=U\mathrm{diag}(\lambda_1,\lambda_2,\cdots,\lambda_m)U^{\mathrm{H}} \tag{6.8.3}$$

预先定义一个非常接近 1 的阈值，令

$$v(\tilde{h})=\left[\frac{\lambda_1^2+\cdots+\lambda_{\tilde{h}}^2}{\lambda_1^2+\cdots+\lambda_m^2}\right]^{\frac{1}{2}},1\leqslant\tilde{h}\leqslant m \tag{6.8.4}$$

当 $v(\tilde{h})$大于或等于该阈值时，则认为前面 $\tilde{h}$ 个特征值是“主要的”，$\tilde{h}$ 作为谐波次数 h 的估计，定阶为 $\tilde{h}$.

R_{xx}主奇异值定义和奇异值定阶方式与特征值分解相似，具体定义和定阶方式参见文献[15].

2. 信号自相关阵的特征值定阶

定义自相关阵，即

$$R_{ss}=APA^{\mathrm{H}}$$

其中

$$P=\mathrm{diag}(E\{|s_1|^2\},\cdots,E\{|s_h|^2\})$$

由于A 满列秩，因此 $\mathrm{rank}(R_{ss})=\mathrm{rank}(P)=h$，这表明自相关阵 R_{ss}的秩即为信号谐波和间谐波的个数. 然而实际处理中得到的是含噪声信号的自相关阵 R_{xx}，通过对 R_{xx}的特征值分解得到有效特征值个数 $\tilde{h}$ 作为谐波次数 h 的估计.

记 λ_x 为 R_{xx}的特征值，λ_s 为 R_{ss}的特征值，由式（6.8.3），有

$$|\lambda_xE-R_{xx}|=|(\lambda_x-\sigma^2)E-R_{xx}|=\lambda_sE-R_{xx}| \tag{6.8.5}$$

由式（6.8.5）可得

$$\lambda_x=\lambda_s+\sigma^2$$

由于 $\mathrm{rank}(R_{ss})=h$，R_{ss}的非零特征值的个数不超过h，其余的为 0. 由 R_{xx}与 R_{ss}特征值

的关系，R_{xx}可对角化为

$$U^{H}R_{xx}U=\mathrm{diag}(\lambda_{s1},\lambda_{s2},\cdots,\lambda_{s\tilde{h}},0,\cdots,0)+\sigma^2 E,\tilde{h}\leqslant h \tag{6.8.6}$$

从式（6.8.6）可以得出实际观测信号R_{xx}的特征值由两部分组成，代表噪声空间的特征值σ^2和代表有效信号空间的主特征值$\sigma^2+\lambda_{si}$．信噪比较高的时候，通过计算R_{xx}特征值的有效范数确定R_{xx}、有效特征值的个数$\tilde{h}$实现对谐波和间谐波个数定阶的估计，即

$$v(\tilde{p})=\left[\frac{(\lambda_{s1}+\sigma^2)^2+\cdots+(\lambda_{s\tilde{h}}-+\sigma^2)^2}{\lambda_{x1}^2+\cdots+\lambda_{xm}^2}\right]^{\frac{1}{2}},1\leqslant\tilde{h}\leqslant m \tag{6.8.7}$$

由于σ^2为正，较高信噪比下，实现准确的定阶必须满足以下两个渐进条件：①λ_s必须非负；②h个谐波间谐波信号的R_{ss}必须有h个正的特征值．这样才能保证信噪比较高时R_{ss}有效特征值的估计$\tilde{h}=h$，实现信号的准确定阶．

由于R_{ss}矩阵的非负定性和R_{xx}正定性，R_{ss}的奇异值与特征值个数相同，大小相等，特征值与奇异值相等．而R_{xx}奇异值分解和特征值分解定阶的一致性等同于正R_{xx}特征值与奇异值相等．

3. 两种方法定阶的仿真

本文采用文献［16］的算例，其为没有安装补偿装置的电弧炉电流波形，由基波（50Hz）、高次谐波（125Hz）和间谐波（25Hz）组成，另外考虑了信噪比分别为30、20、10dB加性白噪声的情况．采样间隔为0.5ms，采样点为100个．对该波形用ESPRIT方法，分别采用奇异值和特征值分解两种定阶方法，阈值为0.995，采用最小二乘法求谐波的幅度．由于采用了实谐波模型进行分析，在三种信噪比的情况下，奇异值和特征值分解均把信号定阶为6，为复谐波模型阶数的2倍，见表6.3．准确定阶后，计算的谐波和间谐波信号的幅度和频率见表6.4．

表6.3　主/奇异值和主特征值个数

信噪比	30dB		20dB		10dB	
	特征值	奇异值	特征值	奇异值	特征值	奇异值
阶次	6	6	6	6	6	6

表6.4　ESPRIT仿真结果

原信号	幅度（V）			幅度（V）		
	ESPRIT			ESPRIT		
	30dB	20dB	10dB	30dB	20dB	10dB
64.933	65.931	66.755	68.23	25.521	24.623	24.291
100	101	98.309	100.46	49.525	49.698	50.432
74.813	74.921	71.978	78.314	124.82	125.59	127.86

参 考 文 献

［1］ 邱启荣．矩阵理论及其应用．北京：中国电力出版社，2008.
［2］ 邱启荣．矩阵论与数值分析——理论及其工程应用．北京：清华大学出版社，2013.
［3］ 葛照强．矩阵理论及其在工程技术中的应用．西安：陕西科技技术出版社，1991.
［4］ 周杰．矩阵分析及应用．成都：四川大学出版社，2008.
［5］ 戴华．矩阵论．北京：科学出版社，2001.
［6］ 李允，吴海燕．经济应用数学基础2线性代数．哈尔滨：哈尔滨工业大学出版社，2011.
［7］ 冯良贵，胡庆军．矩阵分析．长沙：国防科技大学出版社，2010.
［8］ 易丹辉．统计预测：方法与应用．北京：中国统计出版社，2001.
［9］ 曹志浩．数值线性代数．上海：复旦大学出版社，1996.
［10］ 崔玉亭，李淑霞．广义逆矩阵．青岛：青岛海洋大学出版社，1990.
［11］ Zhanhui Lu，Gengyin Li，and Ming. Zhou，"Study of electricity market stability model，" in Proceedings of the 7th IET International Conference on Advances in Power System Control，Operation and Management，Hong Kong，2006.
［12］ Weijuan Wang，Zhanhui Lu，and Quanxin Zhu，The Interval Stability of an Electricity Market Model，Mathematical Problems in Engineering，2014.
［13］ Zhanhui Lu，Weijuan Wang，Gengyin Li，et al. Electricity Market Stochastic Dynamic Model and Its Mean Stability Analysis，Mathematical Problems in Engineering，2014.
［14］ 熊杰锋，王柏林，孙艳．奇异值与特征值分解在谐波源定阶中的等价性．电测与仪表，2009，46（7）：6-8.
［15］ 杨万开，肖湘宁．基于瞬时无功功率理论的高次谐波及基波无功电流的精确检测．电工电能新技术，1998，17（2）：61-64.
［16］ 段大鹏，江秀臣，孙才新，等．基于正交分解的MOA泄漏电流有功分量提取算法．电工技术学报，2008，23（7）：56-61.
［17］ 同济大学数学系，高等数学．7版．北京：高等教育出版社，2007.
［18］ 方道元，薛儒英．常微分方程．杭州：浙江大学出版社，2008.
［19］ WATKINS D S. Forward Stability and Transmission of Shifts in the QR Algorithm. SIAM，1995，16（2）：469～487.
［20］ BYERLY R T，BENNON R J，SHERMAN D E. EigenvalueAnalysis of Synchronizing Power Flow Oscillations in Large Electric Power Systems. IEEE Trans on PAS，1982，101（1）：235-243.
［21］ ANGELIDIS G，SEMLYEN A. Efficient Calculation of Critical Eigenvalue Clusters in the Small Signal Stability Analysis of Large Power Systems. IEEE Trans on PWRS，1995，10（1）：427-432.
［22］ UCHIDA N，NAGAO T. A New Eigen-Analysis Method of Steady-State Stability Studies for Large Power Systems：S-Matrix Method. IEEE Trans on PWRS，1988，3（2）：706-714.
［23］ Xiaopeng Liu，Shirong Lu.，Qiang Guo，Daozhi Xia，A MULTIPLE CAYLEY TRANSFORMATION METHOD FOR ANALYSING PARTIAL EIGENVALUES OF POWER SYSTEM SMALL-SIGNAL STABILITY，Automation of Electric Power Systems1998，22（9）：38-42.
［24］ 王锡凡，方万良，杜正春．现代电力系统分析．北京：科学出版社，2003.
［25］ KUNDUR P. Power System Stability and Control. New York：McGraw-Hill，1994.

[26] IEEE Subsynchronous Resonance Task Force of the Dynamic System Performance Working Group Power System Engineering Committee. FIRST BENCHMARK MODEL FOR COMPUTER SIMULATION OF SUBSYNCHRONOUS RESONACE. IEEE Transactions on Power Apparatus and Systems. 1977 (5)：PAS-96.

[27] 郑翔. 次同步振荡抑制装置及其控制策略研究. 浙江大学，2011.

[28] 田铭兴，王果，任恩恩. 电路方程的线性变换. 电力自动化设备，2011，31 (1)：11-13.

[29] 陈菊明，刘锋，梅生伟，等. 多相电路坐标变换的一般理论，电工电能新技术，2006，25 (1)：44-48.

[30] 段大鹏，江秀臣，孙才新，等，基于正交分解的 MOA 泄漏电流有功分量提取算法，电工技术学报，2008，23 (7)：56-61.

[31] Hanxin Zhu，RAGHUVEER M R. Influence of harmonics in system voltage on metal oxide surge arrester diagnostics. 1999 Conferences on Electrical Insulation and Dielectric Phenomena，Atlanta，USA，1999，2：542-545.

[32] Hanxin Zhu，RAGHUVEER M R. Influence of representation model and voltage harmonics on metal oxide surge arrester diagnostics. IEEE Trans. on Power Dilivery，2001，16 (4)：599-603.

[33] 冯平，王尔智，王维俊. 基于范数的唯一稳态消谐法及在消除中性点接地电力系统铁磁谐振中的应用. 河南工程学院学报，2010，22 (4)：19-22.

[34] 杨开宇. 矩阵分析. 哈尔滨：哈尔滨工业大学出版社，1988：68-74.

[35] 贾红琴. 电磁式 PT 所致铁磁谐振过电压分析及抑制，高电压技术，2000，43 (1)：69-70.